Cat Warren

DER GERUCH DES TODES

Einsätze eines Leichenspürhundes

Kynos

An Imprint of Simon & Schuster, Inc.
1230 Avenue of the Americas
New York, NY 10020
ISBN der Originalausgabe 978-1-4516-6731-8
Titel der Originalausgabe: What the Dog knows - Scent, Science, and the Amazing Ways Dogs Perceive the World

KYNOS VERLAG Dr. Dieter Fleig GmbH, Nerdlen
www.kynos-verlag.de
Übersetzt ins Deutsche von Chrissi Schranz
Titelfoto: Archiv Kynos Verlag
Layout und Grafik: Kynos Verlag

Gedruckt in Lettland

ISBN 978-3-95464-149-9

Inhalt

Einleitung

Ich fühle mich schon wohler dabei, mit den Toten zu arbeiten. Besser gesagt mit Teilen der Toten. Ein paar Zähne, ein Rückenwirbel, ein Stück Teppich, das eine Zeitlang unter einer Leiche gelegen hat. Erde, die ich an der Ruhestätte verwesender Toter aufgelesen habe, um meinen Deutschen Schäferhund zu trainieren. Beim Öffnen eines Einmachglases voller Erde rieche ich nichts als die Wälder North Carolinas – moschusgetränkte Schatten, ein Hauch modriger Erlenblätter. Solo riecht die Verstorbenen.

Solo ist ein Leichenspürhund. Manchmal läutet mein Telefon, wenn jemand vermisst und wahrscheinlich tot ist: Solos Dienste sind gefragt. Ob es ihn deprimiert, einen Toten zu finden? Nein. Solos Arbeit – und sein Spaß – beginnen, wenn ein Leben endet. Nichts macht ihn glücklicher, als auf der Suche nach einem Vermissten durchs Moor zu tollen. Für ihn ist der menschliche Tod ein einziges Spiel. Um zu gewinnen, muss er ihn einfach nur riechen, ihm so nahe wie möglich kommen, mir Bescheid geben und seine Belohnung kassieren: ein Zerrspiel mit dem Knotenseil.

Ich hatte nicht erwartet, dass der Tod eine Sonnenseite hat, und noch weniger, dass ein Hund mir diese näherbringen würde. Solo hat mir in den acht Jahren, die wir bereits gemeinsam arbeiten und trainieren, eine ganz neue Welt gezeigt: eine mitunter finstere Welt, doch erhellt das Licht, das durch ihre Schatten dringt, noch ganz andere Seiten meines Lebens.

Solo und ich tun unsere Arbeit aus unterschiedlichen Gründen. Solos Motivation ist nicht nur das Zerrspiel am Ende, obwohl er sich darüber unheimlich freut, sondern auch die Arbeit an sich: Auf der Jagd nach geruchlichen Irrlichtern fegt er übers Feld wie Speedy Gonzalez. Mich hingegen motiviert es, Solo bei der Arbeit zu beobachten – einen schwarz-roten Schäferhund mit einem breiten Grinsen und einem gewaltigen Ruder von Rute. Seine Nase fängt eine verborgene Welt ein, deren geheimnisvolles Wissen er für uns Menschen übersetzt. Einer der Diensthundeführer bewunderte Solos deutliche Körpersprache mit den Worten: „Diesen Hund kann man lesen wie ein Buch." Glücklicherweise ein einfaches Buch, wie gemacht für eine arbeitshundetechnische Anfängerin wie mich. Eher Wilhelm Buschs *Max und Moritz* als Robert Musils *Mann ohne Eigenschaften*. Es ist gut, dass Solos Herangehensweise der von Wilhelm Busch entspricht, denn manchmal lässt mich die Welt der Vermissten und Toten nicht einschlafen. Ich drehe und wende sie in Gedanken, zerpflücke einzelne Puzzleteile in dem Versuch, undurchschaubare Handlungsstränge zu verstehen. Ein berühmter Leichenspürhundetrainer brachte es auf den Punkt: „Die Suche ist eine klassische Kriminalgeschichte."

Manch einer runzelt die Stirn, wenn er von meinem Hobby erfährt. Enge Freunde und sogar ein paar Kollegen an der Universität sind fasziniert von der Vorstellung, doch andere erschaudern. Manchen Kollegen gegenüber erwähne ich bewusst nicht, was ich in meiner Freizeit mache. Die meisten wissen nichts davon. Warum auch? Einer unserer Administratoren reagierte verdutzt, als ich meinte, dass ich die gleich stattfindende Konferenz verpassen würde; Solo müsse dringend eine Mordkommission bei der Suche unterstützen. Ob ich nicht Lust hätte, schlug er am nächsten Morgen mit lobenswertem Optimismus vor, meine Aktivitätenliste um Leichenspürhundearbeit zu erweitern – so als freiwilligen Dienst und soziales Engagement? Ich bin mir nicht sicher, ob dieses sonderbare Hobby meine akademische Glaubwürdigkeit unterstreicht, aber ich weiß zu schätzen, dass er die Möglichkeit in Betracht zieht. Mir ist durchaus bewusst, dass die Suche nach Toten ein esoterischer Bereich fern der Arbeitshundewelt und ganz schön gewöhnungsbedürftig ist. Rümpft jemand die Nase, wechsle ich das Thema und spreche über Politik.

Akademiker haben natürlich kein Monopol darauf, sich überlegen zu fühlen. In ruhigen Momenten auf einer Suche fragt mich gelegentlich ein Vertreter des Sherriffs oder ein Polizeibeamter, womit ich mein Brot verdiene. Wenn ich erzähle, dass ich an der Universität unterrichte – dass ich Professorin bin, erwähne ich nie – zuckt mein Gegenüber manchmal zusammen und sucht verstohlenen Blickes Zeichen von Kraftlosigkeit und Schwäche an mir, bis uns die Suche unsere Unterschiede vergessen lässt. Dabei sind wir auf derselben Wellenlänge – für kurze Zeit zumindest.

Solo hat keine Ahnung davon, dass ich ein Doppelleben führe und er mit ein Grund dafür ist. Warum sollte er auch? Er ist ein Hund. Ebenso wenig weiß er, dass Tod und Verfall des menschlichen Körpers Abscheu und Unsicherheit hervorrufen. Für ihn ist der Tod ein Zerrspielzeug. Für mich ist Solo der ideale Mittelsmann zwischen mir und dem Tod. Nicht nur auf der Suche, sondern auch beim Training wird er zum Mittelpunkt meines Universums – bis auf unser Suchgebiet gerät alles in Vergessenheit. Meine Aufgabe ist, ihn wenn nötig zu führen, aber nicht bei der Arbeit zu stören, dafür zu sorgen, dass er ausreichend Wasser trinkt und weder belebten Straßen noch Hinterhof-Rottweilern zu nahe kommt, und ihn ununterbrochen genau zu beobachten, während er Luftströme prüft und darauf reagiert.

Die Suche nach Leichen ist eine eigentümliche Art Waldspaziergang. Wenn ich einer Schnappschildkröte begegne oder ein Indigofink durchs Blätterdach blitzt, oder wenn die winterlichen Wälder den Blick auf eine verlassene Tabakscheune zwischen goldenen Buchen freigeben, bleibt meine Freude bestehen, selbst wenn der Grund meines Ausflugs ein düsterer ist. Und es gibt nicht nur Schönes dort draußen: Verborgene Stacheldrahtzäune, Stechwinden und Kletternder Giftsumach, umgestürzte Baumstämme und Dickicht, Kahlschläge und mitten im Wald abgeladener Müll erfordern meine Aufmerksamkeit. Solo läuft nicht gern durch Stechwinden, doch abgesehen davon liebt er es, seine Nase in dunkle Löcher zu stecken, in Berge verrosteter Metallteile auf Schrottplätzen und in die Spalten der Grundmauern eines verlassenen Gehöfts. Ich fürchte mich mehr vor Schlangen, scharfen Metallplatten und Glassplittern als vor den Gefahren, die vom Menschen ausgehen – selbst wenn es sich um einen Mordfall handelt. Ich weiß auch mehr über den Drogenhandel in North Carolina als früher und meide bestimmte Autobahnraststätten entlang der I-40 selbst dann, wenn ich tanken muss.

Überhaupt scheint die Welt mit einem großen Hund an der Seite weniger furchteinflößend – wenn man dem Tod ins Auge blickt, gilt das wahrscheinlich ganz besonders. Seit Tausenden von Jahren und in zahlreichen Religionen, vom Hinduismus in Indien bis zu den Maya-Religionen in Mesoamerika verlassen sich die Toten auf Hunde, um an ihr Ziel zu gelangen. Auch die Zarathustrier wollten einen Caniden am Begräbnis – aber nicht irgendeinen, sondern bevorzugt einen „vieräugigen“ Hund mit einem dunklen Fleck über jedem Auge. Ich stelle mir einen urtümlichen Schäferhund, einen Vorfahren Solos vor, der einen fröhlichen Slalom durch die Trauernden läuft.

Tragödien, manchmal auch das Scheitern und eine gewisse unvermeidbare Grausamkeit sind Teil dieser Arbeit. Ich vergesse all diese Facetten nicht: Sie sind wichtig, ohne jedoch hervorzustechen, und zwar nicht nur, weil ich Solo an meiner Seite habe. Schlaue Ermittlungsbeamten und Sherriffs, erfahrene Fahndungsleiter, ortsansässige Helfer, die jeden Feldweg und Bach des Bezirks kennen, und Familien und Freundeskreise, die sich sorgen – die meisten bringen sich ein – beschäftigen mein selektives Gedächtnis und drängen alles andere in den Hintergrund.

Die Arbeit mit meinem überschwänglichen Schäferhund und seiner guten Nase leitete eine Odyssee ein, die bald beginnen sollte, Welten miteinander zu verschmelzen, die ich jahrzehntelang unabhängig voneinander geliebt hatte: die Natur, die Forschung und das Schreiben über Biologie und angewandte Naturwissenschaft, und das Arbeiten und Spielen mit Tieren – in erster Linie mit Hunden. Die Nase des Hundes hat mich zu Umweltbiologen, Gerichtsanthropologen, Kognitionspsychologen, Leichenbeschauern und Militärforschern geführt. Ich hatte die Gelegenheit, talentierte Arbeitshundetrainer und -führer zu treffen, zu befragen und von ihnen zu lernen – Menschen, die ich bald so sehr ins Herz schloss wie die Hunde selbst. Ich habe gemeinsam mit Hundeführern und Trainern gearbeitet, die mit Drogen-, Bomben und Diensthunden trainieren. In der Welt der Strafverfolgung sind Hunde nicht nur gute Freunde, sondern unabkömmliche Partner, die den Menschen an ihrer Seite Nase, Ohren und manchmal auch ihre Zähne leihen. Sie riechen und hören Dinge, die den Hundeführern verborgen bleiben, und sind bereit, Orte zu betreten, vor denen die meisten Menschen zurückschrecken.

Die Erkenntnis, die mich faszinierte, bestand nicht etwa darin, dass Gebrauchshunde schier Unmögliches möglich machen. Ohne den Menschen könnten sie das nicht. Vielmehr faszinierte mich die Einsicht, wie untrennbar ihr Erfolg mit dem Können des Menschen am anderen Ende der Leine und der Qualität seines Trainings zusammenhängt. Der Erfolg eines Gebrauchshundes ist alles andere als selbstverständlich: Das Training und der Umgang mit Hunden, die sich ihren Lebensunterhalt mit der Nase verdienen, erfordert Fantasie, Wissen und ständige Arbeit. Leben und Karriere jener Hundemenschen sind so eng mit ihren Tieren verwoben, dass es schwierig sein kann, zu erkennen, wo der Mensch endet und der Hund beginnt; sie ergänzen einander. Und zwar nicht, weil ihre Arbeit ruhig oder einfach wäre; das Gegenteil ist der Fall. Häufig arbeiten sie an gefährlichen Orten oder inmitten verheerender Katastrophengebiete – sei es aufgrund von Kriminalität, Krieg, Klimaveränderung, Erdbeben oder Flugzeugunglücken. Die einzigartige Perfektion der Mensch-Hund-Partnerschaft in unserer seltsam komplexen und mechanisierten Welt bewahrt Gebrauchshunde davor, überflüssig zu werden. Sie sind ein Überbleibsel aus einfacheren Zeiten. Manch einer sieht sie als sentimentalen und unnötigen Luxus. Nicht alle Hund-Mensch-Teams arbeiten effektiv – doch jene, die gut sind, sind sehr, sehr gut: Sie können Gerüche unterscheiden, Gebiete absuchen und Aufgaben erfüllen, denen keine Maschine gewachsen ist. Wir stellen neue Anforderungen an die alte Arbeit der Hunde.

Arbeit und Training mit den Hunden sind kein Vollzeitjob für mich. Wahrscheinlich werden sie immer ein Hobby bleiben, das ich ausgesprochen ernst nehme. Trotz meiner Albträume, wann immer ich einen Fehler mache, mache ich weiter. Ich bin süchtig. Ich werde besser darin, weder Universität noch Training zu vernachlässigen, und ich lerne, mit der unvermeidbaren Traurigkeit umzugehen. Was bleibt, ist die intensive körperliche und kognitive Herausforderung, eine Suche in ihre essentiellsten Elemente zu zerlegen, damit der Hund bestmöglich arbeiten kann. Wenn ich mit Solo durch den Wald spaziere, während Geruchsfäden in der morgendlichen Wärme aufsteigen, konzentriere ich mich so intensiv auf meine Umgebung, dass die Zeit stehen bleibt, sich krümmt und zu existieren aufhört. Oder ich genieße ein abendliches Training, während die Glühwürmchen um Solo tanzen, der einem komplexen Geruchsrätsel leichtfüßig durch die Dunkelheit folgt.

Er ist ein Hund, der seine Geschichte zugleich lebt und erzählt, wenn seine braunen Augen glücklich und ungeduldig glitzern und er über eine Kuhweide springt, um mich dorthin zu führen, wo er in sechzig Meter Entfernung etwas vermutet.

„Hey, hierher, komm! Schnell! Das tote Zeug ist hier! Komm, ich zeig's dir!“

1
Der kleine Prinz der Dunkelheit

Ein Einzelkind zu sein ist für sich genommen schon eine Krankheit.

- G. Stanley Hall, Von seltsamen und außergewöhnlichen Kindern, 1896 -

Der Deutsche Schäferwelpe musste aus dem Schnitt im Bauch seiner Mutter gezogen werden. Ein schweres Bündel. Der einzige Welpe im Wurf.

Er hatte einen prächtigen Kopf und war stark für ein Neugeborenes, schrieb Joan, die Züchterin aus Ohio, in ihrer E-Mail an mich. Seine Stärke war wenig verwunderlich – schließlich hatte er keinerlei Konkurrenz um die Nahrung seiner Mutter! Ich betrachtete die ersten Fotos nach dem Kaiserschnitt: Auf einem Bild kuschelte er sich fest in Joans schützende Hände, auf einem anderen hing er an einer der acht Zitzen seiner Mutter. Er konnte sich immer jenen Milchspender aussuchen, den er gerade wollte. Er sah zerdrückt aus und schien die Augen zusammengekniffen zu haben. Sein Kopf erinnerte an einen Maulwurf – alles andere als prächtig, doch Joan konnte das sicherlich besser einschätzen. Der Einzelwelpe war ihr fünfundzwanzigster Wurf Deutscher Schäferhunde und würde Vitas erster und letzter bleiben.

Abgesehen von seinem guten Aussehen, dem kräftigen Körper und einer für ein neugeborenes Wesen beeindruckenden Gelassenheit gab es etwas Weiteres zu berichten. Er hatte eine ausgesprochen sensible Nase, schrieb Joan. „Wenige Stunden, nachdem wir heimgekommen waren, wachte er auf, als ich den Raum betrat, und ich sah seine Nase arbeiten." Ich las über dieses unwichtige Detail hinweg. Theoretisch konnte ich mir zwar etwas unter einer „arbeitenden Nase" vorstellen, aber das interessierte mich nicht. Meinen beiden vorigen Deutschen Schäferhunden hatte ich beigebracht, ihre Nasen vom Schritt meiner Besucher fernzuhalten. „Nicht schnüffeln!" war eines unserer Standardkommandos.

Die wichtigste Neuigkeit, die Schlagzeile, war einige Absätze weiter unten in Joans E-Mail vergraben: „Warten wir ab, wie sich unser kleiner Prinz entwickelt, und dann kannst du entscheiden, ob du ihn haben willst." Sie versicherte mir, mir jederzeit mit Rat und Tat beizustehen, falls mich die Aussicht auf ein Einzelkind beunruhige, und dass sie und ihre erwachsenen Schäferhunde dem Welpen helfen würden, sämtliche Probleme zu überwinden.

Beunruhigen? Probleme? David und ich hatten soeben den Hauptpreis im Welpen-Lotto gewonnen: einen schönen, gesunden Rüden! Wir hatten einen Welpen! In der Woche davor war ich um meinen E-Mail-Posteingang geschlichen und hatte auf den Geburtsbericht gewartet. Fast ein Jahr war vergangen, seit unser geliebter Deutscher Schäferhund Zev gestorben war. Das nächste Kapitel unseres Lebens mit Schäferhunden war endlich angebrochen. Ich machte mich auf die Suche nach David, der im Büro an seinen Logik-Kursen arbeitete. Ich hüpfte durchs Wohnzimmer und lief zum Computer zurück, um David die E-Mail laut vorzulesen. Er wartete geduldig ab, während ich die Worte aussprach und Realität werden ließ. Ich wartete, bis meine Euphorie abgeklungen war, bevor ich Joan zurückschrieb. Ich wollte reif und ausgeglichen klingen. All das Planen, die Arbeit und die Kosten für einen einzigen Welpen statt für eine ganze Wurfkiste voller zappelnder Beine und Ruten. Die anderen auf der Warteliste würden enttäuscht sein. All das war mir bewusst, doch tat es meiner überschwänglichen Freude keinen Abbruch.

Zehn Monate zuvor hatte ich mich in die Linien der Schäferzüchterin aus Ohio und in die Vorstellung, einen solchen Welpen zu haben, verliebt. Joan Andreasen-Webb züchtete und hielt Schäferhunde aus westdeutschen Linien.

Sie zog ihre Welpen mit Ziegenmilch und Rohfleisch auf und sozialisierte sie gut. Ihre erwachsenen Hunde lagen am Gehsteig unter Kaffeehaustischen, kamen zur Kinder-Lesestunde in der Bibliothek, hüteten Schafe und brillierten in einer Sportart namens Schutzhund, von der ich nichts weiter wusste, als dass sie Beißen auf Kommando involvierte. Einige ihrer Welpen wurden sogar zu Polizeihunden ausgebildet. Jahre zuvor hatte ich als Reporterin einen Polizeihund begleitet; die Intensität und das tiefe Bellen des Hundes beeindruckten und erschreckten mich zu gleichen Maßen. Das war es nicht, was ich von einem Deutschen Schäferhund wollte. Mein Welpe hatte genau zwei Aufgaben: ruhig unter dem Schreibtisch zu liegen, während ich arbeitete, und dann aufzuspringen, um am Obedience-Turnierplatz alle anderen in den Schatten zu stellen – ein Hobby, das ich aufgegeben hatte, als Zev zu krank wurde, um Turniere zu laufen.

Schließlich ließ ich das Tagträumen sein und suchte Informationen zu Einzelwelpen im Internet. Für uns Menschen stellt das den Normalfall dar: Die meisten von uns kommen als einzelnes neugeborenes Kind auf die Welt. Für Hunde bedeutet „Einzelkind" genau dasselbe – nur dass im selben Atemzug zahlreiche Horrorgeschichten erwähnt werden. So läuft das im Internet allerdings meistens. Du suchst nach Erklärungen, und die Symptome lesen sich, als handle es sich um die Pest.

Für gewöhnlich senden und erhalten die Welpen in einem Wurf täglich Tausende von Signalen, während sie übereinander purzeln, einander abschlecken und beißen, vor Schmerz quietschen, entschuldigend pinkeln und sich über die Lefzen schlecken, um beim nächsten Mal sanfter zuzubeißen. Das Gedränge unter den Geschwistern bereitet sie auf die rauen Sitten der Hundezone vor, auf den bissigen Chihuahua der Nachbarn und auf überraschende Begegnungen mit seltsamen Menschen und Kindern. Ein Einzelwelpe dagegen lebt in einer Welt, in der es kaum Grenzen gibt. Häufig entwickelt er „Berührungsängste" anstatt einer „Beißhemmung". Er ist „unfähig, soziale Situationen ruhig und elegant zu lösen". (Obwohl ich kein Einzelkind war, konnte ich den letzten Punkt nachvollziehen.) Er ist „unfähig, mit Frustration umzugehen". (Diesen auch.) Joan hatte angedeutet, dass ein Einzelwelpe auch potentielle Vorteile hätte, und ich war erleichtert, in den folgenden Absätzen darüber zu lesen. Einzelwelpen können zu außergewöhnlich treuen Gefährten werden, da sie besonders enge Beziehungen zu Menschen eingehen – manchmal zumindest.

David und ich vermieden es an diesem Abend, das „Was wäre, wenn ..." anzusprechen. Wir hatten dem Welpen bereits einen Namen gegeben, bevor Vita läufig wurde: Coda, wörtlich „Schwanz" auf Italienisch, die musikalische

Bewegung am Ende einer Komposition – ein Rückblick, ein nachdenkliches Reflektieren, ein Schlussplädoyer. Dieser Welpe würde unser akademisches und soziales Leben nicht unterbrechen, sondern ergänzen. Ich hatte vor kurzem eine volle Professur an einer guten Universität erhalten und stand am Beginn einer vielversprechenden akademischen Karriere. Ich lieferte Forschungsergebnisse und erfüllte meine Bestimmung der durchsetzungsfähigen und hippen Jungprofessorin, die in coolen schwarzen Outfits auftrat und ihren Prinzipien treu blieb. Nichts und niemand konnte mich aufhalten. Vielleicht war ich kein akademischer Superstar, aber ich war verdammt gut in meinem Job. Ein Welpe war ein einfaches Geschenk, meine Belohnung für all die Arbeit und eine willkommene Ablenkung vom Universitätsalltag.

David und ich waren realistisch – zumindest redeten wir uns das ein. Wir erwarteten, dass ein Welpe aus westdeutschen Arbeitslinien mehr Energie haben und härter im Nehmen sein würde als Zev, dessen Lieblingsbeschäftigung darin bestanden hatte, im Gras zu liegen und an Blumen zu schnuppern. Wir hatten bereits einen Hund, der einen Teil unserer Zeit und Energie in Anspruch nahm: eine wunderschöne Irische Setterhündin, die wir vor einigen Jahren von meinem Vater übernommen hatten. Er war mit einer liebenswerten Frau zusammengezogen, die nicht an große, nahezu unkontrollierbare Hunde gewöhnt war, und wir boten an, Megan aufzunehmen, um die Belastung der neuen Beziehung durch die Hunde zu lindern. Ich log David an und versprach, dass es nicht bloß töchterliche Pflicht war, sondern Spaß machen würde, eine einjährige läufige Hündin zu adoptieren.

Obwohl Megan mittlerweile vier war und die Tage, an denen wir wünschten, sie an einen netten Bauernhof am Land abzugeben, selten geworden waren, hatte sich meine Einstellung zu Irischen Settern seit meiner Kindheit kaum verändert. Sie hatten unser kleines Haus in Oregon mit Lebensfreude, mangelndem Gehorsam und einem nahezu unheimlichen Ausbruchstalent erfüllt. Sie verschwanden regelmäßig im dunklen Nebel des Willamette-Tals, liefen querfeldein ins Nirgendwo und verirrten sich meilenweit von unserem kleinen Haus in den Hügeln – und zwar ausschließlich nachts. Ihre übrigen Sünden waren unerheblich: Sie sprangen an Gästen hoch, klauten leere Toilettenpapierrollen, um damit zu spielen, und rollten sich in unbeobachteten Momenten lautlos auf Betten und Lehnstühlen ein. Mein Vater liebte ihre Streiche; er liebte es, die seidigen Setterköpfe zu streicheln. Sie lenkten ihn von seinem mühsamen Alltag ab: einer fordernden Forschungskarriere, seiner pflegebedürftigen gelähmten Frau und drei mitunter wilden Kindern, die erzogen werden wollten. Die Setter und ihr Übermut waren sein einziger Urlaub.

Anders als mein Vater erfüllten Hunde für mich nicht den Zweck einer Ablenkung. Ich wollte Hunde, die sich vollkommen auf mich einließen – und umgekehrt. Anfang zwanzig waren Deutsche Schäfer meine Lieblingsrasse geworden. Einerseits, weil ich ihre Intelligenz und Würde und ihre körperliche Ähnlichkeit zu Wölfen liebte, andererseits, weil sie eine Antithese zur Rasse der Setter darstellen. Als ich David kennenlernte, war mein zweiter Schäfer noch ein junger Hund; er verliebte sich in uns beide. Zev war ein unkomplizierter Botschafter für seine Rasse.

David und ich beschlossen, dass der zerdrückte Maulwurf einen Namen brauchte, der besser zu ihm passte als Coda. Seine Ankunft in dieser Welt fühlte sich weniger wie das Ende einer Komposition und mehr wie eine Improvisation an. David, ein Jazzliebhaber, nannte ihn Solo.

Verhaltensforscherin und Autorin Patricia McConnell widmet einen Großteil ihrer beruflichen Laufbahn und Forschung Hunden mit Verhaltensproblemen. Eines ihrer Bücher enthält ein Kapitel zum Thema Aggressionsbewältigung bei Hunden. Sie berichtet über ihre Reaktion, als ihr Lieblings-Border-Collie einen einzelnen Welpen auf die Welt brachte: „Ich sollte doch den Menschen helfen – und nicht genau jene Probleme verursachen, die zu lösen meine Aufgabe war! Als der Tierarzt bestätigte, dass der Wurf aus einem einzigen Welpen bestehen würde, war ich außer mir. Man würde annehmen, dass diese Nachricht kein Drama wäre – doch genau so fühlte es sich an." McConnell überlegte kurz, den Welpen einzuschläfern, verwarf die Idee jedoch, sobald sie das kleine, warme Fellbündel in Händen hielt. „Im Laufe der Jahre hatte ich eine überdurchschnittlich große Anzahl Einzelwelpen mit ernsten Verhaltensproblemen gesehen." Sie war die Verhaltenstrainerin, die zu viel wusste. Dennoch entschied sie, das Experiment zu wagen – zugunsten ihrer Forschung und vielleicht im Sinne zukünftiger Klienten, die, an ihren Einzelwelpen verzweifelt, ihre Hilfe suchten.

Bereits im zarten Alter von fünf Wochen, schreibt McConnell, schenkte ihr der Border-Collie-Welpe ein grimmiges Knurren, die Lefzen über die winzigen Milchzähne zurückgezogen. „Ich hatte nichts weiter getan, als ihn zu berühren."

Joan gab dem Einzelwelpen den Spitznamen „Seine königliche Hoheit". Solo war der Herrscher über seine Welt. Schon bevor er acht Wochen alt war, hatte er das Äquivalent eines Oxford-Studiums in der Tasche. Der einzige Welpe im Wurf zu sein hatte seine Vorteile. Joan nahm ihn überallhin mit:

zu Akupunkturterminen, in den Baumarkt, zu Besuchen bei Freunden und auf Erkundungsspaziergänge in die Wälder. Ich folgte seinen Heldentaten über E-Mail und Fotos. Er hatte alles, was ein Welpe sich wünschen konnte, und mehr. Das heißt – nicht ganz: alles außer anderen Welpen, mit denen er hätte interagieren können. Seine junge Mutter Vita, eine triebstarke Importhündin aus Westdeutschland, sah sich nicht in der Rolle seiner Mentorin. Ihre Vorstellung davon, Solo zu bemuttern, bestand darin, ihn fieberhaft zu stillen und dann davonzustürmen wie Karl der Kojote, der den Road Runner in einer Staubwolke hinter sich zurücklässt. Also nahm sich Solos Großtante Cora mit beigem Fellkleid und gutmütigem Gesichtsausdruck, schelmischem Sinn für Humor und Toleranz für ungewöhnliche Welpen (weil sie selbst ein solcher gewesen war) seiner Erziehung an. So läuft es immer in Großfamilien, und manch einer entwickelt sich gerade darum umso besser. Cora interessierte sich für und amüsierte sich über Solo. Sie brachte ihm ihre Liebe für Spielzeug und Spiele näher, und er konnte sich alles erlauben. Auf einem der Fotos spaziert Solo mit seiner Lieblings-Stoffente im Maul über Coras ausgestreckten Körper und hinterlässt Pfotenabdrücke in ihrem plüschigen Fell.

> *Sie mögen mich, weil ich ein Schurke bin. Es gab leider nicht genug Schurken in Ihrem Leben.*
>
> *- Han Solo, Das Imperium schlägt zurück, 1980 -*

Solo war kein zerdrückter Maulwurf mehr; mittlerweile erkannte auch ich, dass er einen prächtigen Kopf bekommen würde. Ein bedeutender Teil dieses herrlichen Schädels diente seinem olfaktorischen System. Selbst aus vollem Lauf in Richtung Joan kam er mitunter schlitternd zum Stillstand und blähte die Nasenflügel, so weit er nur konnte, um einen eigensinnigen Geruch zu prüfen. „Die Nase regiert ihn", sagte Joan. Das waren keine guten Neuigkeiten. Aufgrund ihres Jagdhund-Erbes erstarrte Megan bei Anblick eines Vogels, einer Katze oder eines Eichhörnchens zur Salzsäule; jede ihrer Synapsen auf die eine, einzige Aufgabe gerichtet. Ich hatte auf einen Hund gehofft, der sich einzig und allein auf mich konzentrieren würde! Ich wusste, dass es etwa ein Jahr dauern würde, um ihn auf Touren zu bringen, doch hatte ich jenen Hundeführern im Obediencetraining, die ihre hängebackigen Bassets und Beagles anflehen mussten, die am Boden schnorchelnden, vom Geruch hypnotisierten Nasen zu heben und ihnen Aufmerksamkeit zu schenken, schon immer mit einem Anflug von Verachtung betrachtet.

Mitte Mai 2004, es hatte bereits um die dreißig Grad in Ohio – Vorboten eines noch heißeren Sommers –, fuhren wir die siebenhundert Kilometer von North Carolina zu Joan, um Solo kennenzulernen und abzuholen. Als wir ankamen, entspannte er alleine in einer offenen Box im Vorgarten, ein Stillleben in Rot und Schwarz, eine Pfote unter die Brust gefaltet, und überblickte sein Reich. Er hatte die kurze Phase, in der Schäferwelpen süß aussehen – mit weichen Schlappohren und Nasen, die noch nicht an Haifischschnauzen erinnern – bereits hinter sich gelassen. Solo begrüßte uns kurz, beschnüffelte und ignorierte uns dann. Er rannte umher und rempelte die erwachsenen Schäferhunde mit Spielsachen an. Er hatte Nerven aus Stahl. Er wirkte eingebildet. Er machte mich leicht nervös. Joan hatte eine schöne Abschiedsfeier mit Hunden und Menschen organisiert, um uns auf die Reise zurück nach North Carolina zu schicken. Solo rannte, knurrte und sprang die ganze Feier über auf und ab. Er verabschiedete sich von seinem würdigen Vater, Quando, indem er sich in dessen goldener Nackenkrause verbiss und ließ erst los, als Quando ihn über die lange Höckernase hinweg anblickte und einen Schritt nach hinten machte.

Wir sammelten Solo und seine kostbaren Spielsachen ein und fuhren die Landstraße entlang, zurück nach North Carolina. Auf dem Rücksitz, zu seiner eigenen und unserer Sicherheit in einer Reisebox verwahrt, lag unsere flauschige Zukunft. Das Einzige, was mir von der langen Fahrt noch in Erinnerung ist, sind die Hitze und die Tatsache, dass Solo ein perfekter, entspannter Beifahrer war, fröhlich aus dem Auto sprang, wann immer wir stehen blieben, wedelnd sein Geschäft verrichtete und dann zurück in seine Box kletterte wie ein erwachsener Schäferhund im Miniaturformat. Mittlerweile hatte ich ein besseres Gefühl bei der Sache.

„Meine Güte", staunte unsere Freundin Barbara Smalley, die am selben Abend vorbeikam, um den Neuankömmling zu begutachten. Der neun Wochen alte Solo sprang an Megan hoch, biss in ihre Ohren und ritt ihr auf. „Der hält euch auf Trab, was?" David und ich waren am Ende unserer Kräfte, Solo hingegen zeigte keine Spur von Erschöpfung. Megan sabberte und hechelte in ihrer Not. Aufgrund meiner Versuche, einzugreifen, sah ich bereits aus wie ein Junkie: Rotviolette Punkte und Kratzer zierten meine Arme an all jenen Stellen, an denen Solo seine Rage an mir ausgelassen hatte.

Er vertrieb sich unseren ersten gemeinsamen Abend mit Jaulen und Knurren und kaute sich methodisch durch eine Stoffbox, die teuer gewesen, Solo jedoch nicht einmal annähernd gewachsen war. Solo meinte, die Nacht sei noch jung, und ich heulte in Davids Armen. Ich wollte unseren neckischen, sanften Zev zurück! Seine schlimmste Sünde hatte darin bestanden, ein Stück

Seife aus der Dusche zu stehlen und vorsichtig auf den Badezimmerfußboden zu legen, mit einem einzigen Zahnabdruck. „Ich mag ihn nicht!“, heulte ich, wobei David mich über Solos Jaulen hinweg kaum verstand. Ich sah eine düstere Zukunft vorher; einen Deutschen Schäfer, der wie ein Orkan durch unser Haus und unsere Ehe tobte und ein Schlachtfeld an Scherben hinterließ.

David, seine Stimme sanft und entschlossen, sagte genau das Falsche: „Wir bringen ihn einfach zurück“, und mein verzweifeltes Heulen wurde doppelt so laut. Später behauptete David, dass er mit dem Vorschlag nur meine Depression hatte vertreiben wollen.

Am nächsten Morgen erwachte ich in grimmiger Stimmung. Ich bewaffnete mich mit einer Bauchtasche voller fettiger Leberkekse und einem Plastik-Clicker, dessen Metallzunge ich mit dem Daumen nach unten drücken konnte, um mit dem resultierenden „Tock“-Geräusch das exakte Verhalten zu markieren, von dem ich wollte, dass Solo es zeigte. Das kleine Miststück! Ich würde es mit Clicks, Geduld und Keksen formen und modellieren wie einen Plastilinhund! Zumindest, bis er es aufgab, Megan aufreiten zu wollen. Die Vorstellung des Hundes, der sich zu meinen Füßen zusammenrollte und vor sich hindöste, während ich schrieb, hatte ich bereits aufgegeben.

David und ich verliebten uns Hals über Kopf in Solo. Ich verliebte mich stärker, da ich alles ein paar Stufen intensiver empfinde als er. Zu Mittag desselben Tages hatte der Welpe mich völlig in seinen Bann gezogen. Solo war ein manischer Clown, ein Harpo Marx, der mich unentwegt zum Lachen brachte. Er war lustig und charmant – zumindest David und mir gegenüber. Er fand uns großartig und teilte uns dies in zahlreichen Worten mit: Er quietschte, knurrte, bellte, jaulte und fiepte mit einer Stimme, die einem angehenden Opernsänger alle Ehre gemacht hätte. Eine derartige Varietät hatte ich bisher nur in einer Sondersendung über Afrikanische Wildhunde auf *National Geographic* gehört. Solo starrte uns an, sagte „Gruuuuu!“, als wäre er ein Wolf, und verbog seinen Körper wie ein Akrobat, um unsere Reaktion zu sehen. Er fand Spielsachen, stürzte sich darauf, brachte sie uns, ließ sie fallen und ging rückwärts. Er begann, ihre Namen zu lernen. Er spielte und spielte und spielte. Mit uns. Nicht mit Megan. Er versuchte, uns zu beißen, und kollabierte in meinem oder Davids Schoß, wo er im Schlaf mit den Beinen zuckte. Sobald er aufwachte, fixierte er uns mit intensiven Blicken. Los geht's! Wenn er nicht schlief, ließ er uns nicht aus den Augen und wartete auf das nächste große Abenteuer.

Am zweiten Abend weinte ich nicht. Teils, weil ich erschöpft war, teils, weil ich zu erkennen begann, dass wir etwas Seltsames und Außergewöhnliches erlebten. Solo lenkte mich von meiner Verzweiflung ab. David, der Intelligenz höher schätzte als alles andere, versuchte vergeblich, seine Selbstzufriedenheit zu unterdrücken: Wir hatten den intelligentesten Hund, der ihm je begegnet war.

Intelligent heißt nicht friedfertig. Megan schien in einem Schockzustand gefangen. Sie starrte uns an, ohne uns zu sehen, das Weiß ihrer großen braunen Augen deutlich sichtbar. Um ihr einen kleinen Vorteil zu verschaffen, weichte ich ihre fransigen Ohren in Bitterapfel-Spray ein, der Solos davon abhalten sollte, von ihren Ohren zu baumeln. In der zweiten Nacht setzte sie ihren ganzen bitterapfel-klebrigen Körper wie eine Raupe ein, um ihr Schaumstoffbett so weit wie möglich von Solos Box im Schlafzimmer wegzuschieben, Zentimeter für Zentimeter: „Ich. Kann. Diesen. Welpen. Nicht. Leiden."

Solo war das egal. Megan war nur ein Hund, und Hunde waren nicht seine Menschen. Solo hatte keine Wurfgeschwister, die er hätte vermissen können. Wir mussten keinen Wecker in die Box legen, um schlagende Geschwisterherzen zu imitieren. Er schlief die Nacht durch. Er fühlte sich alleine wohl.

In den nächsten Tagen versuchten David und ich, Solo die internationale Bedeutung von „Au!" zu vermitteln. Ohne Wurfgeschwister, mit denen er hätte interagieren können, hatte er diese Lektion versäumt. Joan hatte ihm natürlich beigebracht, was passierte, wenn er seine spitzen Zähne in ihre Haut bohrte – doch mit neuen Händen, die er beißen konnte, vergaß er das Gelernte ganz einfach. Wir schrieen jedes Mal auf, wenn uns die Welpenzähne berührten. Solo verstand den Zusammenhang nicht, legte aber interessiert den Kopf schief, wenn wir aufheulten. Seine freundliche, geduldige erwachsene Schäferfamilie hatte ihm niemals Schmerzen zugefügt, wenn er im Spiel grob wurde, und er hatte keine Vorstellung davon, was es bedeutete, jemandem wehzutun.

Am vierten Tag legte Megan ihren betrogenen Blick ab und hörte auf zu sabbern. Sie schenkte Solo eine kurze königliche Spielverbeugung: Die Erlaubnis, Kontakt aufzunehmen, war erteilt. Als Nächstes brachte sie ihm grundlegende Manieren bei, die seine grobsten Regelbrüche unterdrückten: Schluss mit dem Beißen. Keinerlei Aufreit-Versuche. Kein Über-Megan-Stehen, wenn sie sich hinlegte. Keine riesige Welpenpfote auf ihrer Schulter. Sie bewegte sich ein winziges Stück zur Seite, sodass Solos Angriffssprünge ins Leere liefen und er, alle Viere von sich gestreckt, am Boden landete, statt die elegante Setterhündin zu rammen. Sie warf uns einen flüchtigen Blick zu und öffnete das Maul leicht, sodass ihre kleinen weißen Zähne hervorblitzten – ein Lächeln. Innerhalb weniger Stunden nahm Megans Rute wieder die übliche Position einer stolz im Wind wehenden Fahne ein, wenn ihre seidigen Fransen auch etwas in Mitleidenschaft gezogen waren. Zum ersten Mal, seit wir sie vor drei Jahren aus Oregon zu uns geholt hatten, flößte Megan uns Ehrfurcht ein. Unsere Traumtänzerin war erwacht. Wir beobachteten, wie sie sich auf Solo einließ und dann wieder zurückzog, wie sie den emotional beeinträchtigten Welpen geschickt und kaum merklich manipulierte. Wir wollten wissen, was Megan wusste.

Auch Solo ließen wir nicht aus den Augen. Ich begann zu verstehen, was Joan mit ihren Anspielungen auf seinen „Nasentrieb" gemeint hatte. David ging nach draußen, um im Garten zu arbeiten, und ich brachte Solo fünf Minuten später hinaus, um zu vermeiden, dass er ins Haus pinkelte. Er hatte kein Interesse, sein Geschäft zu erledigen; stattdessen senkte er seine Nase zu den warmen Steinen des Innenhofes und lief los. Er lief weiter durch die Bluthirse, die Nase dicht überm Boden. Seine spitzen Ohren ließen seinen Kopf wie eine Haifischschnauze wirken. Er hob die Schnauze nicht, bis er fest gegen Davids Beine stieß. Dieser hatte hinter dem Glashaus gearbeitet und blickte überrascht nach unten. Solo war seiner Spur dreißig Meter weit gefolgt, über zwei Kurven und drei unterschiedliche Oberflächen. Solos ganzer Körper wackelte vor Vergnügen und er biss fröhlich in Davids Jeans, bis dieser ihn mit einem „Au!" unterbrach. Solo hatte seine erste kurze Fährte ausgearbeitet und ein neues Lieblingskommando: „Wo ist David?"

Wir hatten Solo erst wenige Wochen, als uns mein Vater und meine Stiefmutter Angie von Oregon besuchten. Papa war selig, während seine alten Hände, deren Haut um die dicken Fingerknochen bei jedem Besuch lockerer wirkte, über Megans Kopf strichen. Er sah müde aus – nun, so hatte er den Großteil seines Lebens über gewirkt. Ich versuchte, Solo – das Gegenteil dessen, was Papa an einem Hund schätzte – müde zu machen und so weit wie möglich von den dreien fernzuhalten. Um drei drängten wir Papa Davids selbstgebackenes Brot und Schwarztee auf, um fünf einen Scotch auf Eis und lange politische Diskussionen. Papa war froh, dass ich sesshaft geworden war, mit meinem Doktortitel und einem guten, liebevollen Ehemann. Ich hatte länger dafür gebraucht, als er geplant hatte – mehr als vierzig Jahre. Wir hatten bereits öfter darüber geredet. Ich wusste, dass er nur das Beste für mich wollte, wenn er die Hoffnung aussprach, dass ich mich nun auf profunde akademische Gedanken konzentrieren könne. Jetzt, wo ich mein Leben mit dem intelligenten, humorvollen und verlässlichen David teilte, musste Papa sich keine Sorgen mehr machen, was die Vampire der Einsamkeit aus mir machen würden. Und weil ich unter die Akademiker gegangen war, würde ich, anders als zu meinen Zeiten als Reporterin, keine gefährlichen Unfälle in Chemielabors, Naturkatastrophen und Kriminalprozesse mehr recherchieren. Papa war beruhigt. Er hatte uns in Corvallis, Oregon, großgezogen, einer Stadt, die kürzlich zum sichersten Ort der Vereinigten Staaten gewählt worden war: keine Erdbeben, keine Hurrikans, keine Wirbelstürme, keine extremen Klimabedingungen, nichts. Er freute sich, dass mein Leben, abgesehen von einem gelegentlichen Hurrikan, jetzt fast so vorhersehbar war wie damals.

Ich musste mich umgedreht haben. In diesem Moment sprang Solo ab. Blut quoll aus einer dicken blauen Vene auf Papas Handrücken. Er tat es mit einem Schulterzucken ab. Selbst wenn er ein Deutscher Schäfer war – Solo war nur ein Welpe. Ich sperrte ihn in seine Box und gab ihm einen Ziegenknochen zum Kauen. Der siebentägige Besuch neigte sich dem Ende zu. Papa und ich spazierten eine letzte langsame Runde durch den Garten, bevor er und Angie zurück an die Westküste fliegen würden. Wir begutachteten die neuen Heidelbeersträucher; eine Sorte, die speziell für die Temperaturen und Luftfeuchtigkeit North Carolinas gezüchtet worden war. Wir bewunderten die Kardinäle, die wie rote Explosionen mit ihren charakteristischen „Chew! Chew! Chew!"-Rufen aus den Weidenblättrigen Eichen zu Boden schossen. Wir sprachen darüber, wie gut die Zukunft für uns beide aussah. Papas nicht diagnostizierter Krebs war in diesem Juni wahrscheinlich gerade dabei, Metastasen zu bilden.

Meine einfachen Kommandos zum Sitzen, Bei-Fuß-Gehen oder „Sich-Entspannen" interessierten Solo kein bisschen. Seine Tollheit und sein Tatendrang bestimmten, was Sache war: Er hielt nichts davon, sich im Vorraum niederzulegen und auf sein Abendessen zu warten – er startete wie eine Rakete, drehte und bog seinen Körper in der Luft, kam schlitternd vor der Tür zu stehen und versuchte sich an einem Salto, bevor er die geduckte Haltung eines grinsenden gotischen Wasserspeiers einnahm, um sein Dinner zu empfangen.

Solo liebte David und mich, und sogar Megan. Anderen Hunden gegenüber war er ein unberechenbarer Soziopath. Er hielt seine Artgenossen, besonders Schäfer und andere Hunde mit Stehohren, für Feinde. Sein Ruf eilte ihm voraus: Sobald er einen fremden Hund roch, sträubte er knurrend die Nackenhaare. Tierarztbesuche waren eine Herausforderung. Eine Tierärztin schrieb in ihre Notizen, dass er sich zu einem boshaften Hund entwickle. Solo war zehn Wochen alt. Ich wechselte den Tierarzt. Eine andere Tierärztin empfahl teure Akupunkturbehandlungen und Homöopathie. Ich wechselte auch sie. Solo war kein guter Kandidat für Welpenkurse: Schon beim Betreten des Trainingsgebäudes sträubte er knurrend die Nackenhaare. Dieselben Trainer, die gelächelt hatten, wann immer Zev und ich auftauchten, brachten ihre Shelties und Schnauzer in Sicherheit, sobald sie Solo erblickten. Bekannte Unterordnungstrainer mit jahrzehntelanger Erfahrung und zahlreichen Begleithunde- und Obedience-Pokalen entwarfen Strategien für Solo: Vielleicht brauchte er eine neue Art Kopfhalfter, ein Halti, um seine eigensinnige Schnauze durch die Sturm- und Drangzeit zu führen. Eine Trainerin, mit der Zev und ich jahrelang gearbeitet hatten, riet mir, Solos für sein Verhalten hart zu strafen. Ich wechselte auch sie. Ich wurde richtig gut darin, Trainer und Tierärzte zu wechseln.

Ich hatte noch nie einen Hund gehabt, der anderen Hunden gegenüber aggressiv reagierte. Es war wie ein scharlachroter Buchstabe auf der Stirn, der bestätigte, was viele bereits wussten: Deutsche Schäfer waren gefährlich. Ich recherchierte und recherchierte. Ich bestellte teure Videos und Bücher über Aggression beim Hund. Über die Leine übertrugen sich meine Nervosität und die Vorahnung, wie Solo reagieren würde, auf sein limbisches System und verstärkten sein reaktives Verhalten noch weiter. Meine Ausstrahlung bestätigte, was er bereits wusste: Fremde Hunde bedeuteten Ärger, und Solo bedeutete noch mehr Ärger für sie. Meine Beziehung zu anderen Hundehaltern begann darunter zu leiden.

Ein Trainer, der es gewohnt war, mit fröhlichen Labradoren zu arbeiten, warf mir einen bestürzten Blick zu und schüttelte den Kopf, nachdem Solo knurrend einen kurzhaarigen Vorstehhund angesprungen hatte, der es gewagt hatte, ihn fröhlich zu begrüßen, während er im Gruppenkurs ein Platz/Bleib zu halten versuchte. „Herrgott noch mal“, knurrte ich, hauptsächlich zu mir selbst, „kontrollier doch deinen Hund und nimm ihn an die Leine!“ Ich war am Ende meiner eigenen Leine angekommen und begann, Aggressionen gegenüber Menschen zu entwickeln. Ich ging, bevor der Kurs zu Ende war, und mailte Joan. Sie schickte mir Unmengen von Ratschlägen. An diesem Abend heulte ich wieder in Davids Armen, wütend auf Solo, auf den dummen Vorstehhund-Besitzer und auf mich selbst.

Diesmal war meine Verzweiflung schlimmer. Inzwischen war Solo mehr als der Welpe, den ich großzuziehen plante – ich liebte ihn. Er war mein Hund und meine Verantwortung, der die langen Nach-Hause-Fahrten nach missglückten Welpenkursen am Rücksitz verschlief. Ich ließ ihn im Stich und versagte, während ich mit Trainingsmethoden jonglierte und sämtliche Orte mied, an denen wir anderen Hunden hätten begegnen können.

Bisher hatte kein Schäfer aus Joans Nachzucht Solos Verhalten im Umgang mit anderen Hunden gezeigt. Später erzählte sie mir, dass sie sich Sorgen gemacht hatte, als Solo zur Welt kam. Sie wusste, was es bedeutete, ein Einzelwelpe zu sein, und hatte erfolglos versucht, einen größeren Wurf zu finden, in dem sie „Seine königliche Hoheit“ unterbringen konnte. Kein Züchter in der näheren Umgebung hatte einen Wurf in einem ähnlichen Alter.

“Ganz ehrlich“, schrieb Joan, „nach all diesen Jahren des Trainings und den Erfahrungen mit Solo denke ich, dass die Mehrheit der Welpen, die ohne Geschwister aufwachsen, die Nuancen der Hundesprache einfach nicht lernt. Sie lernen nicht, dass Kommunikation ein Geben und Nehmen ist.“

Wer Solo knurren und in Angriffshaltung gehen sah, fragte mich: „Du hast ihn nach Han Solo benannt, nicht wahr?“ Nein. Ganz und gar nicht. Ich war kein *Star Wars-Fan*, und ich mochte den Charakter nicht, obwohl ihn Harrison Ford spielte. Und doch passte seine Beschreibung haargenau auf Solo: charismatisch. Egoistisch. Dreist. Ein talentierter, rücksichtsloser Außenseiter.

Ein Einzelgänger.

2
Der Tod und der Hund

Obwohl sie für ihre guten Eigenschaften geschätzt werden – Jäger, Wächter, Hirte, Freund, Arbeiter – sind es doch dieselben Hunde, die Gräber verunstalten, Kadaver fressen und die Tore zur Hölle bewachen ...

- Paul Shepard, The Others: How Animals Made Us Human, 1997 -

Zwei Monate nach Solos Ankunft fand ich mich in Nancy Hooks Garten in Zebulon wieder. Ich saß auf der Kante eines metallenen Klappstuhls. Nancy ließ sich im Liegestuhl nach hinten sinken und nahm einen Schluck aus ihrer in einen Bierkühler gewickelten Limonadenflasche. Sie war ein freundlicher, lockerer Mensch – abgesehen von der Warnung, die sie hin und wieder an die Hunde richtete, die in ihren Zwingern miteinander stritten. „Na wartet, gleich komm ich rüber ..!" Sie verstummten. Es war Mitte Juli und sowieso zu warm zum Raufen. Japankäfer brummten vorbei. Ringelspinner-Raupen hatten einen großen Teil der Blätter des riesigen Pekannussbaums, unter dem wir saßen, eingesponnen und kahlgefressen.

Ich kannte Nancy noch aus der Zeit, zu der ich mit Zev das Gruppentraining besuchte, das sie auf einem Parkplatz abhielt. Sie hatte uns beide herzlich und freundlich aufgenommen, wenn sie auch kein besonders großes Interesse an Zev hatte: Er war so sanftmütig und unauffällig, dass man ihn in einer Hundegruppe leicht übersah.

Seither hatte ich Nancy kaum gesehen, doch ich begann, mich besser an sie zu erinnern, als ich in die Einfahrt bog und den schwarzen Hirschjagd-Aufkleber auf ihrem Pritschenwagen sah. Ihr Haar war immer noch kupferrot, ihre kastanienbraunen Augen von Lachfältchen umrandet. Sie trug Tarnhosen.

Ich hatte Nancy eine verzweifelte E-Mail geschrieben, als ich mich erinnerte, wie praktisch sie dachte und humorvoll sie war. Ich hatte beide diese Eigenschaften dringend nötig. „Klar", sagte sie, „komm zu mir ins Camp Hook, und bring deinen Hund mit!" Sie war kompetent und entspannt. Ich war nervös und redete viel. Solo, der sich unmöglicher verhielt, als der schlimmste viermonatige Schäferhund sollte und jedwede Anmut vermissen ließ, hatte die Nackenhaare gesträubt, den Rücken gekrümmt und wilde Augen. Immer wieder preschte er auf die Zwingeranlage zu, halb Hengstfohlen, halb Tasmanischer Teufel. Er knurrte und stieß sich mit den Pfoten am Maschendrahtzaun ab. Ich sprang aus meinem Klappsessel hoch, fischte nach den Keksen in meiner Bauchtasche und versuchte, ihn abzulenken und das Verhalten, das Nancy zu sehen bekam, zu minimieren. „Solo? Solo! Schau! Braaaaaver Hund!" Ich stopfte sein gieriges Maul mit Leberkeksen.

"Hör auf, ihn vollzutexten", sagte Nancy, „und gib ihm nicht so viele Kekse. Du machst ihn zu einer Memme." Meine Hand erstarrte mitten in der Luft. „Er ist einfach ein Macho", sagte sie. „Ein kleines Arschloch. Was willst du mit ihm machen?"

Und mit dieser einfachen Frage begann meine eigenartige Hundewelt, wieder ins Gleichgewicht zu kommen. „Was willst du mit ihm machen?" hieß nicht endlose Therapiesitzungen und Beruhigungsmittel, um Solo zu einem schläfrigen und unterwürfigen Hündchen zu machen, das hin und wieder ein warnendes Hundeflüsterer-"Tzzzzz!" und einen drohenden Zeigefinger brauchte, um nicht aus der Reihe zu tanzen. Genauso wenig sollte es heißen, dass ich Solo mit Clicks und Keksen zum perfekten Unterordnungs-Turnierhund machen konnte. Das war nichts für Solo; außerdem langweilte auch ich mich bereits mit der Hundesportwelt. Nancy wollte damit auch nicht sagen, dass Solo der typische Hundezonen-Hund werden könne, der es mir erlaubte, bis zum Sonnenuntergang mit anderen entspannten Hundebesitzern auf einer Parkbank zu tratschen, während wir unseren Hunden beim Spielen und Bellen zusahen.

Sie meinte: „Welchen Job soll dein Hund haben?"

Ich hatte keine Ahnung. Ich wollte, dass er keine Zeit hatte, um das zu tun, was Nancy gerade zu sehen bekam. Ich wollte, dass er eine Aufgabe hatte. Keinen vorgeblichen Job, der nur dazu diente, sein kleines Herz der Finsternis auszulasten. Nach Möglichkeit auch keine Aufgabe als Therapiehund in einem Seniorenheim, nachdem er sich verhielt wie ein Elefant im Porzellanladen. Ich wollte, dass seine Aufgabe einen Sinn hätte, weil ich den Sinn meiner eigenen Arbeit ständig hinterfragte.

Nancy hörte sich meine Ängste und Zweifel nicht lange an. „Du denkst zu viel nach", sagte sie. „Genau das ist dein Problem."

Sie befahl mir, Solo in Ruhe zu lassen. Ich zog meine Hände aus dem fettigen Keksbeutel und legte sie auf die Knie. Ich wandte meinen Blick von Solos Boshaftigkeit ab. Innerhalb weniger Minuten gesellte er sich zu uns und ließ sich mit einem Seufzer ins schattige Gras fallen. Schlimm zu sein macht keinen Spaß, wenn niemand darauf reagiert.

Nancy und ich besprachen meine Optionen. Sie unterrichtete alles, von Stubenreinheit über Verhaltensmodifikation bis hin zu Unterordnung und Fährtenarbeit. Solo zum Rettungshund auszubilden war nicht ideal. Ich konnte meine Studierenden weder auf einen Vortrag zum feministischen Essentialismus warten lassen, während ich nach einer vermissten Dreijährigen suchte, die in Wahrheit bloß bei den Nachbarn mit Action-Figuren spielte, noch konnte ich mich darauf verlassen, dass mein Körper in der Lage wäre, einem Hund auf der Suche kilometerweit durchs Dickicht zu folgen; ich könnte Asthmaanfälle bekommen, mein Ischiasnerv sich entzünden; ich würde mit angelaufenen oder gesprungenen Brillengläsern durchs Gebüsch torkeln. Die Vermissten hatten eine bessere Chance verdient, als ich sie zu bieten hatte.

Das sah Nancy ein. Außerdem war ihre Begeisterung für den sozialen Aspekt der Rettungshunde-Arbeit im Laufe der Jahre abgeflaut. Ihre Beschreibung der Intrigen der Rettungshundeteams erinnerte mich stark an das Anglistikinstitut meiner Fakultät, nur ohne dessen viktorianischen Charme. Weitere Probleme tauchten auf: Ich wollte keine Suchausrüstung tragen, die mich aussehen ließ wie eine Pfadfinderin. Und dann war da die Vorstellung eines Teams. Klar, ich konnte mit anderen zusammenarbeiten, aber mit dem fröhlichen Spruch „Einer für alle, alle für einen!" konnte ich wenig anfangen. Zu Solo passte er auch nicht. Es war besser, wenn er sich nicht ständig in der turbulenten Welt sozialer Gepflogenheiten unter Caniden zurechtfinden musste. Ihn aussenden, um gemeinsam mit einer Reihe selbstbewusster

Spürhunde zu suchen? Sie würden sich seine Garstigkeit nicht gefallen lassen, und das Einzige, was von ihm überbliebe, wären Büschel von schwarz-rotem Fell am Wegesrand. Es gab eine Lösung für all die Zeitprobleme, meine zweifelhafte Teamfähigkeit und Solos psychopathischen Welpencharakter. Nancy war sehr zufrieden mit sich selbst, als ihr diese einfiel: „Ein Leichenhund."

Ich wusste nicht genau, was Nancy meinte, doch hatte ich bereits eine Ahnung: „Toter Hund." Ich bin gut darin, Wörter aneinanderzureihen und zu wissen, was sie bedeuten. Das ist es schließlich, womit ich meinen Lebensunterhalt verdiene.

„Es passt perfekt", jubelte Nancy. Die Toten würden auf uns warten, und während sie warteten, verströmten sie Geruch. Mit der Ausnahme von steifgefrorenen Leichen wird der Geruch im Laufe der Zeit immer stärker. Leichenspürhunde und ihre Führer arbeiteten systematisch – und meistens alleine, nicht mit anderen Menschen und Hunden. Die Aufgabe des Hundes war sowohl einfach als auch komplex: jene Stelle zu finden, wo der Geruch am stärksten ist, und sie seinem Menschen zu zeigen. Irgendjemand muss diese Arbeit machen. Angehörige und die Exekutive wollen meistens – nicht immer, aber meistens –, dass die Leiche gefunden wird. „Außerdem", sagte Nancy strahlend und die Lachfältchen um ihre Augen wurden deutlich sichtbar, „macht es wirklich Spaß. Du wirst es lieben!"

Sie vermied es, zu erwähnen, dass meine lachsfarbenen Leinenhosen vermutlich nicht das ideale Outfit für die Suche wären.

Am Ende unserer Trainingseinheit schickte sie Solo und mich auf den Heimweg. Ich war verschwitzt, roch nach Leberkeksen und der Gedanke an vermisste Personen erfüllte mich mit unerklärlicher Freude. Der erschöpfte Solo schlief friedlich auf der Rückbank; einzig seine riesigen Pfoten zuckten hin und wieder. Diesmal stießen sie in die klimatisierte Luft statt gegen den Maschendrahtzaun.

Nancy, die mit meinen zwanghaften Gewohnheiten vertraut war, verbot mir explizit, über Leichenspürhundetraining zu lesen. Ich würde Solos Training vermasseln, wenn ich zu früh zu viele Theorien las. Sie erlaubte mir zwei Ausnahmen: Bill Syrotucks *Scent and the Scenting Dog* und Andy Rebmanns *Cadaver Dog Handbook*. Ich bestellte beide Bücher. Da Warten nicht zu meinen Stärken gehört, warf ich danach den Computer an und tippte „der Tod und der Hund" in mein Suchfenster.

Im Jahr 2012 publizierten tschechische Archäologen ihren Fund dreier Totenschädel, die domestizierte Hunde vermuten ließen: Sie hatten kürzere Schnauzen und ein breiteres Neurocranium als bei ihren wölfischen Cousins üblich. Zwischen die Kieferknochen eines der 31.500 Jahre alten Totenschädel war ein flaches Knochenfragment – möglicherweise das eines Mammuts – geschoben worden. Der Mammutknochen wirkte so bewusst platziert und sinnträchtig, dass die Archäologen nicht anders konnten, als zu spekulieren: War der Knochen Teil eines Begräbnisrituals, der die Seele des Tieres beschwichtigen und es zum Zurückkommen einladen sollte? Sollte es durch die Gabe darin bestärkt werden, verstorbene Menschen zu begleiten?

> *Kein Haus stünde für mich fest und sicher auf der von Ahura geschaffenen Erde, gäbe es nicht meinen Hütehund oder Haushund.*
>
> *- Ahura Mazda, zarathustrischer Gott -*

Die Spekulationen sind gar nicht so weit hergeholt. Hunde lauerten zwar für lange Zeit am Rande der Zivilisation, doch luden wir sie auch ein und ließen ihnen einen besonderen Status zukommen. Seit Tausenden Jahren und in zahlreichen Religionen verlassen sich die Lebenden darauf, dass Hunde ihre Toten geleiten – dass sie uns vom Diesseits ins Jenseits führen, wo auch immer das Jenseits liegt. Nur wenige Mythen sind ähnlich weit verbreitet. Die Versuchung, diese Aufgabe den Hunden zu übergeben, ist verständlich: Sie scheinen geradewegs dafür gemacht. Hunde heulen den Mond an und warnen uns, dass der Tod am Horizont lauert. Sie hören und riechen, knurren und sträuben die Nackenhaare und warnen uns vor Gespenstern, die unsere stumpfen Sinne übersehen.

Sie fressen auch gerne – sogar uns, wenn sich die Gelegenheit ergibt. Tote Menschen unterscheiden sich nur leicht von anderen Tierkadavern. Wir bestehen aus Protein. Tote beginnen, sofern das nicht bewusst verhindert wird, zu stinken und werden damit täglich attraktiver für Schmeißfliegen, aber auch weiter entwickelte Tiere wie Hunde.

Teilweise kommt die religiöse Verbindung zweifellos von einem Ritualisieren der düsteren, aber durchaus nützlichen Tatsache, dass Hunde und andere Caniden wie Schakale Abfälle fressen. Der Mensch beobachtete dieses Verhalten – freudig und ohne böse Folgen für die Tiere – und kam zu dem Entschluss, dass Hunde und ihre nächsten Verwandten mächtig sein mussten, immun gegen die Dämonen des Todes, welche die Leichen umgeben. Der

Nutzen der Caniden ging über das simple Beseitigen der Toten hinaus. So wurde im alten Ägypten in einem pragmatischen wie auch religiösen Schritt der Schakal-Hund zum Gott gemacht. Anubis, der Freund der Toten, war kein Grabräuber, sondern der Beschützer der Toten in ihren Gruften.

Während Anubis das Thema zahlreicher Kunstwerke und Berichte ist, sind nur ein oder zwei Dokumente aus dem neunzehnten Jahrhundert erhalten, die davon erzählen, wie die alten Baktrer (im heutigen Afghanistan) und die Hyrkanier (damals Teil des persischen Reiches) mit jener Vorliebe der Caniden umgingen. In den Berichten lesen wir, dass die Baktrer Hunde einsetzten, die sie als *canes sepulchrales* bezeichneten. Sie hatten eine ganz bestimmte Aufgabe: die Toten zu fressen. Als Gegenleistung erhielten sie die beste Pflege und Aufmerksamkeit, „denn es schien nur angemessen, dass die Seelen der Verstorbenen in gesunden und starken Körpern wohnen sollten." Kein schlechter Deal für die Verstorbenen, die sich in einem mobilen, flauschigen Sarg aufhalten durften! Die wenigen geschichtlichen Informationen, die uns erhalten sind, schweigen sich darüber aus, was nach dem Tod des Hundes passierte.

Auch für die Zarathustrier in Persien spielten Hunde eine zentrale und vielschichtige Rolle auf Begräbnisritualen. Wie die Ägypter und Baktrer hatten sie offenbar beschlossen, das Beste aus der hündischen Liebe zu stinkendem Protein zu machen. Hütehunde waren bereits ein zentraler Teil des nomadischen Erbes der Zarathustrier. Forscherkoryphäe Mary Boyce schreibt zum antiken Iran, dass „sterblichen Hunden" in heiligen zarathustrischen Texten „auffällig große Bedeutung zukommt". Die Hunde wurden mit Feuer verglichen – sowohl schützend als auch zerstörerisch. „Es ist wahrscheinlich, dass den Hunden diese Macht zugesprochen wurde, weil sie zugleich im Avesta immer wieder im Zusammenhang mit dem Verschlingen von Leichen auftauchen", schreibt Boyce.

Ein Hund, der dies tun konnte, ohne von Nasu, dem Dämon der Fäulnis, heimgesucht zu werden, musste unter dem Schutz der Götter stehen. Das Begräbnisritual im Zarathustrismus hieß *sagdid*, „vom Hund gesehen". Diese Aufgabe musste von einem besonderen Hund erledigt werden. Ein Hund, der an einen Deutschen Schäfer erinnert. Der ideale *sagdid*-Hund war ein mindestens vier Monate alter Rüde. Er war „goldbraun" mit „vier Augen" – vielleicht ähnlich wie der rostrot-schwarze Solo mit zwei unruhigen schwarzen Flecken an jener Stelle, an der beim Menschen die Augenbrauen säßen. Einer der kleinen gusseisernen Gegenstände im Teheran-Museum sieht aus wie ein gedrungener Deutscher Schäferhund, obwohl die Rasse damals noch nicht existierte. Ein typischer damaliger Hund könnte weiß gewesen sein, mit gelbbraunen Augen – wahrscheinlich ähnlich dem israelischen Kanaan-Hund, einer alten Hütehundrasse, die es heute noch gibt, oder einer der Wachhunderassen aus derselben Gegend.

Die Hunde, die zum *sagdid* ausgewählt wurden, wurden für ihre Arbeit bezahlt. Und die Zarathustrier wussten, wie man einen Hund trainiert: Drei Stück Brot wurden auf den Toten gelegt, um den Hund zu verleiten, sich zu nähern, den Blick auf der Leiche ruhen zu lassen und Nasu zu vertreiben. Genauso begann ich, Solo beizubringen, den Geruch des Todes zu erkennen und ihm nachzugehen – nur dass ich kein Brot, sondern Leberkekse und Spielzeug verwendete, um sein Interesse zu wecken.

Die Arbeit der Hunde endete nicht mit dem sagdid. Nachdem der vieräugige Hund seine Arbeit beendet hatte, brachten Totenträger die Leiche fort, und die Dorfhunde und Geier folgten und feierten ein Festmahl.

Zarathustrische Hunde – von den Schäfern über die Jäger bis zu den Haus- und Dorfhunden – hatten ein gutes Leben: Sie wurden besonders reich gefüttert, wenn Menschen starben. Dabei bekamen sie nicht nur ein Stück Brot und halfen beim Vertilgen der Leiche, nein, sie erhielten auch ein ganzes Ei und Teile der Opfergaben für die Toten.

Wenn zarathustrische Haushunde starben, wurden sie auf besondere Art verabschiedet. Boyce schreibt: „Bis Mitte des zwanzigsten Jahrhunderts wurde ein verstorbener Haushund in ein altes heiliges Hemd gewickelt, mit einem heiligen Gürtel verbunden und zu einen unwirtlichen Ort gebracht, wo kurze, feierliche Ritualen für seine Seele zelebriert wurde."

Mir gefielen alle Rituale, ganz besonders das für den Haushund. Es ging einen Schritt weiter als das, was wir nach Zevs Tod gemacht hatten: Der Tierarzt hatte uns seine Asche in einer Plastikdose mitgegeben. Die Dose befand sich in einem burgunderroten Seidenbeutel, der mit einer kleinen Regenbogenbrücke bestickt war. Die Dose steht immer noch am Eichenschreibtisch meines Urgroßvaters. Ich weiß nicht, worauf wir warten. Wir sollten seine Asche an einen unwirtlichen Ort bringen.

Singe den Zorn, o Göttin, des Peleiaden Achilleus,
Ihn, der entbrannt den Achaiern unnennbaren Jammer erregte,
Und viel tapfere Seelen der Heldensöhne zum Aïs
Sendete, aber sie selbst zum Raub darstellte den Hunden,
Und dem Gevögel umher.

- Homer, die Ilias -

In der westlichen Welt wurden die Hunde nicht annähernd so gut behandelt wie bei den Zarathustriern – und das, obwohl wir der Wölfin, die Romulus und Remus fütterte und aufzog, zu tiefer Dankbarkeit verpflichtet wären. Wer hätte Rom und damit unsere Version der Zivilisation begründet, wäre sie nicht gewesen? Wir schrecken davor zurück, Hunde in unser religiöses Leben zu integrieren, und vor der Vorstellung, dass Hunde Menschen fressen könnten, graut uns. Homer machte sich die Anziehungskraft, die Leichen auf Hunde ausüben, in der Ilias zunutze und schuf damit die perfekten Rahmenbedingungen für Horror und Chaos.

Der große, böse und zumeist dunkle Hund lauert am Rande der westlichen Zivilisation. Hekate, die hellenistische Göttin der Geister und der Zauberei, hatte eine schwarze Hündin als Schutzgeist an ihrer Seite. Die Griechen opferten Hekate schwarze Welpen; überhaupt stellten Hunde in vielen Religionen eine beliebte Opfergabe dar. Zerberus, der dreiköpfige Höllenhund, erlaubte neuen Seelen, das Totenreich zu betreten, doch ließ er niemanden wieder gehen. Gamr, ein blutbefleckter Wachhund der nordischen Mythologie, der stark an einen Deutschen Schäferhund erinnert, bewachte das Tor zur Unterwelt, in die Übeltäter verbannt wurden. Die Cŵn Annwn, Geisterhunde der walisischen Mythologie, sagten den Tod vorher.

Zumindest erlaubten die polytheistischen Religionen den Hunden, eine Vielzahl von Rollen zu spielen. Vielleicht verschlangen sie Kadaver, doch waren sie auch Wächter und Führer. Homer eröffnete die Ilias zwar mit gierig schlingenden Hunden, doch in der Odyssee wird der sterbende Hund seines Helden zum Symbol für Treue: Einzig und allein Argos erkennt Odysseus, als dieser nach zwanzigjähriger Abwesenheit von seinen Reisen zurückkehrt. Die drei großen monotheistischen Religionen hingegen gestehen den Hunden traditionell keine Vielzahl an Rollen zu. Sophia Menache, Historikerin an der Universität von Haifa, postuliert, dass jüdische, christliche und muslimische Religionen sich von Hunden und deren vertrauter Beziehung zum Menschen bedroht fühlen: Im landwirtschaftlichen Leben spielten Hunde beim Hüten, Bewachen und Ziehen von Lasten eine zentrale Rolle. Sie erinnerten die monotheistische Würdenträger an die allgegenwärtige Konkurrenz der Sekten, welche häufig Tiere verehrten. Wenn wir uns also mit den organisierten Religionen der westlichen Welt auseinandersetzen und die Frage stellen, ob die Hunde einen Vorteil daraus zogen, muss die Antwort Nein lauten. Im neuen Testament werden Hunde zweiundvierzig Mal erwähnt – und zwar fast ausschließlich im negativen Sinne. Die Antipathien und Unsicherheiten der drei Religionen wurden im Laufe der Jahrhunderte milder. In vielen muslimischen Ländern wird allerdings noch immer kurzer Prozess mit Hunden gemacht, und so mancher Christ strebt bis heute nach alleiniger Herrschaft über die Natur.

Bis in die Gegenwart sind wir in der westlichen Welt seltsam fasziniert von der Rolle, die Hunde beim Tod spielen. Scamp, ein Schnauzer in einem Seniorenheim in Ohio, machte 2007 Schlagzeilen, weil er dazu neigte, vor der Zimmertür jener Patienten, deren Tod kurz bevorstand, bellend auf- und abzulaufen. Über einen Zeitraum von drei Jahren hatte er „auf unheimliche Weise“ den Tod von vierzig Menschen vorhergesagt, erzählt Adeline Baker, die Leiterin des Heims in einem Interview mit Inside Edition. Die Patienten taten alles andere, als Scamp aus dem Weg zu gehen: „Wir sehen ihn nicht als den Sensenmann“, erklärt Adeline Baker. „Es ist schön, zu wissen, dass am Ende unseres Lebens jemand bei uns sein wird, selbst wenn wir keine Familie haben.“

Vielleicht wurde Scamps Gegenwart als tröstend empfunden, weil er nicht groß und schwarz, sondern klein und grau war und lustige Augenbrauen hatte. So oder so hält das hartnäckige Gerücht, dass große, schwarze Hunde in US-amerikanischen Tierheimen häufiger eingeschläfert werden als andere, wissenschaftlichen Studien nicht stand.

In unseren modernen Zeiten haben wir für die Homer'sche Wortwahl der Leichen verschlingenden Hunde Euphemismen gefunden. Forensische Wissenschaftler sprechen heute von der „Prädation der Hunde“, doch obwohl wir einen hübschen lateinischen Namen für das Phänomen haben, halten wir lieber einen gewissen Sicherheitsabstand ein. Und doch: Vor ein paar Jahren strömten Kinder in unser örtliches Wissenschaftsmuseum, um eine der populärsten Ausstellungen zu sehen, die je aufgezogen worden waren: Es ging um Insekten und den Tod. TV-Serien wie *CSI* und *Bones – Die Knochen-*

jägerin haben uns im Umgang mit Maden und damit, was sie uns über das Verwesungsstadium eines Kadavers erzählen, erstaunlich abgehärtet und zur Beliebtheit eines ganzen Forschungsgebiets beigetragen: forensische Entomologie, die Lehre vom Tod und den Insekten. Wissenschaftler wissen jede Menge über die Rolle von Bären im Zusammenhang mit Kadavern; über die Rolle der Hunde ist weniger bekannt. Die Handvoll Studien, die zu diesem Thema auffindbar sind, zeigen jedoch, dass Hunde und ihre Cousins, die Kojoten, eine große Rolle beim Beseitigen menschlicher Überreste spielen.

Die Medien scheinen jede Menge darüber zu wissen, wie Hunde Tote finden. Die Geschichten finden sich überall, Hunderte, ja Tausende Varianten derselben Story: Jemand führt seinen Hund spazieren – und findet eine Leiche. Ich bin mir sicher, dass eine Studie zeigen würde, dass gewöhnliche Familienhunde auf Spaziergängen oder beim Streunen weit mehr Leichen finden als Hunde, die speziell auf diese Aufgabe trainiert wurden. Das ergibt sich ganz einfach aus den Millionen Hundenasen da draußen, die Überstunden arbeiten, ohne dafür bezahlt zu werden.

Je nachdem, wie man die Welt sieht, ist es etwa eine gute oder eine schlechte Idee, den eigenen Hund ohne Leine durch den Wald laufen zu lassen. Aber seien wir ehrlich: Angeleinte Hunde finden Tote nicht mal annähernd so oft wie Hunde im Freilauf. Im Allgemeinen ist das Auffinden von Leichen eine gute Sache, auch wenn Hundebesitzer und -sitter meist wenig begeistert von der Entdeckung sind.

Ollie, ein Golden Retriever, war an einem Januartag im Jahr 2012 im Freilauf in Hollywood Hills unterwegs. Seine Hundesitterin und ihre Mutter waren mit ihm und acht weiteren Hunden unterwegs. Ollie sprang ins Gestrüpp und begann, begeistert mit einer Plastiktüte zu spielen. „Er buddelte, buddelte, buddelte und bellte", berichtet Lauren Kornberg, die Hundesitterin, dem örtlichen Radiosender in einem Interview. Ollie zerfetzte die Tüte und trug etwas Großes, Rundes im Maul. Als er es fallen ließ, rollte es in den Straßengraben. Kornberg gab zu, dass es ihre Mutter war – „eine verantwortungsbewusste Erwachsene" –, die nachsah, worum es sich handelte, und den Kopf fand.

2011 brachte ein vierjähriger Labrador namens Fisch einen verwesenden menschlichen Arm in den Vorgarten seiner Besitzer in Mission, Texas. Der Polizei gelang es, Hand- und Armknochen sicherzustellen, bevor sie in Fischs Rachen verschwanden. Der erwachsene Hundebesitzer war traumatisiert – anders als seine achtjährige Tochter, die mit dem Fernsehreporter plauderte. Sie erzählte, dass ihr Hund auch gern den Hühnerstall der Nachbarn besuche: „Fisch findet alles. Zu Ostern hat er uns Eier gebracht!"

Ich kann die Reaktion ihres Vaters nachvollziehen. Auch ich würde Fischs Geschenke nicht annehmen.

Hunde, schreibt Paul Shepard, die menschliche Gräber plündern, erinnern uns an unseren bevorzugten Umgang mit Leichen: In der westlichen Welt verstauen wir sie meist sehr schnell an einem Ort, an dem wir sie nicht sehen müssen. Hunde wie Fisch rufen uns die Unordnung und das Chaos ins Gedächtnis, die notwendigerweise herrschen, wenn Arme oder Hände an Orten herumliegen, an denen Hunde sie finden können. Wir bevorzugen Hände entweder in Form von steriler Asche oder fachmännisch mit Formaldehyd konserviert, in einem Sarg, über dem Bauch des Toten überkreuzt. Andererseits: Wie du mir, so ich dir. Sowohl in der Vergangenheit als auch noch heute wird rund um die Welt Hund gegessen. Von schlechtem Gewissen kann keine Rede sein: Vieles deutet darauf hin, dass Hunde als Fleischlieferanten gehalten wurden und immer noch werden. In einigen Kulturen waren sie das erste landwirtschaftliche Nutztier, und in manchen sind sie es noch heute.

Meine ersten Recherchen zum Thema Leichenspürhunde schockierten mich kein bisschen. Mir war klar, dass es einen Unterschied machte, ob ich über das Thema las oder mich einem Toten gegenüber fand, doch die Vorstellung der Arbeit mit Leichenspürhunden brachte mich nicht aus dem Konzept. Im Gegenteil – sie machte mich glücklich. Vielleicht war mein Optimismus meiner Kindheit in den Wiesen und Wäldern, umgeben von Fischen und Jagen, Ausweiden, Rupfen und Häuten zu verdanken. Oder der Tatsache, dass ich mich um meine gelähmte Mutter gekümmert und viele Jahre in einem Pflegeheim gearbeitet hatte. Vielleicht war ich auch darum glücklich, weil mein Vater, der Biologe, mich gelehrt hatte, tote Organismen unvoreingenommen, aber nicht uninteressiert zu betrachten.

Die Arbeit mit Leichenspürhunden machte einen praktischen und unkomplizierten Eindruck auf mich. In den fröhlichen Worten Edward Davids, eines Leichenbeschauers, der zugleich zu den ersten gehörte, die Hunde auf diesem Gebiet trainierten: Die „Liebe zum Verfaulten“ liegt den Hunden im Blut. Warum sollten wir diese Liebe nicht hernehmen und ihr eine sozial nützlichere Richtung geben, als sich in toten Eichhörnchen zu wälzen?

Warum nicht diese Liebe hernehmen und sehen, ob wir mit ihrer Hilfe ein klein wenig Ordnung ins Chaos bringen können?

3
Nasenwissen

Es gibt fünfundsiebzig verschiedene Parfüms, und wer sich berufsmäßig mit der Entdeckung von Verbrechen beschäftigt, der muss sie alle voneinander unterscheiden können; mehr als einmal ist es mir passiert, ein scheinbar unerklärliches Rätsel mithilfe des Geruchssinnes sofort zu lösen.

- Sherlock Holmes, Der Hund von Baskerville, 1902 -

Wenn ich heute einen guten Hund bei der Arbeit beobachte, kann ich sehen, wie er den Geruchsfäden folgt, bis er mit der Nase ein eindeutiges Bild in die Luft gemalt hat. Ein erfahrener Hund kann den Unterschied zwischen Geruch illustrieren, der in der Hitze des Tages aufsteigt, sich an harte Grashalme anlegt oder von den Luftströmen über einem rauschenden Fluss angesaugt wird.

Auch ich setze meine Nase ein – selbst wenn ich dabei nicht so schnell und angestrengt laufe. Ich erkenne den Geruch von Urin im stickigen Stiegenhaus einer Parkgarage, Schimmel, der seinen Odeur ausbreitet, wenn man die darüberliegende Schicht feuchter Blätter zerstört, und den fischigen Duft eines Deutschen Schäferhundes, der im August in den Eno-Fluss gesprungen ist.

Schon bevor ich begann, mich intensiv mit der Hundenase auseinanderzusetzen und darüber zu recherchieren, wusste ich, dass sie wesentlich besser war als die menschliche Nase. Solos Nase war der meinen weit überlegen. Wenn David in der Küche mit der Schere ein vakuumverpacktes Schnitzel auspackte, weckte das lautlose Aufsteigen der blutigen Luft Solo und lockte ihn aus dem Nebenzimmer an. Dennoch befand ich, dass ich die Fakten erst wissenschaftlich unter die Lupe nehmen musste, bevor ich behaupten durfte, dass Hunde die Meister der olfaktorischen Domäne seien. Klar, Solos Nase war größer als meine – aber nicht immer kommt es auf die Größe an.

Was hat es mit der Nase des Hundes also tatsächlich auf sich? Ich möchte den Leser nicht lang auf die Folter spannen: Ehrlich gesagt wissen wir nicht sonderlich viel über die olfaktorischen Fähigkeiten unserer Vierbeiner. Als ich mit meinen Recherchen begann, fiel mir auf, dass die Zahlen, die sich in der wissenschaftlichen und unterhaltenden Literatur fanden, eine große Bandbreite aufwiesen: Einmal war die Nase des Hundes zehn Mal besser als die des Menschen, dann wieder hundert Mal, in einer anderen Quelle tausend oder sogar zehntausend Mal. Die große Fluktuation der vermeintlichen Fakten machte mich misstrauisch. Hätten Hundeliebhaber und Wissenschaftler beziehungsweise jene Leute, die sich auf YouTube als solche ausgeben, sich in ihren Berichten auf ein und dieselbe falsche Zahl geeinigt – zum Beispiel, dass die Nase des Hundes tausend Mal besser sei als unsere –, ja selbst wenn sie ihre unterschiedlichen Aussagen mit etwas mehr Bescheidenheit, etwas weniger absolutem Wahrheitsanspruch getätigt hätten, wäre ich vielleicht nicht misstrauisch geworden. Doch angesichts der gewaltigen Unterschiede fragte ich mich: Wie viel besser sind die Nasen unserer Hunde denn nun wirklich? Und selbst wenn sie besser sind – worin genau sind sie besser? Im Erschnüffeln von Urinmarkierungen ihrer Artgenossen?

Um Gerüchten auf den Grund zu gehen, gilt dieselbe Faustregel, die wir auch anwenden, um eine vermisste Person zu finden: Es ist am besten, an ihrem Ausgangspunkt zu beginnen. Eine wachsende Anzahl wissenschaftlicher Forschungsergebnisse deutet darauf hin, dass die Nase und ihre Rezeptoren seit mindestens hundert Millionen Jahren einen wichtigen Faktor im Überleben darstellen, und nicht nur das: Sie könnten auch einen wichtigen evolutionären Beitrag zum wachsenden Intellekt der Säugetiere geleistet haben.

Im Jahr 2011 publizierten texanische Paläontologen ihre Analyse der Schädelknochen eines unserer säugetierartigen Vorfahren, des *Hadrocodium wui* – ein zänkisches kleines Wesen, dessen Kopf kleiner als eine Büroklammer ist. Die Forschungsergebnisse zeigen, dass *Hadrocodium wui* keine Möglichkeit hatte, einen Geruch in seiner Umgebung zu ignorieren. Zitternd wagte es sich aus seinem Versteck, um nach Larven und Insekten zu schnüffeln; vermutlich nachts, um nicht aus Versehen von tagaktiven Sauriern zertreten zu werden. Sein Fell, seine nervös vor- und zurückzuckenden Ohren und seine Augen waren wichtig, doch am beeindruckendsten, berichten Paläontologen im Science-Magazin, war das olfaktorische System im winzigen Kopf unserer Vorfahren. „Der Grad des HD-Geruchssinns unterschied sich sogar von seinen engsten ausgestorbenen Verwandten. Die unzähligen Informationen, die es aus der Umgebung gewinnen konnte, wurden in einem noch nie dagewesenen Ausmaß von Gerüchen und dem olfaktorischen Sinn dominiert." Die Wissenschaftler spekulieren, dass die Schädel zeigen, welch große Rolle das olfaktorische System in der Entwicklung des Säugetier-Gehirns spielte – bis an den Punkt, an dem wir Menschen – die höchstentwickelten aller Säugetiere – heute die Nase über alle rümpfen können, die zu viel über Gerüche nachdenken.

Wir sollten dem kleinen *Hadrocodium wui*, das im versteinerten Zustand in China gefunden wurde, dankbar sein, dass es uns hilft, die Bedeutung des Geruchssinns zu verstehen. Und doch liegt im Zusammenhang mit diesem Sinn noch vieles im Dunklen. Erst kürzlich begannen Wissenschaftler zu enthüllen, wie unser Geruchssinn überhaupt funktioniert. Dank Linda Buck und Richard Axel, die im Jahr 2004 den Nobelpreis gewannen, wissen wir heute, dass sich flüchtige Aromamoleküle an Geruchsrezeptoren anlagern, wodurch ein Nervenimpuls ausgelöst wird. Bam! Das ist zwar nicht die einzige Theorie zum chemisch komplexesten unserer Sinne, jedoch die vorherrschende. Man würde annehmen, dass wir den Geruchssinn bereits wesentlich weiter entschlüsselt haben, doch weil dieser in der westlichen Welt nicht sonderlich ernst genommen wird und sowohl die Neuronenverbindungen, die dem Akt des Riechens zugrunde liegen, wie auch Aromen selbst enorme chemische Komplexität aufweisen, haben wir noch viel zu lernen.

Und wie viel besser sind Hundenasen nun tatsächlich? Neurobiologen haben kein besonderes Interesse daran, olfaktorische Wettbewerbe zwischen unterschiedlichen Spezies abzuhalten. Es ist ihnen egal, wer „die beste Nase" hat. Was würde das auch aussagen? Derartige Spekulationen werden der Sendung *Creature Countdowns* des Fernsehsenders *Animal Planet* überlassen, in dem bereits die „Top 10 der tierischen Stänkerer" und die „10 talentiertesten Tiere" vorgestellt wurden. Der Bluthund schaffte es auf Platz neun der letzteren Liste, da sein Geruchssinn, wenn es nach den Regisseuren geht, „bis zu einer Million mal empfindlicher als der des Menschen" ist. Die Zahl stammt nicht aus meiner Feder – *Animal Planet* hat sie erfunden.

Die Nasen mancher Tiere sind anderen aber tatsächlich überlegen – im wörtlichen wie im übertragenen Sinne. Ich wette, wenn wir Bären beibringen könnten, Fährten zu folgen, hätten sie allen Grund zum Angeben: Biologen gehen davon aus, dass Bären im Allgemeinen einen wesentlich feineren Geruchssinn haben als Hunde. Doch aus verständlichen Gründen machen die Nasen der Bären seltener Schlagzeilen als die unserer Vierbeiner. Sollten Sie je die Möglichkeit haben, einem Grizzlybären in die Nase zu schauen, könnten Sie sehen, um was für ein beeindruckendes Instrument es sich dabei handelt: am Rand nach oben gebogen, mit gigantischen, sich blähenden Nasenlöchern. Wenn man im exakt richtigen Winkel steht, kann man durch den Spalt in den Nasenlöchern den blauen Himmel dahinter sehen. Der Grizzlybär kann seine Nase ebenso geschickt manipulieren wie eine Flötistin ihre Finger. Könnte man einen Blick in die Nasenhöhle im Inneren des *horribilis* Totenschädels werfen, würde man delikate Strukturen erkennen, die an zwei riesige Morchelpilze oder nebeneinander liegende Bienenwaben erinnern. Ihre Aufgabe ist es, Geruch zu verarbeiten. Wie gut? Verdammt gut. Meilenweit, schätzen die Biologen.

Aber vielleicht nicht für unzählige Meilen. Dennoch verwenden der TV-Sender *Animal Planet*, manche Bücher und einige Bären-Websites folgende Phrase: „Manche Wissenschaftler sagen, dass Bären Aas aus einer Entfernung von bis zu achtzehn Meilen (neunundzwanzig Kilometer) riechen können." Ich fand es ein wenig seltsam, dass „manche Wissenschaftler" sich auf eine dermaßen exakte Distanz einigen konnten. Wie ich herausfand, war die Quelle der Meilenangabe eine auf einer Bärenkonferenz im Jahr 1976 vorgestellte Arbeit. Darin wird erwähnt, dass ein mit einem Sender versehener Bär sich relativ zügig neunundzwanzig Kilometer weit bewegte und auf einen Tierkadaver stieß. Der Ökologe Frank Craighead schreibt: „Es war nicht klar, wann und wie der Bär auf den Kadaver aufmerksam wurde."

Es mangle auch, sagt Larry Meyers vom Veterinärmedizinischen Institut an der Auburn University, an guten Vergleichsstudien, die sich mit den olfaktorischen Talenten verschiedener Tiere auseinandersetzen. Doch muss man Gerüchte nur oft genug wiederholen, und sie beginnen der Wahrheit zum Verwechseln ähnlich zu sehen. Den Bären ist das egal, und erfundene Geschichten bezüglich ihrer olfaktorischen Kapazitäten sind vermutlich wenig bedeutend, da Bärenführer weder Zeugenaussagen vor Gericht tätigen noch verirrte Kinder darauf vertrauen müssen, von deren Nasen lebendig gefunden zu werden.

Es gibt heute auch keine großen Stipendien für Studien zur Nase des Bären zu gewinnen. Bei der menschlichen Nase sieht das anders aus. An uns selbst sind wir immer interessiert, und zudem ist es einfacher und weniger gefährlich, menschliche Nasen im Labor zu studieren. Obwohl wir dazu neigen, unseren Geruchssinn geringzuschätzen und die Nase zu verunglimpfen, erhält er langsam, aber sicher die Aufmerksamkeit, die er verdient. Menschen können Tausende unterschiedliche Gerüche wahrnehmen. Sogar Linda Buck, eine olfaktorische Biologin par excellence, druckst herum: „Wir schätzen beispielsweise, dass Menschen zwischen 10.000 und 100.000 verschiedene flüchtige Bestandteile wahrnehmen können." Der Unterschied liegt hier beim Faktor zehn – weniger, als mir in der Hundeliteratur untergekommen ist, aber doch wesentlich mehr als ein kleiner Rundungsfehler.

Während es also durchaus Hoffnung für den Geruchssinn als wissenschaftliches Forschungsthema gibt, unterschätzen die meisten Bewohner der westlichen Welt die Nase im Vergleich zu den Augen ganz gewaltig. Das war nicht immer so; früher war der Geruch sogar ein wichtiges Werkzeug für Ärzte. Hunderte Jahre, bevor wir über die faszinierende Fähigkeit unserer Hunde staunten, Diabetes oder Lungenkrebs zu erschnüffeln, setzten Ärzte ihre eigenen Nasen zum selben Zweck ein: Die „Evaluation von Ausdünstungen" galt als elementares Diagnoseinstrument. Der Schweiß eines Patienten, der an Röteln litt, roch nach „frisch gerupften Federn", die lebensbedrohliche diabetische Ketoazidose führte zu Mundgeruch, der an „faule Äpfel" erinnerte, und eine bestimmte Bakterieninfektion ließ die Haut nach „überreifem Camembert" riechen. Heute überlassen wir diese Aufgabe Labortests und Lackmuspapier.

In manchen Nischen des Westens überleben Überreste des menschlichen Geruchstalents bis heute. Zum Beispiel legt „Geruchsmigrations"-Experte Larry Sunshine den Kopf zur Seite, weitet die Nasenflügel und atmet tief ein, wenn er Fuß in eine neue Stadt setzt. Er identifiziert die fauligen Gerüche in

U-Bahn-Waggons, den Schimmel und die Chemikalien, die von den Plastiksitzen aufsteigen. Luca Turin, Parfüm-Experte und Biophysiker, kann ein Parfüm in seine exakten Komponenten zerlegen und in Worten beschreiben, die den Leser zum Lachen und Weinen bringen und ihn das betreffende Patschuli sogar kaufen wollen lassen: „Der Geruch war zugleich betörend, bekömmlich und giftig und fühlte sich an wie ein Parfum, das für eine mit wilder Intelligenz gesegnete Bibliothekarin entworfen worden war."

Das Erforschen der olfaktorischen Welt des Menschen erfreut sich wachsender Beliebtheit – und schlägt überraschende Wendungen ein, die Gebrauchshundeführer gut nachvollziehen können: Der Duft von Schokolade verwandelt Menschen in Spürmaschinen, deren Leistung ausgebildeten Fährtenhunden Konkurrenz macht. Wissenschaftler zeigten einer Gruppe Studierender an der Universität Berkeley ein Video über Fährtenhunde. Dann brachten sie ihre Versuchskaninchen auf eine Wiese, die mit essentiellem Schokoladenöl präpariert worden war. Die Wissenschaftler verbanden den Studierenden die Augen und statteten sie mit Knie- und Ellbogenschützern aus. Dann ließen sie die Zweibeiner von der Leine. Würden sie, auf allen Vieren krabbelnd, der Schokoladespur folgen können? Und ob! Die Fährte, der sie folgten, erinnerte an den Zickzack-Kurs eines Fährtenhundes.

Die Wissenschaftler in Berkeley waren nicht nur von den guten Nasen der Studierenden begeistert. Anders als Ratten oder Hunde konnten die menschlichen Versuchskaninchen im Anschluss an ihre Aufgabe ausführlich befragt werden – sie konnten sogar mitteilen, auf welches Nasenloch sie sich stärker konzentriert hatten. „Menschen sind ein attraktives tierisches Modell für derartige Forschungsfragen, da sie Anweisungen folgen und über ihre Strategien zum Lösen der gestellten Aufgabe berichten können", wie ein Artikel in der Zeitschrift *Nature Neuroscience* berichtet.

Glücklicherweise konzentrieren sich einige Wissenschaftler sowohl beim Erforschen des menschlichen wie auch des hündischen Geruchssinns mittlerweile auf einen wichtigen Aspekt: die Bedeutung des Trainings. Geruchswissenschaftler Avery Gilbert argumentiert schon lange, dass das geübte menschliche Hirn Gerüche anders verarbeitet und interpretiert. „Ich möchte meine Freunde in der akademischen Welt herausfordern, das flexible Verständnis von Gerüchen zu untersuchen, wo es ganz natürlich vorkommt – bei kreativen Menschen, die aktiv mit Gerüchen arbeiten. Hört auf, Studierenden in Psychologie-Labors willkürliche Aufgaben zu stellen!"

In dieser Hinsicht verhält sich Wasser wie Schokolade: Wissenschaftler an der Universität von Pennsylvania kamen in einer Studie zur Fähigkeit der Teilnehmer, Wasser zu schmecken, zu dem Schluss, dass durch gezieltes

Training unsere Fähigkeit, Gerüche zu identifizieren, gewaltig steigt. Während einer Wiederholung des Schokoladenfährten-Experiments in Berkeley waren die Studierenden um beinahe zwei Drittel schneller: Sie hatten gelernt, schneller zu schnüffeln. Die Studierenden, die aus dem Klassenzimmer auf die Wiese geholt wurden, hatten begonnen, Arbeitsnasen zu entwickeln.

Seeohren, Schimmel und Schlangen. Termiten, Trüffel und TNT. Kokain und Krebs. Motten, Menschen, Melanome. Bettwanzen und Blutzucker. Paarungsbereite Kühe. Gaslecks.

Wann immer ein bestimmter Geruch in aller Munde ist gibt – illegal, gefährdet, köstlich, tödlich, aufdringlich oder gefährlich – versuchen Menschen, Hunden beizubringen, ihn zu finden – und die Liste der Gerüche wächst täglich.

Der Einsatz von Jagdhunden und ihren Nasen reicht Tausende von Jahren zurück. Auch die Suche nach vermissten Personen und Lawinen-Rettungshundearbeit wurde bereits vor mehreren Jahrhunderten begründet. Aber die explosionsartige Entstehung neuer Einsatzgebiete, die wir in den letzten vierzig Jahren für die Nasen unserer Vierbeiner gefunden haben, spiegelt nur allzu oft unsere menschliche Tendenz zu Gewalt, Sucht, Gift und Exzess wider. Die Ära des Spürhundes ist angebrochen.

Historiker, die sich mit der Geschichte des Gebrauchshundes beschäftigen, könnten darüber streiten, wann diese Ära begann. Die erste Handvoll US-amerikanischer Polizeihunde-Programme wurde Anfang des zwanzigsten Jahrhunderts in New York City und New Jersey entwickelt. In den folgenden Jahrzehnten entstanden Einheiten in Connecticut, Berkeley, Pennsylvania und Detroit. Bis Anfang der 50er Jahre gab es nicht einmal zwanzig Polizeihund-Programme; danach kam es zu einem rapiden Anstieg der Einheiten.

Die Expansion fiel teilweise mit der experimentellen Tierzuchtwissenschaft zusammen, die Mitte der 1960er Jahre ihren Anfang nahm und bis in die frühen Siebziger andauerte. Während des Vietnamkriegs erkannten Wissenschaftler, dass Wach- und Fährtenhunde für weitere Spüraufgaben trainiert werden konnten: Sie konnten Fallgruben und Stolperdraht finden, ganz zu schweigen von illegalen Drogen in vietnamesischen Soldatenbaracken. An der Heimatfront spekulierten Wissenschaftler, dass Hunde Bomben und Waffen aufspüren könnten. Entführungen, Bombenattentate und Mord waren in den USA im Anstieg begriffen – ein Forscher spricht von den „Leiden der 60er".

Nicht nur in der Exekutive wurde der Einsatz der Hundenasen immer beliebter. Marcia Koenig, ein Mitglied einer der ersten freiwilligen Rettungshunde-Suchstaffeln in Seattle, verfolgte die Geschichte der freiwilligen Suchteams zurück bis zum Jahr 1962. Damals hatte der Deutsche Schäferhundeclub des Staates Washington die erste Suchhunde-Gruppe gegründet, deren vierbeinige Teammitglieder mit hoher Nase nach Vermissten suchten. Einer der Gründer, Bill Syrotuck, schrieb das kurze und präzise Buch *Scent and the Scenting Dog* (eines jener Bücher, die mir Nancy Hook zu lesen erlaubt hatte). Heute suchen freiwillige Rettungshundestaffeln, wann immer sie angefordert werden, in der Wildnis, bei Lawinenabgängen, im Wasser und in Katastrophengebieten. Marcia Koenig schätzt, dass es in den USA heute mehr als fünfhundert freiwillige Rettungshundeteams gibt.

Mitte der 60er Jahre war der Einsatz von Gebrauchshunden gang und gäbe, doch sollte man nicht zu sentimental sein, was die Bedeutung ihrer Verbreitung betrifft. Nicht jeder Moment, in dem ein Hund eine ihm vom Menschen gestellte Aufgabe erfüllt, ist automatisch ein Grund zum Feiern. Wir sprechen zwar von einer „Co-Evolution“ von Hund und Mensch, doch haben Hunde nicht viel zu sagen, was ihren Einsatz betrifft. Die Silbe „Co-“ erweckt einen falschen Eindruck von Gleichstellung. Tatsächlich versucht der Hund in erster Linie, uns mithilfe seiner „Werkzeugkiste an flexibler Geselligkeit, einer guten Nase und jagdlicher Expertise“ zufriedenzustellen, wie John Bradshaw, Gründungsdirektor des Anthrozoologie-Instituts an der Universität von Bristol, schreibt.

Gute Gebrauchshunde sind schnell und beweglich, hören und riechen ausgezeichnet und kommunizieren klar mit dem Hundeführer. Gelegentlich beißen sie sogar. Seit ihrer Domestikation sind sie Gehilfen, wenn Menschen Böses oder Gutes tun, und manchmal beides zugleich. Sie können eingesetzt werden, um Macht zu festigen oder zu pervertieren. Sie können der Spur eines Sklaven, eines verirrten Kindes und eines Vergewaltigers folgen, ohne einen Unterschied zwischen den dreien zu machen. Sie können dabei helfen, eine friedliche Bürgerrechtsdemonstration niederzuschlagen oder eine randalierende Menschenmenge zu kontrollieren. Menschen schaffen Probleme, und Gebrauchshunde sind an ihrer Seite. Derzeit setzen wir Hunde im Nahostkonflikt und in Südasien ein, um Bomben zu finden und die gegen uns kämpfenden Gruppen zu kontrollieren. Wenn Boas und Pythons zu groß für ihre Terrarien in Florida werden, setzen die Reptilienliebhaber sie in den Everglades aus, und wir nutzen Hunde, um sie zu finden, bevor sie die dort heimischen Wildtiere dezimieren. Hunde helfen uns auch, Schmuggelware und Handys in unseren riesigen Gefängnissen aufzuspüren.

Obwohl uns Gebrauchshunde seit zehntausenden Jahren bei der Arbeit unterstützen, beschäftigt sich die akademische Forschung erst seit relativ kurzer Zeit damit, was diese Hunde tun – und wie sie das machen. Die olfaktorischen und kognitiven Talente eines Hundes im Labor mit einigen wenigen, kaum trainierten Familienhunden zu erforschen, ist alles andere als ideal. Arbeitshunde werden in der Vorstellungskraft der Menschen zwar häufig überschätzt, in der Wissenschaft hingegen unterschätzt – doch das ändert sich derzeit rapide. Nichtsdestotrotz wurde bisher der Großteil der Forschung hinsichtlich Kognition und Geruchsvermögen an Familienhunden durchgeführt – das heißt, an Haustieren, die Gehirn und Nase nicht einsetzen, um ihr täglich Brot zu verdienen.

Die Wissenschaftler in Berkeley holten Studierende aus dem Psychologielabor auf die Wiese, um einer Fährte zu folgen, Avery Gilbert motivierte Neurobiologen, die Küche eines berühmten Kochs oder das Labor eines meisterhaften Parfümeurs zu besuchen, um zu verstehen, wie Menschen Geruch verarbeiten, und manch ein Gebrauchshunde-Experte versucht, Psychologen und Neurobiologen zu überzeugen, arbeitende Vierbeiner zum Gegenstand ihrer Forschung zu machen.

Edward Thorndike, der Anfang des zwanzigsten Jahrhunderts als Präsident der American Psychological Association fungierte, war einer der Ersten, die das Problemlöseverhalten des Hundes wissenschaftlich untersuchten. Er setzte Hunde und Katzen in „Problemkäfige“ (Vorläufer der Skinner-Box) und beobachtete sie beim Finden des Auswegs. Aus der enttäuschenden Leistung beider Spezies schloss Thorndike, dass einzig und allein operante Konditionierung, nicht aber unabhängige kognitive Fähigkeiten den Tieren halfen, aus dem Käfig zu entkommen. Diese Meinung hielt sich in der Forschungsgemeinschaft über ein Jahrhundert lang. „Aufgrund der Experimente von Thorndike und anderen sind Wissenschaftler heute der Meinung, dass die Denkfähigkeit der Hunde begrenzt und der von Schimpansen (und sogar der mancher Vögel) weit unterlegen ist“, schreib John Bradshaw 2011.

So kommt es, dass die Nase des Hundes in der Wissenschaft bis heute oft unterschätzt wird, obwohl sie sich zugleich in der Öffentlichkeit wachsender Beliebtheit erfreut. Eine Studie ergab beispielsweise, dass die Leistung der Testhunde, zwischen dem auf Stoffstreifen vorbereiteten Geruch von eineiigen und zweieiigen Zwillingen zu unterschieden, zwischen „Okay“ und „Mittelmäßig“ lag. An der Aufgabe, zwischen eineiigen Zwillingen zu unterscheiden, die im selben Haushalt lebten und sich gleich ernährten, scheiterten sie kläglich. Die Studie kam zu eindeutigen Ergebnissen, was die Grenzen des hündischen Geruchssinns betraf.

Diese Art Studien sind es, die William „Deak" Helton, Kognitionspsychologe an der University of Canterbury in Neuseeland und Gebrauchshundeexperte, irritieren. Experimente wie die Zwillings-Unterscheidungsstudie, meint er, seien, als würde man Bachelor-Studierende in einen Flugsimulator setzen, ihre Leistung untersuchen und daraus Schlüsse zur Leistung ausgebildeter Piloten ziehen. Man muss gar nicht auf die Geschichte des erfahrenen Piloten Chester „Sully" Sullenberger hinweisen, der die Notlandung eines US-Airways-Fluges auf dem Hudson River durchführte, um zu erkennen, dass Deak recht haben könnte.

"Wir brauchen mehr Studien an fertig ausgebildeten Hunden", sagt Deak. „Das Problem dabei ist natürlich, dass diese Hunde wahrscheinlich bereits im Einsatz und darum zu wertvoll sind." Die Forschung an Familienhunden sei nicht nutzlos, fügt er hinzu, aber man müsse sich bewusst machen, dass weder die Nasen noch die kognitiven Fähigkeiten dieser Hunde entsprechend trainiert und aufgebaut seien.

Die Zwillingsunterscheidungsstudie hat ein Happy End: Eine Gruppe Wissenschaftler und Ethologen in Tschechien – der Wiege der Forschung zu den kognitiven Fähigkeiten des Hundes – beschloss, eine weitere Studie zur geruchlichen Unterscheidung eineiiger Zwillinge durchzuführen. Die Wissenschaftler arbeiteten mit ausgebildeten Spürhunden, und ihre Studie aus dem Jahr 2011 zeigt, dass gut trainierte Deutsche Schäferhunde problemlos und korrekt zwischen den Geruchsprofilen eineiiger Zwillinge unterscheiden können – und zwar sogar, wenn diese im selben Haushalt leben und dasselbe essen.

Wenn wir sie entsprechend trainieren und einzusetzen wissen, können Hunde so gut wie alles finden, wonach uns der Sinn steht. Sie sind in der Lage, kleinste Mengen zahlreicher Stoffe aufzuspüren. Eine Studie aus dem Jahr 2006, die allerdings nur eine sehr kleine Versuchsgruppe umfasst, zeigt, dass Hunde 1 bis 2 ppb n-Amyl-Azetat, eine nach Bananen riechende Lösung, aufspüren können. Das entspricht einem Tropfen Wasser in 20 olympischen Swimmingpools!

Übrigens ist es nicht immer so, dass Hunde wesentlich geringere Konzentrationen erschnüffeln können als Menschen: Larry Myers beschäftigt sich seit 1982 mit der wissenschaftlichen Erforschung der Spürhundenase. Er hält es zwar für albern, zu messen, welche Rassen oder Spezies die besten Nasen haben oder auch nur die menschliche mit der Hundenase zu vergleichen, konnte aber der Versuchung nicht widerstehen, ein paar schnelle, informelle Experimente durchzuführen, in der er die Nasen seiner Labormitarbeiter denen der Hunde gegenüberzustellen. Er testete eine Gruppe Mitarbeiter und Hunde mit Azeton, einem Lösungsmittel, das sich in jedem Labor findet. „Meine Labormitarbeiter konnten es in niedrigerer Konzentration riechen als die Hunde", berichtet Myers. Bei Eugenol hingegen, einer stark nach Gewürznelken riechenden Verbindung, die er jeweils im Pretest einzusetzen pflegt, bevor er aufwändigere Geruchsexperimente mit den Hunden durchführt, reagierten die Hunde bereits auf ein Millionstel jener Konzentration, welche seine Labormitarbeiter wahrnahmen.

Die Ammenmärchen rund um die Hundenase beschränken sich nicht auf die Konzentration des Geruchsstoffes: Auch von einem direkten Zusammenhang zwischen Anzahl der Geruchsrezeptorzellen und Riechfähigkeit ist immer wieder die Rede. Als ich begann, Nasenliteratur zu lesen, klassifizierte ich die Nase des Deutschen Schäferhundes niedriger als die des Bloodhounds, jedoch höher als jene der meisten anderen Rassen. In den entsprechenden Tabellen war Solos Nase zwar sehr gut, nicht aber ausgezeichnet. Die meisten Bestseller der Hundeliteratur verbreiten das Gerücht, dass die Riechfähigkeit eines Hundes umso besser sei, je mehr Rezeptorzellen seine Nase habe: „Der Dackel beispielsweise hat circa 125 Millionen Geruchsrezeptorzellen, der Foxterrier 147 Millionen und der Deutsche Schäferhund 225 Millionen." Der Bloodhound schlägt alle anderen Rassen bei Weitem: Er hat ganze 300 Millionen Rezeptoren.

Nancy Hook hält nichts von dieser Klassifizierung. Wenn sie wolle, meinte sie verächtlich, könne sie Pip, dem Chihuahua ihrer Tochter, beibringen, Leichen zu finden. Lindsay brachte die Sache selbstzufrieden auf den Punkt, indem sie uns darauf hinwies, dass Pip – anders als der große, schwerfällige Solo – selbst in die schmalsten Zwischenräume gelangen könne.

Nancy und Lindsay hatten Recht. Ich stolperte über einen Bericht des Justizministeriums, in dem Lester Shubin, damals ein leitender Angestellter des juristischen Forschungsinstituts, zitiert wurde. Er und der Wissenschaftler Nicholas Montanarelli sollten noch für eine Reihe anderer Projekte zusammenarbeiten; damals allerdings war Nick als Projektleiter für das Landkriegs-Labor des US-Militärs in Maryland tätig. Als Militärwissenschaftler gehörte er zu den Ersten, die sich Gedanken über die Möglichkeiten zum Einsatz von Gebrauchshunden machten. Bereits Mitte der 60er Jahre setzten er und und Shubin sich für die Arbeit mit Bombenspürhunden ein, obwohl zu dieser Zeit große Skepsis hinsichtlich der Fähigkeiten von Hunden im Allgemeinen herrschte. Die beiden Männer arbeiteten nicht nur mit Deutschen Schäfern und Labrador Retrievern, sondern auch mit Pudeln und weiteren Rassen. Im Gegensatz zu mir waren Montanarelli und Shubin allen Vierbeinern gegenüber aufgeschlossen, nicht voreingenommen von der Liebe zum Schäferhund.

„Es zeigte sich, dass im Grunde jeder Hund lernen kann, Sprengstoff oder Drogen zu finden – selbst winzige Hunde wie Chihuahuas, deren Größe von Vorteil sein könnte“, schrieb Shubin in seinem Bericht. „Wer wird schon misstrauisch, wenn er jemanden im Pelzmantel mit einem Hund am Arm sieht? Dieser Hund könnte eine Bombe genauso gut riechen wie ein Deutscher Schäfer.“

Genug von Chihuahuas und Deutschen Schäferhunden. Sehen wir uns den Bloodhound an. Sicherlich sind sich alle einig, dass dieser die feinste Nase hat?

> *Und als der Bloodhound in die Marktstadt kam, lief er durch die Straßen, ohne die Menschen im Geringsten zu beachten, und ruhte nicht, bis er das Haus erreichte, in welchem der Mann, den er suchte, selbst ruhte, und ihn zur Überraschung all jener, die ihm folgten, in einem der oberen Zimmer auffand.*
>
> *- Robert Boyle, Essays of the Strange Subtilty, Great Efficacy, Determinate Nature of Effluviums, 1673 -*

Natürlich nicht. Bevor Solo einzog, dachte ich nicht viel über Bloodhounds nach. Das kleine bisschen, was ich durch den Filter von Medien und Popkultur über ihre Geschichte wusste, machte sie mir eher unsympathisch. Leider findet sich so viel widersprüchlicher Unsinn zu dieser Rasse – und leider habe ich manchem davon selbst eine Zeitlang Glauben geschenkt: Ich meine nicht die amüsanten Bilder von Pfeife rauchenden Bloodhounds mit Sherlock-Hüten, sondern den ernsthafteren Unsinn davon, dass die Nase des Bloodhounds das reinste und fortschrittlichste Wunder der Natur sei, oder die Behauptung, dass Bloodhounds in der Lage wären, vier Monate alten Fährten und Autos am Highway meilenweit zu folgen.

Übertreibungen der Fähigkeiten der Bluthundenase lenken von der realen Leistung eines guten Einzweck-Fährtenhundes ab. Möchte man die Nase eines Gebrauchshundes bei der Arbeit beobachten, gibt es keinen schöneren Anblick als den eines guten Fährten-Bloodhounds. Andererseits habe ich auch Belgische Malinois herrliche Fährten ausarbeiten sehen, ebenso wie Labrador Retriever, Plott Hounds, einen Weimaraner und mehrere Mischlinge. Und – natürlich

– Deutsche Schäfer. Chihuahuas als Fährtenhunde einzusetzen wäre vermutlich etwas weit hergeholt, zumindest, was große Distanzen betrifft. Doch seien wir ehrlich: Keine dieser Rassen ist ähnlich sinnträchtig und sagenumwoben wie der Bloodhound. Selbst Shakespeare beschreibt die Bloodhounds im *Sommernachtstraum*: „Weitmäulig, scheckig, und ihr Kopf behangen mit Ohren, die den Tau vom Grase streifen".

Terry Flack, ein Hundeexperte der Exekutive, der seinen dritten Deutschen Schäfer führt, glaubt, dass der zeitliche Vorteil einer der Hauptgründe sei, dass den Bloodhounds ein anderer Ruf vorauseile als anderen Rassen: Bloodhounds gibt es bereits mehrere Jahrhunderte länger als Deutsche Schäfer und Malinois. „Die Geschichte arbeitet gegen uns."

Es ist eine selbsterfüllende Prophezeiung. Wir halten den Bloodhound für einen großartigen Fährtenhund und gehen davon aus, dass er als Einziger in der Lage sei, selbst alten Spuren zu folgen. Wird jemand vermisst? Holt die Bloodhounds! Dazu kommt eine anhaltende Faszination vom Fährtentalent dieser Rasse. Robert Boyle, ein Philosoph des siebzehnten Jahrhunderts und der Begründer der modernen Chemie, beschreibt mit wissenschaftlicher Distanziertheit und Faszination, wie er einen Bloodhound eine gealterte, mehr als sechs Kilometer lange Prüfungsfährte, die von zahlreichen anderen Spuren gekreuzt wurde, ausarbeiten sah. „Ohne den Mann, den er verfolgen sollte, je gesehen zu haben, folgte der Hund allein seinem Geruch . . . gleichwohl unzählige Marktleute denselben Weg nahmen und Reisende ihn kreuzten."

Die US-amerikanischen Gerichtshöfe folgten dem Vorbild der Geschichte. Früher verlangten Gerichte einen Beweis für die Reinrassigkeit der Hunde, bevor sie die Spuren, die diese ausgearbeitet hatten, als Beweismittel akzeptierten. Ein Gericht in Ohio bringt es im Jahr 1896 auf den Punkt: „Es ist allgemein bekannt, dass die unter dem Namen Bloodhound bekannte Hunderasse hochintelligent und mit einer ausgezeichneten Nase gesegnet ist, weshalb sie auch von den Gerichten berücksichtigt wird."

Nicht nur Gerichtsverfahren, sondern auch Gewohnheit und besondere Bedürfnisse legen anderen Rassen Steine in den Weg: Ein praktisch veranlagter Beamter der Exekutive trainiert einen Diensthund, der Spur des Mannes zu folgen, der eine Stunde zuvor in die Pizzeria eingebrochen ist. Wochen oder Jahre damit zu verbringen, einem Hund beizubringen, eine zwei Tage alte Fährte auszuarbeiten, ist nicht kosteneffektiv, obwohl nicht wenige Trainer davon ausgehen, dass ein Schäfer oder Malinois mit einer zwei Tage alten Fährte gut zurechtkommen würden. Bloodhounds haben einen Vorteil, weil niemand von ihnen erwartet, irgendetwas anderem als ihrer Nase und der Fährte Beachtung zu schenken.

„Hunde jeder Rasse, die das richtige Temperament haben und so trainiert werden wie die besten Bloodhounds, können wahrscheinlich ebenso gute Ergebnisse erzielen wie diese“, schreibt die pensionierte Wildhüterin Deborah Palman aus Maine. „Ein Vorteil von Bloodhounds und anderen Einzweck-Fährtenhunden ist es, dass ihnen nicht beigebracht wird, auf jedes Wort und jede Geste des Hundeführers zu achten. Fährten auszuarbeiten ist ihre einzige Aufgabe, ohne die Befehle Sitz, Platz und Fuß ausführen können zu müssen. Das reduziert die Ablenkung.“

Die sentimentale Idee einer „schicksalhaften Bestimmung“ geht für den Bloodhound auch nach hinten los: Stellt man einen dermaßen großen und plumpen Hund auf ein Podest, ist es nur eine Frage der Zeit, bis er herunterfällt. All die Übertreibungen (von denen manche die Wahnideen einzelner Hundeführer sind) arbeiten gegen kompetente Bloodhoundführer, die gegen die Mythen ankämpfen müssen. Ein aufrichtiger, talentierter Hundeführer klingt, als würde er die Rasse oder seinen eigenen Hund schlechtreden, wenn er einfach nur ehrlich ist. Ein Bloodhound und sein Mensch können Erstaunliches erreichen, zum Beispiel einer langen, von anderen Spuren durchkreuzten, tagealten Fährte folgen. Das ist gewissermaßen kaum weniger beeindruckend, als ein beschädigtes Flugzeug sicher auf dem Hudson River zu landen – und doch denken die Leute, dass es keine große Sache sei. Schließlich machen Bloodhounds das ständig – oder etwa nicht?

Roger Titus ist ein großer Fan der Bloodhounds, und das aus gutem Grund. Er hat im Laufe seiner langen Karriere bereits vierzehn Vertreter dieser Rasse geführt. Im Training war er mit Tausenden von ihnen unterwegs, und er ist der Vizepräsident des Nationalen Polizeibloodhound-Vereins, der „der Förderung des personensuchenden Bloodhounds“ gewidmet ist. 2012 feierte der Verein sein fünfzigstes Jubiläum. Roger ist siebzig und immer noch in der Personensuche aktiv. Mit einigem Bedauern zeichnet er den Aufstieg und langsamen Fall des Bloodhounds in der Exekutive nach. Teils ist die schwindende Beliebtheit des Bloodhounds als Diensthund einfach nur eine Frage von Zeit und Geld: Heutzutage ist jeder ein Pragmatiker. Ein Hund, dessen Fährtentalent alle anderen in den Schatten stellt, der aber sonst nichts für ein kleines bis mittelgroßes Kommissariat tut, ist nicht die erste budgetäre Wahl. Wenn ein Kommissariat einen Hund kauft, stellt Roger fest, dann einen Deutschen oder Holländischen Schäfer oder einen Malinois: Der ideale Kandidat ist ein Hund, der seinen Führer beschützen, Rauschgift finden, kurzen Fährten folgen und Menschen beißen kann. Der Nachteil: Mehrzweckhunde sind nicht automatisch großartig in allem, was sie tun. Die Woche eines Diensthundeführers und seines vierbeinigen Partners hat eine begrenzte Anzahl an

Stunden, in denen all die verschiedenen Aufgaben trainiert werden können. Und selbst wenn sich ein Polizeikommissariat für einen Bloodhound entscheidet, braucht es einen besonderen Diensthundeführer, der auch tatsächlich einen will. Wenn ich direkt sein darf: Ein Bloodhound erfordert einen Beamten, der seine Maskulinität nicht über seinen Hund definiert.

An einem herrlichen Herbstmorgen sahen Roger und ich zu, wie eine junge Bloodhündin direkt an der Personenfährte vorbeilief, die vier Stunden davor für sie gelegt worden war, und ihren ebenso unerfahrenen Hundeführer hinter sich herzog.

„Diese Kröte!", kommentierte Roger. Ihre ungelenken Sprünge führten sie an der Fährte vorbei. „Sie muss lernen, ihren kleinen Hintern einzubremsen und sich zu konzentrieren." Das Problem lag nicht nur bei der jungen Hündin: Es ist nie nur der Hund. „Ich glaube, der Junge will einen Schutzhund führen", sagte Roger sanft und fast ohne zu werten.

Das ist schade. Trotz all der Mythen habe ich mich in den Bloodhound verliebt. Nicht nur in seine Nase, sondern auch in den Sabber, der in großen Flocken von den Lefzen tropft, das simultane Echo der beim Schütteln gegen den Kopf klatschenden Wangen, die kirschroten Hängelider – der Preis für die prächtigen, schweren Hautfalten unter den Augen –, seinen öligen Zwingergeruch und die Art, wie er glasäugig durch einen hindurchstarrt. Und wie er zur Belohnung am Ende einer langen Fährte voller Entzücken Wienerwurstscheibchen einatmet wie ein großer, nasser Staubsauger. Später im Training brauchen gute Bloodhounds keine Würstchen mehr. Das Ausarbeiten der Fährte an sich ist die Belohnung – genau wie die Hütearbeit selbst die Belohnung für einen erfahrenen Border Collie darstellt. Das anklagende Heulen der Bloodhounds hinten auf den Ladeflächen der Pickups und in den Kofferräumen, die Basstöne verstärkt durch die metallenen Hundeboxen, klingt wie die Essenz der Hügel North Carolinas am Morgen. Bei dieser Gelegenheit will ich mit einem weiteren Mythos aufräumen: Bloodhounds folgen der Fährte nicht in Gruppen und heulen dabei wie Narren. Es ist physisch unmöglich, Geruch einzuatmen und zugleich Geräusche zu machen. Versuchen Sie mal, zu inhalieren, während Sie sprechen oder lachen! Bloodhounds werden laut, wenn sie eine Fährte verlieren und frustriert sind; finden sie die Spur wieder, verstummen sie.

Ich habe mich auch in die Tatsache verliebt, dass Bloodhounds Persönlichkeiten haben, wie sie unterschiedlicher nicht sein könnten – so, wie sich das für Hundepersönlichkeiten gehört. Lass dir nichts von den FCI-Lobbyisten vormachen, die behaupten, alle Bloodhounds seien ruhig, sanftmütig und verträglich. Blödsinn. Und wie langweilig das wäre! Die Hunde sollen in der Lage sein, ausdauernd zu laufen und zu ziehen; der Hundeführer eines guten Bloodhounds sollte ein Schulter-OP-Kandidat sein, wie er im Buche steht. Manch ein dienstlich geführter Bloodhound ist alles andere als die sanfte Schlaftablette, für die er gemeinhin gehalten wird. Von einem fremden Bloodhound erwarte ich Liebe auf den ersten Blick genauso wenig wie von einem fremden Deutschen Schäferhund.

Es ist verständlich, dass sich manch ein Bloodhound-Liebhaber wünscht, dass der Ruf seiner Rasse in der Öffentlichkeit einem harmlosen Couch-Potatoe entspräche – langsam von Begriff, sabbernd und liebenswert. Mehr noch als Hundehalter im Allgemeinen diskutieren liberale Hundemenschen wie ich häufig stundenlang bei dem verzweifelten Versuch, die byzantinische Geschichte einer Rasse, ihres Gebrauchs und Missbrauchs zu erklären, und stoßen doch auf taube Ohren. (Glauben Sie mir – ich weiß, wovon ich spreche. Ich habe einen Deutschen Schäfer.) Eine bestimmte Sorte Rasseliebhaber vergeudet nutzlos Zeit damit, allen und jedem zu erklären, wie unglaublich kuschelig und freundlich eine bestimmte Rasse sei. Sie lässt sanftmütige „Rassebotschafter“ aufmarschieren, um den Ruf von Bulldoggen, Pitbulls und Staffordshire Bullterriern zu widerlegen. Den Hunden beschert dies keine schlaflosen Nächte. Es kümmert sie nicht, welchen Rang sie am jährlichen amerikanischen Hundebiss-Index einnehmen. Ganz gleich, ob sie jemanden gebissen haben – mit gutem Recht oder nicht – oder ob sie der Fährte eines Unschuldigen gefolgt sind, der dann verhaftet wurde, liegen sie nicht um vier Uhr früh wach und kochen vor Wut, weil ihr eigentlicher Zweck – was auch immer dieser ist – pervertiert wurde.

Wie die Geschichten der meisten Gebrauchshunde ist auch jene des Bloodhounds durchdrungen von Legenden, kulturellen und populären Bildern und vom kurzfristigen Einfluss von Zuchtprogrammen, die später im Sande verliefen: Die Geschichten reichen vom Vorfahren des Bloodhounds im mittelalterlichen Frankreich, dem noblen Chien de Saint-Hubert, bis zum Sleuth Hound (dem Schottischen Namen für Spürhunde), der über Jahrhunderte zum Verfolgen von Wild und Menschen eingesetzt wurde. In den USA haben wir auf der Seite der Helden *McGruff the Crime Dog*, den Cartoon-Detektivhund aus den 1970ern, und andererseits die boshaften Gefängnis-Bloodhounds, die Paul Newman in *Der Unbeugsame* verfolgen. Walt Disneys Pluto basiert auf dem düsteren Zeichentrickfilm *Die Sträflingskolonne*, in dem Mickey Maus aus dem Gefängnis ausbricht und von zwei Bloodhounds verfolgt wird. Als sie ihre riesigen Mäuler aufreißen, um zu heulen, werden enorme Reißzähne sichtbar. Zu dieser Zeit war allerdings auch Mickey Maus selbst dünn, hatte verstörende Zähne und erinnerte an eine Ratte.

Es ist jedoch die Sklaverei, die – fälschlicherweise – den finstersten Schatten auf den heutigen Bloodhound wirft. Es ist verständlich, dass die Liebhaber der Rasse versuchen, die Richtigkeit dieser Geschichte zu bestreiten. Und sie haben recht: Jene Hunde, die während Sklaverei und Bürgerkrieg in den Südstaaten für Fährtenarbeiten und Angriff eingesetzt wurden, haben wenig mit dem heutigen US-amerikanischen Bloodhound zu tun.

Während der Sklaverei in den Südstaaten war der Überbegriff für alle Hunde, denen man beibrachte, Menschenfährten zu folgen, „Bluthund" oder „Negerhund". Den vierbeinigen Werkzeugen des Schreckens wurde nicht nur das Aufspüren, sondern auch das Attackieren der Flüchtenden befohlen. Der Begriff „Bluthund" war eine willkürliche Schublade, in die man beliebige Hunderassen stecken konnte: Jagd- und Spürhunde, Foxhounds, Bulldoggen, Mischlinge. In ihrem Klassiker *Onkel Toms Hütte* lässt Harriet Beecher Stowe solche Hunde auftreten, ohne auch nur ein einziges Mal das Wort „Bloodhound" zu verwenden.

Nichtsdestotrotz waren sich Gegner der Sklaverei der symbolischen Macht dieser Hunde und ihres Namens ebenso bewusst wie die Sklavenhalter selbst. Der Bluthund repräsentierte den ganzen Horror der Sklaverei und der Sklavenverfolgung. Die ikonischen Abbildungen in Zeitschriften, Zeitungen und Flugblättern der damaligen Zeit erinnern nicht an den heutigen Bloodhound, sondern entsprachen dem Kubanischen Bluthund – ein gestromter mastiffartiger Kriegshund mit kupierten Ohren, breitem Kopf und breiter Schnauze. Kubanische Bluthunde waren ein mächtiges Symbol: Es handelte sich um dieselben riesigen Hunde, die 1975 von britischen Truppen nach Jamaica importiert worden waren, um einen Sklavenaufstand zu unterdrücken. General Zachary Taylor sollte bis ans Ende seines Lebens bereuen, dass er sie nach Florida importiert hatte, um die Seminolen, ein Indianervolk, zu verfolgen und anzugreifen: Die Hunde taugten nicht dafür, die Seminolen zu finden, doch erregten sie öffentliche Empörung. Also musste man sie wieder loswerden. Wie der Geschichtswissenschaftler John Campbell bemerkt, lieferten die Sklavenhalter der Südstaaten, die Kubanische Bluthunde einsetzen, den Gegnern der Sklaverei ausgezeichnete Argumente zur Abschaffung der Sklavenverfolgung.

Die folgenden Jahrzehnte brachten Höhen und Tiefen für die echten US-amerikanischen Bloodhounds mit sich. Eines ihrer Haupteinsatzgebiete war es, Sträflinge auf der Flucht aufzuspüren. Die großen, schlanken Hunde wurden meist von Kalfaktoren trainiert – Häftlinge, die Aufgaben für die Wärter erfüllten und im Gegenzug Privilegien erhielten. Viele von ihnen waren Afroamerikaner. Bloodhound-Experte Leon Whitney zufolge fand so mancher

Kalfaktor nach seiner Entlassung einen kriminellen Vorwand, um sich wieder einsperren zu lassen – einzig und allein, um weiter mit seinen geliebten Bloodhounds arbeiten zu können.

Mitte des zwanzigsten Jahrhunderts erfreute sich der Bloodhound wachsender Beliebtheit, was mit seinem immer häufigeren Einsatz in Polizeikommissariaten einherging. Einige Bloodhounds wurden sogar richtige Berühmtheiten: Wenn Personensuchhund Nick Carter und sein Hundeführer V.G. Mullikin an einem Tatort in Kentucky ankamen, schreibt Whitney, „kam es zu einem Menschenauflauf – die Menge war so groß, dass sie häufig sein Hauptproblem darstellte: Die Schwierigkeit lag nicht darin, der Spur zu folgen, sondern darin, den Hund in all dem Gedränge überhaupt ansetzen zu können." Eine von Mullikins längsten Fährten soll fast neunzig Kilometer lang gewesen sein. Auf halbem Weg musste er eine Pause einlegen, da eine seiner Hündinnen Welpen warf. Er schickte sie und die Welpen nachhause und setzte die Arbeit mit einem anderen Hund weiter. Und als James Earl Ray, der Mörder Martin Luther King Jr.s, 1977 aus dem Gefängnis ausbrach, waren es Bloodhounds, die seiner Spur fünf Kilometer weit folgten und ihn in einem Haufen nasser Blätter aufspürten.

Anders gesagt: Der moderne Bloodhound entwickelte sich zu einer Fährtenmaschine, auf die sich Polizei- und Rettungshundeteams noch heute verlassen.

Jeder Hundeführer, Vollzugsbeamte und freiwillige Suchhelfer scheint eine Andy-Rebmann-Geschichte erzählen zu können. Andy trainiert seit vierzig Jahren Hunde. Seit seiner Pensionierung von der Connecticuter Polizei unterrichtet er rund um die Welt, von Japan über Deutschland bis Mexiko. Er trainiert Hunde und ihre Hundeführer für Personen-, Rauschgift- und Waffensuche, als Mehrzweck-Diensthunde, Brandmittel- und Leichenspürhunde. Er ist Sachverständiger vor Gericht und Autor, und noch heute trainiert er Bloodhoundführer. Seine eigenen Bloodhounds haben Hunderte Menschen aufgespürt, darunter Kriminelle genauso wie Opfer. 1972, noch keine zwei Jahre bei der Polizei, beschloss Andy, es mit einem Diensthund zu versuchen. Ein Jahr später bekam er Tina, eine Bloodhound-Hündin, und verliebte sich in ihre Nase und ihr Talent zur Personensuche. Doch Andy, der niemals sentimental wurde, bemerkte etwas, das ihn irritierte: Wenn seine Hunde einen erfrorenen Wanderer rochen, blieben sie stehen und schauten unglücklich aus der übergroßen Haut: Fährte? Welche Fährte? Tina reagierte ebenso, als sie 1973 ihren ersten Toten fand. „Arbeitet nicht ins verstorbene Subjekt hinein“, steht in Andys Notizen. Und selbst Clem, dessen berühmte Nase ganze vier Mal vom Obersten Gerichtshof des Staates Connecticut in einem Beweisverfahren zitiert wurde, der einen Mann am Ende einer acht Tage alten Fährte aufspürte, eine nationale Auszeichnung für seine Suchleistung erhielt und kein Problem damit hatte, einen Verbrecher mit den Zähnen festzuhalten, wenn er ihn gefunden hatte, war ein Angsthase, wenn er mit Leichen zu tun hatte. Er weigerte sich, bis ganz an sie heranzuarbeiten. Das eine Mal, das er mit tiefer Nase direkt bis zum Toten lief, machte er auf dem Absatz kehrt und lief auf demselben Weg, den er eben gekommen war, davon. „Er hätte mich fast umgerissen“, erzählte Andy. „Nie im Leben würde er bleiben und die Leiche beschnüffeln.“

In manchen Fällen musste Andy seinen Bloodhound an einen Baum binden und selbst im dichten Unterholz herumstöbern, um einen Toten zu finden. Das war ärgerlich.

4
Die Stunde des Leichenspürhundes

Das Duroc-Schwein besaß beeindruckende Fähigkeiten, jede Art vergrabener Sprengstoffe zu finden, und einen erstaunlichen Willen, mit den Männern zusammenzuarbeiten. Wären da nicht die Größe der Rasse (180 Kilogramm oder mehr) und seine unglücklichen sozialen Gepflogenheiten, wäre es die ideale Wahl für den Schutzdienst.

- Bericht Nr. 2217, US Army, 1977 -

Seit seiner Gründung im Jahre 1947 widmet sich das Southwest Research Institute am Rande von San Antonio der Entwicklung bahnbrechender wissenschaftlicher Technologien und praktischer Forschung, welche ihren Geldgebern, darunter Öl- und Gasfirmen, die NASA und das Verteidigungsministerium, direkte Vorteile bringen. Noch heute entwickelt die Forschungseinrichtung Spektographen für Marsmissionen, Gegengifte für chemische Waffen und Kompressoren für Bohrinseln. Das SwRI spielt allerdings auch mit jener Sorte exzentrischer Tierforschung, die uns mit ungläubigem Kopfschütteln zum Lächeln bringt: „Das gibt es wirklich nur in Amerika."

Dieses Subgenre spekulativer Wissenschaft überrascht nicht, wenn man sich den Gründer des Instituts, Tom Slick Jr., einen wilden Spekulanten, Erfinder und engagierten Kryptozoologen, ansieht. Er finanzierte drei Forschungsexkursionen nach Nepal, um am Himalaya nach dem Yeti zu suchen. Er suchte beim nepalesischen Staat um Erlaubnis an, Bloodhounds für die Suche einsetzen zu dürfen, doch das Land verbot ihm den Import der Tiere. Slick starb im Alter von 46 Jahren beim Absturz seines Privatflugzeuges, doch die Forschungseinrichtung seiner Träume, das SwRI, florierte weiter. Brillante Wissenschaftler und Techniker strömten nach San Antonio. Heute ist es mit dreitausend Angestellten eine der größten Nonprofit-Forschungseinrichtungen des Landes.

Slicks Leidenschaft für mythische Kryptiden war den Verhaltenswissenschaftlern am SwRI, die sich Trainingsprojekten mit tatsächlich existenten Tieren verschrieben hatten, sicherlich peinlich. Und doch lebt ein wenig von Slicks Geist in deren Arbeit weiter: Die Honigbienen-Studie, die das Institut im Jahr 2011 durchführte, fällt in eine ähnliche Kategorie. Bereits vor dem 11. September arbeiteten Wissenschaftler am SwRI an einem „kontrollierten biologischen System" – Institutsslang für ein kooperatives Tier – zum Aufspüren von Bomben. Hunde sind nicht die einzigen Tiere, deren Fähigkeiten sich der Mensch zunutze machen kann. Die Wissenschaftler trainierten zwölf Bienenstöcke mit Zuckerwasser-Belohnungen. Die Leistung der Arbeiterbienen während der Feldversuche waren erfreulich: Sie schwirrten direkt auf ihre Bomben-Targets zu, ohne sich von den daneben befindlichen Blumen ablenken zu lassen. Ihre winzigen Beinchen lösten auch keine Explosion aus. Die Forscher statteten die Bienen mit einem salzkristallgroßen Sender aus, um aus der Ferne mitverfolgen zu können, wie sie ein TNT-Target ansteuerten. Sie waren überzeugt, einer großen Sache auf der Spur zu sein.

Es handelte sich um ein inspirierendes Experiment – aber Bienen haben ihre Grenzen. Sie sterben früher als Hunde: Ihre Lebensspanne entspricht gerade einmal sechs Wochen in der Pollensaison. Sie hassen Kälte, Dunkelheit und Regen und eignen sich nicht für den Einsatz bei Sicherheitskontrollen auf

Flughäfen. Das weiß ich, weil David und ich Bienenstöcke in unserem Garten in North Carolina haben. Unsere Bienen hassen drei Dinge, die wir lieben: Knoblauch, Wein und Bananen. Bevor wir die Bienenstöcke inspizieren, dürfen wir nichts davon konsumieren – oder wir riskieren, ihren Unmut zu erregen. Wir lieben unsere Bienen und brauchen sie zum Bestäuben der Blumen, aber es ist mir definitiv lieber, Solo zu trainieren als ein Insekt.

Die Idee, dass Bienen sich nicht nur zu friedlichen Zeiten, sondern auch im Krieg als nützlich erweisen könnten, stellte nicht nur am SwRI, sondern landesweit die Fortsetzung einer langen Tradition dar. In den turbulenten frühen bis mittleren 1970ern florierte das Forschungsinteresse am Aufspüren von Sprengstoff, Drogen und vermissten Personen und besonders daran, Tiere in dieser Funktion einzusetzen. Der Vietnamkrieg kam langsam zu seinem Ende, und zur selben Zeit wurden Forscher des Verteidigungsministeriums darauf aufmerksam, was Militärhunde leisten konnten. Sie fragten sich, wozu Vierbeiner sonst noch imstande wären. Die große intellektuelle und experimentelle Neugier – und reichlich finanzielle Mittel – ermöglichten es diesem Forschungsinteresse, sich von den Militärlabors an der Ostküste bis nach San Antonio, Texas, auszubreiten.

Nick Montanarelli, heute pensioniert, doch damals ein Projektmanager am Landkriegslabor des US-Militärs, erinnert sich noch deutlich an jene Ära: Es war wenige Jahre, bevor er gemeinsam mit Lester Shubin die kugelsichere Kevlarweste entwickelte – eine Erfindung, die bis heute Tausende Leben rettet. Damals begannen Nick und ein kleines Kader weiterer Forscher aus allen Ecken und Enden des Landes, darunter Tierarzt und Verhaltenswissenschaftler Edward E. Dean, Verhaltenspsychologe Daniel S. Mitchell und William H. Johnston, gemeinsam mit dem Forschungs- und Entwicklungszentrum der US-amerikanischen Armee an Projekten zum effektiveren Aufspüren von Waffen, Drogen und vermissten Personen zu arbeiten.

Diese Ära, sagt Nick, war eine besondere Zeit: In sechs Monaten konnte man eine Idee haben, Forschungsresultate auswerten und das Ergebnis praktisch einsetzen. Das Militär stellte Nick bis zu dreitausend Dollar zur Verfügung und forderte ihn auf, mit der Lösung eines Problems zu beginnen. Er berichtet, dass er häufig nach San Antonio flog, um sich mit Ed Dean zu beraten. „Jede zweite Woche war ich unten bei Southwest Research", erinnert sich Nick. „Dean und ich gingen Mittagessen und versuchten, eine Methodologie für das Austesten unserer Ideen zu entwerfen."

Das SwRI und andere Militärlabors und -forschungszentren arbeiteten sowohl zusammen als auch unabhängig voneinander daran, herauszufinden, wie gut Hunde tatsächlich darin waren, Landminen, Fallgruben und Stolperdrähte – Dinge, die für den Tod von Zivilisten und Soldaten in Vietnam verantwortlich waren – aufzuspüren. Dazu kamen neue Probleme zuhause: Attentate auf prominente Politiker in den 1960ern, von John F. Kennedy bis Martin Luther King Jr., und Bombenanschläge im Rahmen von Anti-Kriegs-Protesten und Flugzeugentführungen in den 1970ern. Konnte man Hunde einsetzen, um Bomben in Kongresszentren und Waffen auf Flughäfen zu finden?

Jim Polonis war im Laufe seiner dreißigjährigen Tätigkeit als Projektleiter am SwRI bereits in zahlreiche erfolgreiche und einige nicht so erfolgreiche Tierverhaltensprojekte involviert. Wie Nick behielt auch er die chaotischen, produktiven Zeiten in guter Erinnerung. Wann immer jemand eine Idee hatte, erzählt er, waren talentierte Forscher, Trainer und Mitarbeiter zur Stelle, um sie in die Tat umzusetzen. Jim Polonis' Aufgabe war es, dafür zu sorgen, dass alles glattlief, wenn die Ideen zu konkreten Projekten wurden. Das konnte durchaus eine Herausforderung sein, etwa dann, wenn Hunde von einem Ende des Landes zum anderen befördert werden mussten. Er erinnert sich noch gut an jenen Frühling, in dem er, seine Frau und seine beiden Kinder um Haaresbreite einem Tornado entkamen, während sie einen zwölf Meter langen Pferdetransporter voller heulender Schäferhunde und Labrador Retriever von Fort Belvoir, Virginia, nach San Antonio steuerten. Jim kümmerte sich überall in den USA um Hunde, Hundeführer und Forscher – überall dort, wo Feldversuche durchgeführt wurden. In einem besonders kalten Winter half er bei der Durchführung von Minenspürhundetests in Wisconsin, bei denen sich Menschen und Hunde durch hüfttiefen Schnee und Blizzards kämpften. Er und weitere SwRI-Mitarbeiter trieben einen Kleintransporter auf und statteten ihn mit einem Erdbohrer aus, um Probelöcher zu graben und Minen im hartgefrorenen Boden des mittleren Westens zu platzieren. In einem anderen Jahr musste er austesten, wie Spürhunde und deren Hundeführer mit Sandstürmen und Temperaturen von fast 50 Grad Celsius in Arizona zurechtkamen.

Hunde waren nicht die einzigen potentiellen Kandidaten für eine Spürausbildung, für die sich SwRI und Militär interessierten. Sie arbeiteten auch mit Schweinen – und das war gar nicht so weit hergeholt. In Italien und Frankreich werden Schweine seit dem fünfzehnten Jahrhundert dafür eingesetzt, sündhaft teure Trüffel aufzuspüren. Das SwRI verwendete rote Duroc-Schweine, eine alte, ansehnliche Rasse, mahagonifarben und hängeohrig – wenn auch nicht so schön befedert – wie Irische Setter. Anders als Irische Setter sind Duroc-Schweine außergewöhnlich sanft. Jim Polonis erinnert sich an ein Tier, das vergrabene Minen in viel größeren Tiefen aufspüren konnte als sämtliche Hunde. „Dieses Schwein fand einfach alles", sagt Polonis, der davon ausgeht, dass das große Schwein seine zart gebaute, kleine und äußerst talentierte Trainerin zufriedenstellen wollte. Der Abschlussreport des Militärs zum Minenspürtraining zollte dem Geschlecht des besten Schweinetrainers leider keinen Tribut. Der Bericht bemerkte bloß die große Bereitwilligkeit des Schweines, „mit den Männern zu kooperieren". Nein – dieses Schwein war mehr als bereit, mit einer Frau zu arbeiten.

Doch es gab eine Handvoll Probleme mit den Durocs im Feldversuch: Es handelte sich um Schweine mit „unglücklichen sozialen Gepflogenheiten" und einem gewissen Stigma: „Würdest du einen Schäferhund reinlassen, um dein Haus zu durchsuchen, oder ein Duroc-Schwein?", fragte mich Jim. Die Tatsache, dass rote Durocs für ihre „ausgezeichnete Gewichtszunahme" geschätzt werden, stellte ein weiteres Problem dar: ausgezeichnet für das Schlachthaus, aber ärgerlich für die Minensuche – besonders, wenn die 180 Kilo schweren Schweine sich über den Fund einer Mine freuten! Sie zogen an der Leine. „Sie zerrten einen ganz einfach hinter sich her!", berichtete Jim. Problematischer und unter Umständen gefährlicher als ihr enormer Leibesumfang war ihr „unbändiger Drang, in der Erde zu wühlen", der während einer Minensuche unterbunden werden musste. Obwohl sich Hausschweine als überaus effektiv im Finden sämtlicher Materialien erwiesen, wurden sie schließlich vom SwRI als Spürtiere aus dem Rennen genommen.

Bei den Testschweinen handelte es sich nicht um eine vergeudete Ressource. Joan Johnston, deren Mann William Johnston als Forscher bei jenem US-Militärzentrum angestellt war, das die Schweinestudie mit finanzierte, erinnert sich an das großartige Picknick, zu dem das SwRI in jenem Jahr lud: Es gab köstliche gegrillte Schweinskoteletts.

Die Experimente beschränkten sich nicht auf Hunde und Schweine. Auch Kojoten, Kojoten-Beagle-Mischlinge, Rehe, Pekaris, Waschbären, Füchse, ein Dachs, Timberwölfe und eine Afrikanische Zibetkatze kamen zum Zug. Des Weiteren ganze drei Stinktierarten: Fleckenskunks, Streifenskunks und Weißrüsselskunks. Und gelegentlich eine Indigo- oder Klapperschlange, die man aufgrund ihrer unübertroffenen Begabung, in Löcher zu kriechen, für die Minenspürarbeit besonders geeignet hielt. Die Wissenschaftler versuchten sogar, Raubvögel zur Suche einzusetzen.

Die Verhaltenswissenschaftler, Projektleiter und Trainer am SwRI stellten zu ihrer Enttäuschung wiederholt fest, dass wilde Tiere Probleme machten: Sie waren ... wild. Wölfe und Füchse sahen Menschen als „Gefahr, die es zu vermeiden galt". Die Waschbären waren nicht schlimm, solange sie jung waren, doch sie rebellierten in der Pubertät: Sie bissen. Die Pekari-Teenies hörten nicht auf ihre Trainer, und die Nasenbären (Cousins der Waschbären) waren ihren großen Schnauzen zum Trotz „lethargisch“. Die Rehe schafften es nicht, systematisch zu suchen, und die Klapperschlangen neigten zwar nicht zum Beißen, aber schliefen einfach in der Sonne ein.

So griff man auf den Hund, den gewöhnlichen Canis planus, zurück. Vielleicht hat der Hund nicht die beste Nase des gesamten Tierreiches. Vielleicht ist er nicht die intelligenteste aller Spezies. Er kann nicht in kleine Löcher kriechen wie eine Schlange und auch nicht so leichtfüßig über Hindernisse setzen wie ein Reh – und doch gelangt er an verschiedenste Orte. Er hat die richtige Größe für zahlreiche Aufgaben. Er kann an deiner Seite gehen. Der Hund lebt lang genug, dass sich das Training auszahlt. Er ist weder nachtaktiv noch tagaktiv, sondern bereit, immer dann wach zu sein, wenn man selbst munter ist. Und vor allem wollen Hunde dem Menschen gefallen.

Der Hund, folgerte das SwRI, war genau richtig.

„Wir fanden die Hunde unglaublich nützlich“, sagte Nick Montanarelli. „Und so kam ich zur Spürarbeit.“

Das war nicht das Ende der Versuche. Sowohl das SwRI als auch das Militär experimentierten mit unterschiedlichen Rassen, die für die verschiedensten Zwecke und Klimabedingungen gezüchtet worden waren: Australische Dingos, Norwegische Elchhunde, Dobermänner und Cocker Spaniels. Mit Mischlingen experimentierten die Wissenschaftler und Projektleiter nicht. Das hatte nichts mit blaublütigem Snobismus oder dem deutschen Wunsch gemein, einen Super-Schäferhund zu schaffen, der den Nationalstaat bestmöglich würde repräsentieren können, sondern lag an der Wissenschaft. Mischlinge lassen sich nicht so einfach reproduzieren, und wenn man sich allgemeingültige und wiederholbare Resultate wünscht, braucht man Versuchssubjekte, die einander möglichst ähnlich sind. *Canis planus* ist, genetisch gesehen, alles andere als einfach gestrickt. Während auch andere Hunde ihre Aufgaben zufriedenstellend erfüllten, kristallisierten sich Deutsche Schäferhunde und Labrador Retriever als die besten Allrounder für eine Vielzahl von Einsatzgebieten heraus. Sie hatten Jagd- und Spieltrieb, die richtige Größe und eine feine Nase. Niemand würde ihre Hundeführer auslachen. Die beiden Rassen hatten durchaus auch Nachteile, vor allem der Deutsche Schäfer. Schon damals versuchte das Militär, ein solides Zuchtprogramm für Schäferhunde auf die Beine zu stellen. Sie sollten selbstbewusst sein und Aggressivität zeigen können, wenn dies nötig war, durften nicht nervös sein und keine Hüftprobleme haben. Leider waren die beiden letzten Probleme, seit Rin Tin Tin die Kinoleinwand erobert hatte, in amerikanischen Schäferlinien im Anstieg begriffen.

Für bestimmte Projekte wich man von den beliebten Schäferhunden und Labrador Retrievern ab. Als D.B. Cooper 1971 ein Flugzeug entführte, mit dem Fallschirm und zweihunderttausend Dollar Lösegeld über Washington absprang und zahlreiche Nachahmungstäter inspirierte, suchten das SwRI und die Militärlabors nach einer Lösung und fanden diese in einer eleganten Dame, die mit einem Schoßhund auf dem Arm durch Flughafenterminals und Gates flanierte. Sie ging knapp an den wartenden Passagieren vorbei. Wenn der Hund eine Handfeuerwaffe roch, kratzte er mit der Pfote an ihrem Arm. Polonis erinnert sich daran, dass sie ihr Glück – neben weiteren kleinen Rassen – mit Lhasa Apsos, Italienischen Windspielen und Whippets versuchten. Die Whippets, erinnert er sich, waren den anderen Rassen weit überlegen.

Einige der anderen kleinen Rassen arbeiteten weniger gut. Glücklicherweise endeten nicht alle der missglückten Experimente mit einem Grillfest. William Johnston nahm einen ausgemusterten Malteserwelpen, dessen Schnauze zu sehr an den eines Mopses erinnerte, um vernünftig schnüffeln zu können, mit nach Hause zu seiner Frau Joan und ihren Kindern in Virginia. Puffin lebte bis zum stolzen Alter von dreizehn Jahren bei der Familie.

Wenn Sie das nächste Mal einen Zoo oder ein naturhistorisches Museum besuchen und die außergewöhnliche Diversität der Organismen unseres Planeten bestaunen, halten Sie kurz inne und bedenken, dass all die Variation – die Stoßzähne der Elefanten, das Rad des Pfaus und der menschliche Neocortex – teils durch Fehler ermöglicht wurde.

- Steven Johnson – Wo gute Ideen herkommen, 2010 -

Gute Ideen können vereinzelt und isoliert auftreten wie die sommerlichen Popcorn-Stürme in North Carolina, die am Spätnachmittag den Gemüsegarten bewässern. Wie aus dem nichts tauchen sie auf und verschwinden ebenso schnell wieder, und auf Satellitenbildern sieht es aus, als würden weiße Wolken in tausende hüpfende Popcornstückchen explodieren. Sowohl gute Ideen als auch Regenstürme brauchen die richtige Atmosphäre und ein paar ganz bestimmte Zutaten. So kam es, dass mehrere Wissenschaftler, Trainer und Institute etwa zur selben Zeit die Idee zum „Leichenspürhund" hatten: ein Hund, der die Mord-, Katastrophen-, Unfall- und Kriegsopfer würde finden können. Die Idee war die logische Weiterführung früherer Einfälle, profitierte aber auch von Fehlern und wissenschaftlichen Sackgassen wie den Schweineexperimenten.

Einer der ersten Versuche war das Trainingsprogramm der Polizei von Lancashire in England, die im Juli 1970 begann, Hunde zum Aufspüren der Toten zu trainieren. Für das achtzehnmonatige Trainingsprogramm wurde Schweinefleisch als Ersatz für menschliche Überreste verwendet. Den wenigen Berichten zufolge funktionierte es ganz gut, doch ist das Programm mehr schlecht als recht dokumentiert. Nach dem katastrophalen Yom-Kippur-Krieg wurde 1973 ein Hundeführer in die Sinai-Wüste geschickt, um die israelischen Toten zu finden. Berichten zufolge spürte das Team ganze 47 Leichen auf, und ein in Windeseile dafür ausgebildetes israelisches Spürhundeteam fand die Leiche von Anwar Sadats Bruder, einem Piloten.

In den nächsten beiden Jahren rief Nick Montanarelli über das Landkriegsmuseum des US-Militärs die erste amerikanische Leichenspürhundestudie ins Leben. Diese Studie war kein müßiges Mal-sehen-was-wir-uns-ausdenken-können-Experiment: Nick war praktisch veranlagt und dachte bereits über den Vietnamkrieg hinaus. Hunde, so sein Gedankengang, hätten in zwei inländischen Desastern nützlich sein können: Der Hurrikan Camille hatte 1969 Cuba verwüstet, war durchs Mississippi-Delta gefegt, hatte Virginia überflutet und 259 Menschen getötet. Die tatsächliche Windgeschwindigkeit konnte nicht gemessen werden, da der Hurrikan sämtliche Messinstrumente zerstörte. Und 1972 brach ein Damm in Black Hills in South Dakota. Die Wassermassen donnerten einen Flussarm entlang nach Rapid City, wo innerhalb weniger Stunden 137 Menschen starben. Viele von ihnen wurden bei lebendigem Leib unter dem Schlamm begraben oder von den Fluten mitgerissen. Außerdem hatte Nick mit kanadischen Hundeführern und Trainern gesprochen und erfahren, dass deren Rettungshunde zwar bei Lebenden brillierten, aber nicht sonderlich gut darin waren, tote Lawinenopfer zu finden.

Eine Herausforderung lag darin, geeignetes Trainingsmaterial für Leichenspürhunde zu finden. Nicks Rang im Militär und dessen lange Tradition, gefallene Soldaten zu ehren, hielten ihn davon ab, menschliches Gewebe im Training einzusetzen. Trotzdem wollte er dem einzig Wahren so nah wie möglich kommen. Er besuchte Leichenhallen und sprach mit Bestattern. Er befragte Soldaten, die viel mit Toten zu tun gehabt hatten. Nicks Lösung: eine Kombination aus verschwitzten Soldatenuniformen, Affenfleisch beziehungsweise, wie im Bericht zu lesen steht, „mazeriertem Untermenschen", und einer Reihe Chemikalien. Es handelte sich um eine starke Mischung, erinnert sich Nick. Die Hunde fanden sie. Die vier Deutschen Schäfer der Studie lernten, auf Wiesen, in Gebäuden und im Schutt zu arbeiten – mit 92 Prozent Erfolgsrate in der letzten Testreihe. Nick schloss die Studie im Mai 1973 ab, und von nun an hatten die Hunde Katastrophen-Bereitschaftsdienst.

Lückenhafte Aufzeichnungen machen es schwierig, genau zu rekonstruieren, wer wann was tat. Menschen sterben. Erinnerungen verblassen. Teile der Arbeit wurden geheim gehalten. Als Nick seinen Abschlussbericht vorlegte, forschte das Southwest Research Institute jedenfalls auch bereits daran, ob Hunde helfen könnten, Tote zu finden.

Was als Nächstes passierte, ist bekannt. Anders als Nick erwartet hatte, erforderte es weder einen Hurrikan noch eine Überflutung, um den Schritt von spekulativen Militärversuchen in Texas und Maryland zu handfester Leichenspürhundearbeit im Feld zu machen, sondern eine brutale Ermordung im südlichen New Yorker Adirondack-Gebirge. Mary Rose Turner, eine Mutter von fünf Kindern, die unter Depressionen und Schlaflosigkeit litt, verließ ihr Haus am 26. April 1973 in den frühen Morgenstunden. Ihr Spaziergang führte sie an Bohlings Shell-Tankstelle im ländlichen Syracuse vorbei, wo ein Mann namens Bernard Hatch Nachtdienst hatte.

Später am selben Morgen sah ein Zeuge ein Auto, das „einen 1,80 Meter langen Gegenstand" hinter sich herschleifte. Da ihm die Szene nicht aus dem Kopf ging, führte er die New Yorker Polizei in die Potato Hill Road in Steuben, New York. Die blutige Schleifspur war fast fünfzehn Kilometer lang. Drei Tage später fand die Polizei das, was von Mary Turner übrig war, in einem flachen Grab. Ihr Körper war nicht nur durch das Hinterherschleifen, sondern auch durch Zerstückelung verstümmelt worden.

Langsam und unerbittlich häuften sich die Beweise gegen Bernie Hatch. Am 17. Oktober 1973 klagte ihn ein Geschworenengericht des Mordes an Mary Turner an. Doch die Geschichte ging noch weiter. Nur eineinhalb Monate nach der Anklage fanden Jäger die Überreste, hauptsächlich Knochen, der zweiundzwanzigjährigen Linda Cady und ihrer dreijährigen Tochter Lisa

Ann. Sie waren zweieinhalb Jahre zuvor verschwunden und nur wenige hundert Meter von Mary Turners Fundstelle vergraben worden.

Die Beziehungen der Opfer, der Fundort und Hatch wirkten nicht wie ein Zufall. Cady und Hatch waren mehrere Monate lang miteinander ausgegangen. In Cadys Tagebuch findet sich ein Eintrag über ihre Freude über einen Diamantring, den er ihr geschenkt hatte. Die Polizei begann zu vermuten, dass die Gegend rund um Potato Hill Road ein Massengrab sein könnte, als sie herausfand, dass Hatch nicht nur Verbindungen zu Cady und ihrer Tochter, sondern auch zu einer weiteren vermissten Frau und deren Kindern hatte. Mitte Dezember grasten Suchteams die Gegend ab und fanden unweit von Turners Grab angesengte und halb verbrannte Kinderkleider. Lorraine Zinicolas Familie identifizierte die Kleider – sie gehörten ihren drei kleinen Söhnen. Lorraine Zinicola hatte ebenfalls eine Beziehung mit Hatch geführt. Seit September 1971 galten sie und ihre Söhne als vermisst.

Die New Yorker Polizei griff zum Telefon, und am 21. Dezember 1973 flog William H. Johnston vom Militärischen Tierwissenschaftsprogramm des Southwestern Research Institute in San Antonio in die kleine Stadt Steuben. Gemeinsam mit der Polizei inspizierte er die Umgebung, die Bodenbeschaffenheit und die Bedingungen für eine Suche vor Ort. Würden die Militärhunde, die lernten, verschüttete Leichen zu finden, in der Lage sein, weitere potentielle Opfer des mittlerweile angeklagten Bernie Hatch zu finden?

Die Ermittlungsbeamten wandten sich an einen Hundeführer, der zweihundert Kilometer entfernt wohnte: an den New Yorker Landespolizisten Ralph D. Suffolk Jr. alias Jim, dem der Ruf eines brillanten Bloodhoundführers vorauseilte. Er und einer seiner Hunde, Colonel of Redstone, hatten einige Jahre zuvor Berühmtheit erlangt, als sie eine lange Fährte ausarbeiteten, die der Polizei half, drei Räuber zu stellen – 1969 fiel der Schuldspruch an einem New Yorker Strafgericht. Zum ersten Mal in der Geschichte des Staates New York war ein Fährtenhund zur Hilfe genommen worden, um jemanden zu überführen. Der einzige frühere Versuch, das Spurenlesen eines Hundes in ein Urteil miteinzubeziehen, war nicht gut ausgegangen: 1917 hob der Oberste Gerichtshof des Staates New York die Strafe einer Frau auf, die auf Basis der Nase eines Deutschen Schäfers der Brandstiftung verurteilt worden war. Der Hund, verkündete das Gericht, zeige einfach nur Tricks für die Gäste des Hauses.

Jim Suffolks Bloodhounds zeigten keine Tricks für Gäste. Fast täglich suchten sie nach Menschen. Suffolk gebührt größter Respekt: Er gab unter Eid zu, dass Bloodhounds nicht unfehlbar sind, und seine Ehrlichkeit stärkte die Glaubwürdigkeit der Hunde.

Die Wissenschaftler am SwRI hatten schon länger auf eine Gelegenheit gewartet, Hunde an heimischen Tatorten einzusetzen, und Suffolk war der ideale Mann für diese Sache. Doch seine treuen Bloodhounds waren dafür nicht geeignet. Sie waren zwar großartig darin, die Lebenden aufzuspüren, doch er brauchte Hunde, die darauf trainiert waren, Tote zu finden.

Anfang Mai 1974 flog Suffolk nach San Antonio, um mit der neu ins Leben gerufenen Kategorie von Hunden zu arbeiten: mit dem Leichenspürhund, kurz Leichenhund. Suffolk gab Tipps für Training und Führung der Hunde; die Wissenschaftler am SwRI trugen andere Vorschläge bei. Schließlich kehrte Suffolk mit zwei Hunden nach New York zurück. Pearl, eine freundlich aussehende weißblonde Labradorhündin, hatte mit dem, was man sich unter einem geheimen Militärprojekt vorstellt, wenig gemein. Als sie 1974 in Oneida County landete, um Jagd auf die Opfer eines möglichen Serienkillers zu machen, war sie fünf Jahre alt. Auf jedem Schnappschuss hat sie das Maul leicht geöffnet und himmelt entweder Jim oder den Fotografen an. Ob ihr die Person hinter der Kamera wohl einen Keks zustecken würde? Pearl war von einem Ort zum nächsten gesendet worden, um an Rauschgift, Bomben und Landminen zu trainieren. Ihr jüngstes Spezialgebiet waren vergrabene und verschüttete Leichen.

Pearls Sidekick, Baron von Ricktagfan, ein muskulöser schwarz-blonder Schäferhund, war in Fort Benning bereits als Militärfährtenhund trainiert worden. Mit Baron war nicht zu spaßen, erinnert sich Jim Suffolk, doch er machte seine Arbeit gut.

Jim Suffolk und seine beiden neuen Leichenhunde machten sich auf in die Wälder von Oneida County, New York. Sie begannen ihre Arbeit in jener Gegend, wo mehrere der Opfer gefunden worden waren. In den folgenden sieben Monaten suchten sie nach weiteren flachen Gräbern, bis Schnee und Eis der Suche ein Ende setzten. Das Suchgebiet umfasste eine Fläche von sechzehn Quadratkilometern, darunter hauptsächlich Pinienwälder, die in den 1930ern gepflanzt worden waren. Sie verbrachten dreiundachtzig Tage in den Wäldern.

Gelegentlich wurde die Suche unterbrochen, um sich noch wichtigeren Polizeiangelegenheiten zu widmen, darunter Pearls Suche nach Bomben am Oneida-County-Flughafen, bevor Vizepräsident Gerald Ford hier landete. Pearl fand nur das Trainingsmaterial, welches der Geheimdienst dort versteckt hatte, um sicherzustellen, dass Verlass auf ihre Nase war. Außerdem wurden Jim und seine beiden Hunde zu einer Kläranlage im nahegelegenen Onondaga County gerufen, nachdem einer der Abwasserarbeiter zugab, zwei Jahre zuvor eine Studentin der Syracuse University vergewaltigt und dort begraben zu haben. Beide Hunde zeigten am selben Punkt an einem Abhang an. Die

Polizei von Syracuse organisierte einen Bulldozer und fand Karen Levy in einigen Metern Entfernung. Später ging Suffolk seine Aufzeichnungen durch und beschäftigte sich mit der Bodenbeschaffenheit. Vermutlich lag die Ungenauigkeit an einem unterirdischen Gewässer. Die Hunde hatten etwa 4,5 Meter unter der Leiche angezeigt. Suffolk kam zu dem Schluss, dass er selbst nach der Anzeige darauf bestehen hätte sollen, weiter bergauf zu arbeiten. Wissen wie dieses, gewonnen aus Erfahrungen, sollte forensischen Anthropologen in Zukunft helfen, die Anzeigemuster von Leichenspürhunden rund um heimlich verscharrte Leichen zu verstehen.

Obwohl Bernie Hatch unter Verdacht stand, insgesamt sieben Frauen und Kinder ermordet zu haben, wurde er nach einer siebzig Tage langen Verhandlung – der teuersten in der Geschichte von Oneida County – nur des Mordes an Turner verurteilt. Er sitzt immer noch im Auburner Gefängnis und besteht auf seine Unschuld. Jim und seine beiden Leichenhunde fanden trotz monatelanger mühsamer Suche keine weiteren vergrabenen Opfer. Lorraine Zinicola und ihre drei kleinen Söhne wurden nie gefunden.

Jim Suffolk und seine Hunde fanden zwar im Zusammenhang mit dem Hatch-Fall keine weiteren Leichen, doch leisteten sie einen bedeutenden Beitrag zur Geschichte des Gebrauchshundes: den ersten vollständig dokumentierten Einsatz von Leichenspürhunden in den Vereinigten Staaten.

Der Hatch-Fall stellte nur der Anfang von Jim Suffolks Tätigkeit im Leichenspürhundebereich dar. Er sollte noch viele Jahre mit Pearl und Baron arbeiten. Um zu verhindern, dass ihre Nasen verlernten, was sie zu tun hatten, setzte er „das echte Zeug" im Training ein: Leichen, die in den Wäldern langsam verwesen, sind das ideale Trainingsmaterial. 1986 ließ sich Jim von der Polizei pensionieren; heute ist er Anfang achtzig. Obwohl er vor Kurzem aufgrund von Durchblutungsstörungen ein Bein verlor und mehrere Schulteroperationen über sich ergehen lassen musste – eine Spätfolge der Jahre, die er sich von seinen Bloodhounds an Geschirr und Leine die Hügel der Adirondacks hinauf- und hinunterzerren hatte lassen –, fungiert er als Friedensrichter in seiner Heimatstadt. Er lebt mit seiner Frau Sally in einem Haus mit Blick auf den Canadarago-See.

Ich konnte nicht widerstehen, Suffolk die Frage zu stellen, die auf der Hand lag: Hatte er mit dem Gedanken gespielt, Bloodhounds für die Leichenspürarbeit einzusetzen? Ich wusste, dass er zugeben würde, dass Schäfer und Labradore besser für diese Arbeit geeignet waren.

„Die Bloodhounds für Leichenarbeit einsetzen?", rief er entrüstet. „Nie im Leben. Was für eine Verschwendung ihrer Nase!" Andererseits, gab er nach einigem Nachdenken zu, hielt er sie, wenn er auch davon ausging, dass sie den Ferrari unter den Nasen trugen, für weniger gut darin, über Gräben und Baumstämme zu springen und selbst in die dunkelsten, engsten Ecken und Dickichte vorzudringen. Seine Stimme nahm einen wehmütigen Ton an: „Ich habe mich immer gefragt, ob ich eine Leichenspürkatze ausbilden könnte."

Militär und SwRI-Wissenschaftler, optimistisch und aufgeschlossen wie immer, hatten das bereits versucht. Die Samtpfoten hatten kein Interesse daran, den Wissenschaftlern mitzuteilen, ob sich Bomben in der Nähe befanden: „Die Katzen wurden vom weiteren Training ausgeschlossen, weil sie sich demonstrativ weigerten, verlässlich mit den Männern zu kooperieren."

Man nahm mich nicht ernst, bis ich die beiden magischen Wörter aussprach: „Andy Rebmann." „Mein Gott, Sie haben mit Andy Rebmann trainiert?", antworteten sie. „Dann wissen Sie, wie man sucht."

- Edward David, stellvertretender Leichenbeschauer, Main, 2011

Es wäre falsch, zu behaupten, dass die Leichenspürhundewelt bis zu Andy Rebmanns Auftauchen nicht existiert hätte. Andere kamen vor ihm: Nick Montanarelli, die Wissenschaftler am SwRI, und natürlich Jim Suffolk. Im selben Jahrzehnt notierte William D. Tolhurst, ein berühmter Bloodhoundtrainer in New York, in seinen Memoiren, dass er 1977 begonnen hätte, seinen Bloodhound Tona sowohl in der Personen- als auch in der Leichensuche auszubilden. Wahrscheinlich starteten weitere Hundeführer und Trainer zur selben Zeit ähnliche Versuche, die aber in Vergessenheit gerieten.

Dennoch war die Welt des Leichenhundetrainings damals noch relativ uneinheitlich. Mitte der 1970er Jahre besuchte Andy eine Polizeikonferenz, auf der Jim Suffolk eine Präsentation zum Thema Leichenspürhunde hielt. Andy war fasziniert und sprach Jim später an. Die beiden Männer müssen ein seltsames Paar abgegeben haben: Jim Suffolk sah aus wie ein stämmiger James Garner, sein Kinn noch heldenhafter als das des amerikanischen Schauspielers. Seine frisch gebügelte landespolizeiliche Khakiuniform lag eng am Körper an. Er hatte dichtes, dunkles gewelltes Haar, welches meist unter einem Polizeihut hervorquoll. Da er sich auf einer Konferenz befand, ist es möglich, dass Andy eine Uniform trug und sein Markenzeichen, eine schräg getragene verblasste Baseballmütze, zuhause gelassen hatte. Er hatte große Augen, einen Mund, der ständig in Bewegung war, Wangen, die an eine zerklüftete Landschaft erinnerten, und beeindruckende Ohren. Wahrscheinlich rauchte er eine Pall-Mall-Zigarette.

Andy stellte sich vor und fragte Jim, wie er seine Hunde trainiere. Jim weigerte sich, ihm dies zu verraten – noch immer handelte es sich um geheime Information. Andy wusste, dass Jim mit einer Militärforschungsgruppe zusammenarbeitete, und nahm Jims Weigerung, ihm Auskunft zu geben, nicht persönlich – doch sein Ehrgeiz war angestachelt. „Verdammt noch mal", erinnert sich Andy daran, was ihm durch den Kopf ging. „Ich würde einen Leichenspürhund haben. Jetzt erst recht!"

Andy ging seinen eigenen Weg. Er interviewte einen Pathologen am Gesundheitsministerium von Connecticut. Dieser riet ihm, mit den stinkenden Chemikalien Cadaverin und Putrescin zu beginnen. Stark riechend entstehen die beiden Stoffe, wenn tierisches Gewebe zersetzt wird. Bereits vor einem Jahrhundert waren sie im Jahr 1885 von dem deutschen Physiker Ludwig Brieger identifiziert und beschrieben worden. Wie wir heute wissen, entspricht keiner der beiden Stoffe dem, was bei Zersetzung des menschlichen Körpers entsteht, zu hundert Prozent – auch manche Stinkkäsesorten und Mundgeruch enthalten dieses Gemisch –, doch steckten das Leichenhundetraining und die Wissenschaft vom Zerfall des menschlichen Körpers damals noch in den Kinderschuhen.

Mitte der 70er Jahre, zur selben Zeit, zu der Andy und die Pathologen in Connecticut den Geruch des menschlichen Todes zu entschlüsseln versuchten, warf ein Kognitionspsychologe an der Universität Tel Aviv, Robert E. Lubow, eine Frage zu den Leichenspürausbildungen der Polizei von Lancashire und des US-Militärs auf: „Wir müssen uns dem Problem der Stimulus-Generalisation widmen", schreibt Lubow in seinem faszinierenden Buch *The War Animals*. „Die Briten trainierten einen Schweinedetektor, die Amerikaner einen Affendetektor. Welche Beweise haben wir, dass Hunde, die jeweils auf einen spezifischen Geruch trainiert wurden, in der Lage sind, ihr Anzeigeverhalten auf menschlichen Leichengeruch im echten Leben zu generalisieren?"

Die Generalisierungsfrage sollte alle Spürhundearbeit – nicht bloß die Arbeit mit Leichen – für die nächsten Jahrzehnte quälen. Zu Beginn seines Trainings war Andy davon ausgegangen, dass Tiere und Menschen im Zersetzungsprozess mehr oder weniger gleich rochen, doch wie schon Jim Suffolk vor ihm musste auch er feststellen, dass es entscheidende Unterschiede gab. Ideal war, die Hunde an tatsächlichen menschlichen Überresten zu trainieren. Die Exekutive hatte diesbezüglich weniger Einschränkungen als das Militär: Nachdem die Arbeit an einem Tatort oder am Schauplatz eines Selbstmordes beendet war, fand sich immer irgendetwas, das sich zum Training der Hunde einsetzen ließ.

Rufus, Andys gedrungener dunkler Dienstschäferhund, hatte seine Karriere als Ausbildungskandidat für die Blindenführarbeit an der Fidelco Guide Dog Foundation in Bloomfield, Connecticut begonnen. Er war aus dem Programm ausgeschlossen worden, weil er sich nicht dazu eignete, irgendjemanden ruhig und sanft zu führen. Er war ein guter Diensthund, doch Andy begann auch, ihn zur Suche nach einer Kombination von Cadaverin und Putrescin sowie Erde, auf der Leichen gelegen hatten, zu trainieren. Die Erde enthielt Flüssigkeiten und Leichenlipid – jenes fettige Wachs, das bei Leichen auftritt, die in feuchter Umgebung liegen. Man schrieb das Jahr 1977; dasselbe Jahr, in dem Andys zweiter Hund, der Bloodhound Clem, als bester Personensuchhund des Landes gefeiert wurde. War eine vermisste Person noch am Leben, war Clem zur Stelle, um sie zu finden. Ging man davon aus, dass die Person tot war, übernahm Rufus die Arbeit. Es war ein guter Deal für beide Hunde. 1980 begann Andy, Rufus und seine Nase für immer herausforderndere Aufgaben einzusetzen.

Heimlich vergrabene Leichen sind die schlimmsten Fälle. Sie involvieren Schaufeln, Bulldozer und manchmal auch Presslufthämmer. Liegt man um mehr als zehn Meter daneben, könnte die Leiche ebenso gut zwei Kilometer weit weg sein. Niemand gräbt gerne nach Leichen, besonders, wenn aussagekräftige Beweise fehlen.

Das adrette, mit Schindeln verkleidete Bauernhaus mit seiner großen Terrasse im kalifornischen Monroe wirkte gepflegt und rundum perfekt. Hinter dem Haus befanden sich ein kürzlich gemähter, strahlend grüner Rasen, ein Swimmingpool und daneben ein neu betonierter Vorplatz. Robin Oppel, achtundzwanzig, war verschwunden. Ihr Ehemann Kent Oppel, ein neunundzwanzigjähriger Unternehmer, hatte der Polizei erlaubt, sein Anwesen zu durchkämmen, ohne einen Durchsuchungsbefehl zu verlangen.

Etwa einen Monat nach Robins Verschwinden war ihr Auto in vierzig Kilometer Entfernung gefunden worden. Darin befand sich ein abgebrochenes Stück von einem Eulen-Schlüsselanhänger, aber keine Spur von Robin. Zuletzt war sie am 19. September 1980 gesehen worden. Andy spielte kurz mit dem Gedanken, einen seiner Bloodhounds anzusetzen, um zu sehen, ob dieser ihnen selbst nach all dieser Zeit zeigen könne, in welcher Richtung sie suchen sollten. Das war ausgesprochen unwahrscheinlich, und Andy wusste es. Die Kriminalbeamten, die den Fall bearbeiteten, hatten bereits eine Hypothese.

Rufus war seit drei Jahren als Leichenspürhund im Einsatz, als er und Andy in Monroe eintrafen. Kent Oppel sah zu, wie Andy Rufus vor dem Haus sein Suchsignal gab. Rufus lief den Zaun entlang zum Swimmingpool, bohrte die

Nase in die Erde neben dem frisch betonierten Vorplatz und begann zu graben. Das war es. Andy führte ihn weg und zuckte die Schultern. Er hörte, wie Oppel den neugierig zusehenden Passanten erklärte, dass der Hund offensichtlich nichts gefunden hatte.

Qualvoll langsam verstrichen die Minuten, in denen Andy fürchtete, dass Rufus vielleicht falsch gelegen hatte. Die Ermittler bearbeiteten den Beton neben der Stelle, an der Rufus angezeigt hatte, mit einem Presslufthammer, gruben dreißig Zentimeter tief und stießen auf elektrische Leitungen. Erneut wurde Rufus zurate gezogen. Dieser, erinnert sich Andy, begann, „sich nach China durchzugraben." Die Ermittler schaufelten weiter. Nur ein wenig tiefer leuchtete ihnen ein kleiner Gegenstand entgegen: die zweite Hälfte des Eulen-Schlüsselanhängers, der in Robins Auto gefunden worden war. Sie gruben weiter und fanden Robin in 1,20 Meter Tiefe, unter dem Beton und einer Schicht Kalk.

Die Leichenspürarbeit stellte eine neue und faszinierende Hundekarriere dar, und anfangs vertaten sich die Journalisten manchmal mit den Begriffen. Rufus, schrieb ein Zeitungsreporter ebenso ernst wie falsch, war „einer von acht ‚toten Hunden' " in den USA; der einzige in New England. Derartige Berichte über Rufus' Tod waren vorschnell. Im Laufe seiner Karriere sollte er noch sechsundzwanzig Leichen aufspüren.

Ob die Beziehung von Andy Rebmann und Jim Suffolk auf jener Polizeikonferenz endete, noch bevor sie richtig begonnen hatte? Nein, keineswegs. Ein Bild in einer Vermonter Zeitung von 1986 zeigt die beiden, wie sie ihre Leichenhunde bei Ermittlungen in einem Mordfall einsetzen. In seiner frisch gebügelten Khakiuniform, mit seinem freundlichen Lächeln und dem Blick direkt in die Kamera sieht Jim aus, als wäre er einem Werbeplakat entsprungen. Andy, schräg zur Kamera, wirkt zwanglos, ja fast schon unverschämt mit Jeans und T-Shirt, schiefer Baseballkappe und einem breiten Grinsen. Jim Suffolks Schäfer ist ein großer Rüde namens Argus. Neben Andy sitzt Rufus' Nachfolgerin: eine grazile, leicht gebaute Schäferhündin, die er Dupa genannt hatte – Polnisch für „Hintern" oder „scharfe Puppe". Nach einer Personensuche in einer polnischen Nachbarschaft bestand die Polizei von Connecticut auf einen neuen Namen. Von da an nannte er sie Lady.

Wie Rufus vor ihm arbeitete auch Lady für ihr Futter und lehrte Andy mehr über die Fähigkeit des Hundes, Tote zu finden. Mitte Januar 1987 ging es nicht um eine vergrabene, sondern um eine in alle Winde verstreute Leiche – ein Fall, an dem auch der forensische Wissenschaftler Henry Lee arbeitete, der später als Verteidigungsexperte im O.J.-Simpson-Prozess Berühmtheit erlangen sollte. Der Fall inspirierte die Coen Brothers zum schwarzhumorigen

Film Fargo. Kurz nachdem Stewardess Helle Crafts den Scheidungsprozess gegen ihren notorisch untreuen Ehemann Richard Crafts, einen Piloten, eingeleitet hatte, wurde sie als vermisst gemeldet. Ihr Mann hatte seine Kreditkarte verwendet, um eine Häckselmaschine zu mieten, eine Gefriertruhe und eine Kettensäge zu bezahlen. Ein Schneepflugfahrer berichtete, dass er während eines Schneesturms mitten in der Nacht einen Mann mit einer Häckselmaschine am Ufer des Housatonic River in Connecticut habe arbeiten sehen.

Ladys mühsame Aufgabe war es, einen Berg gefrorener Hackschnitzel nach dem anderen, die man am Ufer zusammengerecht hatte, mit der Nase zu durchforsten. Einer der Berge war besonders interessant: Lady zeigte an. Das war es! Was sie gefunden hatte, war zwar winzig, aber dennoch menschlich. Dank Ladys Anzeigen fand die Polizei ganze sechzig Knochensplitter, etwas Blut und blonde Haarsträhnen, einen Zahn mit einer Goldkrone und einen Fingernagel, dessen Farbe mit einer Flasche Nagellack in Helle Crafts' Badezimmerschrank übereinstimmte. Zum ersten Mal in der Geschichte von Connecticut kam es zu einer Verurteilung in einem Mordfall, obwohl es keine Leiche gab: 1990 wurde Richard Crafts zu fünfzig Jahren Gefängnis verurteilt. Er kann frühestens im August 2021 im Alter von vierundachtzig Jahren entlassen werden.

Ein weiterer Zweck [dieser Erfindung] ist es, eine Hochbaumethode zu schaffen, welche die Gefahren, die mit der Arbeit in großer Höhe einhergehen, auf ein Minimum reduziert.

- Patentbüro Nr. 2.715.013 der Vereinigten Staaten, 9. August 1955 -

Ende April 1987, nur drei Monate nach dem Helle-Crafts-Fall, setzte Andy seine Leichenspürhunde erstmals für jenen Zweck ein, den sich das Militär und das Southwest Research Institute ursprünglich vorgestellt hatten: eine Katastrophe – die größte in der jüngeren Geschichte Connecticuts.

In Bridgeport stürzten zwei sechzehnstöckige Betongebäude, die sich erst im Aufbau befanden, in sich zusammen. Innerhalb weniger Sekunden war L'Ambiance Plaza ein Trümmerhaufen. Innerhalb weniger Stunden waren Andy und Lady sowie einige weitere Hundeführer der Polizei von Connecticut vor Ort. Sie sahen sich einem Berg geborstener Betonplatten, verbogenen Stahls und Bewehrungsstahl gegenüber. Zentimeter für Zentimeter bewegten sich die Hunde und ihre zweibeinigen Partner über die Trümmer. Die Deutschen Schäferhunde zeigten den Fund von Leichen an, manchmal an klaffenden Löchern, manchmal am Rande der zerbrochenen Platten; wo immer Geruch entkommen konnte.

Obwohl es noch früh war, wurde den Bauarbeitern und ihren Familien schnell bewusst, dass es sich hierbei weniger um eine Rettungs-, sondern eher um eine Bergungsaktion handelte. Zweiundzwanzig Arbeiter waren verletzt, einige von ihnen schwer – sie hatten das Glück gehabt, von der beim Einstürzen entstehenden Druckwelle von den Etagen ins Freie gefegt statt darunter zerdrückt worden zu sein. Die Hunde inhalierten Zementstaub und zeigten an – immer und immer wieder. Dann setzte der kalte Frühlingsregen ein, verwandelte den Staub in Schlamm, machte den Untergrund noch trügerischer und intensivierte das kalte, grelle Licht der Scheinwerfer auf dem Schuttberg.

Die Hunde halfen dabei, alle achtundzwanzig Opfer zu finden. Italoamerikanische, afroamerikanische und irischamerikanische Arbeiter, deren Körper so zugerichtet waren, dass Andy meinte, niemals zuvor oder danach Vergleichbares gesehen zu haben. Und Andy hat fast alles gesehen, was Menschen oder die Natur anzurichten in der Lage sind. „Es verfolgt mich noch heute", gibt er zu.

L'Ambiance Plaza macht ihn heute noch wütend. Schnell, billig – und gefährlich. Es macht auch mich noch heute wütend. Wie es eine Laune des Schicksals wollte, stellten Andy und ich ein Vierteljahrhundert später fest, als wir einander persönlich kennen lernten, waren wir einander damals wahrscheinlich vor den Trümmern der Gebäude begegnet. Mehrere Tage lang koordinierte Andy die Suche und die Spürhundeteams, bis die letzte Leiche geborgen war. Als Reporterin für den Hartford Courant war ich nur einen Tag lang vor Ort. Es liegt in der Natur der Sache, dass alle Katastrophen schrecklich sind, doch diese war die schlimmste, über die ich jemals berichtet hatte. Ich spielte nur eine winzige Rolle, als ich einen kalten Tag und eine noch kältere Nacht lang Bereitschaft hielt für den Fall, dass weitere Verletze oder Opfer gefunden würden. Reporter und Ermittler kamen zu dem Schluss, dass mit der als effizient und ökonomisch angepriesenen Bauweise etwas katastrophal schiefgelaufen war. Nach dem Vorfall wurde das Hubplattenverfahren bis auf Weiteres völlig aus der Architektur verbannt. Mittlerweise darf wieder so gebaut werden; dennoch wird in den USA bis heute kaum im Hubplattenverfahren konstruiert.

Die Tatsache, dass Andy und ich einander während der furchtbaren Tage in Bridgeport nicht kennen lernten, änderte vermutlich nichts am Verlauf meines Lebens. Ich bezweifle, dass ich an jenem Punkt meiner Zeitungskarriere begonnen hätte, Hunde für die Sucharbeit zu trainieren. Erst im mittleren Alter sollte Solo mich dafür begeistern.

Unsere Begegnung war nicht der einzige sonderbare Zusammenhang, auf den ich aufmerksam wurde. Im Zuge meiner Recherchen zum SwRI und seiner Rolle in der Hundeforschung stieß ich auf eine ganz andere Erfindung des Institutsgründers. 1848 hatte Tom Slick Jr. ein „Gerät zur Errichtung eines Gebäudes“ patentieren lassen. Als die alten Tintenzeichnungen meinen Bildschirm füllten, erkannte ich die Umrisse einer Hochbautechnik, die ich seit L'Ambiance Plaza im Schlaf erkannt hätte: Flaschenzüge, Pumpen und Betonplatten. Slick hatte das Hubplattenverfahren erfunden.

Andy fand die besten Worte: „Was für ein Zufall! Er finanzierte die Ausbildung jener Hunde, deren Arbeit darin bestehen sollte, die Opfer seiner gescheiterten Erfindung zu bergen.“

Kein Gebrauchshundeführer war überrascht, als Andy gemeinsam mit Edward David und der forensischen Anthropologin Marcella Sorg jenes Buch schrieb, das bald zur Bibel der Leichenspürhundetrainer und -führer werden sollte: Das *Cadaver Dog Handbook* erschien im Jahr 2000.

„Vergiss nicht, dass ich dich davor gewarnt habe, die Sache zu sehr mit dem Hirn anzugehen“, schrieb mir Nancy Hook in einer E-Mail. „Aber das Andy-Rebmann-Buch ist gut – er ist ein Guru!“

Marcia Koenig, Andys Frau, ist selbst eine bekannte freiwillige Leichenspürhundeführerin und -trainerin. Sie half ihm beim Schreiben des *Cadaver Dog Handbook*, lektorierte den Text und stellte Fotos zur Verfügung. Seit 1972 ist sie mit ihren Hunden in der Rettungsarbeit aktiv. Durch Andy kam auch sie auf den Leichenspürhund – und innerhalb kurzer Zeit war sie verdammt gut in dem, was sie tat. Sie und ihre Deutschen Schäferhunde wurden auf der Suche nach vermissten Mördern und Selbstmördern, Wanderern, Demenzkranken und den Opfern von Tornados und Hurrikans eingesetzt – in der Wildnis, im Schnee, im Wasser. Im August 1997 krochen Marcia und ihre graue Schäferhündin Coyote nach dem Absturz von Korean-Air-Flug 801 vier Tage lang durch Schlamm und Matsch auf der Insel Guam. Das Flugzeug war während starker Regenfälle und schlechter Sichtverhältnisse mit einem Berg kollidiert und hatte ein zerklüftetes Loch in die Landschaft gerissen.

„Die Umgebung war getränkt von Verwesungs- und Treibstoffgeruch. So sehr, dass die Hunde nichts Konkretes anzeigen konnten", erinnert sich Marcia. „Sie sahen die Hundeführer frustriert an, als wollten sie sagen: ‚Es ist überall.'" Marcia, Coyote und die übrigen Teams wateten durch knietiefen Schlamm. Trotz der erschwerten Bedingungen blieb Coyote hartnäckig bei ihrer Aufgabe und half, Knochen, Gewebe und Gelenkteile zu finden. Gegen Ende der Suche, als der Schlamm zu tief wurde und Marcia der Erschöpfung nahe war, legte ihr Coyote – eine wilde und rebellische Hündin – etwas vor die Füße. „Sie war so sanft!" Marcia staunte. Es war der Fuß eines Kindes; eines der letzten Dinge, die auf dieser Suche gefunden wurden. Üblicherweise apportierte Coyote im Einsatz nichts, doch dieser kleine Fuß brachte den Bergungsteams und der Familie Trost.

Bald trainierten Dutzende Hundeführer und Trainer aus allen Ecken und Enden des Landes mit Andy, traten in seine Fußstapfen, bildeten ihre eigenen Hunde und später weitere Hundeführer aus. Jim Suffolk hatte das Vermächtnis der Leichenspürhunde für die Exekutive der Vereinigten Staaten begründet. Andy führte es weiter und entwickelte jene Trainingsmethode, die heute als Goldstandard der Leichenspürhundeausbildung gilt.

Heute ist Andy über siebzig. Noch immer sind Marcia und er auf der ganzen Welt unterwegs: um Hunde und Hundeführer zu trainieren, Trainingsprotokolle zu verbessern und vor Gericht auszusagen. Nach wie vor nimmt er an Rettungs- und Bergungsaktionen teil, und er kann mir nicht sagen, wie viele Sucheinsätze er im Laufe seiner Karriere schon gesehen hat. Ich weiß, dass er vor seiner Pensionierung von der Polizei von Connecticut im Jahr 1990 zu mehr als hundert Einsätzen im Jahr gerufen wurde. Er hat aufgehört, zu zählen. Wozu auch?

„Die nächste Suche ist die wichtigste!"

… das Richtfest kann als Anerkennung dessen gesehen werden, dass Bauen sowohl ein Akt der Erinnerung als auch ein Neustart ist.

- Tracy Kidder, Das Haus, 1999 -

5
Das Hütchenspiel

Mit gerunzelter Stirn stand Solo in Nancy Hooks Trainingswiese und starrte die fünf identischen weißen Eimer an, die mit militärischer Präzision vor ihm aufgereiht standen. Einer davon enthielt ein Stückchen Mensch – einen Teil von jemandem, der entweder gestorben war oder Nancy großzügigerweise nach einer Operation einen Körperteil überlassen hatte, damit sie ihn in Situationen wie dieser einsetzen konnte. So hatte ihr etwa ein Trainerkollege ein Stück Rippe überlassen, das ihm entfernt worden war. Wie er mir Jahre später erklärte, hatte er seine eigenen Hunde nicht mit der Frage verwirren wollen, ob sie die Rippe außerhalb seines Körpers oder die in ihm verbliebenen anzeigen sollten.

Für Solos erste Aufgabe setzte Nancy einen Weisheitszahn ihres zukünftigen Exmannes und ein wenig blutiges Gewebe ein. Solo, mittlerweile fast sechs Monate alt, bestand aus beinahe 30 Kilo Muskeln, Haut und Knochen. Die wenigsten Jungschäferhunde sind schön, und noch weniger von ihnen sind ausgeglichene Vierbeiner. Er zeigte sich zunehmend gleichgültig gegenüber Schmerzen – egal, ob er diese verspürte oder verursachte. Meinen Alpträumen zum Trotz unterschied sich Solo kaum vom Schäferhunde-Mainstream.

Nancy stellte ihn vor seine erste Aufgabe: Er sollte seinen Kopf in einen Eimer nach dem anderen stecken und herausfinden, in welchem sich der blutige Zahn befand. Dabei handelt es sich um eine von mehreren Methoden der Grundausbildung eines Leichen- oder sonstigen Spürhundes. Das Tier lernt, das, was es finden soll, zu erkennen und deutlich anzuzeigen: Leichen, Kokain, Schießpulver, Heroin. Bettwanzen. Manche Trainer verwenden Eimer, andere Betonblöcke. Ausgeklügeltere Verstecke bestehen aus Holzboxen mit Löchern im Deckel, mitunter sogar mit einer Feder im Inneren, die einen Gummikong oder einen Tennisball herausschnellen lässt wie einen Springteufel, um die richtige Wahl ohne Zeitverlust zu belohnen. Ich begann damals gerade erst, mich mit der Thematik zu befassen und hatte noch keine Vorstellung davon, wie viele Varianten an Boxen, Kisten und sonstigen Gefäßen es für die Grundlagenarbeit gab. Jeder Trainer hat ein Lieblingssystem, aber es ist nicht nötig, mit elegantem Schnickschnack zu arbeiten: Im Grunde kommt es einzig und allein auf das Timing des Hundeführers an.

Im ersten Durchgang steckte Solo seinen Kopf in den vierten Eimer, der den blutigen Zahn enthielt, sah mich an und steckte seinen Kopf erneut hinein. Er hatte keinerlei Assoziationen zu diesem Geruch, doch der vierte Eimer roch faszinierender anders als die übrigen. Nancy zischte mir mein Signal zu, und ich fummelte in meiner Tasche nach einem Leberkeks. Solo versuchte, meine Fingerspitzen als Beilage zu verspeisen. Kurze Zeit später war er Feuer und Flamme für das Spiel. Als Nancy die Eimer verschob, stürmte er von einem zum anderen, zog mich hinter sich her und fesselte uns beide mit der Leine. Wenn ich ihn nicht schnell genug belohnte, zog er den Kopf aus der Anzeigebox, starrte mich an und protestierte lautstark. Seine Kommentare liefen die Tonleiter auf und ab, während er abwechselnd aus Frustration und Entzückung heulte.

Nancy runzelte die Stirn, als sie beobachtete, wie Solo und ich eine peinliche Interpretation des Ententanzes mit Leinen-Fesselspielen hinlegten. Mir war heiß und meine Schläfen pulsierten. Es klang so leicht! Ich hatte einfach an der lockeren Leine vor Solo herzugehen, an den Eimern vorbei, und sollte dabei weder zögern noch hasten. Mit einer ausladenden Handgeste sollte ich ihm die einzelnen Eimer präsentieren. Such hier (Kopf des Hundes senkt sich in den Eimer), such hier, (Kopf des Hundes senkt sich in den nächsten Eimer), such hier (Kopf des Hundes verschwindet im dritten Eimer und bleibt unten). Guter Hund! Leberkeks! Operante Konditionierung, wie sie im Buche steht. Solo würde beginnen, den Geruch des Todes mit einer Belohnung zu verbinden.

Ich durfte die Kekse in meiner praktischen Bauchtasche bei mir tragen, doch stellte sich diese als weiteres Ding heraus, das ich neben Leine, Hund und Eimern noch jonglieren musste. Oh, und mein Ego! Ich war furchtbar darin! Solo preschte von einem Eimer zum nächsten, ließ einen aus, der nicht interessant schien, machte kehrt, zerrte mich vor und zurück, bis mir schwindlig war, und jodelte, wenn er einen Hauch von Geruch in die Nase bekam. Er schummelte, sprühte nur so vor Energie und war kaum kontrollierbar. Nancy liebte ihn. Sie kicherte und gurrte „Guter Junge, guter Junge!", während sie mir halblaut „Belohn ihn, belohn ihn!" zuzischte.

Ich war den Tränen nahe. Damals verstand ich nicht wirklich, dass Solo zeigte, was Trainer als „Arbeitstrieb" bezeichnen. Trieb ist ebenso wichtig, um einen Hund immer weitermachen zu lassen, wie Treibstoff für ein Auto. Dass Solo sich dermaßen in seine Aufgabe hineinsteigerte, war von essentieller Wichtigkeit für die harte Arbeit, die vor ihm lag. Damals sah ich ihn als „schlimmen Hund" – sein Verhalten entsprach nicht dem, was ich gewohnt war und schätzte. Zev war ruhig und gleichmäßig an meiner Seite perfekt Fuß gegangen. Ein finsterer Blick reichte, und er duckte sich zusammen und schaltete ab. Und selbst Megan, der es völlig egal war, ob ich das, was sie machte, guthieß, war ein gehorsamer Hund. Ihr gutes Verhalten spiegelte mich wider. Ich hatte einen Lehrstuhl an einer renommierten Universität. Ich lehrte Menschen und Hunde.

Solo stellte mein hundetechnisches Weltbild brutal auf den Kopf. Nancy zufolge hatte ich meinen ersten Arbeitshund. Ihrer Meinung nach waren Rüden nur dann interessant oder ihrer Mühe wert, wenn sie „gemeine Machos" waren. Jede gute Hündin war „eine höllische Furie". Dabei handelte es sich um Komplimente. Gutmütige, fügsame Hunde waren langweilig, und Nancy wollte nichts mit ihnen zu tun haben. Solo trieb mich in den Wahnsinn, während er in Nancys Augen perfekt war. In ihren skeptischen Blicken konnte ich spüren, dass sie darauf wartete, mich auf der Nase landen zu sehen. Ich war keine höllische Furie. Ich bemühte mich, ihren Anweisungen zu folgen, aber scheiterte an der Koordination meiner Gliedmaßen.

„Das ist es!", entschied Nancy, als Solo zum dritten Mal zu jodeln begann, weil ich ihn nicht schnell genug belohnt hatte. „Das ist sein Anzeigeverhalten!"

Wäre ich nicht so frustriert gewesen, hätte ich in diesem besonderen Moment im Leben eines Gebrauchshundes eine feierliche Stimmung verspürt – so als würde Solo in einer Zeremonie seinen Stammesnamen erhalten: „Der mit Begeisterung heult". Das, was in der Spürhundewelt als Anzeigeverhalten bezeichnet wird, soll ein markantes Verhalten sein, das der Hund ganz natürlich und von selbst ausführt. Die meisten Rauschgifthunde zeigen an, indem sie still sitzen und mit höchster Konzentration an jene Stelle starren, von welcher der Geruch ausgeht. Manche Drogenhunde kratzen und graben, doch ist dieses „aggressive Anzeigen" im Verschwinden begriffen und gilt als veraltet. Bombenspürhunde zeigten – aus naheliegenden Gründen – auch früher niemals so an.

Nancy und ich besprachen das weitere Vorgehen. In Kombination mit einem Sitz könnte Solos markantes Heulen sein trainiertes Anzeigeverhalten werden, mit dem er mir mitteilte, dass er das, was wir suchten, nicht nur gefunden hatte, sondern auch fest davon überzeugt war, dass die entsprechende Stelle die richtige war. Und was noch wichtiger war, ich würde auf einer Suche sagen können: „So zeigt mir Solo, dass er menschliche Überreste riecht. Er sitzt und singt a cappella."

Bis dahin sollte es noch lange dauern – falls es überhaupt jemals dazu kam. Der Aufbau von Solos Interesse für den Geruch und das Finden eines Anzeigeverhaltens waren die ersten Babyschritte auf dem langen Weg zu meisterhafter Arbeit.

Den Geruch zu erkennen war nicht die einzige Anforderung. Solo musste auch bereit sein, diesem überallhin zu folgen. Das hieß, dass er mithilfe seines natürlichen Triebes lernen musste, sich selbst von widrigsten Umweltgegebenheiten nicht aufhalten zu lassen. Langsam begann ich, zu verstehen, warum Gebrauchshundetrainer Hunde mochten, die einem den letzten Nerv raubten, Boxen zerstörten, die Innenausstattung von Autos zerfetzten, alles in Frage stellten und versuchten, sich drei Spielzeuge auf einmal ins Maul zu stopfen. Als ich Züchterin und Trainerin Kathy Holbert zum ersten Mal traf, stand sie in ihrem Garten und warf mit nachlässiger Handbewegung einen Gummikong in ein dichtes Dornengestrüpp, das aussah wie ein Scheiterhaufen. Sie warf das Spielzeug linkisch und auf eine Art, die die meisten Leute würde fluchen lassen – doch Kathy zielte mit Absicht wieder und wieder ins Gebüsch, und der junge Schäferhund tauchte hinterher und teilte die dornigen Äste wie Wasser. Kathy baute Nasenleistung und Trieb des Hundes aus.

Zuerst brauchte man die nötige Energie. Hatte ein Hund diese, dann konnte man mit ihm arbeiten. Wie Lisa Lit einer Gruppe Rettungshundeführern zum Thema Triebaufbau erklärte: „Lasst sie explodieren und lenkt die Energie dann um."

Erst kommt die Energie, dann die Expertise. Kognitionswissenschaftler haben sich intensiv mit menschlicher Kompetenz auseinandergesetzt. Wir beobachten verspielte Kinder dabei, wie sie mit den Händen aufs Klavier einschlagen und wahllos Tasten drücken. Das ist ein Anfang, doch erst das strukturierte, angeleitete Üben und Spielen mit ständigem Feedback entlockt den einst zufällig gedrückten Tasten das erste „Alle meine Entlein" und schließlich sogar die ersten Mozartsonaten. Allerdings nur, wenn kein Erwachsener den lieblichen Klang der Musik zunichte macht, indem er das Kind zum Üben zwingt. Im Laufe der Zeit beginnen Teile der Fingermotorik automatisch abzulaufen, und das Kind muss nicht mehr über seine Hände nachdenken, wenn es spielt. Die Finger fliegen über die Elfenbeintasten und das motorische Gedächtnis gibt den Ton an.

Hunden und anderen Tieren Expertise zuzusprechen, ist wissenschaftlich umstritten. Gebrauchshundetrainer zweifeln jedoch nicht daran, dass Hunde zu Experten ausgebildet werden können, und kümmern sich nicht darum, ob die Lernkurve der Hunde der menschlichen entspricht, solange die Tiere trainiert werden können, dazulernen und ihr Können immer weiter ausbauen.

Am Anfang steht das, was Nancy mir und Solo beibrachte: „Was zum Teufel riecht hier so?" Diese frühe Phase ist wichtig. Ist der Geruch dem Hund erst einmal in Fleisch und Blut übergegangen, werden Ablenkungen eingeführt: vielleicht ein paar von Nancys Hühnern. Eine ungeschickte Hundeführerin wie ich.

Außerdem brachte ich dem jungen Solo bei, auf einem niedrigen Schwebebalken in meinem Garten zu balancieren und seine Pfoten auf dem Balken zu halten. Ich tröstete ihn nicht, wenn er herunterfiel und jaulte, sondern forderte ihn in fröhlicher, entspannter Stimme auf, wieder hochzuklettern, bis er mit sicheren Pfoten und einem selbstbewussten Grinsen den Balken entlanglaufen konnte. Ich wollte Geschicklichkeit und Umwelthärte stärken.

William „Deak" Helton nennt das neu entstehende Forschungsgebiet rund um den Gebrauchshund „Hundeergonomie" – die Wissenschaft von der Beziehung zwischen Gebrauchshund und Umwelt. Der Gebrauchshund lernt Turnübungen für Körper, Geist und Nase. Ein guter Katastropheneinsatzhund kriecht und balanciert im Ernstfall zielsicher über die Schutthaufen zerstörter Gebäude, setzt zugleich seine Nase ein und teilt dem Hundeführer schließlich mit, was er gefunden hat. Die dafür nötige Geschicklichkeit und das Multitasking des Hundes bezeichnet „Deak" Helton als „Hundeexpertise". Deak glaubt an dieses Konzept und schreibt: „Hundeexperten können ihr Wissen zwar nicht in Worten ausdrücken, doch impliziert dies ganz und gar nicht, dass sie keines hätten."

Sowohl Kognitionspsychologen als auch Menschen, die meinen, dass das Zugeständnis von Expertise einem Tier mehr Intelligenz zolle, als ihm zusteht, wehren sich gegen die Vorstellung, dass Hunde Experten sein könnten. „Ich glaube, eines der Hauptprobleme ist das Schreckgespenst des Anthropomorphismus", sagt Deak. Wir können Menschen beibringen, Dinge zu tun, die jemandem, dem das entsprechende Training fehlt, nicht gelingen. „Wenn du mich jetzt auffordern würdest, einen Rückwärtssalto zu machen, und feststelltest, dass ich das nicht kann – würdest du daraus schließen, dass Menschen keine Rückwärtssaltos machen können?" Haben Sie das „fliegende Eichhörnchen" Gabby Douglas, die Goldmedaillengewinnerin der Olympischen Spiele 2012, im Fernsehen mitverfolgt? Versuchen Sie, sich die angehende Sportlerin im zarten Alter von sechs Jahren bei ihrer ersten Gymnastikstunde vorzustellen. Nicht alles, aber vieles ist auch Übungssache.

Parallel zu Nancys Nasentraining musste ich Solo weitere Fertigkeiten beibringen, die seine Nase ergänzen würden: sich nicht von Elektrozäunen abschrecken zu lassen, Flüsse zu durchschwimmen, sich durch dichtes Unterholz zu kämpfen und über, in, unter und durch Hindernisse zu klettern. Außerdem musste er lernen, Ablenkungen wie Whiskey, Nancys großen, braun gestromten Osteuropäischen Schäferhund – Solos Erzfeind – zu ignorieren, wenn ihn dieser durch den Maschendrahtzaun herausfordernd anknurrte.

Was die Spürarbeit betrifft, vergessen wir oft, dass es lange dauert, Kompetenzen zu erlernen und zu perfektionieren, meint Deak. Wie auch uns selbst müssen wir den Hunden erst die Chance geben, zu lernen, bevor wir ihnen ihr Potential absprechen. Ich würde Solo eine Chance geben, obwohl er meinen Fingern kaum eine gab.

Wissenschaft hin oder her – erfahrene Hundetrainer sind sich einig, dass es im Training eine bestimmte Reihenfolge gibt. Als Erstes legt man das Fundament. Die Analogie zum Hausbau passt ausgezeichnet. Vermasselt man das Fundament, hält auch nichts, was man später auf dieser Grundlage aufbaut. Man hat einen unstabilen, unverlässlichen Hund. Einen Hund, der das Ziel aus den Augen verliert.

> *Aber als das Kaninchen seine Uhr aus der Westentasche zog, nach der Zeit sah und eilig fortlief, sprang Alice auf; denn es war ihr doch noch nie vorgekommen, ein Kaninchen mit einer Westentasche und einer Uhr darin zu sehen. Vor Neugierde brennend, rannte sie ihm nach über den Grasplatz, und kam noch zur rechten Zeit, um es in ein großes Loch unter der Hecke schlüpfen zu sehen.*
>
> *- Lewis Carroll, Alice im Wunderland, 1865 -*

Solo fixierte die Eimer und würdigte mich keines Blickes – noch. All der Spaß in der Welt begann mit diesen Eimern. Solo liebte die Eimer – doch das konnte sich ändern. Diese Art der Grundlagenarbeit ist unabdingbar für den zukünftigen Erfolg, doch kann sie für Hund und Mensch schnell langweilig werden. Besonders dann, wenn man vergisst, dass beide Spaß an der Sache haben sollten – etwas, das einer übermäßig ehrgeizigen Hundeführerin (wie mir) nur zu leicht passiert. Ein wenig Magie kann hier Wunder wirken. Während Solo an diesem Tag zuhause blieb, hatte ich die Gelegenheit, an einer Zaubershow teilzunehmen und von einem meisterhaften Trainer zu lernen, wie man die Grundlagenarbeit für Hundeführer und Hunde spannend gestaltet.

Das Hütchenspiel ist wahrscheinlich einer der ältesten Tricks in einer Welt voller Lockangebote. Illustrationen und genaue Beschreibungen des Hütchenspiels finden sich bereits im alten Griechenland, lange bevor ein Stapel Karten die einfachste Methode war, ein schnelles 3-Card-Monte-Spiel an einer Straßenecke abzuwickeln. Es ist ein Spiel, in dem es um Irreführung und Fingerfertigkeit, um Geschwindigkeit, um Miteinbeziehen und Manipulieren gebannter Zuseher geht. In Fußgängerzonen und Einkaufsstraßen rund um die Welt spielen Trickser das Hütchenspiel, ziehen mithilfe von in der Menge positionierten Lockvögeln leichtgläubige Opfer in ihren Bann, die nicht wegsehen können und überzeugt sind, das System austricksen zu können – bis bald schon ihr Geld weg ist, ebenso wie die Trickser und ihr Spiel.

Der Kanadier Kevin George ist ein Zauberkünstler, ein Hundetrainer, ein Menschentrainer. Bevor er zum meisterhaften Hundetrainer wurde, bevor er versuchte, Elefanten und Bären auszubilden, bevor er als Polizist, Rodeoclown und Shiatsu-Masseur arbeitete, war Kevin ein kleiner Junge, der kaum etwas so sehr liebte wie die Zauberei. Er rollte seine Finger ein und wieder aus wie freigelassene Vögel, die Münzen hinter Ohren hervorpicken, und die Liebe zur Zauberei blieb ihm jahrzehntelang erhalten, während er Hunden beibrachte, Bösewichte zu beißen, der Spur verirrter Kinder und Krimineller zu folgen und sie lebendig und manchmal auch tot zu finden.

Jede Lösung, die sich im Grundlagentraining findet, rührt von einem ganz bestimmten Problem her. 1978 hatte Kevin einen Diensthund, der nicht ordentlich suchen wollte: Der Deutsche Schäfer fand seine Aufgaben allesamt zum Gähnen. Kevin fragte sich, ob er seinen Hund mithilfe von Zauberei motivieren könnte. Er wollte ihn lehren, enthusiastisch zu suchen, ein schönes Suchmuster zu laufen und große Gebiete abzugrasen. Er sollte interessiert statt zynisch sein und seinen Kopf in die kleinsten Löcher und Zwischenräume stecken. Er erwartete viel von seinem Hund – und kam mit magischen Pappschachteln ans Ziel.

Weil ich das Trainingsseminar in Seattle ohne Solo besuchte, wurde ich ausgewählt, Kevin in seiner „Box Magic"-Show zu assistieren. Kevins Magie ist Zauberei in Reinkultur: Sie verlässt sich auf nichts als die Kunst der Irreführung und das Handwerk der Fingerfertigkeit. Er lehrt Menschen, ihre eigenen Hunde zu lehren. Die Aufgabe eines Trainers ist es, zu versuchen, den Hundeführer zu trainieren, und die Aufgabe des Hundeführers ist es, seinen Vierbeiner zu motivieren. „Jeder Depp kann einen großartigen Hund hernehmen und ihn noch großartiger machen", sagt Kevin.

Kevins Hundeführertraining begann mit einer Box. Es war heiß an jenem Herbsttag in Seattle. Kevin saß im spärlichen Schatten und ich folgte seinen Anweisungen. Ich wusste, dass ich nicht entzwei gesägt und niemand Messer nach mir werfen würde. Alles, was Kevin für seine Zaubervorführung brauchte, waren ein paar Hunde, ihre Menschen und fünf Kartons, die in etwa einem Meter Abstand auf der Wiese aufgereiht standen. Ich warf einen Blick in die Schachteln und tastete sie ab. Sie waren leer; keine der Boxen enthielt einen Geruchsträger.

Als Assistentin des Zauberers sollte ich sein Geheimnis wahrscheinlich nicht verraten, doch Kevin gab mir die Erlaubnis dazu. Nachdem ich die

Boxen aufgestellt hatte, war mein Job als Assistentin, die Hunde zu halten – ruhig und ausdruckslos wie ein Butler. Jeder einzelne der Hunde, vom blinden Cocker Spaniel über einen flachnasigen Rüden, der aussah wie ein Puggle – eine Designer-Kreuzung zwischen Mops und Beagle – bis hin zu der zart gebauten Chesapeake Bay Retriever-Hündin Truffle, wurde zu einem leichtgläubigen Opfer in Kevins Five-Box-Monte-Spiel.

Kevin, ein kleiner, humorvoller, korpulenter Pascha mit weißem Haar, forderte die Hundeführer auf, sich selbst zum Narren zu machen: „Wenn ihr euch nicht wie Verrückte verhalten könnt, seid ihr keine guten Trainer. Habt keine Angst davor, euch für eure Hunde interessant zu machen", erklärte er dem Publikum.

Ich hielt den ersten Hund an der Leine, und seine Besitzerin begann, sich wie eine Verrückte zu verhalten. Sie spielte die Rolle des Monte-Tricksers. Sie wedelte dem Hund mit seinem Lieblingsspielzeug vor der Nase herum und lief dann weg, während sie das Stofftier schüttelte, als wolle sie ihm den Nacken brechen. Sie rannte zu einer der Kartonschachteln und hielt das Stofftier darüber in der Luft, als würde sie einen lebendigen Hasen an den Ohren halten. Der Hund, in diesem Fall das Opfer, starrte gebannt auf das Spielzeug – er konnte nicht anders –, das in der Box verschwand wie ein Kaninchen in seinem Bau. Dann rannte die Besitzerin zurück zu ihrem Hund, der mittlerweile an der Leine zog wie verrückt. Ich versuchte, stoisch zu bleiben, während er mir fast den Arm ausriss. Ich übergab ihn der Hundeführerin und sie löste die Leine. Der Hund stürmte auf die Schachtel zu, seine Besitzerin direkt hinter ihm. Bumm. Spielzeug apportiert. Große Freude.

Wir wiederholten denselben Vorgang ein zweites Mal. Der Hund war das Opfer. Er wusste, dass er nicht verlieren konnte. Er ließ seine Besitzerin nicht aus den Augen und wusste genau, wo sich das Spielzeug befand. Wie cool und wie einfach. Dumme Hundeführerin! Dumme Assistentin. Beim dritten Durchgang änderte sich das Spiel. Die Besitzerin lief zur ersten Box und tat, als würde sie das Spielzeug hineinlegen. Dann ging sie weiter zur zweiten Box und platzierte das Stofftier ruhig in dieser, bevor sie zur ersten zurückkehrte und großen Wirbel um diese Box machte, als wäre das Spielzeug darin. Sie führte den Hund hinters Licht. Irreführung vom Feinsten.

Kevin wies uns abermals darauf hin, dass es wichtig wäre, so dumm und leicht durchschaubar zu wirken wie diese Hundeführerin, wie eine Schauspielerin in einer schlechten Seifenoper.

Sobald er freigelassen worden war, lief der Hund zur ersten Box – und fand nichts. Die Schachtel enthielt Geruchsspuren von Hund, Besitzerin und selbst vom Spielzeug. Aber kein Stofftier. Verrat. Verwirrung. Empörung. Der

Hund warf die Box um. Nichts. Dann sah er aus dem Augenwinkel die zweite Box, kaum einen Meter entfernt. Vielleicht wehte auch ein Hauch von Spielzeuggeruch zu ihm herüber – der Wind blies in seine Richtung. Er rannte zur zweiten Schachtel. Wow! Schau! Mein Spielzeug!

Die Seminarteilnehmer jubelten, als würden sie ein 3-Card-Monte-Spiel an einer Straßenecke in der Bronx beobachten. Der Hund stolzierte auf und ab und beutelte sein Stofftier. Das Spiel hatte ihn in seinen Bann gezogen.

„Ist das Interesse der Leute geweckt, werden sie richtig süchtig nach dem Spiel. Sie wollen nicht verlieren", erklärte Kevin. „Mit jeder Runde setzen sie mehr Geld ein." Der Hund, der nicht viel Geld hatte, setzte mit jeder Runde mehr Trieb ein. Interessanterweise galt dasselbe für seine Besitzerin und sämtliche Zuschauer. Jeder Einzelne fieberte mit. Der Hund war ausgetrickst worden. Genau das ist es, was man will – am Anfang.

Kevin faltete seine Hände über dem Bauch und grinste zufrieden. Gleich würde sein liebster Teil der Zaubershow kommen. Hunde haben einen gewaltigen Vorteil gegenüber Menschen: Sie haben zwar Augen und Ohren, aber auch Nasen. Auf der Suche nach seinem Spielzeug lernte der Hund schnell, dass er seinen Augen und Ohren nicht trauen konnte – also hörte er auf, diese einzusetzen. Er würdigte seine laut rufende, unverlässliche, Schachteln vertauschende Hundeführerin keines Blickes und hörte auf, ihr Gehör zu schenken. Er bettelte sie nicht mehr an, das Rätsel für ihn zu lösen: „Bitte, Mama? Wo ist mein Spielzeug?" Stattdessen setzte er bald das ein, was ihm ein alter säugetierartiger Vorfahre, das spitzmausartige *Hadrocodium wui*, vererbt hatte: Der Hund begann, selbstständig zu denken und zu schnüffeln. Jeder der teilnehmenden Hunde zeigte dasselbe Verhalten. Erst ließen sie sich leichtgläubig von ihren Menschen und den eigenen Augen hinters Licht führen, dann setzten sie die Nasen ein und begannen, die Rätsel selbstständig zu lösen. Bald suchten die Hunde methodisch und schnell bis zu acht Boxen ab, die über die Wiese verteilt waren, setzten die Schnauze ein, um die Boxen umzudrehen, und ignorierten auf der Suche nach dem Spielzeug ihre Hundeführer. Sie waren keine Opfer eines Trickbetrügers mehr. Kevin hatte die Menschen dazu gebracht, ihre Hunde davon zu überzeugen, sich mehr und mehr auf die Jagd nach dem Spielzeug einzulassen.

Es ist unabdingbar, dass ein Gebrauchshund in der Lage ist, die Führung zu übernehmen und selbstständig zu entscheiden, wo und wie er suchen soll. Ein Hund, der seinen Menschen schüchtern um Anweisungen bittet, ist unerwünscht – Gebrauchshundeführer wünschen sich das genaue Gegenteil jener Beziehung, die Trainer für Familienhunde und ihre Menschen empfehlen.

Ich beobachtete an jenem Tag um die zwanzig Hunde mit den unterschiedlichsten Formen, Größen und Persönlichkeiten. Sie alle waren süchtig nach dem Spiel; sie alle wollten dasselbe. Der große schokoladenbraune Labrador, der anderen Hunden zu Beginn des Seminars aggressiv begegnet war, erkannte, dass die Schachteln spannender waren, als mit seinen Artgenossen zu raufen. Hunde? Ich sehe keine Hunde. Wo ist mein Spielzeug?

„Hunde bringen immer großes Interesse mit", betonte Kevin. „Sie wissen ganz genau, was rund um sie vor sich geht. Die kleinste Kleinigkeit zieht sie magisch an – solange sie faszinierend genug ist."

„Es sollte aussehen, als würde ich Karten auffächern." Kevin, der mehr und mehr Schachteln einführte, unterstrich seine Aussage, indem er, von einer Faust beginnend, in einer fließenden Bewegung einen Finger nach dem anderen ausstreckte. Die Hunde machten rasche Fortschritte, als sie zwischen den Schachteln hin- und herschossen und Geruch identifizierten wie Profis. Kevins simple Handbewegung zeigte, wie wichtig es war, die Dinge der Reihe nach zu lehren und die Magie aufrechtzuerhalten.

In meiner ersten Zeit mit Solo hatte ich keine Ahnung, wie ich die Magie aufrechterhalten konnte. Ich bemühte mich, simplen Anweisungen zu folgen. Als mein Timing in der Handhabung der Eimer besser wurde – ausladende Handbewegung, präsentieren; ausladende Handbewegung, präsentieren –, begann Solo, sich zu langweilen. Bald ließ er die Leberkekse links liegen. Die immer gleichen Aufgaben fand er mittlerweile zum Gähnen. Ich lehrte die Wortarten, während er ganze Absätze analysieren wollte. Mir ging es ebenso, doch hatte ich im *Cadaver Dog Handbook* weit genug gelesen, um zu wissen, dass unser eigener Ehrgeiz – die mechanische Einprägung des Geruchs zu überspringen, bevor Solo einfache Rätsel wie im Schlaf lösen konnte – nicht immer wünschenswert war.

Nancy hatte unsere Langeweile vorausgeahnt. Wir waren nicht so weit, die Eimer hinter uns zu lassen, doch hatte sie ein neues Spiel für uns. Sie zauberte etwas Spannenderes als Leberkekse aus ihrer weiten Hosentasche. Ich nahm es behutsam entgegen. Es handelte sich um ein PVC-Rohr, circa fünf Zentimeter im Durchmesser und zwanzig Zentimeter lang. Winzige Löcher waren in das Rohr gebohrt worden, und die beiden Enden waren mit purpurfarbenem Sanitärkitt versiegelt. Auf einem fest in dem Rohr verschlossenen Stofffetzen befand sich ein kleines Stückchen Tod und ließ seinen Duft durch die winzigen Löcher sickern. Ich schnüffelte daran, um mich zu vergewissern, dass ich das Rohr wie Nancy einstecken und mit mir herumtragen konnte, ohne darüber nachzudenken. Der Inhalt des Rohres hatte einer alten Frau gehört, die unabhängig in einer abgelegenen Hütte in den Appalachen gelebt hatte. Sie war in den Wald hinter ihrem Häuschen spaziert, hatte jedoch aufgrund ihrer Demenz nicht mehr zurückgefunden. Als ihre Familie sie fand, war sie bereits zwölf Tage tot.

Ich meinte, den Geruch des menschlichen Todes zu kennen – schließlich hatte ich in meiner Jugend in verschiedenen Pflegeheimen gearbeitet. Der Geruch des Rohres hatte nichts mit der schweren Süße gemein, an die ich mich erinnerte. Der Duft war trocken, leicht und muffig, mehr wie Schimmel auf einer Orange als eine faulende Kartoffel, deren Säfte sich im Gemüsefach sammeln. Ein Stückchen Stoff mit getrockneten Körperflüssigkeiten reichte aus, um mit Solos Training zu beginnen.

In dem Rohr hätte jeder sein können. Leichengeruch setzt sich chemisch immer gleich zusammen und steht nicht mehr mit dem Individuum in Verbindung. Dennoch war ich insgeheim froh, dass meine und Solos Einführung in die Leichenarbeit mit einem friedlichen Tod in Zusammenhang stand. Es hätte genauso gut anders sein können. Nancy war das egal. Sie ist nicht sentimental. Sie will ihren Körper nach ihrem Tod der anthropologischen Forschungsanstalt an der Universität von Tennessee spenden – auch bekannt unter dem Namen „Leichenfarm" –, wo sie auf einem Hügel in der Sonne liegen und friedlich verwesen kann. Bevorzugt unter freiem Himmel. Nicht unter einer Plane, aber auch nicht nackt. Sollte das nicht möglich sein, sagt sie, hätte sie gern, dass man ihren Körper an verschiedene Suchteams verteilt, die damit trainieren würden.

Solo lernte das Rohr als „Fisch" kennen. Es bedeutete Spaß und würde Solo schließlich lehren – mehr noch als die Eimer –, dass es dieser Geruch war, nach dem er suchen sollte. Nancy zeigte es ihm. „Guter Fisch", nickte sie.

Er schnüffelte daran. Na und? Interessant, aber nicht so spannend wie Whiskey. Nancy begann, über die Wiese zu tanzen, flink und lustig, peitschte das Rohr rund um ihren Körper und machte es unwiderstehlich. Sie ermunterte ihn, es sich zu schnappen, und zog es ihm vor der Nase weg. Er folgte ihr, biss zu, zerrte heftig daran und Nancy ließ es ihn haben. Er hatte gewonnen. Wow, was für ein starker, großer Hund du bist!

In der Welt der Gebrauchshunde und beim Legen eines Fundaments, auf das man aufbauen kann, dürfen die Hunde gewinnen. Sie bekommen, was sie wollen, sie werden motiviert, es zu jagen, zu beuteln, zu töten. Ein Problem dabei ist, dass Männer oft Angst davor haben, herumzutanzen – und noch mehr Angst davor, zu verlieren. Mike Baker, Sergeant bei der Polizei von Durham und zuständig für die Hunde, fordert seine neuen, steifen, nervösen Hundeführer regelmäßig auf, ihre tiefen Stimmen zu verstellen, in höheren Tonlagen zu rufen und herumzublödeln: „Na los! Seid spannender als eine angepinkelte Straßenlaterne!"

Solo fand das PVC-Rohr sogar spannender als Whiskey. Als wir es nicht mehr brauchten, um ihn wissenzulassen, dass eine neue Suche begann, und es einem anderen Leichenspürhund in Ausbildung vermacht worden war, hatte es seinen Zweck vollständig erfüllt: Das Konzept „Spiel" war für Solo unauslöschlich mit dem Konzept „toter Mensch" verbunden.

Wir spielten die verschiedensten Spiele. Erst war Fisch das Spielzeug, das geworfen und apportiert wurde, an dem Solo zerren durfte. Dann wurde es zu einem Spielzeug, das an einem einfachen Ort im Haus oder Garten versteckt war. „Such den Fisch!" Schließlich war es das Spielzeug, das ich zu werfen vorgab, bevor ich es unter dem Arm oder in einer meiner Taschen verbarg. Ich streckte meine leeren Hände aus und schickte ihn los, den Fisch anderswo zu finden. Die ersten paar Male starrte er mich an. Ich weiß, wo es ist! Ich riech's an dir! Dann ließ er sich auf das Spiel ein. Er jaulte entzückt, bevor er davonsprang: Unser Spiel war viel spannender als eine angepinkelte Straßenlaterne! Ich führte Solo langsam an die Vorstellung heran, dass er selbstständig ein Problem lösen würde müssen, anstatt mich anzustarren, um mir die Antwort zu entlocken.

Während er seine Unabhängigkeit schulte, lernte ich zu schätzen, dass ein Hund, der bei der Suche die Zähne einsetzt, um Einweckgläser aus einem Eimer zu zerren, kein schlimmer Hund war. Er war einfach nur ein gemeiner Macho.

Marcia Koenigs Leichenspürhündin Coyote, ein Deutscher Schäfer, kam am ersten April zur Welt. Auch wenn sie im Laufe ihrer Karriere Dutzende Menschen finden sollte, ist und bleibt sie ein Scherzbold: Marcia erinnert sich an ihren peinlichen Auftritt beim verpflichtenden Geschicklichkeits- und Gehorsamstest der Bundesagentur für Katastrophenschutz. Aus Langeweile schnappte sich die kleine graue Schäferhündin die Verkehrshütchen, die für ihre Prüfung aufgestellt worden waren, und lief damit davon. Sie rasselte durch die Prüfung. Marcia seufzte und machte sich erneut an die schwierige Aufgabe, ihrem Hund Gehorsam beizubringen.

Neun Tage später fand Coyote das Skelett eines Mordopfers. Es war ihr erster Fund, dem viele weitere folgen sollten.

Eines Tages, nicht ganz zwei Monate nachdem Nancy begonnen hatte, Solo und mich in unserem tollpatschigen Eimertanz zu unterrichten, passierte es: Solo kanalisierte seine Energie und das Chaos begann, Gestalt anzunehmen.

Stolz und begeistert mailte ich Joan: „Wir hatten das Einweckglas mit einem Mulltuch verschlossen und versteckt. Er rannte direkt daran vorbei. Langsam sickerte der Geruch durch das Tuch ... Aus vollem Lauf kam er schlitternd zum Stehen, hob die Rute, erstarrte und drehte sich um. Es war herrlich – es war so klar, dass seine Nase ihm sagte, „Das ist der Geruch!“ – dass seine Nase ihn stoppte, obwohl seine Beine weiterlaufen wollten.“

Der Geruch ... erinnerte an Moschus und machte doch einen delikateren, subtileren Eindruck auf die olfaktorischen Organe.

- A.B. Isham, MD, Professor der Materia medica, 1875 -

6
Die Chemie des Todes

Der Körper des Menschen beginnt sich bereits in jenem Augenblick zu zersetzen, in dem er stirbt. Unterschiedliche Zellen werden unterschiedlich schnell abgebaut. Milliarden der Billionen Körperzellen, die sich Sekunden zuvor noch dahingeschleppt und stumpfsinnig ihre Pflicht gegenüber bewussten und unbewussten Körperfunktionen getan haben, geben gemeinsam auf und hauchen ihr Leben aus. Der Vorgang, so glauben Forscher, beginnt in dem Moment, in dem das Herz zu schlagen aufhört. Etwas unglaublich Leichtes verlässt den Körper und verliert sich gleich darauf in der Umgebung.

Danach geht manches schnell und anderes langsam. Sogar unsere Organe sterben und zersetzen sich in unterschiedlichem Tempo. Unser Haar gehört zu den letzten Dingen, die sich auflösen. Es folgen die Knochen, während die Zähne, die so empfindlich scheinen, während wir am Leben sind, nahezu ewig durchhalten. Man bezeichnet dies als den taphonomischen Prozess: Der Körper ist, euphemistisch ausgedrückt, nun „weniger organisiert und leichter durch äußere Einflüsse manipulierbar".

Es handelt sich um einen komplexen Vorgang, in dem sich der Körper selbst verdaut. Zellwände bersten, Enzyme werden nicht mehr im Zaum gehalten und tummeln sich überall. Fliegen können eine Leiche bereits Minuten nach ihrem Tod lokalisieren. Gut ausgebildete Leichenspürhunde wissen: Das ist es! Der liebliche Geruch des Todes.

Ein verwesender Kadaver riecht nicht automatisch furchtbar – besonders dann, wenn er sich im Freien befindet. Wie viele Tage oder Monate er da schon liegt, wie es sich mit Temperaturen, Wind und Feuchtigkeit verhält und welche Rolle Insekten und Tiere bereits gespielt haben beeinflusst, wie der Tote riecht. In ein oder zwei Meter Abstand von einer zwei Monate alten Leiche in einer Forschungseinrichtung, die sich mit dem Verwesungsprozess des menschlichen Körpers beschäftigt, stieg mir eine milchige, entfernt an ein Gasleck erinnernde Süße in die Nase, und ein Hauch von Leder und Speck. Jemand mit einem Hang zur Synästhesie beschrieb den Geruch treffend als „gelblich-orange". Einen Moment später drehte der Wind und ich roch gar nichts mehr.

Die Verwesung des Menschen ist von faszinierenderer Komplexität und Vielfältigkeit, als gemeinhin angenommen, und alles andere als ein olfaktorisches Pendant dazu, was Richter Potter Stewart am Obersten Gerichtshof über Pornografie sagte: „Ich erkenne es auf den ersten Blick."

Abgesehen von Essen, Wein und Blumen denke ich kaum darüber nach, was ich rieche. Das ist kein emotionaler Snobismus – im Grunde ist es sogar das ungebetene Gegenteil davon: Die Hardware unseres Gehirns lässt uns Zerfall, Gärung und Verwesung meiden; das gilt selbst für koreanisches Kimchi und andere fermentierte Köstlichkeiten. Ich muss zwar mit dem Geruch des Todes arbeiten, ohne dabei zu erschaudern, verschwende aber keine Zeit damit, die verschiedenen Geruchsträger unter meiner Nase zu schwenken, um ihr individuelles Bouquet zu bestimmen. Dennoch lässt es sich nicht vermeiden, dass mir der Geruch in die Nase steigt. Ich habe bereits so viele Variationen menschlichen Verfalls gerochen – beziehungsweise nicht gerochen –, dass es mir schwer fallen würde, ihn auf ein einziges Wort zu reduzieren: Er ist nicht „unverkennbar" oder „unvergesslich", auch wenn es sich dabei um emotional beruhigende Adjektive handelt. Wir wollen, dass der menschliche Tod einzigartig und besonders riecht. Wir wollen nach unserem Tod mehr als nur ein weiterer verwesender Kadaver sein.

Auch gibt es jede Menge Heuchler, die sich als Tote ausgeben – nicht nur in der Tierwelt. In den Wäldern Sumatras und mittlerweile auch in speziellen botanischen Gärten schmückt sich die Titanenwurz – auf Englisch heißt sie übrigens Kadaverblume – mit dem Duftkleid der Verwesung. Sie gehört zu den größten, hässlichsten und stinkendsten Blumen der Welt. Sie blüht nur alle sechs Jahre einmal, und ihr wissenschaftlicher Name, *Amorphophallus titanum*, bedeutet „unförmiger Riesenpenis". Ich würde sie gern einmal sehen, aber nicht unbedingt riechen. Die „Kadaverblume" lockt Insekten, Schmeißfliegen, Fleischfliegen und Aaskäfer an, indem sie Putrescin und Cadaverin verströmt. Noch heute werden die beiden Chemikalien der Zersetzung im Leichenspürhundetraining eingesetzt, obwohl bereits mehrere Forscher festgestellt haben, dass die beiden Stoffe nicht in die Luft gelangen, wenn jemand begraben wird. Außerdem ist ihr Bouquet alles andere als ungewöhnlich. Beginnt man erst einmal, bewusst zu riechen, findet man sie überall. Bestimmte Mineralien im roten Lehm von North Carolina verströmen etwas, das nach Tod riecht. Im Laufe meiner Tätigkeit als Spürhundeführerin war ich Zeugin mehrerer Grabungsexkursionen, bei denen die Ermittler schworen, menschliche Leichen zu riechen, jedoch nichts dergleichen fanden.

Obwohl es den Geruch des menschlichen Todes schon so lange gibt wie uns selbst, wissen die meisten Forscher bis heute wenig darüber. All der Aufmerksamkeit, die Krimiserien wie *Bones – Die Knochenjägerin* erhalten, zum Trotz und obwohl forensische Wissenschaftler jede Menge über Maden, Totenstarre und die Thermodynamik der Fäulnis wissen, steckt die Forschung zu den flüchtigen Bestandteilen, die verwesende Körper freisetzen, noch in den Kinderschuhen. Seit Langem sind Ärzte vom Geruch des Todes fasziniert, und fast schon ebenso lang wird dieser von Hundetrainern praktisch eingesetzt. Dennoch ist „Odor mortis" Neuland für die meisten modernen Wissenschaftler. Arpad Vass, ein forensischer Anthropologe und Forscher, identifizierte gemeinsam mit seinem Team fast 480 unterschiedliche flüchtige Bestandteile, die menschliche Körper im Zersetzungsvorgang verströmen. Arpad vermutet, dass die DOA-Datenbank des Teams – ein Verzeichnis der Zersetzungsgeruchsanalyse – bei ihrer Fertigstellung um die 1.000 organische Bestandteile enthalten wird. Der verrottende Mensch, bemerkt Arpad mit leichtem deutschen Akzent, sei „ein Haufen Schadstoffe".

Warum überhaupt die Chemikalien in diesem Durcheinander entwirren? Weil wir mithilfe dieses Wissens vielleicht einmal eine Maschine bauen können, die den Geruch des Todes aufspürt – und weil das Wissen dabei hilft, effektivere künstliche Geruchsträger für das Spürhundetraining zu entwickeln.

Die Verbindungen, die in die Luft übergehen, wenn der menschliche Körper zerfällt, zu entwirren, ist Neuland, und was davon die Hundenase auffängt und als menschliche Überreste identifiziert, ist noch einmal ein Kapitel für sich. Niemand weiß genau, was die Hunde riechen. Wir können sie nicht fragen. Höchstwahrscheinlich nehmen sie eine Mischung unterschiedlicher Dinge wahr.

„Die chemische Zusammensetzung ist komplexer als jede andere forensische Probe – möglicherweise mit Ausnahme des Individualgeruchs eines lebenden Menschen", sagt Kenneth Furton, Chemiker an der Florida International University. Gemeinsam mit einer Gruppe Wissenschaftler, Trainer und Exekutivbeamten arbeitet er an der Entwicklung eines nationalen Praxisleitfadens für die Spürhundeausbildung. Einen Praxisleitfaden zu entwickeln, dessen Anwendung im ganzen Land Sinn macht, ist schwierig, und zu verstehen, welches die beste Methode ist, einem Hund das Aufspüren menschlicher Verwesung beizubringen, ist eine der größten Herausforderungen des Teams. „In der Leichenspürhundearbeit gibt es mehr Wissenslücken als irgendwo sonst", meint Furton.

Die Dinge, die wir Menschen erfunden haben – Bomben, Drogen, Landminen – sind im Vergleich zu unseren eigenen sterblichen Überresten chemisch einfach gestrickt. Der Zerfall des Menschen ist jedoch kein vollständig schwarzes Loch. Während bisher niemand die exakte Formel dessen entschlüsselt hat, was Hunde an toten Menschen im Unterschied zu Dingen wie Haushaltsmüll einzigartig und interessant finden, wissen wir sehr wohl, dass gut ausgebildete Hunde den Unterschied zwischen toten Menschen, toten Rehen, altem Ziegenkäse und anderen verwesten, verfaulten und stinkenden Dingen riechen können. Arpad stellte fest, dass Hunde tote Schafe öfter als andere Tierkadaver anzeigen – er geht davon aus, dass der Schwefel, den Schafe nach ihrem Tod verströmen, manche Hunde verwirrt: Auch wir sondern Schwefel ab.

Schafe sind dem Menschen vielleicht chemisch ähnlich, doch gibt es, bemerkt Arpad, mehrere wichtige chemische Unterschiede. Die Chemikalien, die wir im Laufe unseres Lebens aufnehmen, spielen eine Rolle. Nicht nur Arpads Labor fand Hinweise darauf, dass jene Dinge, die wir schlucken oder inhalieren – von fluoriertem Wasser bis hin zu Asthmainhalationsmitteln – den einzigartigen Geruch unseres Todes beeinflussen. Die Vorstellung, dass unsere zerfallenden Körper mehr als nur einen Hauch dessen verraten, womit wir uns im Laufe unseres Lebens umgeben haben, liegt nahe.

„Wir nehmen wesentlich mehr chemische Stoffe auf, als wir sollten", erklärt Arpad. Ob diese zu flüchtigen Bestandteilen werden, die für Spürhunde von Bedeutung sind? Arpads Messungen der Luft rund um die Leichen zeigen deutliche Spuren des Karzinogens Tetrachlorkohlenstoff.

Andererseits scheint es, als hätten Hunde kaum Probleme, auch menschliche Überreste aufzuspüren, die Hunderte von Jahren alt sind – Menschen, die lange tot waren, bevor fluorierter Kohlenwasserstoff, Freon und fluorierte Lösungen, giftige Putzmittel und Antibiotika allgegenwärtig waren. In ländlichen Gegenden, in denen das Wasser nicht mit Fluor versetzt ist, finden Hunde Menschen, die ihr Leben lang nichts als Brunnenwasser getrunken haben, und unsere Haustiere nehmen jede Menge fluoriertes Stadtwasser auf, ohne dass gut ausgebildete Spürhunde deren Kadaver anzeigten.

Arpad glaubt, dass sein Team der Lösung des Rätsels, was Hunden erlaubt, menschliche Überreste von allen anderen zu unterscheiden, immer näher kommt. Bei vergrabenen Leichen wird es schwieriger, die chemischen Schlüsselelemente zu identifizieren: Diese stoßen unter Umständen andere flüchtige Bestandteile ab als jene Leichen, die an der Luft liegen. Arpad hat bereits eine Vermutung, was Hunden erlaubt, vergrabene Leichen anzuzeigen – nicht mehr als dreißig Stoffe –, doch konnte er die Theorie noch nicht testen. Die flüchtigen Gase müssen es an die Oberfläche schaffen, um von der Nase des Hundes aufgespürt zu werden. Sogar Knochen verströmt ganze zwölf nachweisbare flüchtige Bestandteile.

Vielleicht gibt es einen einzigartigen flüchtigen Bestandteil – einen, den die Gaschromatographen rund um die Leichen auf Arpads Forschungsgelände kaum registrieren –, der auf die Nase des Hundes trifft und sein Gehirn zum Leuchten bringt wie einen Weihnachtsbaum. Vielleicht sind es auch mehrere Bestandteile oder eine bestimmte Kombination. Kombiniert man die unterschiedlichen Zustände menschlicher Überreste, die von Hunden aufgespürt werden können, ergeben sich schwindelerregend viele Optionen von gerade erst verstorben bis seit Hunderten Jahren tot. Zum Beispiel, erklärt Arpad, sieht das Geruchsprofil einer Leiche, das von fleißigen Verdauungsmikroben geprägt ist, ganz anders aus als jenes eines abgerissenen Arms oder Beines.

Wir wissen zwar nicht, was genau unsere Hunde riechen, doch steht außer Frage, dass sie menschliche Überreste finden können. Auch das sollte etwas zählen. Dass wir keine lückenlose wissenschaftliche Theorie dazu haben und es schwierig ist, sie in kontrollierten Studien zu testen, tut der Nasenleistung keinen Abbruch.

Die Fähigkeit eines Leichenspürhundes, menschliche Überreste aufzuspüren, könnte ähnlich funktionieren wie unsere Fähigkeit, Gesichter zu erkennen. Auch was das Wie der Gesichtserkennung betrifft, haben Forscher keine klare Antwort – und doch gelingt es Menschen problemlos, Gesichter zu erkennen – aus sämtlichen Winkeln und selbst bei schlechtem Licht. Der Versuch, diese Fähigkeit in ihre Einzelteile zu zerlegen (Es sind die markanten Wangenknochen!), ist zum Scheitern verurteilt: Es ist das ganze Gesicht. Maschinen sind noch nicht einmal annähernd so gut darin, Gesichter zu erkennen, wie wir.

Vielleicht überschneiden sich die beiden wissenschaftlichen Felder, nämlich welche flüchtigen Bestandteile zu welchem Prozentsatz beim Zersetzungsprozess des Menschen entstehen und auf welche Bestandteile Hunde reagieren, wenn sie eine Leiche anzeigen, sehr stark. Vielleicht überschneiden sie sich auch kaum. Wen interessiert's? Nun, wir Menschen wollen alles ganz genau wissen. Vielleicht hilft es uns auch, zu verstehen, warum manche Hunde von verrottenden Bäumen wie Maulbeer-Feigen und faulenden Pflanzen in Moorlandschaften magisch angezogen werden. Gelingt es uns, das zu isolieren, was den Geruch des menschlichen Todes von allem anderen unterscheidet, finden Trainer und Hundeführer vielleicht heraus, welches die geeignetsten Geruchsträger sind und wie man diese am besten lagert. Und zu guter Letzt hilft das gewonnene Wissen vielleicht dabei, den Leichengeruch chemisch nachzubauen – in einer Form, die legal, ungefährlich und dem Original ähnlicher ist als die Chemikalien und Pseudo-Geruchsstoffe, die wir derzeit verwenden.

Das neue Forschungsgebiet widerspricht alten Weisheiten: Zum Teil behaupten Trainer und Hundeführer bis heute, dass Schweinefleisch die beste Alternative sei, wenn man als Leichenspürhundetrainer nicht an menschliche Geruchsträger käme. Die Versuchung ist groß. An Schweinen mangelt es nicht, und sie sind altbewährte Ersatzkandidaten, um Krankheiten und Zersetzung zu erforschen. Ihr Einsatz als Trainingshilfe ist ethisch unproblematisch: Sie lassen sich ganz einfach in Form von Spareribs von der Fleischtheke im Supermarkt beziehen, ohne dass jemand unangenehme Fragen stellt. Doch Arpad Vass stellt fest, dass sich das chemische Profil von Menschen und Schweinen ganz gewaltig unterscheidet. „Schweine riechen ganz anders als

Menschen. Das ist gut dokumentiert."

Nancy Hook machte sich von Anfang an über jene Kollegen lustig, die Leichenspürhunde mit Schweinefleisch trainierten. Für sie war die Sache ganz einfach: „Schweine sind keine Menschen."

Mary Cablk, Dozentin an einem Forschungsinstitut in Nevada und Leichenspürhundetrainerin, beschäftigt sich damit, wie verlässlich die Leistung von Spürhunden tatsächlich ist. Sie führte das Schweineproblem einen Schritt weiter: Gemeinsam mit John Sagebiel, Chemiker an der Universität von Nevada in Reno und Marys Mann, verglich sie die kohlenstoffhaltigen Bestandteile, die tote Hühner, Kühe und Schweine freisetzen, mit jenen menschlicher Leichen. Die Resultate sind der letzte Nagel am Sarg der Theorie, dass Schwein der beste Trainingsersatz für menschliche Überreste sei: Ihre Studien zeigen, dass wir im Zersetzungsprozess viel eher nach Huhn als nach Schwein riechen. Vielleicht lässt sich Trost daraus schöpfen, dass wir an Bio-Hühnchen aus dem Öko-Supermarkt erinnern.

> *... und plötzlich, zeitgleich mit Eintritt des Todes, sank das Ende des Waagbalkens und schlug hörbar an der metallenen Begrenzung auf*
>
> *...*
>
> *Der Gewichtsverlust betrug drei viertel einer Unze.*
>
> *- Duncan McDougall, MD, „Hypothesis Concerning Soul Substance", Journal of the American Society for Psychiatric Research, 1907 -*

Seit Jahrzehnten beobachten Leichenspürhundeführer und -trainer ihre Hunde beim Auffinden menschlicher Überreste, doch bisher konnte keine wissenschaftliche Studie zeigen, wie ihnen das gelingt. Sie machen es ganz einfach: Die Hunde zeigen an, dass sie einen Toten riechen. Niemand weiß genau, was die Anzeige hervorruft – es sei denn, man findet eine Leiche oder einen Körperteil, einen eindeutigen Beweis, dass der Hund Recht hat. Doch welches Element dieses Körperteils ist es, das der Hund wittert? Und wie bald nach Eintritt des Todes kann er dieses wahrnehmen? Wie lange verweilt der Geruch nach dem Zeitpunkt des Todes? Und was bedeutet der Geruch für den Hund selbst?

Es gibt zwar zahlreiche Studien dazu, wie Gebrauchshunde verlässlich Drogen und Bomben aufspüren, doch kaum eine wissenschaftliche Studie über

Leichenspürhunde. Die Arbeit kann blutig und chaotisch sein, und sie findet im „echten Leben“ statt – eine Tatsache, die Wissenschaftler auf der Suche nach aussagekräftigen Daten irritieren kann. Es ist schon schwierig genug, herauszufinden, wie Drogenspürhunde reines Heroin finden – doch zu entschlüsseln, wie Leichenspürhunde die unendlichen Variablen des menschlichen Todes entdecken, scheint schlicht unmöglich.

Nirgendwo auf der Welt ließ man sich von der wissenschaftlichen Ungewissheit davon abhalten, Hunde einzusetzen, um das Parfum des Todes anzuzeigen – vom kaum wahrnehmbaren Duft, der von einem Zahn ausgeht, bis hin zum olfaktorischen Fest eines ganzen Kadavers. Hier und da fand ich ein paar kleine Studien, zum Beispiel Debra Komars Studie zur Fähigkeit von Leichenspürhunden, menschliche Überreste in Kanada zu finden (1999), und eine weitere aus dem Jahr 2003, die sich mit vergrabenen Überresten im Südosten der USA beschäftigte. Diese neuere Studie erwähnte auch einen ausgesprochen wichtigen Faktor: „Hundeführer beeinflussten die Verlässlichkeit ihrer vierbeinigen Partner.“

Anfang des einundzwanzigsten Jahrhunderts dachte sich jemand eine kleine, kontrollierte wissenschaftliche Studie aus, um zu testen, ob Leichenspürhunde in der Lage wären, selbst den leichtesten Hauch von Leichengeruch anzuzeigen. Eine Reihe unglücklicher Umstände – was fast immer der Fall ist, wenn Leichenspürhunde zum Zug kommen – bot eine perfekte Gelegenheit für eine kleine, elegante Studie.

Im Jahr 2005 verschwand eine Hamburgerin von einer Yacht. Sie und ihr Mann befanden sich auf einer anscheinend nicht gerade glücklichen Segeltour. Der Mann gab eine Vermisstenanzeige auf; sie müsse über Bord gefallen sein. Die Hamburger Polizei schickte einen ihrer Leichenspürhunde auf das Boot, und der Belgische Malinois kommunizierte seinem Führer aggressiv, dass auf der Matratze im Schlafzimmer der Yacht etwas Schlimmes passiert sei.

Im Bett war keine Leiche, kein Blut und keine Spur von der Frau zu finden. Welcher Hauch von Geruch hatte die Aufmerksamkeit des Malinois erregt? Wer konnte das mit Sicherheit sagen? Selbst die Matratzen der besten Yachten können voller übler Gerüche stecken. Und wie dem auch sei: Keine Leiche, kein Blut, keine Spur? Kein Strafprozess.

Der Staatsanwalt wollte dennoch dem Hund glauben. Er nahm Kontakt zu Lars Oesterhelweg auf, einem forensischen Pathologen am Gerichtsmedizinischen Institut in Hamburg, um ihn zu bitten, eine kleine Studie durchzuführen. Er musste nicht unbedingt die ganze Yacht nachbauen, doch sollte er handfeste Beweise dafür finden, dass Hunde selbst unter Abwesenheit konkreter forensischer Indizien wie Blut, Körperteilen oder Knochen den Tod eines Menschen riechen können.

Oesterhelweg und seine Kollegen nahmen zwei kürzlich verstorbene Männer – A und B, sechzig und dreiundsechzig Jahre alt – zur Hilfe. Sie waren auf den Straßen Hamburgs zusammengebrochen und verstorben; bereits zu ihren Lebzeiten hatten sie sich bereit erklärt, ihre Leichen der medizinischen Forschung zur Verfügung zu stellen. A und B konnten nicht ahnen, auf welch schöne und nichtinvasive Art ihre Körper verwendet werden sollten. Die beiden frisch Verstorbenen wurden in den Innenhof des Krankenhauses gebracht, in ein Baumwolltuch gewickelt und jeweils für zwei beziehungsweise zehn Minuten auf ein brandneues quadratisches Teppichstück gelegt, welches jeweils unter freiem Himmel auf einem brandneuen Tisch lag. Oesterhelweg wollte jegliche Verunreinigung durch Krankenhausgerüche ausschließen. Die Teppichquadrate kamen mit nichts als den eingewickelten, zwei Stunden alten Toten in Berührung: keine Körperflüssigkeiten, kein Blut, keine Zellen, keine DNA, ja nicht einmal direkter Leichenkontakt. Die Romantikerin in mir stellt sich vor, dass dies auch schon das Ende des Opfers war, welches A und B für die Medizin brachten: ein weiches Baumwolltuch und der kurze Kontakt der Körper mit den quadratischen Teppichen. Aber die Realität guter Leichenverwendung und guten Recyclings sieht anders aus.

In den nächsten zwei Monaten wurden drei Leichenspürhunde der Hamburger Polizei immer wieder vor die Aufgabe gestellt, anzuzeigen, welches Teppichstück in einer Reihe identischer, jedoch unbehandelter Teppichquadrate nach Tod roch. Der mysteriöseste Duft der Welt war wenig geheimnisvoll für die Hunde: Zwei der Vierbeiner, B und L, lagen fast zu hundert Prozent richtig. K zeigte zu neunzig Prozent richtig an. So sieht die Gebrauchshunderealität aus: Einige sind ausgezeichnet, während andere sehr gut sind. (Wieder andere sind furchtbar. Keiner der drei Studienteilnehmer fiel in diese Kategorie.) Das Ergebnis der kleinen Studie: Gut ausgebildete Leichenspürhunde können die flüchtigen Reste des Todes auf einem Teppichmuster riechen – und zwar noch Monate nachdem ein frisch Verstorbener wenige Minuten darauf gelegen hat.

Die Studie zeige, heißt es in Oesterhelwegs Bericht, dass Leichenspürhunde „ein außerordentlich nützliches Werkzeug für die Exekutive" wären. Ich versuchte, herauszufinden, ob der Staatsanwalt den Fall weiter verfolgt hatte – vergeblich. Nie zuvor hatte ich mir so sehr gewünscht, Deutsch zu sprechen.

Jede Studie hat ihre Grenzen. Diese zeigte, dass die Hunde verlässlich anzeigen konnten. Doch was genau rochen sie an den Teppichquadraten? Woraus bestand das Parfum des Todes?

Arpad fragte mich hoffnungsvoll, ob die deutschen Forensiker eine Gasraumstudie zu jenem frischen Todesparfum durchgeführt hatten. Testeten sie die flüchtigen Stoffe, die sich in den Behältern, in denen die Teppichquadrate gelagert wurden, befanden? Ich bezweifelte es, doch verstand ich, warum er Interesse an diesen Informationen hatte: Bis eine Leiche zum Anthropologischen Forschungszentrum der University of Tennessee überstellt wird, ist der Zerfallsprozess bereits viel weiter fortgeschritten. Arpad hält es für möglich, dass der Körper in den ersten Sekunden und Minuten nach Eintritt des Todes Stoffe wie Ammonium, Hydrogen, Kohlendioxid und Methan abgibt. Diese Verbindungen wiegen kaum etwas. Sie sind leichter als Luft.

Die Leute verbringen mehr Zeit damit, sich Gedanken über alle möglichen und unmöglichen Trainingsnuancen zu machen, als einfach rauszugehen und ihren verdammten Hund zu trainieren. Unsere Hunde sind nachsichtig mit uns – versucht einfach mal, mit einem Geruchsträger zu arbeiten. Beobachtet, was euer Hund macht. Es ist Hundetraining, nicht Astrophysik.

- Andy Rebmann, 2012 -

Jede Trainingshilfe für jeden Hund hat auch ihre Nachteile. Trainiert man einen Bettwanzen-Hund, muss man Wege finden, seine Bettwanzen zu füttern und zufrieden (sowie ausbruchssicher) zu halten. Trainiert man einen Bombenspürhund, darf man keine Skrupel haben, Nitroglyzerin und Schießpulver im Kofferraum zu haben. Mit Leichenspürhunden ergeben sich ganz andere Probleme von Angebot und Lagerung. Es ist äußerst wichtig, an unterschiedlichen Materialien zu trainieren. Die Auswahl ist groß: von frischen Tupfern, Verbandsmaterialien und ähnlichen Dingen, die im Krankenhaus mit Blut und Gewebe in Verbindung gekommen sind, über liebevoll auf einem Bürgerkriegsfriedhof eingesammelte Erde bis hin zu sechshundert Jahre alten Knochen aus dem Mississippi-Delta.

Solo hatte Glück: North Carolinas Gesetzeslage zum Thema Leichenspürhunde-Trainingsmaterial ist äußerst kulant. Der Weisheitszahn von Nancys Exmann war erst der Anfang. Solo würde an den unterschiedlichsten Materialien trainieren müssen – von frisch über älter bis hin zu uralt. Die Geruchsträger sollten das imitieren, was Solo später im Wald, irgendwo vergraben oder in verlassenen Gebäuden finden könnte. Statt die E-Mails meiner Studenten zu beantworten, ertappte ich mich also dabei, wie ich über das Internet ein Rettungshunde-Paket vom Bone Room in Berkeley, Kalifornien, bestellte. Bevor ich meine Bestellung abschickte, rief ich im Büro des hiesigen Leichenbeschauers an, um mich zu erkundigen, ob das, was ich vorhatte, in North Carolina legal war. Es war legal, und ich war entzückt, als ich das Paket im Briefkasten fand: eine kleine Schachtel mit einem elfenbeinfarbenen Schienbein und einigen Zehenknochen in einer Plastiktüte. Letztere sahen den Styropor-Chips, in die sie eingebettet lagen, zum Verwechseln ähnlich.

Nicht ganz ein Jahr später häuften sich die Beweise, dass einige der plastinierten Leichen, die in der beliebten Körperwelten-Ausstellung zu sehen waren, aus chinesischen Gefängnissen stammten. Meine Neugier war geweckt. Ich versuchte, herauszufinden, wo meine vom Bone Room bestellten Knochenproben ursprünglich hergekommen waren. Meine Suche war erfolglos, doch stellte sich bald heraus, dass ich eine neue Knochen-Bezugsquelle finden musste. Der Bone Room schrieb auf seiner Website: „Zu unserem Bedauern müssen wir Sie informieren, dass unser Vorrat an beschädigten und verfärbten Knochen, welche wir als Rettungshunde-Pakete im Angebot hatten, aufgebraucht ist. Leider können wir die Pakete bis auf weiteres nicht mehr anbieten. Aktuell werden keine Knochen aus dem Ausland eingeführt. Wir versuchen, eine Quelle zu finden, die auch Knochen in ‚Hundequalität' bietet, konnten bisher allerdings keinen geeigneten Exporteur finden."

Bei einer Mundhygienebehandlung fragte ich meinen Zahnarzt, wie ich an ein paar Backenzähne zum Trainieren kommen könnte. Gerne stellte er mir einige zur Verfügung und borgte mir außerdem den Kieferknochen des Lehrskeletts, das seit Jahrzehnten in seinem Büro stand, damit ich austesten konnte, wie Solo darauf reagierte. Solo zeigte an, doch war er merklich überrascht, als er direkt am Kieferknochen schnüffelte. Er schien enttäuscht: Das ist alles? Dieses kleine bisschen Geruch? Ich hingegen war begeistert und berichtete dem Zahnarzt von unserem Trainingserfolg, als ich den Kieferknochen zurückbrachte.

Ein Polizeihundeführer aus der Nachbarstadt stellte mir einen Teppich zur Verfügung, auf dem ein Selbstmordopfer gelegen hatte. Und eines warmen Sommerabends saß ich mit einem freundlichen Kommissar und Leichenspürhundeführer am Parkplatz des Polizeihauptquartiers und schnitt ein altes Leintuch in Streifen, die wir als Trainingsmaterial nutzen wollten. Das Leintuch hatte tagelang unter einem Toten gelegen, der in seiner Wohnung verstorben und längere Zeit nicht entdeckt worden war. Es roch unangenehm, jedoch nicht widerlich oder unerträglich. Auch brauchten wir nicht das ganze Leintuch: fünfzehn mal fünfzehn Zentimeter große Quadrate, die wir in Einweckgläser geben konnten, reichten vollkommen. Die Scheren würden wir in Tüten packen und entsorgen. Wir knieten vor unserer Beute, um vorsichtig in den Stoff zu schneiden, und verlagerten das Gewicht dann wieder nach hinten, um unsere Ausbeute hochzuhalten und im Sonnenlicht zu betrachten. Wir mussten aufpassen, dass unsere in jeweils zwei Paar Nitril-Handschuhen steckenden Hände nichts außer dem Leintuch berührten und lächelten einander an. Aus meinem Auto drang Solos gedämpftes Jaulen. Er wollte arbeiten. Es war ein wunderschöner Abend.

Ich borgte mir langfristig die unterschiedlichsten Küchen-Vorratsbehälter von David, von dessen Haubenkoch-Ambitionen ich profitierte: Einweckgläser, Honig- und Marmeladegläser, größere Tupperbehälter und Dosen sowie riesige verschließbare Vorratsgläser, in denen ich die kleineren Gläser aufbewahren konnte – all diese Behälter enthielten Solos Trainingsmaterialien. Wieder andere kaufte ich neu. Indem ich verschiedene verwendete, wollte ich verhindern, dass Solo den Geruch eines bestimmten Glases oder einer bestimmten Dose mit dem Geruch des Todes assoziierte. Sollte ich je vor Gericht aussagen, wollte ich nicht vor einem guten Anwalt zugeben müssen, dass mein Hund unter Umständen Plastik-Vorratsbehälter, Gefrierbeutel oder Baumwollstoff statt menschlicher Überreste angezeigt habe!

Es wird viel darüber diskutiert, ob wir unsere Hunde aus Versehen dafür belohnen, jenes Material zu finden, in dem wir unsere Geruchsträger aufbewahren, anstatt für den Leichengeruch selbst. Oder dafür, den Geruch der Handschuhe anzuzeigen, die wir tragen, wenn wir etwas für unsere Hunde verstecken. Manche Trainer und Hundeführer sind der Meinung, dass Geruchsträger ausschließlich in Glasgefäßen mit Metalldeckeln aufbewahrt werden sollten, um nicht durch Fremdgerüche verunreinigt zu werden oder den Hund aus Versehen auf Plastikbeutel zu konditionieren. Wieder andere bestehen darauf, die Geruchsträger ganz bewusst in den unterschiedlichsten Gefäßen und an allen möglichen und unmöglichen Orten zu lagern: Zähne im Gefrierbeutel in der Tiefkühltruhe, getrocknetes Blut in einem Glas im Kühlschrank, Knochen in der Speisekammer.

Fast alle sind sich jedoch einig, dass man, sofern die Gesetzeslage des Heimatstaates dies erlaubt, seinen Hund auf die ganze Bandbreite der Zustände trainieren sollte, die der menschliche Körper durchläuft, bevor er zu Staub zerfällt: frisches Blut und Gewebe, Fleischknochen, Fettwachs, staubtrockene Knochen und sogar Asche aus dem Krematorium.

Alle stimmen außerdem überein, dass es ein ausgezeichnet trainierter Hund auch mit ganzen Leichen in den unterschiedlichsten Phasen des Zerfallsprozesses konfrontiert werden muss. In der westlichen Ecke North Carolinas liegt ein Paradies für Leichenspürhundetrainer. Die Western Carolina University nennt es den FOREST, nicht nur das englische Wort für Wald, sondern auch ein Akronym für Forensic Osteology Research Station: forensische Osteologie-Forschungsstation. Nennen Sie es vor den Ohren der FOREST-Gründer niemals – auch nicht liebevoll – eine Leichenfarm. Um den FOREST zu erreichen, folgt man einem Schotterweg, der sich einen Hügel hinauf durch den Wald schlängelt, bis man an den hohen Maschen- und Stacheldrahtzaun stößt, der das friedliche Gelände umgibt.

Paul Martin studierte Anthropologie an der Western Carolina University. Seine Forschungsarbeit näherte sich immer mehr seiner Arbeit mit Hunden an. Er hatte bereits als Diensthundeführer bei der Polizei und schließlich mit Leichenspürhunden gearbeitet. Während seines Bachelor-Studiums erkannte Paul, dass der neu gegründete FOREST nicht nur forensischen Anthropologen und deren Studenten bei Ausbildung und Forschung helfen könnte, sondern auch Leichenspürhunden und deren Haltern. Er half, ein Seminarprogramm speziell für diese zu begründen. Mittlerweile arbeitet Paul an der Universität von Mississippi an seinem Master, organisiert aber nach wie vor Leichenspürhunde-Seminare an der West Carolina University. Vierbeiner und Ihre Hundeführer haben dabei unter anderem die Gelegenheit, auf dem achtzehn mal achtzehn Meter kleinen Gelände zu trainieren. Auf den ersten Blick scheint dies wie ein seltsames Seminarhighlight, doch wissen ernsthafte Leichenspürhundeführer, wie wichtig es ist, dass sie selbst und ihre Hunde sich an den Anblick und Geruch dessen gewöhnen, was ihnen später im Einsatz begegnen könnte.

Hunde, die daran gewöhnt sind, mit kleinen Geruchsträgern zu trainieren – und die meisten Trainingsmaterialien sind klein –, können von der gewaltigen Geruchswolke, die eine ganze Leiche verströmt, überwältigt werden. Menschliche Körper am Boden – selbst lebendige! – können unheimlich wirken, wie jeder weiß, der schon einmal im Liegen mit seinem Hund gespielt hat. Ich beobachtete die Reaktion vieler Hunde im FOREST. Manche wagen sich nur zögernd an eine Leiche heran, schnüffeln vorsichtig, mit langgestrecktem Hals, und zucken dann zurück. Das Summen von Fliegen und Maden in einer aufgeblähten Leiche kann sie aus dem Konzept bringen. Manche knurren. Einige nähern sich der Leiche am Bauch, kriechend und robbend. Einige wenige springen fröhlich auf die Leichen zu. Das ist toll! Weniger gut ist es, wenn der Hundeführer fürchtet, dass sich sein enthusiastischer Partner mitten in die fettigen Überreste stürzen will und die Leine ruckartig zurückzieht: Er korrigiert einen Hund, dessen Mut er belohnen sollte – natürlich ohne zu erlauben, dass sein Hund die Leiche beschädigt.

Paul spricht ruhig mit den Teilnehmern, behält Hunde und Menschen im Auge und sorgt ebenso dafür, dass keiner der Vierbeiner einen Kopfsprung in die Leichenteile macht, wie er sicherstellt, dass der Enthusiasmus der Hunde nicht mit allzu groben Leinenkorrekturen erstickt wird. Er beruhigt Hundeführer und ihre Partner, die das kleine Grundstück navigieren, auf dem sich zehn Tote in verschiedenen Phasen des Verwesungsprozesses befinden. Eine Leiche ist aufgedunsen wie das Michelin-Männchen, von einer anderen sind nur noch die Knochen übrig; eine dritte ist begraben. Hochmotivierte oder ängstliche Hunde ziehen die Menschen am Ende ihrer Leinen quer über das Grundstück. Die Hundeführer bemühen sich, ihre Vierbeiner zu kontrollieren, zu loben und dabei selbst nicht das Gleichgewicht zu verlieren.

„Sie macht sich gut!“, lobte Paul eine Hundeführerin, und begann dann zu singen, „Guter Hund, guter Hund, guter Hund!“, als der Border Collie beschloss, dass die Sache doch Spaß machen könnte, und schwanzwedelnd eine Leiche ansteuerte.

Eine solche positive Erfahrung kann den Grundstein dafür legen, dass der Hund für den Rest seines Lebens mit Begeisterung Tote findet.

Während ich jede Menge über den Geruch des Todes lernte, war Solo noch nicht bereit, mit einer ganzen Leiche konfrontiert zu werden. Wir standen erst am Anfang unseres Trainings. Solo war zehn Monate alt, und seit fünf Monaten arbeiteten wir mit Nancy. Mittlerweile – wir schrieben Januar 2005 – trug ich meist eine kleine Picknick-Kühlbox mit Kadaver-Trainingsmaterial bei mir. David und ich hatten einen Geländewagen gemietet, um mit Freunden an den Strand zu fahren. Menschen und Hunde drängten sich im Auto zusammen. Meine Vorfreude bezog sich nicht auf romantische Spaziergänge bei Sonnenuntergang, während das Meer im Hintergrund rauschte. Mittlerweile sah ich die Landschaft North Carolinas aus der Perspektive einer Leichenspürhundetrainerin: David fuhr, und ich sah Weihrauchkiefer-Plantagen und verfallene Häuser. Ob wir hier trainieren konnten? Ein abgeerntetes Sojafeld bot vielversprechende Verstecke für meine Geruchsträger. Sand, stürmischer Wind und Kaktusfeigen – was für eine Gelegenheit, Solo vor eine neue Herausforderung zu stellen!

Solo fand seinen „Fisch“ am Strand, im Mülleimer am Ende der Einfahrt zu unserem Ferienhaus, im Sand in unserem Garten und im Kaktusfeigengestrüpp. Begeistert schrieb ich meinen Trainingsbericht. Am zweiten Abend am Strand rief ich meinen Vater in Oregon an, um ihm von unserem spontanen Urlaub zu erzählen. Ich versprach, ihm Fotos von seiner Megan zu senden, wie sie selig über den Strand fegte; ein kastanienbrauner Geist im Winternebel. Papa klang furchtbar. Er sprach undeutlich und langsam. Seit sechs Monaten hatte er Schmerzen in der Hüfte; es hatte kurz nach seinem Besuch in North Carolina begonnen. Wir hielten die Schmerzen für eine Nebenwirkung seiner Cholesterinmedikamente, doch stellte sich keine Besserung ein. Nur guter Scotch, sagte Papa, helfe seiner Hüfte. Ich legte auf und weinte.

Ich hatte Papa nie viel davon erzählt, was ich mit Solo machte; ich wusste selbst nicht genau wieso. Ich konnte mit ihm nicht über Leichen und Verbrechen reden – es fühlte sich unmoralisch an, nicht biologisch. Teils hatte es damit zu tun, dass er ein Akademiker war. Was ich mit Solo machte, war nicht akademisch, so gern ich auch behauptete, dass es darum ging, den Wind lesen zu können, Verwesung und Geruchsmuster zu verstehen. Teils hatte es auch damit zu tun, dass Papa meine eigenartige Liebe zu Hunden wie Solo nicht ganz nachvollziehen konnte. Seine Liebe galt Setterhündinnen, die auf seinen Schoß zu klettern versuchten, ihre Pfoten auf seine Arme legten und mit ihren langen Krallen sanft und unaufhaltsam die Fäden aus den Ärmeln seiner alten Strickjacken zogen.

Im Grunde meines Herzens wusste ich es vielleicht bereits. Als er einige Tage später anrief, waren wir wieder zuhause. Seltsamerweise war ich nicht überrascht, dass Papa endlich eine Diagnose hatte, sondern nur bestürzt darüber, wie weit diese bereits fortgeschritten war. Mittlerweile weiß ich, dass Krebsspezialisten Patienten im Endstadium immer dasselbe sagen: „Sie haben zwischen sechs Monaten und einem Jahr.“ Selbst dann, wenn man das nicht hat.

Ich hörte auf, Solo zu trainieren. Ich konnte es nicht ertragen, ständig an den Tod zu denken. Abgesehen davon hatte ich keine Zeit. Ich ließ David mit Solo und Megan allein und flog zwischen Oregon und North Carolina hin und her, um ein paar der wertvollen Wochen, die uns blieben, mit Papa zu verbringen.

Sieben Wochen nach dem Anruf war er tot. Er wurde in seinem wollenen Pendleton-Bademantel eingeäschert, den er so sehr geliebt hatte. Wir verstreuten seine Asche auf den Wiesen des Kaskadengebirges nahe seiner Heimat in Oregon.

Als der Mann aufwachte, sagte er: „Was will das wilde Ding hier?" Und die Frau sagte: „Sein Name ist nicht mehr Wilder Hund; sein Name ist Erster Freund, denn er wird unser Freund sein für immer und immer und immer."

- Rudyard Kipling, Nur so Märchen, 1902 -

7
Spareribs

Ich träumte nicht von Papa, wenn ich einmal eingeschlafen war, doch an der schummrigen Grenze von Wachsein und Schlaf erlebte ich seine letzten Wochen wieder und wieder. Ich schreckte hoch und atmete scharf ein.

In den letzten Monaten hatte sich alles und nichts geändert. Solo erinnerte mittlerweile an einen kräftigen Velociraptor: Immer noch war sein Kopf zu groß für seinen Körper, und seine Rute wirkte wie ein großes, frei bewegliches Ruder. Er hatte mich vermisst, wenn ich in Oregon war, und ließ es mich wissen, indem er erst jaulte und brüllte und dann davonstürzte, um ein Spielzeug zu holen, das er in meinen Schoß drücken konnte: „Spiel jetzt!“ Depression war ein Konzept, das keinen Sinn für ihn machte. Trauerte ich abwesend vor mich hin, wollte er Ball spielen, statt mich zu trösten. Während ich von einer Küste zur anderen flog, waren Solo und David einander näher gekommen. Sein Gehorsamstraining hatte während meiner Abwesenheit gelitten; dafür war auch die Beziehung zwischen Solo und Megan stärker geworden. Sie verbrachten ihre Tage mit einer Version von Spiel, die an eine Kabuki-Aufführung erinnerte: eine elaborierte japanische Show voller Tanz und Hänseleien. Megan hielt nichts von Kampfspielen. In meiner Abwesenheit hatte sie Solo beigebracht, auf eine Art und Weise mit ihr zu interagieren, die ich ihm niemals zugetraut hätte: subtil, verspielt, leichtfüßig. Nach wie vor stolzierte er machohaft durch die Welt, doch Megan gegenüber hatte er einen Sinn für Humor entwickelt. Dennoch brauchte er mehr Zeit im Freien, wo er laufen und schnüffeln konnte und mir nicht auf die Pelle rückte. Mir gegenüber hielt er Kampfspiele nämlich für erforderlich.

Ich ließ mir die Optionen durch den Kopf gehen. Ich konnte weiter Trübsal blasen oder Nancy Hook anrufen. Ich griff zum Telefon. „Wenn Eltern sterben, bleibt ein Loch in unserem Leben zurück“, sagte sie. „Ganz gleich, was für eine Beziehung wir zu ihnen hatten. Und du hast deinen Vater wirklich gern gehabt! Komm und bring Solo zum Training.“ Also stieg ich ins Auto und fuhr zu Nancy.

Ich hatte fast den ganzen Winter auf Nancys Farm in Zebulon verpasst. Als ich zuletzt da gewesen war, trugen die Bäume die Braun- und Grüntöne des Spätherbsts, unterbrochen von den hellen Akzenten frischen Grüns, die sich das ganze Jahr über in North Carolina halten. Nancy hatte ihre Winter-Carhartts gegen leichtere grüne Tarnhosen getauscht, die im Schaft ihrer hohen Gummistiefel verschwanden. Ihr rotblondes Haar hatte sie unter eine Baseball-Kappe statt unter eine Wollmütze gestopft. Sie war einer meiner Maßstäbe für Normalität geworden – ihr Lachen, ihre Ungezwungenheit, ihre Fähigkeit, gleichzeitig direkt und herzlich zu sein. Die Tatsache, dass sie mir einen Arschtritt verpassen konnte, der nicht zu sehr weh tat. Sie war normal und zurechnungsfähig und steckte mich damit an.

Eine besorgte Freundin fragte mich: „Trauerst du ohnehin richtig?“ Vermutlich tat ich das nicht. Es war schwer, traurig zu sein, während ich im Aprilnebel durch die gelbgrün-matschigen Wiesen Carolinas stapfte, Kuhfladen und Kühen auswich. Es war schwer, traurig zu sein, während ich aufpasste, wohin ich meine Füße setzte, Solo unter Kontrolle und von Whiskeys Zaun fernhielt, von den Hühnern, die im Zickzack hinter Mücken herjagten, von Nancys Morganpferd Rocky, das nicht gut auf Hunde zu sprechen war, und von den Herefordrindern, die manchmal melancholisch, manchmal mürrisch in den Tag blickten.

„Schluss mit der hohen, panischen Stimme!“, befahl Nancy, als Solo sich duckte und die Mutterkühe und ihre Kälber fixierte. Ich riss mich zusammen und rief ihn in einem tieferen, autoritären Tonfall. Es funktionierte. Widerwillig drehte mein Schäfer sich zu mir und ich nahm ihn am Halsband, bis wir den Abstand zu den Kühen vergrößert hatten und ich ihn frei lassen konnte. Um klarzustellen, dass er die Debatte mit den Rindern gewonnen hatte, schlenderte er zur Weide und hob sein Bein am elektrischen Zaun, bevor er die Suche begann. Wir konnten das Summen der Elektrizität noch aus zwanzig Metern Entfernung hören. Solo zuckte nicht mit der Wimper. Genau so, erklärte Nancy, solle ein Leichenspürhund sein. Wenn er den Stromschlag an diesem empfindlichen Körperteil ignorieren konnte, würde ihn nichts aus der Fassung bringen.

Auch ich ließ mich nicht aus der Fassung bringen. Ich trainierte Solo mehrmals pro Woche. Ich fand neue Orte, an denen ich Geruchsträger verstecken konnte: Das örtliche Lagerhaus, wo Taubenkot und Mäuse Solo nur kurz ablenkten. Vor dem Einkaufszentrum gegenüber unserem Haus, das derzeit ausgebaut wurde: Baumaterialien wie Paletten, Betonblocks und Rohre erinnerten an unsere Grundlagenarbeit im Großformat. Ist der „Fisch“ hier? Vielleicht hier? Oder hier?

Solo stellte mich vor neue Herausforderungen. Er war wild und ungestüm. Meine Trainingsnotizen beschrieben zahlreiche Probleme: Er brauchte ein besseres Anzeigeverhalten. Er war abgelenkt. Wir hatten sein Anzeigeverhalten auf Hinlegen und Winseln geändert, doch er winselte nicht. Dann legte er sich nicht hin. Als wir begannen, ein Kong-Spielzeug aus Kautschuk zur Belohnung einzusetzen, wollte er dieses nicht wieder hergeben. Er wollte nicht in der Nähe des Hundezwingers suchen, wenn Whiskey da war und die beiden einander stattdessen durch den Zaun hindurch anbellen konnten. Er starrte die Kühe an und überlegte, was er als Nächstes anstellen könnte. Nancy erinnerte mich daran, Nachdruck in meine Stimme zu legen.

Immer wieder holte uns Solos Einzelwelpen-Problem ein. Eines Tages begegnete uns im Training eine Streunerin. Unterwürfig lief, wedelte und robbte die blonde Labradorhündin über das Feld auf uns zu. Solo bleckte die Zähne und drehte sie wiederholt auf den Rücken. Dann griff er Wolfie an, den Deutschen Schäferhund, mit dem er auf der Suche kooperieren sollte, an. Mit Ausnahme von Megan und zwei oder drei Nachbarshunden hasste er Artgenossen in seiner Größe. Und kleine Hunde. Die nervten ihn. Nancy rettete Boston Terrier für eine Tierschutzorganisation, und ich rettete einen Boston Terrier vor Solo. Solo sprang in die Leine, das Gras war nass, ich rutschte aus und meine Tonlage wechselte in hohen Sopran. Erlebnisse wie dieses lösten Tränen bei mir und ein Schulterzucken bei Nancy aus. Solo hatte Yankee nicht getötet; er hatte es nur in Betracht gezogen.

“Gut, gut, gut“, schrieb Joan, als ich ihr von einem weiteren unglücklichen Vorfall berichtete. „Aggression und das, was dabei im Hund vorgeht, sind unglaublich interessant … und traurig, wenn es sich um den eigenen Hund handelt. Doch eines kann ich dir sagen: Hätte er den anderen Hund verletzen wollen, hätte er das auch gemacht. So hässlich diese Vorfälle auch sind – er scheint andere Hunde nicht physisch zu verletzen.“

Sie hatte Recht. Er fletschte die Zähne, sträubte die Nackenhaare und knurrte furchterregend – doch dabei blieb es. Nie hatte er einen anderen Hund verletzt. Dennoch trafen David und ich die schwere Entscheidung, ihn kastrieren zu lassen. Wir hofften, dass ein kleines bisschen weniger Testosteron die Nadel auf seinem Tachometer ein wenig absinken würde lassen. Nach der Operation gingen Solo und ich wieder in den Gehorsamkeitskurs. Ich lernte, im richtigen Moment zu intervenieren, das Anstarren eines fremden Hundes zu unterbrechen, indem ich ihn mit meinem Körper blockierte, deeskalierend auf ihn einzuwirken und ihm klarzumachen: „Du hast zu gehorchen, und zwar immer und überall, du kleiner Scheißer!“

Wir überlebten die Nacht des schnappenden Terriers, ohne dass Solo auch nur geknurrt hätte. Wir brachten den Fröhlicher-pubertärer-Pitbull-springt-Schäfer-auf-den-Rücken-Vorfall hinter uns, ohne dass Solo seinen Artgenossen mit den Zähnen berührt hätte. Wir sahen ein, dass sich Solo anderen Hunden gegenüber nie völlig normal verhalten würde, doch wurde er nach und nach besser ansprechbar. Er war energiegeladen wie eh und je, aber auch zunehmend kooperationsfähig. Seine dunklen Haselnussaugen sahen uns ernst an, und manchmal legte er sogar den schweren, kaulquappenförmigen Schädel auf unseren Schoß und schlief ein, ohne erst ein wildes Spiel zu verlangen. Er liebte Menschen, auch Babys und Kinder.

Nancy stellte uns vor immer größere Trainingsherausforderungen, und ehe ich mich versah, war es Ende Juli. Papas Tod lag nicht ganz vier Monate zurück. Solo war fünfzehn Monate alt. Es fiel mir leicht, den Überblick über Solos Leben und Papas Tod zu behalten: Sie verliefen in parallelen Bahnen, in derselben Geschwindigkeit, doch in entgegengesetzter Richtung. Solos erster Geburtstag und Papas Todestag lagen fünf Tage auseinander. Wir würden Solos zweiten Geburtstag feiern, dicht gefolgt von Papas einjährigem Todestag. Und immer so weiter …

Solo und ich standen auf einer großen Kuhweide nördlich von Nancys Haus. *Libellula vibrans* und *Libellula lydia*, Libellen, die aussahen wie kurze Kreidestücke mit Flügeln, schwirrten über frischgemähte Grashaufen und landeten auf Kuhfladen. Es war feucht und heiß. Solo und ich standen am oberen Ende der Weide. Weiter unten befanden sich ein Moor und ein Teich, an dem sich einige Kühe aufhielten. Ich hielt den aufgeregt winselnden Solo fest. Bevor ich ihn losschickte, versuchte ich, die Windrichtung zu bestimmen. Die feuchte Luft bewegte sich kaum.

„Wo ist der Fisch?" Als Solo losstürmte, senkte Nancy den Blick und sah mich unter den Wimpern an. Sie führte die Finger der linken Hand an die Lippen, tat, als würde sie diese mit einer Handdrehung zusperren und warf einen unsichtbaren Schlüssel weg. Ja, Sensei. Kein aufgeregtes Zerreden der Situation, keine nervösen Gedanken. Ich dachte an Bruce Lee: „Ein guter Kampf ist wie ein kleines Theaterstück, wird aber ernsthaft gespielt. Ein guter Kampfsportler verkrampft sich nicht, sondern bereitet sich vor. Er denkt nicht, doch träumt er auch nicht. Er ist bereit – was auch immer kommen mag."

Das Feld war riesig. Wir hatten bereits einmal hier gearbeitet, doch diesmal behauptete Nancy, nicht mehr zu wissen, wo sie einige der Geruchsträger versteckt hatte. Gleichzeitig brachte sie mir bei, ein Suchmuster zu entwerfen, indem ich mich auf einen Punkt am Horizont konzentrierte. Ich sagte ihr, dass ich die große Konifere am Hügel als Markierung verwenden wolle, und sie lachte über mein intellektuelles botanisches Vokabular. Solo ignorierte mein Suchmuster. Er warf seinen massiven Kopf in die Luft und rannte den Hügel hinunter, in die mit Kuhfladen übersäte Moorlandschaft. Er wurde langsamer und versteifte die nach oben gebogene Rute – ein Zeichen, dass Kadavermaterial in der Nähe war. Dann legte er sich in den Matsch und starrte mich schweigend an: seine neue Anzeige. Vor zwei Monaten hatten wir das Winseln als Anzeigeverhalten verworfen, als Nancy erkannte, dass er so ziemlich alles mit Winseln kommentierte – nicht nur den Fund von Leichenteilen. Die Futterbelohnung hatten wir gegen einen Kong an einem Seil eingetauscht, mit dem Solo mehr Spaß hatte.

„Schnell, wirf!"

Ich gehorchte unbeholfen.

Nancy steckte den Geruchsträger ein. Es gab noch mehr zu finden. Ihre ausholende Armbewegung umfasste die ganze große Weide: irgendwo da draußen. Mittlerweile war es noch heißer geworden. Solo hechelte. Nicht der geringste Hauch von Leichenduft stieg ihm in die Nase. Nancy kritisierte mein Suchmuster: zu viel Zick. Zu wenig Zack. Ich wollte Solo aus meinem neuen Wasserbeutel etwas zu trinken geben. Nancy wies mich darauf hin, dass wir noch nicht einmal zwanzig Minuten gearbeitet hatten und der Tag heißer hätte sein können. Trotzdem füllte ich Solos Wassernapf: Ich selbst hatte eine Verschnaufpause bitter nötig.

Dann schickte ich Solo erneut los. Er senkte den Kopf und tauchte mit der Schnauze tief ins höhere Gras, das entlang eines Erdwalls stehen geblieben war. Er rannte los, bis er in etwa dreißig Metern Entfernung einen kleinen Kreis lief und steif wurde. Dann warf er sich auf den Boden, grub die Krallen in die Erde. Bam! Er drehte den Kopf nach mir um und fixierte mich mit seinen braunen Augen. Diesmal vertraute ich ihm. Die Anzeige war so klar gewesen! Ich bewegte mich schnell und warf den Kong. Solo knurrte, jaulte, warf sein Spielzeug in die Luft und sprang entzückt hinterher.

Nancy ging voran, hob die getrocknete Kuhflade hoch, die so groß wie eine Pizza war, und zeigte mir den Schatz: ein paar Zentimeter trockener Knochen, der an Spareribs erinnerte. Es handelte sich um die Rippe jenes Freundes und Trainerkollegen, der ihr nach seiner Operation ein Geschenk gemacht hatte.

Sie blickte von Solo zu mir. „Verdammt", sagte sie.

Namen sind nicht immer, was sie scheinen. Der bekannte walisische Name Bzjxxllwcp wird einfach Jackson ausgesprochen.

- Mark Twain, 1897 -

„Napoo", flüsterte der Hundeführer dem riesigen Bloodhound sanft zu. „Such Napoo!" Der rotbraune Bloodhound trottete in Richtung Unterholz, Ohren und Körper schwankten von links nach rechts, die Stirn lag in Falten.

Ich hatte begonnen, mit einer Gruppe Hundeführer in den Hügeln North Carolinas zu trainieren. Ich stand um halb fünf Uhr morgens auf, um um sechs im Auto zu sitzen, während die ersten blassen Lichtstreifen den Horizont erhellten. Ich nahm Seitenstraßen durch Mebane und weiter nach Reidsville, einem Ort, der bis Mitte der 1980er als Zentrum der amerikanischen Tabakindustrie gegolten hatte. Ich lernte Rohschinken mit Brötchen und Dunkin'-Donuts-Kaffee bei Sonnenaufgang schätzen, umgeben von heulenden Bloodhounds und Männern in Tarnkleidung, die Tabak kauten oder rauchten. Ich mochte sie sehr. Sie tolerierten mich und brachten mir einiges bei. Das ganze erste Jahr lang erzählte ich den Hundeführern kaum etwas von meiner Arbeit an der Universität und meiner politischen Einstellung, selbst dann nicht, wenn wir im Golden Corral zu Mittag aßen. Den meisten meiner Kollegen an der Universität verriet ich ebenso wenig davon, wo ich mich am Wochenende herumtrieb.

Ken Young trat militärisch auf. Er trug einen kurzen Oberlippenbart über einem listigen Lächeln, eine olivgrüne Kappe und eine Pistole am Gürtel. Unter der Woche führte er einen Blumenladen, am Wochenende Hunde und ihre Menschen. Man traf sich in der Feuerwache. Eine Gruppe Hundeführer lehnte an der Wand; viele von ihnen kauten Tabak. Kens Version der klassischen Verabschiedung in den Dienst, die Sergeant Phil Esterhaus im Polizeirevier Hill Street immer der versammelten Mannschaft beim Schichtwechsel mitgab – "Lasst uns da draußen vorsichtig sein" – lautete "Lasst uns Spaß haben!" Und den hatten wir. Nancy und ich hatten uns schon früh auf Solos Kommando „Wo ist der Fisch?" geeinigt. Die Leichenspürhundeführer aus den Hügeln um Piedmont befahlen ihren Hunden, Napoo zu finden. Sie erklärten mir, dass es das Navajo-Wort für die Toten sei. Das Kommando schien weit über den Südwesten hinaus verbreitet zu sein, nach Norden bis nach Kanada und in den Osten bis North Carolina. Ein sinnträchtiges und mysteriöses Kommando. Manche Hundeführer stellten „Ka-ha" davor: „Ka-ha Napoo!"

Das ungewöhnliche Kommando, erklärten die Hundeführer, halte Familienmitglieder davon ab, sich bei einer Vermisstensuche stärker aufzuregen als nötig. Und wenn Journalisten zugegen wären, so wüssten diese nicht, dass man nach einer Leiche suche. Beide Begründungen schienen etwas weit hergeholt – besonders, da die Medien immer Bescheid zu wissen scheinen, sofern sie vor Ort sind, und Familien – egal wie hoffnungsvoll – selten naiv sind.

Ein Reporter in Pennsylvania erklärt das angeblich aus der Sprache amerikanischer Ureinwohner stammende Kommando folgendermaßen: „Das Kommando wird in einer Fremdsprache gegeben, um unverwechselbar zu sein." Ein anderer Journalist schreibt in einem Artikel über Leichenspürhundetraining: „Aus ästhetischen Gründen verwendet der Trainer ein indianisches Wort."

Tatsächlich handelt es sich weder um ein Navajo-Wort noch ist sein Ursprung sonderlich ästhetisch: „Napoo" ist britischer und australischer Slang aus dem Ersten Weltkrieg. Es handelt sich um eine Bastardierung des französischen „Il n'y en a plus *[ny-an-a-pu]*." Nichts mehr. Alles weg. Aus und vorbei. Britische und australische Soldaten gewöhnten sich in Frankreich an zwei Dinge: leere Supermarktregale und den Tod. Sie verwendeten den Begriff „Napoo" für alles vom Schulterzucken des gallischen Ladenbesitzers, der „Tut mir Leid, wir haben kein Bier mehr" bedeutete, bis hin zum Tod in den matschigen Schützengräben. „Letzte Nacht wurde der halbe Zug napoo-t."

Wir Menschen lieben Worte und die Geschichten, die entstehen, wenn wir sie aneinanderreihen. Ob sie wahr sind, ist nicht wichtig – doch wer sich tatsächlich für den Ursprung eines Trainingskommandos interessiert, kennt auch seine Geschichte.

„Du merkst ganz leicht, mit wem die Leute trainiert haben", meinte ein erfahrener Hundeführer im Nordosten. „‚Such Fred!' stammt von Andy." Eine Hundeführerin aus einem anderen Teil des Landes schüttelte den Kopf, während sie mir erklärte, dass sie Andy Rebmanns Lieblingskommando, „Such Fred!", schon immer für taktlos gehalten hatte, besonders, wenn Familienangehörige vor Ort wären.

Das einzige Problem mit der Geschichte rund um Andys Kommando ist, dass sie, ganz wie der Ursprung von „Napoo", nicht wahr zu sein scheint. Andy schüttelte den Kopf und seine Augen glänzten hämisch und amüsiert: Nie, sagte er, habe er einem Hund befohlen, „Fred" zu finden.

Ich sage immer „Such's!"

Verdammt. „Such's!" ist so nüchtern. Und es wird Andys brutaler Sachlichkeit und nicht vorhandener politischer Korrektheit viel weniger gerecht als „Such Fred!"

„Mor-te", befiehlt eine Hundeführerin aus North Carolina ihrem großen Deutschen Schäferhund, mit Betonung auf dem T, sodass das Wort zwei Silben erhält.

„Wo ist Mortimer?", drängt ein weiterer Hundeführer. „Wo ist Mort?"

„Wo ist Chucky?", fragt eine junge Frau ihren Border Collie.

„Such die Knochen!“, befiehlt Marcia Koenig, Andy Rebmanns Frau, ihren Schäferhunden. Das Kommando scheint seinen Zweck zu erfüllen. Marcias Hunde haben in den letzten zwei Jahrzehnten Dutzende Knochen gefunden.

Das beste Signal jedoch hat Suzi Goodhope: „Hoffa“, sagt sie zu Shiraz, einer ihrer Belgischen Malinoishündinnen, in Anspielung auf Jimmy Hoffa, einen US-amerikanischen Gewerkschaftsführer mit Verbindungen zur Mafia, der im Jahre 1975 unter mysteriösesten Umständen verschwand, ohne jemals gefunden zu werden.

Solo lernte nicht nur, die Toten zu finden, und ich lernte mehr als bloß Solo zu führen – ich lernte ein ganz neues Vokabular, während ich den erfahreneren Trainern beim Diskutieren zuhörte: Sollte man eine bestimmte Verhaltensweise als Anzeige bezeichnen oder bloß davon sprechen, dass der Hund den Zielgeruch aufgenommen habe? Solange die eigenen Trainingsnotizen Sinn ergeben, war alles Weitere im Grunde genommen egal.

Andy telefonierte mit Jim Suffolk, und die beiden schwelgten in Erinnerungen. „Wir haben sie immer Leichenhunde genannt“, beschwerte sich Andy. „Jetzt sagen sie LSH dazu, kurz für Leichenspürhunde.“ Den neuesten vom FBI abgesegneten Begriff ließ Andy übrigens unerwähnt: „Opferspürhund“ war derzeit en vogue.

Sprache scheint sich immer weiter in eine Richtung zu entwickeln, in der Spezifität verloren geht. Die Leichen und der Tod selbst beginnen, unter dem Gewicht der Begriffe zu verschwinden. Ein Kollateralschaden.

Roy Ferguson aus Sevierville in Tennessee beginnt jede Suche mit einem kleinen Ritual. Seit seinem ersten Leichenspürhund Cherokee macht er das so. Er setzt seinen aktuellen Hund, Apache, an seiner Seite ab und gibt dem schmächtigen Deutschen Schäfer einen kleinen Schluck Wasser zu trinken. So bekommt er den Kopf und die Nase frei. Für Einzweckhunde sind solche Rituale wichtiger als jedes Kommando. Wenn Roy „Zuk Morte!“ sagt, weiß Apache längst, was er zu tun hat.

Solo lernte schnell. Mittlerweile kannte er die Stiefel und Hosen, ja sogar die Socken, die ich zum Training trug. Er wollte loslegen, sobald ich sie aus dem Trockner holte, anzog und die Treppe nach unten stolperte. Während David Kaffee kochte und ich die Zeitung vom Tor holte, stürmte Solo vom Schlafzimmer zur Eingangstür, vom Garten zum Auto und wieder zurück zum Haus. Das graue Licht wurde perlmuttfarben; bald würde die Sonne aufgehen. Hör auf, zu trauern. Hör auf, zu trödeln. Draußen ist es besser als drinnen. Lass uns gehen!

„Es zeigt an", fuhr der Oberkellner des Hotels fort, „dass Sie Ihr Limit überschritten haben." Er lehnte sich vor und zischte drohend: „Kennen Sie Ihr Limit?"

- Ruth Reichl, Comfort Me with Apples: More Adventures at the Table, 2001 -

8
Schutzdienst zum Trost

Eine der schönsten Familientraditionen für David und mich war es, Abendessen für gute Freunde zu kochen. Papas Todestag hatte sich gejährt, ich war fünfzig geworden, und der Alltag hatte uns eingeholt. Die Normalität war wieder eingekehrt, doch fühlte sie sich weniger tröstend und beruhigend an als früher. Zeit, das Brot in den Ofen zu schieben. Zeit, die Aufstriche herzurichten. Ich hätte dankbar sein sollen, doch war ich es nicht. Gutes Essen und Freunde waren unverzichtbar, aber nicht genug.

Äpfel und guter Wein hatten ihre beruhigende und tröstende Wirkung verloren. Ich hatte die Routine satt, zuhause und an der Universität. Ich hatte es satt, endlose Hingabe zum akademischen Leben zu heucheln, seiner zahlreichen Privilegien und meiner Begeisterung beim Unterrichten zum Trotz und obwohl ich mir nach wie vor Sorgen machte, was meine Kollegen über meine unkonventionelle Hundetrainings-Leidenschaft dachten. Mit Papas Tod war auch mein Bedürfnis, vorzugeben, dass die Welt der Theorie mein natürliches Zuhause sei, verschwunden.

Ich zählte ein halbes Jahrhundert. Wenn David und ich Glück hatten und er nicht die Geduld mit mir verlor, würden wir noch ein paar gemeinsame Jahrzehnte erleben.

„Ich will einfach nur glücklicher sein", erklärte ich David. Schon während ich ihn aussprach, klang der Gedanke egozentrisch und unreif. Warum jammerte ich ständig? Einige Jahre zuvor hatte mich eine Universitätskollegin und Freundin gefragt: „Warum kannst du nicht einfach glücklich sein?" Ich versuchte, ihr ehrlich zu antworten. Glück gehörte nicht zu den Dingen, nach denen ich strebte. Ich hatte einen guten Mann, einen guten Job und einen Hund, der sich bemühte, ein guter Hund zu sein – und ich war nicht zufrieden. Ich wollte mehr. Ich wollte Herausforderungen; ich wollte vollständig von dem, was ich tat, eingenommen sein. Ich wollte an meine Grenzen gehen und die Zeit vergessen. David war ein meisterhafter Koch und Bäcker und hatte von einem der besten *artisan boulangers*, einem bekannten Bäckermeister, gelernt. Er verbrachte Zeit mit Meisterköchen, dachte über Essen nach und schrieb über kulinarische Köstlichkeiten. Auch ich wollte einer Leidenschaft folgen und vollständig darin aufgehen können: Ich wollte den Umgang mit Spürhunden meistern.

Mit Solos Spürhundetraining, dem Lesen wissenschaftlicher Geruchs- und Spürhundestudien und der Zeit, die ich mit Gebrauchshundeführern verbrachte, war ich diesem lange gehegten Wunsch endlich näher gekommen. In den ersten Jahren unserer Beziehung waren David und ich ganz ineinander aufgegangen und hatten die Welt um uns vergessen. Mittlerweile erlaubte mir unsere Ehe den Spielraum, mich mehr mit dem Training zu beschäftigen. Die

Wälder und Wiesen North Carolinas und ihre Hunde und Menschen zogen mich immer wieder an. Wenn ich ehrlich war, musste ich zugeben, dass Nasenarbeit und Spürhundeforschung mich zusehends mehr fesselten und faszinierten als meine akademischen Forschungsprojekte und Publikationen. In meiner Freizeit wollte ich etwas Praktisches machen – etwas, das die Pfadfinderin in mir beflügelte, mein Herz und meine Hände erfüllte. Mein Kopf und meine Gesundheit erhielten Aufmerksamkeit genug.

Nachdem unsere Freunde am Abend meines Geburtstags nach Hause gefahren waren, redeten David und ich lange. Die Hunde schliefen bereits, erschöpft davon, die Besucher zu unterhalten. Ich wusste: Wollte ich im kommenden Jahr den nächsten Schritt in Solos Training in Angriff nehmen, würde unsere gewohnte Routine leiden. Meine Midlifecrisis würde sich nicht lindern lassen, indem ich ein Sportauto kaufte. David liebte Routine – doch er kannte mich gut genug, um zu wissen, dass ich etwas anderes brauchte, und war bereit, mich auf meinem ungewissen Weg zu unterstützen.

Wollte ich Solo je in einer echten Suche einsetzen, war es Zeit, den Sprung zu wagen und die Leichenspürhundeprüfung abzulegen. Für mich bedeutete die Prüfung, dass ich mich in meine Schulzeit zurückversetzt fühlte – in die Zeit, in der ich Tests schrieb, statt sie vorzugeben. Nancy Hook ließ keinen Zweifel daran, dass das Zertifikat allein nicht genug war. Ich musste erfahrene Trainer finden, mit denen ich arbeiten konnte – nicht bloß sie und das Bloodhound-Team in Piedmont. Wollte ich mit Solo irgendwann zum Einsatz gerufen werden, musste ich mein Engagement verdoppeln und eine Möglichkeit finden, mit der Exekutive zu arbeiten. Mein erstes ehrgeiziges Ziel – Solo zu zertifizieren –, war ungewiss; mein zweites – Zugang zur Welt der Polizei zu bekommen – erforderte nicht nur, dass Solo gut in dem war, was er tat, sondern auch, dass ich einen guten Eindruck machte und zur rechten Zeit am rechten Ort war, um die richtigen Menschen kennenzulernen.

Polizei und Gericht waren mir nicht fremd. Als Journalistin hatte ich jahrelang über Gesetz und Verbrechen berichtet. Im Laufe der Zeit hatten mich einige Kommissare gefragt, ob ich jemals überlegt hatte, zur Exekutive zu gehen. Ich hatte darüber nachgedacht, Jura zu studieren, doch kann ich nicht sagen, auf welcher Seite ich gelandet wäre: Anklage oder Verteidigung. Ambivalenz bestimmte mein Verhältnis zu zahlreichen Institutionen; nicht zuletzt auch zu der, die mir jeden Monat einen Scheck ausstellte. Auf ein ambivalentes Tätigkeitsfeld mehr oder weniger kam es kaum an. Übrigens verhält sich die Sache auf beiden Seiten ähnlich: Die Exekutive ist bekanntlich skeptisch gegenüber freiwilligen Hundeführern – und sie hat guten Grund dazu. Wir können eine eifrige Partie mit mehr Begeisterung als Vernunft sein, übermäßig sentimental im Umgang mit unseren Hunden und naiv gegenüber gesetzlichen Komplexitäten.

Lisa Mayhew, die für den Leichenbeschauer den Tod von Kindern in ganz North Carolina untersucht, wollte ebenfalls, dass ich den nächsten Schritt wagte. Sie hatte früher selbst Leichenspürhunde geführt und kannte einen guten Polizeihundetrainer in meiner Nähe. Ich brauchte eine Stunde, um das Mail an Sergeant Mike Baker, den Hauptmann der Polizeidirektion von Durham, zu verfassen. Nicht ganz ein Monat war seit meiner Geburtstags-Offenbarung vergangen, als ich fragte, ob ich ihn treffen könne.

„Sergeant Baker", begann ich meine Mail. An die Hierarchie des akademischen Lebens gewöhnt, fiel es mir leicht, den Titel zu verwenden. Paramilitärische Organisationen stehen dem Hochschulwesen in nichts nach. Anglistikinstitute haben zwar den Ruf einer Hochburg linker Anarchisten, doch haben wir ebenso viele Dienstgrade, noch mehr Formulare zu schreiben und Berichte auszufüllen und eine strengere Definition davon, wessen Wort Bedeutung hat, von außerordentlichen Lektoren bis hin zum Vizerektor. Mein Stil war förmlich und respektvoll. Ich vermied Humor und die Erwähnung meines akademischen Lebens. Klar, ich war Professorin an einer großen staatlichen Universität, doch in der Welt, zu der ich Zugang wollte, interessierte das keinen. Im Gegenteil; es war besser, wenn ich vermied, es zu erwähnen.

„Solo und ich", schrieb ich, „haben mehr oder weniger regelmäßig trainiert, seit er acht Monate ist." „Mehr oder weniger regelmäßig" war mehr oder weniger korrekt. Nur, als mein Vater starb, hatte ich für drei Monate mit dem Training ausgesetzt. Es fühlte sich so viel länger an.

Ich wartete. Fünf Tage.

Mike Baker schrieb mir zurück und entschuldigte sich für die späte Antwort. Er war einige Tage unterwegs gewesen. „Hi Cat. Mein Schwerpunkt sind Polizeihunde, aber viele unserer Theorien/Prinzipien gelten auch für deinen Bereich. Und wir können Solo auf jeden Fall neue Trainingsgelände und neue Hindernisse zeigen." Er verabschiedete sich: „Viele Grüße Mike."

So viel zum Thema Hierarchie. Solo war nicht der Einzige, der neue Hindernisse bewältigen sollte. Bald sollte ich lernen, mich damit vorzustellen, wer ich nicht war: „Cat Warren. Ich bin nicht von der Polizei."

Mich darüber zu definieren, wer ich nicht war, fühlte sich wie eine gewaltige Beförderung an.

Die Stadt Durham in North Carolina hat zahlreiche Vorzüge, aber auch hohe Mordraten und Fälle von fahrlässiger Tötung – eine Tatsache, die in Tourismusbroschüren wohlweislich verschwiegen wird. „Durham: wo Großartiges passiert", lautet das Motto unserer Stadt. Und es stimmt. David und ich lieben Durham. Das Leben in der Innenstadt ist sicher – besonders, wenn man sich sein Zuhause wie wir mit einem großen Deutschen Schäferhund und einem lauten Irischen Setter teilt. Zugleich passiert genug Schlimmes, meist ganz in der Nähe meines Viertels, um hin und wieder einen Leichenspürhund zu erfordern.

Mike Baker hielt sein Versprechen, Solo neue Dinge zu zeigen. „Wir treffen uns um zwanzig Uhr bei der alten Liberty-Tabakfabrik", sagte er. Um fünfzehn Uhr kletterte das Thermometer auf fünfunddreißig Grad. Na und? Ideales Trainingswetter für North Carolina. Ich hingegen habe Asthma, das sich an brütend heißen Smogalarm-Tagen bemerkbar macht. Außerdem bin ich gern um zehn im Bett. Trotzdem fand ich mich in den dunklen Straßen Durhams wieder, auf der Suche nach dem abgeblätterten Schild, das die Einfahrt zur Tabakfabrik markierte. Ich lief an den schwarz-weißen Polizeiautos vorbei, deren Motoren dröhnten und Klimaanlagen voll aufgedreht waren, um die Temperaturen für die darin sitzenden Vierbeiner erträglich zu halten. Ein scharfes, lautes Bellen und das Kratzen von Krallen an der Hintertür ließ mich einen Satz zurück machen. Ich fand mein Gleichgewicht wieder und ging weiter.

Ich hatte mich fertig gemacht und dann nochmals umgezogen, hatte mein weißes T-Shirt über meine Cargohosen fallen lassen und dann doch eingestreckt, nur um meine Meinung abermals zu ändern. Mein kurzes Haar war mit etwas Gel zerzaust. Mehr als jemals zuvor wollte ich lässig wirken: stark, aber nicht maskulin. Als hätte ich mich ein wenig hergerichtet, aber realistisch verschwitzt. Die Sache mit dem Schweiß regelte sich ganz von selbst. Das Haargel verflüssigte sich und brannte in meinen Augen. Ich betrat die alte Fabrik; eines der letzten noch nicht abgerissenen Auktionshäuser für jenen Tabak, der das ökonomische Rückgrat Durhams gewesen war. Es handelte sich um ein teilweise verfallenes, mit Aluminiumplanken verkleidetes Gebäude. Die Dachfenster, die Besuchern einst erlaubt hatten, die Farbe der Tabakblätter im Tageslicht zu sehen, waren mit Platten vernagelt worden. Die Rampen, über die Tabakfarmer ihre Lieferungen auf- und abgeschoben hatten, lagen verlassen da, und riesige metallene Balken und Steher ragten in die Dunkelheit.

Vor mir tauchte eine Gruppe Männer in marineblauen T-Shirts und Cargohosen auf. Sie hatten die Arme vor der Brust verschränkt und beobachteten einen Hund, der an einen kurzhaarigen, spitznasigen Deutschen Schäfer mit Rattenschwanz erinnerte. Ich hatte die Rasse schon einige Male gesehen: ein Belgischer Malinois. Ich sah mir T-Shirts und Körperbau der Polizisten genauer an. Gott sei Dank, darunter waren zwei Frauen. Der beige Hund umkreiste mit steifer Rute einen Pritschenwagen, der im Eingangsbereich der Lagerhalle parkte. Er schnüffelte an den Felgen, steckte den Kopf unters Auto und folgte dann einer Spur bis zum hinteren Nummernschild. Wie eine Katze sprang er auf die Ladefläche, wirbelte herum und verankerte die Nase an einer Stelle in der Ecke, wie von einem unsichtbaren Magneten gehalten, während sich der Rest seines Körpers in der Luft weiterdrehte. Ich hörte ein leises, sanftes Lachen, und jemand flüsterte: „Guter Hund! Guter Hund!“ Ein Tennisball flog durch die Luft und prallte direkt vor der Hundenase vom Metallboden ab. Das Spiel ging los! Die Krallen des Hundes kratzten über den Beton, als er den Ball durch Tabakbrösel und Staub über den Boden der Halle jagte.

Mike hatte die Hände über der Brust verschränkt und beobachtete den Hund. Er war mittelgroß, hatte mittelbraunes kurzes Haar und ein Allerweltsgesicht mit irisch-englischen Zügen – jemand, den man in einer Gruppe lauter Hunde und Macho-Polizisten leicht übersieht. Und dennoch: „Mike ist“, wie ein Hundeführer, der von einer anderen Polizeieinheit zum Training kommt, sagt, „ein Magier.“

Die Polizeihundestaffel von Durham ist zwischen zehn und zwölf Teams stark. Sie hat mehr Aufgaben, als für städtische Sicherheitsvorführungen aufzumarschieren und dabei gut auszusehen. Diese Hunde und ihre Führer arbeiten. Langsam gewöhnte ich mich an das allgegenwärtige Hintergrundgeräusch krachender Funkgeräte und konnte ignorieren, wenn ein Streifenwagen zum Einsatz gerufen wurde: Es ging um das Verfolgen der Spuren nach einem Einbruch oder Überfall, die Suche nach einer fallen gelassenen Waffe oder darum, ein auf einem Autobahnrastplatz aufgehaltenes Auto nach Drogen zu untersuchen. Wenn ein Funkspruch von einem Kind handelte, das nicht wie erwartet nach Hause gekommen war, hörten alle besonders aufmerksam hin.

Die Anzahl der Menschen, die verschwinden und für tot gehalten werden, ist zu klein, als dass es sich für das Polizeikommissariat auszahlen würde, seine eigenen Hunde für die Leichenspürarbeit auszubilden. Zeit und Geld sind Ressourcen, die geschickt eingesetzt werden müssen, und die Durhamer Diensthunde haben mit anderen Einsätzen bereits alle Pfoten voll zu tun. So läuft es nicht nur hier, sondern fast überall. Die meisten Kommissariate haben weder das Geld noch die dringende Notwendigkeit, einen Leichenspürhund auszubilden. Hatte ich als Privatperson allerdings einen guten

Spürhund für diese Zwecke, so könnte ich eine Lücke füllen. Andy Rebmann hatte mit Leichenhunden gearbeitet, als der Einsatz von Hunden in der Exekutive noch in den Kinderschuhen steckte. Gemeinsam mit der Polizei von Connecticut stellte er das erste Leichenspürhundeprogramm auf die Beine – ein Programm, das es bis heute gibt. Derzeit zählt es sechs Teams. Diensthundeausbildner in Rhode Island, Massachusetts, New Hampshire, Vermont und Maine traten in Andys Fußstapfen. Noch heute haben die dortigen Kommissariate ihre eigenen Leichenspürhunde. Auch New York und Chicago sowie Brevard County in Florida bilden mittlerweile selbst Hunde aus.

Das Gros der Leichenspürarbeit wird allerdings von freiwilligen Helfern erledigt. Aus Sicht der meisten ernsthaften Trainer und Polizeihundeführer ist das nicht ideal. Das ist kein Snobismus, sondern hat seinen Grund. Wenn man seinen Lebensunterhalt mit etwas verdient, hat man mehr Zeit, es zu perfektionieren und zu trainieren. Das leuchtete mir ein, und doch stand ich an einem schwülen Sommerabend hier, um mich als einer jener suspekten Freizeit-Leichenspürhundeführer zu versuchen. Ich stand kurz davor, jede Menge zum Thema Hundetraining zu lernen. Bisher war ich kaum mit männlichen Trainern in Berührung gekommen. Die Welt der Sportunterordnungs-Turniere und des Alltagstrainings war frauendominiert, und auch in der Rettungshundearbeit gab es hauptsächlich Hundeführerinnen. Die Hundewelt der Exekutive hingegen war eine Männerdomäne. In dieser Welt geht es meist rauer zu als unter Hundesportlern, wo Clicker und Kekse mittlerweile allgegenwärtig sind. In der Polizeihundewelt gehören Kettenwürger zum Alltag, während Leberkekse eine Seltenheit sind. Aber wehe, ein Hundeführer stellt das Halsband bei der Arbeit nicht auf den toten Ring oder vergisst, es seinem Hund abzunehmen! Wehe, er lässt seine Wut an einem Hund aus!

Im Grunde brauchen alle Gebrauchshunde dasselbe, ganz gleich, ob der Mensch am anderen Ende der Leine ein Mann oder eine Frau ist. Sie wollen hohe, fröhliche Stimmen hören, wenn sie gelobt werden; sie müssen im richtigen Moment belohnt werden und die Freude und gute Laune ihres Menschen spüren.

„Er muss Spaß daran haben!“, riet Mike einem Hundeführer mit allzu ernster, tiefer Stimme. „Dreh ihn auf! Braver Junge, braver Junge, braver Junge!“, sang Mike in hoher, enthusiastischer Tonlage.

Um halb zehn kamen Solo und ich an die Reihe. Im Freien war die Temperatur auf etwa dreißig Grad gesunken; in der Halle waren es sicher zehn Grad mehr. Mike drehte sich zu mir um und sprach die ruhigen, leisen Worte, die mir bald vertraut sein sollten: „Hol deinen Hund.“

Solos Fledermausohren-Silhouette war hinter den beschlagenen Autoscheiben kaum auszumachen. Ich hatte Motor und Klimaanlage laufen lassen, um ihn kühl zu halten. Ich dachte daran, ihn zum Pinkeln auf- und abzuführen, bevor wir die Fabrikhalle betraten, doch gab ihm der kurze Auslauf bloß Gelegenheit, die Bedrohung wahrzunehmen, der er gegenüberstand: Die Büsche entlang der Hauswand rochen nach Diensthundurin. Solo betrat die Halle auf steifen Beinen und mit gesträubten Nackenhaaren. Die Luft war schwer vom Geruch aufgeregter Malinois und Holländischer Schäferhunde.

Wir waren abgrundtief schlecht. Ich hatte kein Suchmuster und zitterte ein wenig. Als Solo endlich aufhörte, sich umzudrehen, um zu sehen, ob ihm einer der Diensthunde folgte, machte er sich an die Arbeit. Er lief die langen Reihen aufgestapelter Pfosten im hinteren Teil der Halle entlang. Er fand die Geruchsträger, die Mike versteckt hatte, problemlos. Ich sah es an seinem Verhalten. Mike sah es ebenfalls. Solo steuerte jedes der Verstecke an, schnüffelte und lief dann weiter. Er zeigte nicht an. Eine erbärmliche Leistung! Ich weiß nicht mehr, ob ich Ausreden fand. Wahrscheinlich. Mike gab sich verständnisvoll und lobte Solos „Arbeitsmoral", bevor er mir erklärte, dass er ein Anzeigeverhalten wollte, wie es in der Rauschgiftsuche verwendet wurde: Die Nase musste direkt auf den Geruchsträger zielen und unbeirrbar still halten, selbst wenn der Hund die Augen in Erwartung des Spielzeugs nach hinten verdrehte. Solo, meinte er, widme mir während der Suche ein wenig zu viel Aufmerksamkeit. Das passte gar nicht zu Solo; der Geruch meiner eigenen Angst war wohl stark genug, um ihn von seiner Hunde-Obsession abzulenken.

Es fühlte sich großartig an, Solo wieder ins Auto zu setzen und dann zurückzukommen, um zu beobachten, wie Hunde versteckte Beamte fanden, die einen Verdächtigen mimten, der auf den massiven Dachsparren der Fabrik hockte. Das tiefe, warnende Gebell der Hunde und die Standard-Warnsätze der Hundeführer hallten in der weitläufigen Halle wider: „Verdächtiger im Gebäude. Hier ist die Polizei von Durham. Kommen Sie mit erhobenen Händen heraus. Das ist Ihre letzte Warnung. Kommen Sie mit erhobenen Händen heraus oder ich schicke den Hund!"

Das offizielle Wort dafür, einen Hund hinter einem Verdächtigen herzuschicken, ist „Revieren". Der umgangssprachliche Begriff ist „Schutzarbeit". Die Hunde wurden von der Leine gelassen, folgten der Spur des Verdächtigen, spürten diesen auf und bellten heiser. Manchmal warf der Verdächtige dem Hund zur Belohnung ein Spielzeug zu, etwa einen Kong oder Tennisball, und damit endete die Übung. Manchmal kletterte der Verdächtige mit einem Jute-Schutzarm vom Sparren und bedrohte den Hund. Dieser segelte mit weit aufgerissenem Maul auf ihn zu, alle vier Beine in der Luft, und verbiss sich im harten Hetzarm. Der Hundeführer lobte und ermutigte seinen Hund, gut festzuhalten, während sich der Verdächtige wehrte. Schweiß vermischte sich mit Staub und Hundespeichel.

„Lob ihn!“, rief Mike einem jungen Polizisten zu, der stolz über die Schnauze seines beißenden Hundes strich, ihn beruhigte und dazu brachte, fest und sicher anzupacken, bis er zum Loslassen aufgefordert wurde oder der Helfer den Ärmel abstreifte wie eine Schlange ihre Haut. Damit ließ er dem Hund die beste Belohnung für seine Arbeit zukommen: ein riesiges Kauspielzeug.

Ich war fasziniert, nicht schockiert, so viele Zähne zu sehen. Alle drei Parteien – der Hund, der Hundeführer und der Helfer – brauchten Mut, gute Nerven und perfektes Timing. Ich hielt mich im Hintergrund und fühlte mich high vom Adrenalin in meinem Blut und dem Nikotin im alten Tabakstaub, der mit jedem Atemzug meine Lungen füllte.

„Ich hab erwartet, dass du nervös sein und Solo damit ein wenig aus der Fassung bringen würdest“, schrieb Nancy in ihrer Antwort-Mail auf meinen Bericht. „Es klingt aber, als hättet ihr euch trotzdem verdammt gut angestellt. Gut genug, um Mike wissen zu lassen, dass Solo verlässlich arbeitet. Ich weiß, dass du jede Menge von diesen Leuten lernen kannst.“

Mike formulierte sein Feedback wohlüberlegt. „Zerlege das Verhalten“, schrieb er in einer Mail. „Konzentriere dich jeweils auf ein einzelnes Element. Versuche nicht, alles zugleich zu kontrollieren. Gib Solo die Chance, von sich aus das Spiel zu beginnen.“

Natürlich versuchte ich, alles zu kontrollieren. In meinem letzten Leben war ich ein Border Collie gewesen. Jetzt hatte ich zwei Menschen in meinem Leben, die mir dasselbe rieten: Lass los. Immer wieder las ich Mikes und Nancys E-Mails. Statt einem Mentor – Nancy – hatte ich jetzt zwei. Ich bekam vollkommen andere Hunde zu sehen. Ich hatte eine Menge erfahrener und weniger erfahrener Diensthundeführer zu beobachten.

Trotz meiner noch immer bestehenden Nervosität, meiner Ambivalenz gegenüber den Gesetzeshütern und meinem Außenseiterstatus fühlte es sich großartig an, wieder zum Training zu fahren. Einen Teil der Zeit konnte ich mich im Hintergrund halten, beobachten und von den anderen lernen. Ich war wieder eine Schülerin; eine Anfängerin in der Welt der Gebrauchshunde. Ich fühlte mich wohl in meiner Rolle – abgesehen von den Minuten, in denen Solo und ich vor Mike oder den anderen Hundeführern arbeiten mussten. Mit über der Brust verschränkten Armen lehnten sie an der Wand und beobachteten uns.

Ich war hier im Nachteil, doch erkannte ich, dass Solo in der Diensthundewelt im Vergleich zu unserem Hundesportverein einen gewaltigen Vorteil hatte: Polizeihundeführer erwarten nicht, dass ihre Hunde miteinander auskommen. Mit den meisten der Vierbeiner ist nicht zu spaßen, und jeder Hund wird an der Leine herein- und hinausgeführt und arbeitet alleine. Zwei weitere Sätze, die sich bald vertraut anfühlen sollten, hallten durch die Fabrik: „Hund kommt!“ und „Hund geht!“

Ich schätzte diese Warnrufe. Die Selbstverständlichkeit, mit der die Hunde voneinander ferngehalten wurden, machte mir das Leben leichter. Ich würde nicht ständig nach einem Deutsch Kurzhaar Ausschau halten müssen, der im Freilauf auf uns zugestürmt kam, wenn ich mit Solo arbeitete. Es dauerte nicht lange und Solo kam zu derselben Erkenntnis: War er von Beamten und Polizeiautos umgeben, ignorierte er das heisere Bellen, das Knurren und die nach Diensthunden riechende Luft. Ich musste seine Persönlichkeit weder entschuldigen noch erklären. Für die Hundeführer war Solo kein Soziopath; er galt noch nicht einmal als Arschloch.

Und das Wichtigste: Mikes Trainingsphilosophie schien wie gemacht für Solos König-der-Welt-Attitüde. „Vergiss nicht“, schrieb Mike in einem Mail, „wir sind nichts weiter als der Anker am Ende der Leine.“

> *Ich habe Hunderte Verdächtige interviewt, die mit Diensthunden konfrontiert wurden. Sie alle sagen dasselbe: „Hey, gegen die Polizei wehre ich mich – aber ich war nicht bereit, mich mit dem Hund anzulegen.“*
>
> *- Terry Fleck, Hundesachverständiger, 2012 -*

Ich war eingeladen worden, in Fort Lauderdale in Florida bei den letzten drei Trainingsnächten dreier Anfänger-Teams zuzusehen. Danach würden sie ihre zwölfwöchige Ausbildung abgeschlossen haben und auf die Straßen geschickt werden, ganz gleich, ob sie bereit waren oder nicht. Steve Sprouse, der Trainer der Boward County Diensthundedivision, bevorzugte es, wenn seine Teams bereit waren.

Am Ende jeder Übung sagte Steve dasselbe, wenn auch in anderen Worten. Ein Hauch von Melancholie schwang in seiner Stimme mit: „Vergesst nicht: Der Einsatz sieht anders aus." Zwischen Training und tatsächlicher Arbeit liegen Welten. Er sprach zu dem intensiven, eifrigen Hundeführer, am Ende dessen Leine ein Hund hing, der an einen haarigen Bulldozer erinnerte, zu dem bärtigen Burschen, dessen Hund mehr Rückgrat entwickeln musste, und zu jenem angehenden Diensthundeführer, der mit einem ausgeglichenen Hund und einem ausgeglichenen Trainingsansatz die goldene Mitte gefunden zu haben schien.

Steve, Mitte fünfzig, hat schütteres strohblondes Haar und einen traurig anmutenden Oberlippenbart. Er wirkt zugleich entspannt und misstrauisch, leidenschaftlich und vorsichtig. Seit vielen Jahren trainiert er Hunde und ihre Menschen. Er wusste, dass die trockenen Warnungen, die er den drei Teams in jener milden Spätnovembernacht mit auf den Weg gab, zwar nicht auf taube, aber durchaus auf naive Ohren trafen.

Steve und die drei Anfänger-Teams bereiteten eine Vorführung vor, die sich für sie anfühlte wie eine Kasperltheater-Aufführung: In zwei Tagen würden sie ihre neu erworbenen Fähigkeiten vor einer Gruppe höherrangiger Offiziere zeigen müssen. Steve und die Hundeführer besprachen die Rollenverteilung. Jeder Hund hatte seine Stärken.

Einer der drei Deutschen Schäfer brillierte in der Unterordnung. Hilfssheriff Pete Sepots neuer Hund Diesel leistete Hervorragendes im Verbellen am Versteck. Pete richtete den großen Hund auf sechs hohe hölzerne Kabinen aus, die auf dem Trainingsgelände verteilt standen. Wie schwarzes Quecksilber glitt Diesel lautlos von einem Versteck zum nächsten, bis er den verborgenen Helfer roch. Diesel baute sich vor der Kabine auf und verfiel in furchteinflößendes Warngebell. Bei jedem Laut mit weit aufgerissenem Maul und hochgestrecktem Kopf hoben sich die Vorderpfoten mehrere Zentimeter in die Luft. „Er ist hier! Er ist hier! Er ist hier!" Diesel hatte gerade erst die Pubertät hinter sich gebracht, doch schon jetzt war er ein einziger Muskel vom Kopf bis zur Schwanzspitze. Sein Bellen klang wie das eines viel älteren Hundes. Es war eine wichtige Warnung: Das Vorspiel zu härteren Maßnahmen. Die Sorte Gebell, die viele Verdächtige dazu bringen würde, mit erhobenen Händen hervorzukommen. Das ist auch der Grund, aus dem Diensthunde lernen, Krach zu schlagen, wenn sie einen Verdächtigen finden. Das Verbellen kann verhindern, dass der Hund weiter gehen muss: Sein Biss schmerzt mehr als seine Stimme.

Lughar, der dritte Deutsche Schäfer, und sein Hundeführer Dave Lopez sollten zeigen, wie sauberes Revieren aussah und – ebenso wichtig – dass

Dave den Hund zurückrufen konnte, bevor dieser zubiss. Das ist eine Standardübung im Training: Wenn der Verdächtige aufgibt oder der Hundeführer merkt, dass der Hund auf den falschen Menschen zusteuert, muss er gestoppt werden können. Ist es zu spät und der Hund hat bereits angegriffen, möchte der Hundeführer dem Hund zumindest mit einem scharfen „Aus!" befehlen können, ohne zu zögern abzulassen. Für triebstarke Hunde ist es eine gewaltige Herausforderung, diesen Signalen zu folgen, wenn sie geradewegs auf einen Verdächtigen zustürmen: In dieser Situation steht das Gehorchen im Gegensatz zu seinen Instinkten.

Lughar konnte all das wie ein Kinderspiel aussehen lassen. Ohne zu zögern wirbelte er herum und kam zurück zu Dave, und wenn er erneut losgeschickt wurde, flog er zurück zum Helfer, zeigte einen vollen, harten Biss und ließ auf Daves Kommando hin sofort wieder los. Selbst in höchster Trieblage konnte er noch auf seinen Partner hören. Wie Lughar hatte auch Dave alles, was er brauchte – bis auf Erfahrung. Er war ein besonnener, ernster Hundeführer.

Heute Nacht gab es jedoch ein Problem: Daves Kinder hatten die Grippe. Die ganze Nacht lang hatten sie mit hohem Fieber wach gelegen. Die Familie hatte sich gegenseitig angesteckt; alle waren krank – bis auf den Hund. Doch gute Arbeit erfordert immer zwei: Hund und Mensch. Daves Erschöpfung und seine blank liegenden Nerven übertrugen sich über die Leine an Lughar. „Was ist mit meinem perfekten Lughar los?", murmelte Sprouse enttäuscht, als sein Vorzeigeschüler über die Wiese setzte, die im diffusen Licht der Natriumdampflampen friedlich dalag. Lughar tauchte in die Schatten der Bäume ein, wo Pete wartete und den Verdächtigen mimte. Es wäre perfekt gewesen, hätte Dave nicht laut und erfolglos hinter ihm hergebrüllt, um ihn zum Umkehren zu bewegen. Er sollte Pete ignorieren und an Daves Seite zurückkehren. Stattdessen ignorierte er Dave. Petes Schutzanzug war zu verlockend. Er sprang ab und verbiss sich in Petes erhobenen Arm. Steve stellte sich vor, wie Lughar mit weit aufgerissenem Maul auf der Abschlussvorführung in den Angriff überging, während Dave verzweifelt hinter ihm herschrie und zahlreiche hohe Offiziere den Kopf schüttelten.

Um kaum ein Element der Exekutive ranken sich mehr Missverständnisse und Schauergeschichten als um den Diensthundebiss. Die Diensthundeeinheiten der Polizei grenzen sich von den Zeiten der Bürgerrechtsbewegung ab, als Sicherheitsbeauftragter Eugene „Bull" Conner in Birmingham Feuerwehrschläuche und knurrende Schäferhunde auf friedliche Protestanten hetzte, und mittlerweile ist das öffentliche Image des Diensthundes in der Mittelklasse weich und kuschelig. Die Medien stellen den Polizeihund als vierbeinigen Freund und Helfer dar, erklärt Charlie Mesloh von der Golf-Coast-Universität in Florida. Charlie war früher Diensthundeführer und ist mittlerweile Professor für Kriminologie, der sich aus wissenschaftlicher Perspektive mit dem Einsatz von Waffen – darunter auch der Einsatz von Diensthunden – beschäftigt.

Viele Hundeliebhaber sehen Polizeihunde als vermenschlichte Helden, die Verbrecher zur Strecke bringen und ihre zweibeinigen Partner vor bewaffneten und gefährlichen Verdächtigen beschützen. Und doch denken wir nicht gern darüber nach, wie genau die Hunde das machen. Sie haben keine Daumen. Sie sind schnell und haben Zähne. Wie andere Waffen kann auch der Diensthund ernsthaften Schaden anrichten. Das Kommissariat haftet, wenn ein Hundeführer oder eine ganze Einheit übereifrig vorgeht. Das gilt für jeden Einsatz von Waffen. Diensthunde haben insofern eine Sonderstellung, als der Missbrauch eines Diensthundes eine tief sitzende Angst in uns wachruft. Dennoch werden fast alle aktiven Diensthunde in den USA zum „Finden und Beißen“ beziehungsweise „Beißen und Festhalten“ ausgebildet.

Die erste Aufgabe des Hundes ist es, einen Verdächtigen so weit einzuschüchtern, dass er aufgibt, ohne dass der Einsatz seiner Zähne oder einer anderen Waffe nötig wird. Terry Fleck, ein gerichtlicher Polizeihundeexperte, sieht den Diensthund als „Waffeneliminierungsinstrument“.

Gibt der Verdächtige nicht auf, ist es die Aufgabe des Hundes, ihn – oder, seltener, sie – zu finden und zu beißen. Im Gegensatz zu Pistolen und sogar Tasern töten US-amerikanische Polizeihunde ausgesprochen selten einen Verdächtigen – so selten, dass sich nur ein einziges Beispiel in der Fallrechtsammlung findet. Familienhunde und Streuner richten vergleichsweise mehr Schaden an: Im Jahr 2011 töteten sie einunddreißig Menschen. Taser haben in den letzten zehn Jahren etwa fünfhundert Tode verursacht. Wie Charlie Mesloh erklärt: Gewinnt eine bestimmte Waffe an Popularität, ist es nur eine Frage der Zeit, bis auch ihre Missbrauchszahlen steigen.

Der gelegentliche Missbrauch eines Diensthundes löst in der Regel einen Aufschrei der Medien aus. Dieser wiederum führt zu Gerichtsverfahren und neuen Richtlinien und Empfehlungen, deren Sinnhaftigkeit kaum getestet wurde. Verantwortungsbewusste Hundeführer müssen sich ebenfalls an diese neuen Regeln halten – die Missbrauchsfälle haben weitreichende Konsequenzen. 2001 beschloss das Justizministerium, dass ein Paradigmenwechsel angebracht sei, und empfahl, dass Polizeihundestaffeln von nun an auf das sogenannte „Stellen und Verbellen" hintrainierten, das sich vom bisherigen „Beißen und Festhalten" unterschied: Statt wie bisher sogleich zuzupacken und den Verdächtigen mit einem festen Griff festzuhalten, sollten die Diensthunde diesen nunmehr stellen und verbellen, allerdings nicht Pfote an ihn legen. Solange der Verdächtige nicht Gewalt gegen Hund oder Hundeführer anzuwenden im Begriff stand, sollte der Hund ihn bellend umkreisen oder bellend vor ihm stehen. Nur, wenn der Verdächtige sich wehren wollte, durfte der Hund zubeißen. Das Justizministerium empfahl diese neue Trainingsmethode als Reaktion auf zwei Missbrauchsfälle, in denen außer Kontrolle geratene Hundeführer im Jahr 2001 das Diensthundewesen in Verruf gebracht hatten. Als die Empfehlung veröffentlicht wurde, gab es noch keinerlei Studien, welche die Effektivität des „Stellens und Verbellens" gezeigt hätten. Abgesehen davon trainierten Tausende von Polizeihundestaffeln bereits auf „Beißen und Festhalten" hin.

Charlie Mesloh beschloss, sich das Ganze im Detail anzusehen. Das Justizministerium empfahl eine große Veränderung, deren Nutzen fraglich war, und drei Viertel von Floridas Diensthundestaffeln arbeiteten mit Beißen und Festhalten.

In der Theorie klingt das Konzept von Stellen und Verbellen großartig. Keine Zähne. Der Hund jagt dem Verdächtigen Angst ein und hindert ihn an der Flucht, bis sein Partner ihm Handschellen anlegt und den zähneknirschenden Verbrecher abführt. Die beste aller Welten! Das einzige Problem? Charlie Meslohs sorgfältig geplante Studie kam zu dem Schluss, dass „Stellen und Verbellen" „nichts weiter als eine gute Marketingstrategie" ist. Hunde, die gelernt hatten, den Verdächtigen zu stellen und zu verbellen, bissen diesen *öfter*, ohne den Befehl dazu abzuwarten, als Hunde, die bissen und festhielten. Zudem gab die neue Methode dem Verdächtigen mehr Zeit, eine Waffe gegen Hund oder Beamten einzusetzen. Es gibt keine nationalen Daten zu jenen Diensthunden, die von Verdächtigen verletzt oder getötet werden, doch die Zahlen sprechen für sich.

Es gibt viele gute Gründe dafür, Hunde zum „Revieren" einzusetzen. Ein gut ausgebildeter Hund lässt sich auf eine Art kontrollieren, die jeder anderen Waffe überlegen ist: Ein Polizist hat keine Möglichkeit, eine Kugel zurückzurufen, nachdem diese den Lauf verlassen hat. Hat er erst einmal den Auslöser am Taser betätigt, kann er seine Meinung nicht mehr ändern. Hunde sind anders – zumindest in der Theorie. Gute Diensthunde werden nicht mit einem Knopf zum Ein- und Ausschalten geboren. Einen Hund bis zu dem Punkt zu trainieren, an dem er wie eine gut geölte Maschine läuft, ist eine wunderschöne Sache. Aber in der Lage zu sein, einen triebstarken, enthusiastischen

Hund zurückzurufen, kurz bevor er zubeißt, erfordert meisterhaftes Training. Lughars selektive Taubheit war alles andere als ideal – doch war sie verständlich und konnte korrigiert werden.

Steve Sprouse und ich unterhielten uns auf der Fahrt zum nächsten Trainingsgelände. Der laute Motor des alten Dienstwagens brachte das Auto beständig zum Vibrieren. Wir sprachen nicht davon, warum die Exekutive Hunde auf diese Art und Weise einsetzt. Diese Entscheidung war vor vielen Jahrzehnten gefallen. Im Idealfall dienen Diensthunde dem Aufhalten gefährlicher Verdächtiger. Steve ist es wichtig, dass sie ihre Sache gut machen. Der Hund soll ohne zu zögern in einem einzigen, festen Griff gut zupacken, nicht loslassen und dem Verdächtigen keine Möglichkeit geben, eine Waffe gegenüber dem Hund, seinem Partner oder einem Passanten einzusetzen. Nicht mehr und nicht weniger, obwohl auch das davon abhängt, was an einem chaotischen Tatort konkret vor sich geht. Ein Hund mit gutem, festem Griff richtet weniger Schaden an als einer mit nervösem Bissverhalten, der den Arm des Verdächtigen abwechselnd loslässt und wieder zubeißt wie eine psychotische Schreibmaschine. Oder ein Hund, der nur zwickt oder gar nicht beißt – all das schafft mehr Probleme, als es löst. Ein Diensthund, der zögert, bevor er im Training den Helfer angreift, ist nicht bereit für den Einsatz.

1989 war Steve selbst noch ein Anfänger, ganz wie sein Hund – ein schöner, tapferer Schäfer namens Rick. Rick lief in der höchsten Prüfungsklasse im Schutzhundesport. Wie die höchsten Klassen der Unterordnung handelt es sich auch beim Schutzhund – mittlerweile unter dem Namen IPO bekannt – um kunstvolle und schwierige Übungen auf dem Turnierplatz. Unter anderem muss der Hund einen Helfer angreifen, stellen und verbellen, beißen, an der Flucht hindern, auf Befehl von ihm ablassen und ihn abtransportieren.

Eines Abends kurz nach zwanzig Uhr läutete Steves Telefon. In einem Einkaufszentrum war es zu einem bewaffneten Raubüberfall gekommen. Kurz darauf nahmen Steve und Rick die Verfolgung des Verdächtigen auf. Rick stürmte auf den Verdächtigen zu und biss, hielt aber nicht fest. Er war es nicht gewohnt, im echten Leben zu arbeiten. Er kannte die Bedingungen im Sportschutz, wo immer alles genau gleich ablief: das Turniergelände, der Helfer und der Biss folgten bestimmten Vorschriften. Die Situation, in der er sich jetzt wiederfand, sah ganz anders aus. Rick war es gewohnt, mit einem Mann zu arbeiten, der einen Schutzärmel trug. Der Verdächtige bewegte sich nicht wie ein Schutzhelfer; weder hielt er seinen Arm in einem bestimmten Winkel vom Körper weg noch war dieser in einen Juteärmel gehüllt. Rick war nicht dumm – hier gab es nichts zu beißen. High vom Adrenalin hatte der bewaffnete Verdächtige leichtes Spiel, Ricks unsicherem Griff zu entkommen. Rick meinte, für heute genug gebissen zu haben, und trottete zurück zu seinem Herrn. Steve musste den Verdächtigen selbst aufhalten, da Rick es nicht tat. Als Minuten später Verstärkung eintraf, sah der hinzugekommene Polizist, wie der Verdächtige sich im Laufen umdrehte und eine Waffe auf Steve richtete. Er reagierte blitzschnell und schoss sechs Mal, bevor der Verdächtige schließlich zu Boden ging. Im Chaos des Kampfes traf er auch Steve. Die 9-Millimeter-Kugel zertrümmerte seinen Oberarmknochen, durchtrennte den Speichennerv und verletzte den Trizeps. Steves Arm baumelte an einigen Gewebefäden am Körper nach unten.

Zu diesem Zeitpunkt beschloss Rick, dass es in Ordnung war, sich wieder selbst um die Situation zu kümmern.

„Ich konnte sehen, dass er den Typen am Bein festhielt", sagte Steve, in Gedanken versunken. „Das war gut. Es war ein Erfolg. Ein schmerzhafter Erfolg – aber ein Erfolg!"

Steve und der Verdächtige überlebten, aber als Steve mit wieder angenähtem Arm im Krankenhausbett lag, ging ihm der Vorfall nicht aus dem Kopf. Der zur Verstärkung geeilte Beamte hatte getan, was er musste. Hätte Rick seine Aufgabe ordentlich erledigt, wären Steve – und möglicherweise auch der Verdächtige – nicht angeschossen worden.

Es dauerte eineinhalb Jahre, bis Steve wieder in den Einsatz gehen konnte. Rick wurde nicht als Diensthund gefeuert – es war nicht seine Schuld gewesen. Während sein Arm noch in einer Schlinge hing, baute Steve seinen Hund neu auf. Er stellte Situationen nach, die dem echten Leben glichen, nicht dem Turnierplatz. Er schlich die Hilfsmittel aus dem Sportschutz aus, sodass Rick nicht glaubte, er dürfe nur beißen, wenn die Person einen Juteärmel trug. Nicht nur Hunde aus dem Sportschutz machen diesen Fehler; auch reine Diensthunde werden nur allzu leicht vom Beißärmel abhängig. Ein Polizeihundetrainer brachte es auf den Punkt, indem er erklärte, dass die Ärmel mit einem Warnschild versehen sein sollten: „Setzen Sie den Ärmel möglichst selten ein, um den bestmöglichen Erfolg zu erzielen."

Steves Gips war mit einem Knochenwachstums-Stimulator ausgestattet, der regelmäßig elektrische Impulse durch seinen rekonstruierten Arm schickte: eine Art Elektroschock-Halsband für Menschen, die Steve an seine wichtigste Aufgabe erinnerte – den Hund trainieren, trainieren und nochmal trainieren.

1990 gingen Hund und Herr wieder in den Einsatz. In Steves erstem Nachtdienst läutete das Telefon: Ein Verdächtiger griff einen Polizeibeamten an.

Steve schickte Rick los. Rick biss den Verdächtigen, hielt ihn fest und machte seine Sache gut. Er sollte sie noch viele weitere Jahre gut machen, bis Steve ihn schließlich pensionierte.

Dass Steve Sprouse heute ein Beißspezialist ist und zu den besten Aggressionstrainern im Südwesten, wenn nicht gar im ganzen Land zählt, hat er Ricks anfänglichem Scheitern zu verdanken. Wichtiger als all die nationalen Auszeichnungen, die er seither für die Polizeihundearbeit erhalten hat, ist, dass Steve seine Hunde in Hunderten Festnahmen eingesetzt hat, ohne jemals wieder angeschossen zu werden oder erneut einen Knochenwachstums-Stimulator tragen zu müssen.

Steve gibt sein hart verdientes Hundewissen an die nächste Generation von Diensthundeführern weiter. Er trainiert seine Kollegen am Kommissariat von Broward County sowie weitere Polizeihundestaffeln in der Umgebung. Außerdem gibt er nationale und internationale Seminare und Workshops zu Diensthundeszenarien, Fährtenarbeit, Schutzdienst und zur Bedeutung der Unterordnung.

Das automatische Schiebetor quietschte und surrte, als Steve Sprouse und ich unseren letzten nächtlichen Trainingsort erreichten. Wir befanden uns auf dem Gelände einer verlassenen Kläranlage in Oakland Park, Florida. Die gewaltigen, grob verputzten Gebäude ragten vor uns in den Nachthimmel. Dahinter lagen die großen Abwasserbecken. Eine Straßenlaterne warf ihr bläuliches Licht auf eine Würgefeige, die sich rund um ein Fettwasserbecken ausgebreitet und ihre verschlungenen Wurzeln in jede verfügbare Betonspalte gezwängt hatte. Die Pflanze erinnerte an einen gigantischen Oktopus; dieselbe Feigenart, die die Steintempel von Angkor Wat in Kambodscha gesprengt hatte.

Wir standen nicht vor buddhistischen Tempelruinen, sondern im Schatten einer Abwasserkläranlage aus den 1940er Jahren. Verwilderte Katzen und Waschbären glitten durch die Schatten. Farn spross aus den Öffnungen und Rissen der gusseisernen Rohre, die das behandelte Wasser einst zurück in die Wasserleitungen Fort Lauderdales geleitet hatten. Am oberen Ende der Schönungsteiche, dort, wo einst Paddel den Schlamm der ganzen Stadt umgewälzt hatten, hatte sich nährstoffreiche Erde abgelagert und einen gigantischen Blumentopf geschaffen. Zehn Meter weiter hinten ging dieser in einen leuchtend grünen Dschungel über. „Schön ist es dort oben“, sagte Steve. Vor uns lag ein langgestrecktes Gebäude. Die Tore standen offen und gaben den Blick auf rostige Maschinen frei. Zu unserer Linken standen zahlreiche alte Maschinen, mit denen man auf einer der Kläranlage angeschlossenen Müllhalde gearbeitet hatte: Planierraupen in einer Landschaft von Betontrümmern, riesigen Mülltonnen und langen Schatten.

Dave Lopez' Kindern ging es besser und er hatte Gelegenheit gehabt, den versäumten Schlaf nachzuholen. Lughars Leistung glänzte wie eh und je, wenn auch sein Griff noch ein wenig weicher war, als Steve ihn haben wollte.

Steve schickte die Anfänger-Teams vom „Tatort“ weg. Sie sollten warten, bis sie gerufen wurden. Ich bot meine Hilfe an, und Steve und ich begannen, eine Illusion für die Hundeführer zu inszenieren, die sie lehren sollte, sich auf die Nasen ihrer Hunde zu verlassen.

Hüfthohe Gräser und Sträucher säumten den Hügel hinter der Kläranlage. Der sandige Hügel war steil, an die fünfundvierzig Grad. Als ich mich hinter Steve durch die Dunkelheit tastete, teils auf Händen und Knien, dachte ich an Floridas Korallenschlangen. Ich hatte noch nie eine der wild lebenden Giftschlangen gesehen, doch ihre bezeichnenden Streifen – „Gelb und Rot, schneller Tod!“ – würden in der Dunkelheit nicht erkennbar sein.

Wir brauchten etwa fünfundvierzig Minuten, um den perfekten Tatort zu inszenieren, doch es fühlte sich länger an. Wir schwitzten beide in der milden Nachtluft. Ich zerrte und schob drei große Abfallcontainer von der anderen Seite der Anlage nach oben und verteilte sie auf dem Hügel, als wären sie von Außerirdischen willkürlich aus einem UFO geworfen worden. Steve fand das alte Loch, das vor zwei Jahren für ein Training gegraben worden war. Er befreite es von Wurzeln und Unkraut, und wir stampften mit Fußtritten eine Mülltonne tief in das Loch, bis ihr Deckel sich auf Höhe der Erdoberfläche befand. Mit seinem Taschenmesser schnitt Steve ein kleines Loch in den Deckel. Mithilfe einer Taschenlampe fand ich schließlich eine lange goldene Quaste, die wohl einmal eine Mütze geschmückt hatte, am Boden eines der Gebäude. Das würde funktionieren! Wir machten einen Knoten in die Bänder und fädelten sie durch das Loch im Deckel der Mülltonne. Mithilfe der Quaste würde der in der Tonne versteckte Helfer von innen den Deckel zuhalten können, wenn er gefunden wurde und ein Hund versuchte, ihn auszugraben. Wir testeten unsere Konstruktion mehrmals, zogen so fest an der Quaste, wie wir nur konnten, und machten sicherheitshalber einen zweiten Knoten. Dann verbargen wir den Deckel unter Zweigen und Blättern und betrachteten unser Werk. Steve nickte zufrieden: Das Versteck war nicht einmal aus einem Meter Abstand zu erkennen.

Wir halfen einem der Hundeführer, der den Verdächtigen spielen würde, in sein Mülltonnen-Gefängnis. Steve reichte ihm einen Latex-Arm nach unten. Er hatte diesen nach der Schablone des Armes seines Sohnes aus flüssigem Gummi gefertigt. Der Arm war ein Kunstwerk – biegsam und unheimlich. Eine herrliche Belohnung, in welcher der Hund seine Zähne vergraben durfte, wenn es ihm gelang, das raffinierte Szenario auszuarbeiten. Wir standen am Fuße des Hügels, blickten in Richtung des Verstecks und klagten über unser zunehmendes Alter und die mit Aktionen wie dieser einhergehenden Gelenkschmerzen.

Steve zückte sein Funkgerät. Der erste Hundeführer, Dave Lopez, parkte seinen Dienstwagen dicht am Zaun. Steve informierte ihn über die Lage: Ein oder zwei Männer waren nach einem Raubüberfall in diese Richtung geflüchtet. Er warnte Dave, dass es hier nur so von verwilderten Katzen und Waschbären wimmle. Dass die Männer gefährlich waren. Auf der anderen Seite des Hügels unterhielten Zivilisten eine spätnächtliche Grillparty. „Sei vorsichtig", warnte Steve.

Dave setzte Lughar nicht dort an, wo er dies angesichts der nordwestlichen Windrichtung hätte tun sollen. Ein Anfängerfehler, der ihm einen gewaltigen Vorteil verschaffte. Lughar zog ihn auf jener Seite rund um den pilzförmigen Gebäudekomplex, auf der Steve und ich zum Hügel hinauf- und wieder heruntergegangen waren. Zielstrebig folgte er unserer Spur am Fuße des Hügels entlang, bis er wie von der Tarantel gestochen herumschnellte: In weniger als einer Minute hatte er den hügelabwärts wehenden Geruch des Helfers aufgenommen.

Beeindruckt und ungläubig beobachteten Steve und ich, wie Lughar das Rätsel im Nullkommanichts löste. Er drängte ins Unterholz und bearbeitete den Deckel der Mülltonne mit Zähnen und Krallen. Der Helfer heulte vor Schmerz auf, als seine Finger, die den Deckel niederhalten wollten, eingeklemmt wurden. Steve hatte keine Gelegenheit, Dave zu verunsichern, indem er ihm einredete, dass Lughar offensichtlich hinter einem Waschbären her war: Der Schmerzensschrei war eindeutig menschlicher Natur.

In zwei oder drei Minuten war Lughars Suche vorbei. Steve war vom Tempo enttäuscht, doch hoffte er, das nächste Team besser an der Nase herumführen zu können. Schließlich hatten wir uns ordentlich ins Zeug gelegt, um einen schwierigen Fall zu inszenieren!

Als Nächstes kamen Pete und sein großer grauer Schäfer an die Reihe. Steve begann daran zu zweifeln, dass das Szenario seine Schüler so stark herausfordern würde, wie er sich das wünschte. Er lotste Pete weiter in das Gelände als Dave, damit Diesel sich nicht an Lughars Spur orientieren konnte.

„Hey, Diesel, mein Junge", begrüßte Steve den Schäferhund. Diesel starrte bereits in die Dunkelheit und ignorierte die Menschen neben sich. Steve runzelte die Stirn und drehte sich zu Pete. „Hier ist alles voller Katzen und Waschbären, und nördlich der Anlage sind Zivilisten beim Grillen. Sei vorsichtig, und vergiss nicht deine Warnung, bevor du ihn losschickst."

Steve ließ Diesel nicht aus den Augen. In einem schönen Suchmuster bewegte er sich zwischen rostigen Mini-Baggern, Palettenstapeln und Betonrohren und lief ganz von selbst Serpentinen. „Er hat eine tolle Struktur", bemerkte Steve. Ich wusste nicht, ob er von Diesels kräftigem und zugleich schlanken Körperbau oder seinem Suchmuster sprach. Wahrscheinlich beides. Diesel arbeitete, als hätte er sein Leben lang nichts anderes gemacht. Er ließ eine flüchtende Katze links liegen und suchte eine Fläche von beinahe zweitausend Quadratmetern mühelos ab. Diesel und Pete gingen methodisch vor. Wir hofften, dass sie länger an dem Rätsel zu kauen hätten als Lughar und Dave.

„Wünschst du dir nicht auch, zu wissen, was im Kopf eines Hundes vorgeht?", fragte Steve leise. Er hatte die Arme vor der Brust verschränkt und ließ Diesel, der seine große Schnauze hin- und herschwenkte und den Körper jeweils so drehte, dass er der Nase folgte, keinen Moment aus den Augen. Der Wind hatte ein wenig gedreht und trug den Geruch des Helfers und leise lateinamerikanische Musik in unsere Richtung.

„Pass auf! Hinter dem Hügel ist eine Grillparty", erinnerte Steve Pete, der sein Rufen gegen den Wind kaum wahrnehmen konnte. Diesel, dem haarigen Panzer, stieg der Geruch des Helfers in die Nase. Immer schneller und zielstrebiger bewegte er sich bergauf, direkt auf das Gestrüpp und die verborgene Mülltonne zu. Pete stolperte hinter ihm durchs hohe Gras.

Steve versuchte, Pete abzulenken, doch dieser folgte seinem Hund, der sich in das Gestrüpp neben der Mülltonne zwängte. „Hast du ihn gefunden oder nicht?", rief Steve ungeduldig. „Los, wir haben nicht ewig Zeit."

Diesels heiseres Gebell hallte durch die Nacht. Er hatte jemanden gefunden und wollte den Verdächtigen aus der Mülltonne holen. Wir konnten hören, wie seine Krallen über den Plastikdeckel kratzten.

Steve seufzte, zuckte die Schultern und rief Pete zu, ihn anzuleinen. Dann befahl er dem versteckten „Verbrecher", den Deckel der Tonne zu öffnen und den Gummiarm durch den Spalt zu schwenken, um zu signalisieren, dass er sich ergeben wolle.

Diesel trug seine Belohnung, den schweren Gummiarm, zurück zum Auto. Sein enthusiastisches Knurren und Schütteln der Beute rissen ein Loch in den kostbaren Arm. Steve würde einen neuen basteln müssen. Das war der Preis guter Aggressionsarbeit.

Vielleicht war es der Wind, vielleicht die Feuchtigkeit, vielleicht Anfängerglück. Was auch immer es war – Steve wollte nicht, dass seine drei Neulinge sich etwas auf ihren Erfolg einbildeten.

Er blickte die drei jungen Männer ernst an. „Vergesst nicht, dass es anders sein wird, wenn ihr im Einsatz seid. Ihr seid nur zu dritt, und die Hunde sind selbstbewusst, weil sie euren Geruch seit zwölf Wochen kennen. Es war leicht für sie, einen von euch zu finden. Auf der Straße ist das anders. Schreiende Leute, laute Musik, neue Gerüche. Ihr tragt auch alle dieselben Stiefel und Uniformen. All das spielt eine Rolle. Im Einsatz ist alles anders."

Die Hundeführer nickten gehorsam und fröhlich. Es war offensichtlich, dass sie Steve respektierten. Aber ob sie ihm glaubten? Es war eine angenehme, milde Nacht. Der Wind blies nur sanft, die Luftfeuchtigkeit war gering. Es war magisch. Steve und ich spazierten zu seinem Dienstwagen zurück. Noch ein letztes Szenario, und dann würden seine drei Anfänger-Teams auf die Straße geschickt. Aber erst nach dem Abendessen und einer kleinen Pause.

„Unter den richtigen Umständen", sagte Steve mit einem Anflug von Melancholie, „ist das eine verdammt schwierige Suche."

Die Hunde und ihre Partner, erzählte mir Steve später, machten ihm bei der Abschlussvorführung vor den hohen Offizieren alle Ehre. Lughars Rückruf saß perfekt; Diesels Arbeit an den Kabinen war flüssig und beeindruckend. Wichtiger ist allerdings, was auf der Straße passiert. Der zwölfwöchige Grundlagenkurs hatte eine gute Basis gelegt. Die Hundeführer würden weiter üben und lernen, sowohl auf der Straße als auch im Training. Vorerst machten die Hunde ihre Arbeit gut, und die Hundeführer ebenso.

Steve war zufrieden und untertrieb so wie immer: „Die Hunde sind erfolgreich. Die Männer auch."

Aber nichts mindert exzessive Angst oder Freude so sehr wie die Arbeit. Also lief ich voran und rief ihm mit möglichst schroffer Stimme zu, zu kommen und den Unsinn sein zu lassen. Wir hatten einen weiten Weg vor uns und bald würde es dunkel.

- Stickeen: The Story of a Dog, John Muir, 1909 -

9
Im Sumpf

Polizeiautos standen kreuz und quer auf der ausgetrockneten Wiese des Wohnhauses. Funkgeräte krachten und Laptopbildschirme leuchteten durch getönte Fensterscheiben. Mehrere Beamte blickten kurz auf, als mein Toyota in eine freie Lücke zwischen zwei Dienstwägen glitt. Ich ließ das hintere Fenster nach unten, damit Solo sich ausweisen konnte. Er streckte seinen Bärenkopf und Brust aus dem Fenster und präsentierte sich im Profil. Ein Beamter rückte seinen Revolvergürtel zurecht und nickte mir zu: *Canis suchus* eingetroffen.

Es war ein guter Nachmittag für eine Suche. Der Wind war abgeflaut und die Spätfrühlingsluft schwer und ungewöhnlich warm für die Jahreszeit. Gab es da draußen eine Spur, so würde der Sumpf sie festhalten. Der Geruch würde über der Vegetation hängen wie unsichtbares Moos, über Tümpeln schweben und darauf warten, von der Nase des Hundes eingefangen zu werden.

Es war nicht unsere erste Suche, deren Hauptcharaktere Drogendealer waren. Ich spürte die Blicke der Anrainer im Rücken, als ich ausstieg und im Kofferraum nach meiner Ausrüstung kramte. Sie standen auf den Balkonen ihrer Wohnungen und beobachteten die Szene aus sicherer Entfernung. Die Polizei sprach mit der Freundin des Vermissten. Ich hörte sie schluchzen und beugte mich tiefer in den Kofferraum, zog meinen Rucksack hervor und zwang mich dazu, nicht hinzusehen. Das ging mich nichts an.

Zum ersten Mal waren Solo und ich auf einer Suche, bei der die Klimaveränderung eine indirekte Rolle spielte. Es würde nicht die letzte sein. Die Trockenheit der letzten Wochen hatte, gefolgt von starken Gewittern, Sturzfluten verursacht. Die Wassermassen stürzten über trockene, harte Erdplatten in überforderte Gullys. Wasser, Schlamm und Müll wälzten sich in Auenlandschaften und Waldgebieten des Triassic Basin und potenzierten die Verschmutzung und Zerstörung der Natur.

Berichten zufolge hatte die Flucht des Verdächtigen mit einem Notruf begonnen. Der Anrufer berichtete der Polizei, dass er gerade eine Gruppe Männer beim Verkaufen von Drogen aus einem Autofenster beobachtet habe. Vor Ort stellte die Polizei fest, dass einer der Männer wegen Verletzung seiner Bewährungsauflagen gesucht wurde. Als sie ihn festnehmen wollten, riss er sich los und flüchtete in den Wald. Die Überschwemmung und Dunkelheit machten die Suche gefährlich, und nachdem ein Diensthund beim Versuch, der Spur zu folgen, fast ertrunken wäre, wurde die Suche abgebrochen. Der Verdächtige war längst im Wald und der Sumpflandschaft untergetaucht. Später in derselben Nacht rief er seine Freundin an. Er schien sich mitten im weitläufigen Sumpfgebiet zu befinden. Seither habe sie nichts mehr von ihm gehört, berichtete sie der Polizei. Die Verbindung war abgerissen. Die Freundin und seine Familie warteten einige Tage, bevor sie die Polizei informierten, dass er nie nach Hause gekommen war.

Vor einer Stunde hatten sich die Ermittlungsbeamten und ich auf der Polizeistation über eine Satellitenaufnahme der Umgebung gebeugt. Das Gelände war mehrere Hektar groß. Teils würde es schlammig sein, teils überflutet. Ich atmete tief durch und versuchte, Ruhe und Selbstbewusstsein auszustrahlen, obwohl mein Herz so stark klopfte, dass ich es zu hören vermeinte.

Ich half den Ermittlern bei der Entscheidung, wie wir die Suche am besten abwickeln sollten, bemüht, zu klingen, als hätte ich das schon hundertmal gemacht, während ich zugab, eine Anfängerin zu sein. Ich versuchte, die Erwartungen aller, die rund um den Tisch standen, niedrig zu halten – auch meine eigenen. Seit fast zwei Jahren trainierte ich mit Mike Baker, und seit mehr als drei mit Nancy Hook. Es fühlte sich lächerlich kurz an. Ich sprach bewusst langsam, um nicht wie ein übereifriger Amateur zu klingen. „Ich bin nur eine freiwillige Helferin", sagte ich. „Unsere Hunde sind nicht perfekt. Sie sind nur eines von vielen Werkzeugen." Ich sagte all diese Dinge, und ich glaubte daran.

Aber wenn die Ermittler einen Freiwilligen hinzuziehen, wollen sie Resultate. Auch das war mir bewusst. Mehrere Dutzend Polizisten standen bereit. Sie würden den gesamten Sumpf durchkämmen – es sei denn, Solo und ich fanden den Vermissten.

Ich bin zwar ein Yankee aus dem Norden, doch war ich mit den Wäldern North Carolinas vertraut. Als mich die Beamten fragten, was ich bräuchte, bat ich, von zwei Männern begleitet zu werden, falls diese verfügbar wären. In Überschwemmungsgebieten können sich plötzlich gefährliche Erdfalltrichter auftun, und die unterhöhlten Uferböschungen von Bächen und Flüssen können unter dem Gewicht eines Menschen oder Hundes wegbrechen. Zwei Leute würden einen Dritten herausziehen können. Abgesehen von den Gefahren der Natur wollte ich da draußen nicht alleine dem Kriminellen begegnen, den wir suchten.

Die beiden Ermittler, die sich fröhlich gemeldet hatten, mich begleiten zu wollen, kamen gleichzeitig mit mir an. Sie trugen die passende Kleidung, um einen Linoleumkorridor entlangzuschlendern, nicht dafür, sich durch einen Sumpf zu kämpfen. Derjenige, der schicke Lederhalbschuhe mit Quaste und eine verknitterte Anzughose trug, wurde von seinem Kollegen bemitleidet, obwohl dieser ein nur wenig besser geeignetes Bürooutfit trug. Der elegante Beamte machte einen Scherz über Wassermokassinottern und Nordamerikanische Kupferköpfe und lachte nervös. Die Bloodhoundführer von den Hügeln von Triad hatten mir weiszumachen versucht, dass nur phobische

Menschen jemals Giftschlangen sehen. Ich war nicht phobisch, und ich wusste, dass diese Weisheit nicht stimmte.

Ich trug keine Halbschuhe mit Quaste. Ich hatte eilig meinen Leinen-Hosenanzug, den ich im Büro getragen hatte, gegen ein praktischeres Outfit getauscht, und sah aus wie ein zu alt geratener Pfadfinder. Nancy wäre stolz auf mich gewesen. Ich trug Wanderschuhe und Langlauf-Gamaschen, um nicht allzu einladend auf Zecken zu wirken, die Rickettsien und Borreliose übertrugen. Und wer weiß – vielleicht würde mein Schuhwerk sogar einem Reptilienmaul trotzen. Auf eine Kopfbedeckung hatte ich wohlweislich verzichtet; ich wollte nicht aussehen wie ein Idiot. Ein feinzinkiger Kamm würde mein Haar nach der Suche von Zecken befreien.

Wie üblich sorgte Solo für die Soundeffekte. Er kreischte, gurrte und sang und klang mehr nach Serengetikatze als nach Hund. Sogar seine Tasthaare zuckten. Er trug sein robustes Nylongeschirr, mit dessen Hilfe wir ihn notfalls auch aus dem Sumpf würden ziehen können. Er hasste das Geschirr, das für eine Einschränkung seiner Bewegungsfreiheit stand: Es bedeutete, dass er möglicherweise an einer Schleppleine würde arbeiten müssen, und er suchte doch viel lieber im Freilauf. Pech gehabt, Solo. Das Geschirr war nicht optional.

In Gedanken hakte ich meine Checkliste ab: Wasser, Stoffnapf, Insektenspray. Zerrspielzeuge, um den Hund zu belohnen – ich hatte es nicht vergessen, als ich aus dem Haus stürmte. Sie waren ebenso wichtig wie Wasser. Wir hatten von einem harten Gummikong zu zwei Seilspielzeugen gewechselt. Eines konnte ich ihm zuwerfen, das zweite zum späteren Tausch bei mir behalten. Solo war nach wie vor ein Macho; hatte er erst einmal sein Spielzeug, wollte er es nicht mehr hergeben – besonders nach einer schwierigen Suche. Das zweite Spielzeug löste unser Problem. Das bessere Spielzeug, das, das er noch lieber wollte, hatte immer ich: Das, das geworfen werden konnte, weil es nicht zwischen den Zähnen eines sturen Schäfers feststeckte. Wir mussten uns in dem Moment, in dem wir beide stolz auf seine Leistung sein sollten, keinen Machtkampf mehr liefern.

Mit Erlaubnis der Beamten hatte ich ein Einmachglas mit nach Tod duftender Trainingserde in einiger Entfernung vom Suchgebiet versteckt. Es gab keine Garantie, dass wir einen Toten finden würden, und es war entscheidend für Solo, dass seine harte Arbeit von Erfolg gekrönt war. Nach einem von Solos ersten langen Einsätzen hatte mir Mike Baker einen sanften, aber eindringlichen Vortrag gehalten. Wir hatten nichts gefunden und ich hatte keinen Geruchsträger mitgebracht, mit dem ich Solo belohnen konnte. Genau wie ich musste auch Solo für seine Arbeit bezahlt werden, bemerkte Mike. Diesmal hatte ich an seinen Gehaltsscheck gedacht.

Meine Checkliste war eine einfache Ablenkung, ein Rosenkranz aus Einsatzausrüstung, mit dem ich in Gedanken spielen konnte. Solos Ablenkungen waren konkreter. Ein fremder Rüde hatte den rostigen Kletterturm am Spielplatz und die Wiese markiert. Seine Rute bewegte sich alarmiert nach oben. Als wir auf den Wald zugingen, umschwärmten uns die Kinder aus der Wohnhausanlage, die uns erst aus sicherer Entfernung beobachtet hatten, und schnatterten wie eine Schar Drosseln. Als Solo seinen großen Kopf in ihre Richtung drehte und die Stirn in Falten legte, sprangen sie zurück und schrien auf. Oh – keine Hunde, nur kleine Menschen. Solo entspannte die Rute und schwenkte sie langsam hin und her. Die Anspannung fiel von ihm ab. Kindern gegenüber schwächte er sowohl sein Temperament als auch seine Rhetorik ab. „Keine Angst, er ist freundlich", erklärte ich den Kindern. Er war nicht immer freundlich zu mir, doch er war freundlich zu anderen. „Ganz schön groß, nicht wahr? Er tut euch nichts. Er mag Kinder." Allerdings war er kein Therapiehund, also gingen wir weiter, ohne stehen zu bleiben.

Solo hielt inne, um eine letzte sehnsüchtige Nase voller Urinmarken von einer eisernen, rostigen Grenzstange zu inhalieren, bevor wir in den Halbschatten der Mimosen, Holundersträucher und Götterbäume eintauchten, welche die Ausläufer der Wälder Piedmonts kolonisiert und erobert hatten. Dann duckten sich die beiden Beamten, der Hund und ich unter dem gelben Polizeiabsperrband und durch ein zackiges Loch im Maschendrahtzaun.

Wir richteten uns auf der anderen Seite wieder auf. Ich nahm eines der Seilspielzeuge aus meiner Trainingstasche und zeigte Solo, wie ich es in meine Hosentasche stopfte. Der Schäfer jaulte und drehte sich vor überschäumender Begeisterung und rammte mir die Schulter ins Knie. Ich zuckte zusammen und löste die Leine vom Geschirr. Mein Arm war dankbar, nicht mehr von dem starken Schäfer in die Länge gezogen zu werden. Ich war versucht, die Suche mitzustoppen, doch erinnerte ich mich, dass ein Einsatz weder ein Rennen noch der richtige Zeitpunkt zum Manierentraining war. Ich wollte nicht, dass Solo saß, bei Fuß lief oder mir jeden Wunsch von den Augen ablas. Ich wollte, dass er die Leiche fand.

Im Freilauf zeigte sich Solo weit gehorsamer als an der Leine. Er stand still und wartete. Seine Augen glitten in den Wald, dann zurück zu meiner Tasche mit dem Spielzeug, dann den mit leeren Bierflaschen, Windeln, einem kaputten Fahrrad und einer Waschmaschine gesäumten Hügel hinunter.

Er brauchte das Kommando nicht zu hören, um zu wissen, was er zu tun hatte, doch die Worte beruhigten mich und halfen mir, mich zu konzentrieren. Sie riefen mir ins Gedächtnis, dass wir diesen Tanz seit einigen Jahren übten. Alles, was ich zu tun hatte, war, ihn zu starten.

„Solo? Such den Fisch."

Er tanzte eine letzte kurze Tarantella rund um meinen Körper und stieß mit der offenen Schnauze gegen die Tasche, in der ich das Spielzeug verstaut hatte. Er biss nicht zu und tat mir trotzdem weh. Satansbraten. Mit einem scharfen Bellen tauchte er ins Unterholz.

Solo setzte leichtfüßig durch den Wald, lief im Zickzack bergab, ließ die grimmig aussehenden Wohnbauten hinter sich, die krachenden Polizeifunkmeldungen, die Urinmarken fremder Rüden, Kinder und Glasscherben, die uns Menschen verlangsamten, nicht aber ihn. Wir hatten uns durch Chinesischen Liguster gekämpft und dabei versucht, den Stechwinden, die dazu neigen, ihre Krallen auf Brusthöhe selbst durch dicke Mäntel zu graben, auszuweichen. Wir befanden uns im Unterholz, inmitten junger Rosskastanien und größeren Eichen, um deren Stämme Giftefeu rankte.

Solo verschwand aus unserem Blickfeld. Er war in dem Moment von einer sandigen Klippe abgesprungen, als sie unter seinen Pfoten zerbröselte. Er landete im Flussbett darunter und schien begeistert von seinem Manöver. Die Beamten, abgelenkt von ihrer Diskussion darüber, ob unter dem knöchelhohen Wasser Treibsand lauere, beobachteten staunend, wie Solo ihre Hypothese testete. Mit gesenktem Kopf und offenem Fang lief er den Bach entlang, pflügte dabei mit dem Unterkiefer durch Wasser und Sand, krümmte den Rücken wie ein Tümmler, klemmte die Rute zwischen die Beine und spuckte den Sand wieder aus. Er drehte um und pflügte durch den Bach zurück: kein Treibsand.

Ich erklärte den Beamten, dass diese Eskapaden nicht zu Solos diszipliniertesten Verhaltensweisen gehörten. Zielstrebigkeit, Kraft und Konzentration würden gleich zurückkommen, versprach ich. Ich lachte nicht über Solos Einlage. Wir waren hier, um einen Toten zu finden, nicht, um zu spielen.

Solo war bereits weitergelaufen. Nachdem er seine wilden fünf Minuten abgehakt hatte, senkte er die Nase ins Flussbett, verlangsamte seinen Schritt und versteifte die lange, ausdrucksstarke Rute. Er arbeitete. Die Rutenhaltung zeigte, dass er kein Tier roch – Tiere veranlassten ihn zu einem defensiven Knick in hoch getragener Rute. Es war auch nicht jene Rutenhaltung, die er zeigte, wenn er auf Leichengeruch stieß: niedriger, parallel zum Rücken und mit einem kleinen, an ein Schwein erinnernden Kringel am Ende. Nein – er war auf die Fährte eines lebenden Menschen gestoßen. Er setzte die Uferböschung auf der anderen Seite nach oben. Ich bemerkte eine Stelle, an der ein kleiner Teil der von sandigen Sedimenten gebildeten Klippe weggebrochen war. Das Riedgras war niedergedrückt worden und teilweise gebrochen.

Ich wusste, dass der Diensthund bei der Nachsuche nicht so weit gekommen war. Also war auch die Polizei noch nicht hier gewesen. Rehe, Waschbären, Biber und Füchse – die einzigen Herbivoren und Mesoprädatoren, die in den verschmutzten Sümpfen überlebensfähig sind – richten nicht so viel Schaden an der Vegetation an. Es musste ein Mensch gewesen sein.

Ich hatte Solo nie bewusst beigebracht, menschlichen Fährten zu folgen, und ermuntere ihn auch nie dazu – es sei denn, ich schicke ihn im Haus oder Garten auf die Suche nach David. Solos Aufgabe ist es, den Geruchskegel einer Leiche aufzuspüren und dann seine Parameter zu definieren, den Kegel auf- und abzulaufen, bis er auf dessen Spitze stößt: im Idealfall die Quelle des Geruchs. Doch in einer Sumpf- und Waldlandschaft dieser Größe konnte es dauern, bis Solo auch nur ein Hauch von Leichenduft in die Nase stieg. Wenn es überhaupt dazu kam. Es war also keine dumme Idee, ihn dort anzusetzen, wo wir den Fluchtweg des Verdächtigen vermuteten.

Solo war es egal, wo wir begannen. Er spielte sein Lieblingsspiel. Er wusste allerdings noch nicht, dass sein Lieblingsspiel eskaliert war: Er suchte kein einzelnes Knöchelchen, sondern eine ausgewachsene Leiche, und zwar eine, die höchstwahrscheinlich seit vier Tagen im warmen, feuchten Sumpf lag. Ihr Geruchskegel konnte riesig sein. Wir standen am Anfang unserer Arbeit. Solo hatte noch nie einen Toten gefunden – nur einzelne Leichenteile. Selbst im Training war er noch keinem Toten begegnet.

Befand sich tatsächlich eine Leiche im Sumpf, so sollte es Solo leichtfallen, diese zu finden. Er war es gewohnt, nach der Nadel im Heuhaufen zu suchen: ein einzelner Zahn hier, ein blutiges Kleidungsstück da. Solo und ich hatten auf den viele Hektar großen Weideflächen Nancys gearbeitet, und ich hatte ihn den Duft eines Geruchsträgers aus mehreren hundert Metern Entfernung aufnehmen sehen. Und doch hatte ich keine Ahnung, was Solo in diesem Fall tun würde. Vor etwa einem Jahr hatten wir mit einem großen Karton trainiert, in dem sich Erde und eine Decke befanden, die sich längere Zeit unter einer Leiche befunden hatten. Der Geruch überwältigte ihn: „Es ist hier – nein, es ist dort – nein, es ist überall!“ Er taumelte durch die Duftwolke, betrunken und aufgekratzt. Schließlich blieb er am übelriechendsten Punkt stehen und sah mich verwirrt an. „Was soll ich damit tun?“

Ich kenne zumindest eine erfahrene Hundeführerin und Trainerin, die überzeugt ist, dass Hunde auch über größere Distanzen ein vergleichbarer Geruchs-Schwindel befallen kann wie Solo an der Schachtel – eine Reaktion, die nicht nur den Hund selbst, sondern auch seinen Zweibeiner verwirrt. Deborah Palman, eine pensionierte Wildhüterin aus Maine, sieht genauso aus, wie pensionierte Wildhüterinnen aussehen sollten: kurz rasiertes graues Haar, ein ruhiges, kompetentes Auftreten und ein listiger Sinn für Humor. 1978 widersetzte sie sich traditionellen Geschlechterrollen, indem sie als erste Frau in Maine den Beruf des Wildhüters ergriff. Ihr Auftreten ist authentisch. Sie gibt nicht mit ihren Hunden an. Und doch: Würde ich in Maine vermisst, so würde ich einiges darauf wetten, von Deborah und einem ihrer Hunde gefunden zu werden – ganz gleich ob tot oder lebendig. Ihre Arbeit führt sie quer durch den Bundesstaat – von Sümpfen voller Elche über Hügel voller Elche bis hin zu Wiesen und Feldern voller Elche – und Bären. Im Laufe ihrer Karriere trainierte die findige Wildhüterin sogar Fischspürhunde, um Angler beim Übertreten der Fischereigesetze zu ertappen.

Deborah und ihre Deutschen Schäfer haben bis heute mehr als zwanzig Vermisste gefunden – einige lebendig, die meisten jedoch tot. Hunderte von Einsätze haben sie unter verschiedensten Geländebedingungen in die weitläufige Wildnis Maines geführt. Deborah arbeitet im Team, blickt auf erfolgreiche und erfolglose Suchen zurück, studiert Berichte und hat bereits unzählige Hunde trainiert. Kaum jemand denkt mehr über den Geruch menschlicher Überreste und die Spuren Vermisster nach wie sie. Wohin kann sich der Geruch bewegen? Welche Distanzen legt er zurück? Wo ist es den Hunden möglich, ihn aufzuspüren? Geruch kann über Bäumen und Hügeln hängen, dahinter absinken und sich an einer Hecke oder Grube aufstauen „wie Unrat in einem Fluss", und zwar mehr als anderthalb Kilometer von der eigentlichen Geruchsquelle entfernt.

„Meine junge Hündin kann ihre Anzeige kaum erwarten. Sie taucht in eine Duftwolke und explodiert." Mit hoher Stimme imitiert Deborah die triebstarke Quinn: „Hier! Es ist hier! Ich hab's noch nicht wirklich gefunden, aber es ist hier!"

Oft, erklärt Deborah, gibt es „eine gewaltige Diskontinuität" zwischen dem Ort, an dem sich der Geruch befindet, und der Lage der Leiche. Die Art und Weise, wie sich Duftmoleküle ausbreiten, kann die Suche nach Lebenden wie Toten enorm erschweren. Deborah erinnert sich an einen Fall in New Hampshire. Mehrere Hunde hatten Dutzende Male an unterschiedlichen Stellen angezeigt – doch an keiner davon fand sich die Leiche. Hunderte Freiwillige hatten sich zehn Tage lang an der Suche beteiligt, und immer wieder waren Berichte eingegangen, dass die Freiwilligen an unterschiedlichsten Positionen im Tal Leichengeruch wahrzunehmen meinten. Auch Deborahs eigener Hund verhielt sich seltsam. Sie entdeckte die Tote rein zufällig, als sie einem neuen Pfad folgte, der sie zurück zu einer vergessenen Leine führen sollte. „Wir saßen am Quad, um die Leine zu holen und dann zurück in den Ort zu fahren. Als Wildhüterin konnte ich nicht anders, als meinen Blick übers Gebüsch schweifen zu lassen – und ich sah die Tote im Gebüsch! Es war pures Glück, dass wir sie fanden."

Die Frau lag nur wenige Meter von einem Wanderweg entfernt in einem schattigen Tal. Dieser Einsatz war Deborah eine gewaltige Lehre. Zurück zuhause studierte sie Landkarten und Berichte und dachte über das Verhalten der Spürhunde nach. „Es wird eure Hunde verrückt machen: Sie suchen und suchen und finden doch nichts", warnt sie die Hundeführer auf ihren Seminaren.

Man muss seinen Hund lesen können. Und den Wind. Und die Temperaturen, denn auch diese beeinflussen den Weg des Geruches. Das Wasser und das Gelände. Im Grunde alles. Letztendlich kommt es manchmal auf Glück und Zufall an. Zum Beispiel auf eine vergessene Leine.

Deborah blickt in die Runde. „Wer ließ mich die Leine genau dort vergessen?"

Zurück nach North Carolina. Solo, ich und die beiden Beamten hatten den Wald hinter uns gelassen und die Sumpflandschaft betreten. So weit das Auge reichte, breitete sich ein hüfthohes, giftgrünes Meer aus Giftefeu vor uns aus. Hunderte, ja tausende junger *Toxicodendron radicans* wiegten ihre kinderhandgroßen Blätter im Wind. Sie wuchsen so dicht beieinander, dass es unmöglich sein würde, uns durch die Vegetation zu schlängeln, ohne davon berührt zu werden. Solo demonstrierte, dass es nicht möglich war, die Blätter zu vermeiden. Etwa dreißig Meter vor uns schlug er eine Schneise durch den Giftefeu, pflügte in Schlangenlinien durch das Blättermeer und sammelte die Öle mit dem Körper ein, sodass ich sie beim nächsten Mal, wenn ich ihn berührte, auf den Fingern haben würde. In den letzten zehn Jahren war der Giftefeu in dieser Gegend schneller gewachsen und größer und giftiger geworden. Giftefeu liebt die globale Erwärmung. Hier im offenen Sumpf hatten die Pflanzen keine Gelegenheit, Baumstämme zu erklimmen und ihre haarigen Fühler hoch nach oben zu strecken, doch hatte das giftgrüne Meer vor mir etwas Beunruhigendes an sich. Ich musste mich daran erinnern, dass die jungen Gewächse, so lästig ich sie auch fand, eine einheimische Pflanzenart waren und die Bewohner des Sumpfes ernährten: Singvögel wie Katzendrossel und Zaunkönig, Honigbienen, Rehe und Bisamratten profitieren von den frischen Blüten, Blättern und Beeren.

Das Giftefeumeer konnte auch eine Leiche verbergen: jemanden, der nachts ohne Taschenlampe vor der Polizei geflüchtet war. Der Flüchtende würde nicht an Giftefeu gedacht haben; Dunkelheit und Regen hätten die Identität der Pflanzen kaschiert. Gut möglich, dass seine Leiche da draußen lag. Das war zwar unpraktisch, aber ich hatte keine Wahl. Ich zog meine langen Ärmel über die Hände, knöpfte sie zu, hob die Arme über den Kopf und folgte unserem vierbeinigen Anführer. Die beiden Beamten hielten sich dicht hinter mir. Das Wasser drang durch ihre Halbschuhe, doch sie beklagten sich nicht.

Nachdem wir einen weiteren Teil des Sumpfes abgesucht hatten, schlug ich vor, Solo eine Pause zu gönnen. Solo war fröhlich hin- und hergelaufen. Wege und Pfade hatte er lang hinter sich gelassen; wie er es gelernt hatte, suchte er systematisch nach einer Ecke des Geruchskegels. Nada. Die gute Neuigkeit: Keiner von uns war ertrunken oder verletzt. Wir waren erst seit etwa zwanzig Minuten unterwegs, doch waren es 27 Grad. Solo in seinem dicken Unterwollmantel stand kurz davor, zu hyperventilieren. An seiner körperlichen Verfassung gab es nichts auszusetzen, doch ein arbeitender Spür- oder Fährtenhund ermüdet rascher als ein Hund, der einfach nur spazieren geht. Beim bewussten Einsatz der Nase atmet der Hund nicht bloß, sondern nimmt mehr Luft auf und führt diese in der Nase in eine andere Richtung, um den Geruch zu identifizieren. Ein arbeitender Hund atmet zwischen hundertvierzig und zweihundert Mal pro Minute ein, ein Hund, der spazieren läuft, nur etwa dreißig Mal pro Minute. Da Solo Solo war, rannte und schnüffelte er zugleich.

Wir hatten uns nicht verirrt, doch fühlten wir eine gewisse Ziellosigkeit, als wir unsere Wanderung unterbrachen. Es war Zeit, uns neu zu organisieren. Solo fand ein kühles, schlammiges Fleckchen und ließ sich auf den Boden fallen. Seine Augen glänzten glasig und er hielt den Kopf hoch, die dunklen Lefzen weit zurückgezogen, um möglichst viel Sauerstoff in die Lunge zu bekommen. Ich füllte seinen Stoffnapf mit frischem Wasser – es gab keinen Grund, das Abwasser, das mit den starken Regenfällen in den Sumpf gespült worden war, mit seinen Ölen, Chemikalien und Pestiziden zu trinken.

Wir Menschen studierten die Karte und orientierten uns neu. Wir kniffen die Augen zusammen, um die winzigen Orientierungspunkte auszumachen, und zeigten auf die entsprechenden Flussbetten und Strommasten rund um uns. Wir überlegten, in welcher Richtung die nächste Straße lag. Ob der Verdächtige wohl in diese Richtung geflüchtet war? Wir gingen davon aus, dass der Flüchtende rational dachte – doch das war keine Selbstverständlichkeit. Kannte er die Gegend andererseits gut, so lag es nahe, dass er sich tatsächlich in jene Richtung bewegt hatte, die er seiner Freundin am Telefon mitgeteilt hatte. In diesem Teil des Überschwemmungsgebiets war das Wasser bereits stark zurückgegangen. Rings um uns konnte ich Schlammmarkierungen ausmachen, die zeigten, wie hoch das Wasser gestanden hatte. Dennoch war es schwer, zu sagen, wie hoch es in jener Nacht gewesen war und wohin sich die Fluten bewegt hatten.

Wir hätten die Suche vom anderen Ende des Sumpfes her beginnen sollen. Gut möglich, dass Solo am Anfang der Suche einer menschlichen Spur gefolgt war – doch war die Wahrscheinlichkeit groß, dass wir vom Opfer aus gesehen gegen die Windrichtung suchten. Das war gar nicht gut – wir hätten in Windrichtung beginnen sollen. Ich biss mir auf die Zunge. Mein temporärer paramilitärischer Gehorsam gegenüber meinen Polizeibegleitern hatte meinen Instinkt untergraben. Mit dieser Erkenntnis kehrten meine Unsicherheit und das Gefühl, eine ahnungslose Anfängerin zu sein, zurück. Doch an diesem Punkt würde es am besten sein, einfach weiterzusuchen. Ich schüttete die letzten Sabberfäden und Wassertropfen aus Solos Napf und schulterte meinen Rucksack.

Es fühlte sich an wie eine kleine Ewigkeit, auch wenn wahrscheinlich nicht mehr als fünf Minuten vergangen waren, seit wir die Suche wieder aufgenommen hatten. Solo verlangsamte seinen Galopp und hob den Kopf. Er roch etwas. Er warf den Kopf zurück, um weitere Informationen aus den Luftströmen zu filtern. Wir hatten den Sumpf hinter uns gelassen. Vor uns lag ein Dickicht aus Bäumen und blickdichtem Gestrüpp. Solo bewegte sich darauf zu und wurde noch langsamer. Er richtete sich auf den Hinterbeinen auf wie ein Pferd oder Bär. Wie ein Zweibeiner stand er im Wald und sah aus, als lehne er sich gegen eine Leine oder wolle einen unsichtbaren Berg erklimmen. Er erreichte den Rand des Gestrüpps mit seinen Maulbeerfeigen, Ulmen und Amberbäumen. Mit steifer, am Ende eingerollter Rute stakste er auf einige Baumstümpfe zu und starrte misstrauisch in die Zweige. Die eingerollte Rute war mir bestens vertraut. Solo hatte den Geruch des Todes aufgenommen.

Ich vermutete zwar, dass sich dieses Opfer nicht am Baum befand, doch war ich trotzdem stolz auf Solos Skepsis. Tote werden öfter in Bäumen gefunden, als man meinen würde: in Selbstmord- und Mordfällen, bei Überschwemmungen. Selbst im Tod ist die Welt keine flache Ebene, sondern dreidimensional.

Ich verspürte Schwindel. Ich wusste, das war mein steigender Adrenalinpegel. Wir waren nicht beim Training, und das, was Solo roch, war kein Sumpfgras. Die Beamten waren weit hinter uns zurückgeblieben. Ich wusste nicht genau, wo; zu sehr hatte ich mich auf Solo konzentriert.

Solo folgte seiner Nase, und ich folgte ihm. Mittlerweile befanden wir uns im Schatten der Bäume, auf der anderen Seite des Sumpfes. Als sich meine

Augen an die Dunkelheit gewöhnt hatten, sah ich, dass Solo stehen geblieben war. Er stand einfach nur da. Vor ihm lag ein menschlicher Körper. Die Leiche war etwa zehn Meter von mir entfernt; weniger als drei Meter vor Solo, und aufgrund der Erde gleichzeitig bleich und dunkel. Das Gesicht nach unten, mit nacktem Oberkörper, schien sie zentimetertief im Schlamm versunken. Ich roch nichts, aber die Bäume und Büsche hatten den Geruch für Solo konzentriert und festgehalten.

Solo drehte sich nach mir um. „Was jetzt?“

Ungeschickt tastete ich nach dem Spielzeug in meiner Tasche, zerrte das Seil hervor und schwang es durch die Luft. Ich ließ meine Stimme eskalieren; mit jeder Wiederholung legte ich mehr Freude hinein: „Guter Junge. Guter Junge. Guter Junge! Was für ein guter Junge! Guter Fisch! Super!“

Solo sprang glücklich auf mich zu, um seine Belohnung in Empfang zu nehmen, während ich rückwärts ging. Sekunden später umkreisten wir einander wie zwei Planeten in einer schlammigen Umlaufbahn, verbunden durch ein Seilspielzeug. Weiter und weiter zog ich ihn weg von dem Toten im Schlamm. So laut und nüchtern, wie ich nur konnte, rief ich über meine Schulter nach hinten: „Wir haben ihn.“

Die schwachen, überraschten Stimmen der Beamten drangen durch Solos fröhliches Knurren. Sie klangen, als wären sie weit entfernt, doch einer von ihnen wiederholte sein Mantra, sodass ich es deutlicher hören konnte, als sie auf uns zuliefen: „Nicht möglich! Nicht möglich! Nicht möglich!“

Solos Arbeit war getan. Er durfte sein Spielzeug behalten. Er hatte es sich redlich verdient. Ich nahm ihn an die Leine und wir drehten um und traten unter dem Blätterdach hervor, zurück in die Sonne und in das schillernde Grün der Sumpflandschaft.

10
Klugheit und Gutgläubigkeit

Die meisten Leute sind überzeugt davon, Bullshit erkennen zu können und sich nicht davon täuschen zu lassen.

- Harry G. Frankfurt, On Bullshit, 2005 -

Der Kluge Hans, ein intelligentes deutsches Pferd, erregte Anfang des zwanzigsten Jahrhunderts großes Aufsehen mit seiner unglaublichen Fähigkeit, mathematische Aufgaben zu lösen. Er begeisterte ein wachsendes Publikum, indem er die Lösungssumme mit dem Huf auf den Boden klopfte. So fragte ihn etwa sein Besitzer, ein Mathematiklehrer, dessen langer weißer Bart ebenso beeindruckend im Wind wehte wie die Mähne seines Pferdes: „Wenn der achte eines Monats ein Dienstag ist, der wievielte ist dann der folgende Freitag?" Der kluge Hans klopfte die richtige Antwort mit dem Huf auf den Boden, und das faszinierte Publikum applaudierte, was das Zeug hielt.

Dass wir wissen, wieso Hans rechnen konnte, verdanken wir unter anderem einem umfangreichen Bericht des deutschen Psychologen Oskar Pfungst aus dem Jahr 1907: Das Pferd klopfte so lange mit dem Huf auf den Boden, bis ihm sein Trainer oder das Publikum mit einem subtilen Signal mitteilten, dass er aufhören sollte. Das Spannende daran ist, dass den Menschen selbst nicht bewusst war, dass sie es waren, die dem Pferd die richtige Antwort verrieten. Im Laufe der Zeit eskalierte die *Folie à trois*: Je berühmter das Pferd wurde, desto mehr wuchs auch der wahnhafte Glaube des Mathematiklehrers an dessen Fähigkeiten: Er begann, zu übersehen, wenn Hans sich in seiner geklopften Antwort irrte!

Pfungst schreibt: „Schließlich hieß es, dass das Pferd sogar Französisch verstehe. Der alte Lehrer, dessen apostolische Erscheinung schon immer dazu geeignet war, seinen Bewunderern Ehrfurcht einzuflößen, ging seinerseits der rückwirkenden Massensuggestion auf den Leim. Selbst die himmelschreiendsten Fehler vermochten ihn nicht mehr zu beunruhigen."

Als ich zum ersten Mal darüber las, wie der Kluge Hans seinen Besitzer und das Publikum hinters Licht führte, tat ich die Sache als Anachronismus der Jahrhundertwende ab. Doch der Kluge Hans sollte mich noch heimsuchen, wenn ich Solo trainierte. Anfangs dachte ich, die Geschichte handle vom Pferd, nicht vom Menschen, und von Solo, nicht von mir. Inzwischen weiß ich es besser. Wir setzen unsere Tiere für eine Reihe quasi-religiöser Praktiken ein. Beginnt man erst einmal, Erwartungen auf den Rücken eines Pferdes zu laden, so merkt man schnell, dass es alle möglichen Ideologien und Theorien zu tragen vermag. Die Darwinisten sahen in Hans den klaren Beweis für die Gemeinsamkeiten des menschlichen und tierischen Verstandes. Die Kartesianer argumentierten, dass Hans nichts weiter als eine niedrige Kreatur wäre. Letztendlich war Hans weder Genie noch beschränktes Lebewesen, sondern ganz einfach ein kluges und treues Pferd.

Auch Solo ist klug und treu – und das bedeutet, dass er in der Lage ist, auf Hundeart zu lügen. Meine Aufgabe als Hundeführerin ist es, ihn vom

Schwindeln abzuhalten, doch mache ich meine Sache nicht immer perfekt. Folgendes Beispiel aus Solos Training ist bei Weitem nicht das einzige.

Vor einigen Jahren trainierten wir in einem verlassenen Lagerhaus in Durham. Ein Diensthundeführer war so nett gewesen, einige Geruchsträger für Solo zu verstecken. Wir hatten den Knochen etwa eine halbe Stunde Zeit gegeben, ihren Geruch auszubreiten – in dieser warmen Nacht in North Carolina war das lange genug, um von Solo aufgespürt zu werden. Ich schickte ihn los, und der Diensthundeführer folgte uns in einigem Abstand. In Gedanken versunken beobachtete er unsere Arbeit. Solo rannte durch das Gebäude; seine Krallen kratzten im vergeblichen Versuch, sich zwecks besserer Beschleunigung in den glatten Beton zu graben, lautstark über den Boden.

Plötzlich drehte er den Kopf, wirbelte in der Luft herum und flog zurück zu einer Mülltonne. Er atmete tief ein; ich konnte sehen, wie sich die Nasenlöcher blähten. Ein schöner, klassischer Anblick: Solo hatte Kadavergeruch aufgenommen. Ich holte zu ihm auf, blieb stehen und bewunderte seine Technik. Solo warf mir einen Blick zu. Ich stand vor ihm und schaute ihm in die Augen, woraufhin er sich niederlegte – sein Anzeigeverhalten – und mich mit fröhlich auf den Boden peitschender Rute ansah. Es fühlte sich nicht richtig an. Ich drehte mich nach unserem Helfer um, der einige Sekunden zu spät um die Ecke gebogen war. Er schüttelte den Kopf: Nein. Kein Versteck in der Mülltonne.

Mein schlechtes Timing hatte dazu beigetragen, Solo zur Fehlanzeige zu verleiten: Ich war langsamer geworden und hatte ihn angestarrt. Unbewusst hatte ich ihn dazu ermuntert, zu tun, was er nicht hätte tun sollen. Selbst sekundenkurzes Zögern kann den noch nicht fertig ausgebildeten Hund beeinflussen. Ermutigte ich Solo zu Fehlanzeigen, konnten diese leicht zu einem chronischen Problem werden. Ich hatte einen schlampigen Anfängerfehler gemacht. Der einzige Fehler, den ich an der Mülltonne nicht machte, war, Solo für seine tückische Lüge zu belohnen. Ich unterbrach den Blickkontakt und wiederholte das Kommando: „Such den Fisch!“ Mein Tonfall war scharf, obwohl er das nicht hätte sein sollen. Solo machte weiter und zeigte eine Reihe Verstecke an, die tatsächlich vorhanden waren.

„Genau darum trainieren wir“, meinte Mike Baker, nachdem ich Solo zähneknirschend ins Auto gebracht hatte. Er ärgerte sich darüber, dass ich Solo erlaubt hatte, mich hereinzulegen, und darüber, dass unser Helfer die Schwindelei nicht verhindert hatte.

Die Vorteile, die beide Spezies aus unserer Co-Evolution gewinnen, liegen auf der Hand – und doch ist dieselbe Verbindung ein gewaltiger Nachteil, wenn wir die Hundenase als objektiven und unparteiischen Zeugen einsetzen wollen.

Wird nicht ehrlich mit Fehlanzeigen umgegangen, werden diese schnell zum totgeschwiegenen Problem im Training oder Einsatz. Wie Alkoholismus sind auch Fehlanzeigen weitaus stärker verbreitet, als man das gemeinhin wahrhaben will. Manche Hundeführer schwören, dass ihre Hunde nie im Leben falsch anzeigen würden: Irgendetwas müsse an dieser Stelle gewesen sein – vielleicht vor langer Zeit –, sonst hätte der Hund nicht angezeigt. Dieser beruhigende Zirkelschluss – hier muss etwas gelegen haben, denn ich vertraue meinem Hund: Er ist perfekt und würde niemals falsch anzeigen – kann sich rächen. Der Philosoph Harry Frankfurt spricht dabei von „Bullshit". Bullshit, schreibt Frankfurt in seinem berühmten Aufsatz, ist heimtückischer als eine Lüge. Vielleicht merken wir nicht einmal, dass wir Bullshit verbreiten. Vielleicht ist der Bullshit, den wir verbreiten, nicht immer falsch – doch in jedem Fall führt er zu einem größeren Problem: einer allgemeinen Gleichgültigkeit gegenüber Fakten. In der Politik begegnet uns dieses Problem immer wieder – und auch in der Hundewelt, welche zwar anders, aber durchaus ähnlich strukturiert ist. Aus diesem Grund argumentiert Frankfurt, dass die Verbreitung von Bullshit der Wahrheit mehr schade als eine Lüge. Im Gegensatz zum Bullshitter weiß der Lügner nämlich ganz genau, dass er dem widerspricht, was er für die Wahrheit hält. Lügen erfordern einen gewissen Aufwand, ein klein wenig Respekt vor der Wahrheit, die irgendwo da draußen existiert.

Ich kann nicht mit Sicherheit sagen, ob Solo, wenn er falsch anzeigt, zwischen Lügen und Bullshit unterscheidet. Ich glaube, dass er ehrlich zu sein versucht. Mike Baker nannte ihn einmal den ehrlichsten Hund, den er kenne – teils darum, weil es so einfach ist, vor einer Anzeige seine Körpersprache zu lesen.

Trotzdem zeigt er manchmal falsch an. Selten, doch ich schreibe es in meine Trainings- und Suchnotizen. Jede Anzeige zählt. Meist passieren falsche Anzeigen, wenn Solo bereits den Geruch des Todes in der Nase hat. Er ist noch nicht so nah am Geruchsträger, wie er sein könnte, entscheidet aber, dass es gut genug für ihn ist. Oder auch, wenn ich ihn schlampig führe, so wie damals in der Lagerhalle. In manchen Fällen falscher Anzeigen weiß ich nicht, woran es liegt. Manchmal kann ich spekulieren: Nicht alle Anzeigen an Orten, an denen wir nichts finden, sind tatsächlich falsch. Wenn wir auf einem Schrottplatz arbeiten und Solo auf dem Vordersitz eines Autos mit ausgelösten Airbags oder zertrümmerter Windschutzscheibe anzeigt? Dafür belohne ich ihn selbst dann, wenn keine Leiche im Kofferraum liegt. Blut hält sich jahrelang.

Wenn fünf oder sechs Polizisten etwas am Boden Liegendes anstarren, etwa einen unförmigen Sack mit einem toten Hund darin? Dann sieht sich auch

Solo den Sack an, sieht sich um, schätzt den Gesichtsausdruck der Beamten ein und denkt sich: „Hey, vielleicht zahlt es sich aus, hier anzuzeigen. Die Menschen finden es interessant!" Dafür gibt es keine Belohnung. Solo muss weitersuchen. Wenn ich auf Einsätzen gebeten werde, Müllsäcke zu untersuchen, die verdächtig aussehen, oder bestimmte Knochen, so bitte ich die Kollegen höflich, einen gewissen Abstand zu uns einzuhalten. Kürzlich ließ ich Solo etwas untersuchen, das ich für einen Sandhaufen hielt, der während des letzten Hochwassers angeschwemmt worden war. Ein Beamter jedoch fand, dass es wie ein Grab aussehe. Ich bat die Polizisten, ein wenig auszuweichen, während ich Solo die Gegend absuchen ließ. Sie alle traten verständnisvoll zur Seite und drehten sich um, doch konnten sie nicht anders, als über die Schulter zu blinzeln, um zu sehen, was Solo machen würde. Er schnüffelte und lief weiter. Im Laufe der Jahre habe ich seine Anzeige gegen die unterschiedlichsten Tiergerüche abgesichert – und was noch wichtiger ist: Ich habe ihm beigebracht, nicht auf die Blicke neugieriger Menschen zu reagieren.

Diese Schwierigkeiten sind nicht die Schuld unserer Hunde: Durch selektive Zucht haben wir erreicht, dass sie uns unglaublich gut lesen können und selbst auf unsere kleinsten Signale reagieren. Bei Gebrauchshunden gehen wir noch einen Schritt weiter: Wir verlangen, dass sie zugleich eine starke Bindung zu ihrem Hundeführer haben und unabhängig handeln. Sie müssen sowohl gehorsam sein als auch selbstständig denken. Wir bringen ihnen bei, uns zu ignorieren und ihre Arbeit zu machen. Dränge dich durch diese Tür. Frag mich nicht um Hilfe, wie du das machen sollst! Öffne das Tor. Finde die Leiche. Hör auf, mich zu beobachten, und tu deine Arbeit! Die Kunst ist, sowohl gemeinsam als auch alleine zu arbeiten. Aufeinander eingeschworen und voneinander unabhängig. Manchen Rassen – und manchen Individuen – fällt dies leichter als anderen.

Das ist mit ein Grund, warum das Voransenden eine der schwierigsten Übungen in der Unterordnung ist. Turnierhunde lernen, ihrem Zweibeiner bei der Fußarbeit und beim Rückruf hingebungsvoll und pausenlos in die Augen zu schauen – und plötzlich verlangt der Hundeführer, dass sein Hund enthusiastisch in gerader Linie von ihm wegläuft. Wird das Voransenden nicht kleinschrittig und mit zahlreichen Belohnungen als Verhaltenskette aufgebaut, schleicht manch ein ansonsten guter Sporthund langsam voran, wirkt enttäuscht und wirft einen Blick über die Schulter zu seinem Besitzer zurück: „Du liebst mich nicht mehr. Du schickst mich fort!"

Auch wir Menschen haben genetisch verankerte Eigenschaften. Wir hängen an unseren Hunden. Hundeführer und sogar hilfsbereite Trainer können die Anzeige des Hundes unbewusst von sich abhängig machen – einfach nur, weil sie wollen, dass der Hund Erfolg hat! Darum sollte jeder Hundeführer, der einen Spürhund ausbildet, früh damit beginnen, Blindsuchen auszuarbeiten – also Geruchsträger zu suchen, von denen der Mensch am anderen Ende der Leine selbst nicht weiß, wo sie versteckt sind. Dadurch ist er auch nicht in der Lage, dem Hund versehentlich beim Schummeln zu helfen. Ein nächster wichtiger Schritt sind Doppelblindsuchen, in denen weder der Hundeführer noch dessen Begleitperson das Versteck kennen. Aus diesem Grund tat es Solo und mir auch sehr gut, dass Nancy Hook schon am Beginn unseres Trainings zu vergessen begann, wo in ihren Wäldern und Feldern sie unsere Leichenteile versteckt hatte. Unabsichtlich sorgte sie dafür, dass wir doppelt blind trainierten. Sie half uns, Bullshit zu vermeiden.

Was ist so schlimm daran, wenn hin und wieder ein Leichenspürhundeführer gegenüber seinen Freunden auf einem Seminar damit prahlt, dass sein Hund niemals falsch anzeige? Oder wenn ein Bloodhoundführer damit angibt, dass sein Hund einer zwei Monate alten Fährte oder jemandem, der kilometerweit in einem Auto gefahren ist, folgen könne? Ist das nicht bloß das harmlose Pendant zum Jäger- oder Anglerlatein?

Nein. Mit einem Leichenspürhund anzugeben trägt zur Verbreitung von Bullshit über Gebrauchshunde bei. Diese schafft eine Illusion, die nicht nur dem Training des individuellen Hundes schadet. Dabei entsteht eine filmische Fiktion über Gebrauchshunde im Allgemeinen – das pastellfarbene, weichgezeichnete Porträt eines Hundes, den wir als Helden verehren.

Falschaussagen, die oft genug wiederholt werden, erhalten, wie Spürhundetrainerin Tracy Bowling erklärt, früher oder später einen Status von Legitimität. Von diesem Punkt an wird der aus den Lügen resultierende Schaden deutlich und greifbar: Sie untergraben die Kompetenz ehrlicher Hundeführer, die nicht übertreiben. Sie halten Trainer davon ab, ihre Hunde bis zu dem für gute Arbeit erforderlichen Niveau auszubilden. Sie geben der schwierigen und komplexen Arbeit eines guten, verlässlichen Hundes den Anschein, simpel und offensichtlich zu sein.

Aufgrund der Übertreibungen überschlagen sich die Medien dabei, über das Wunder Hund zu berichten, um sich in der Regel kurz darauf erneut zu überschlagen, wenn die unvermeidliche Wahrheit ans Licht kommt. Die Bettwanzen-Blamage ist ein gutes Beispiel dafür. Der Lobgesang der *New York Times* auf Bettwanzenspürhunde hielt nicht einmal ein Jahr. Der erste Artikel, der im März erschien, zweifelte nicht im Geringsten an der Effektivität der Hunde im Kampf gegen die Insekten: „Vierbeinige Bettwanzen-Detektive, zum Knuddeln und erstaunlich zuverlässig: Entomologen an der University of Florida berichten, dass gut trainierte Hunde eine einzige lebende Wanze oder ein einziges Bettwanzen-Ei mit 96 Prozent Zuverlässigkeit aufspüren. Hunde sind die neue vorderste Front im Kampf gegen die eskalierende Insektenplage in amerikanischen Haushalten." Die Hunde in diesem und ähnlichen Artikeln schienen alleine zu arbeiten, ganz ohne menschliche Unterstützung. Sie nahmen wohl einfach ein Taxi, um die Hotels an der Upper East Side selbstständig unter die Lupe zu nehmen.

Acht Monate später klang die *Times* bereits weniger überzeugt: „Wachsende Zweifel an Bettwanzen-Spürhunden: Berichte über Bettwanzenbefall häufen sich und die Nachfrage nach den vierbeinigen Detektiven steigt – die Anzahl der Beschwerden über hündische Fehlanzeigen ebenso."

Mittlerweile gibt es mehr als eine warnende wissenschaftliche Studie. Einige Hundeführer und Organisationen reagierten mit Fassungslosigkeit und Bestürzung, andere wiesen Unterstellungen von Unzuverlässigkeit sogar erbittert zurück. Sie zerpflückten entsprechende Studien schneller als eine Motten-Armee eine Bettdecke oder behaupteten, „völlig schockiert" zu sein, dass die magische Welt der Gebrauchshunde nicht unfehlbar sei. Die heuchlerische Betroffenheit ist ein weiteres Beispiel dafür, was Frankfurt als Bullshit bezeichnet – doch sie ist unvermeidbar und sogar zu einem gewissen Grade verständlich.

Die juristische Bühne des Gebrauchshundewesens wird zusehends komplexer und kontroverser. Im Jahr 2013 wurden am Obersten Gerichtshof Floridas die ersten beiden Spürhundefälle verhandelt. Beide Fälle stützten sich auf den vierten Zusatzartikel zur Verfassung der Vereinigten Staaten, der dem Volk Sicherheit vor willkürlicher Durchsuchung von Wohnung, Papieren und Eigentum garantiert. In einem der Fälle – es ging um eine Fahrzeugkontrolle – entschied das Gericht zugunsten von Hund und Hundeführer. Der zweite Fall – vermuteter Marihuanaanbau in einem Privathaus – ging anders aus. Die Polizei hatte aufgrund hinreichenden Verdachts – ihr Drogenspürhund hatte an der Eingangstür geschnüffelt – einen Durchsuchungsbefehl erhalten. Die Richter entschieden, dass Hundenasen sich kaum von den neugierigen Augen der Staatsgewalt unterscheiden. Das Recht auf Privatsphäre gilt auch gegenüber Diensthundenasen. Es ist zu erwarten, dass die Entscheidung sich darauf auswirkt, wie und wo Spürhunde in Zukunft eingesetzt werden dürfen.

Wenn eine wissenschaftliche Studie die Unfehlbarkeit von Gebrauchshunden in Zweifel zieht, reagieren Trainer und Hundeführer sofort. So auch bei einer Studie, die Lisa Lit, Forscherin und ehemalige Spürhundeführerin, und zwei ihrer Kolleginnen an der University of California, Davis, 2011 in *Animal Cognition* publizierten. Die Studie zeigt, dass Diensthundeführer der Exekutive, die erwarten, an einer bestimmten Stelle Schießpulver oder Marihuana zu finden, entweder behaupten oder tatsächlich glauben, dass ihre Hunde die entsprechende Substanz gefunden hätten – selbst, wenn es nichts zu finden gibt.

Die Studie war einfach umsetzbar: die Forscherinnen benötigten weder Drogen noch Sprengstoff. Stattdessen platzierten sie kleine Stückchen roten Tonpapiers an unterschiedlichen Stellen im Raum und sagten den Studienteilnehmern, dass das Papier Drogen oder Sprengstoff markiere. Sahen die Hundeführer ein rotes Stück Papier – die angebliche Markierung für einen Geruchsträger –, war die Wahrscheinlichkeit, dass sie angaben, ihr Hund habe an der entsprechenden Stelle angezeigt, bedeutend größer. Bewusst? Unbewusst? Vielleicht beides. Besonders interessant war, dass die Hundeführer häufiger von den roten Papierstückchen abgelenkt wurden als ihre Vierbeiner von den Kabanossi und Tennisbällen, die in den Ecken des Raumes lagen. Lit und ihre Kolleginnen verzeichneten Hunderte falscher Anzeigen.

Lits Studie erforschte nicht das Verhalten von Hunden, sondern die menschliche Natur – die Hunde bildeten bloß die Rahmenbedingungen. Ihre Ergebnisse verdeutlichen die Notwendigkeit strengerer, gut durchdachter Trainingsroutinen und den Einfluss der menschlichen Erwartungshaltung auf vermeintlich objektive Unterfangen. Wenn wir die Suche in der Erwartung beginnen, etwas zu finden, ist die Wahrscheinlichkeit höher, dass wir dies tatsächlich tun. Wir alle machen Bestätigungsfehler – und wie viel besser fühlen wir uns, wenn die Hunde unsere Fehler gutheißen!

Nachdem ich Lits Studie gelesen hatte, begann ich, mehr negative Suchen in mein Training zu integrieren. Die ersten paar Mal jodelte Solo protestierend und versuchte, als ich die Suche beendete, das Zerrspielzeug aus meiner Tasche zu ziehen. Er hatte ein verlassenes Flughafengebäude durchsucht und nichts, nicht das kleinste Knöchelchen, gefunden. Er war wütend. Rund um uns standen Polizeihunde und uniformierte Männer, die es liebten, mit Hunden zu spielen. Und es gab nichts zu finden? Auf meiner Jacke klebten die Speichelfäden seiner Frustration und mein Oberschenkel würde einen schönen blauen Fleck bekommen – doch Solo hatte nicht falsch angezeigt. Ein guter Anfang.

Die nächste negative Suche würde blind sein: Ich selbst würde nicht wissen, dass es nichts zu finden gab. Danach doppelt blind: Auch meine Begleitperson würde nicht wissen, ob etwas versteckt war oder nicht. Und irgendwann würden wir vielleicht sogar das Pendant zu roten Kartonpapierstückchen meistern, ohne dass ich reflexiv darauf reagierte. Ein Schritt nach dem anderen.

Als ich an jenem Tag vor dem Flughafen ins Auto stieg, rief ich David an. Er versteckte einen Zahn im Garten. Als wir vom Auto zum Haus gingen, wirbelte Solos Kopf herum. Er stürmte zur Geruchsquelle. Schau! Doch noch ein Toter! Gib mir mein Spielzeug! Er war glücklich, und ich war zufrieden, weil ich ihm kein Kommando hatte geben müssen, um das Versteck zu finden. Mike Baker hatte mir am Anfang unseres gemeinsamen Trainings gesagt, dass Solo jederzeit bereit sein sollte, das Spiel zu definieren, ohne auf mein Signal zu warten.

Lisa Lilts Studie ist nicht die einzige Spürhundestudie, deren Resultate zur Vorsicht mahnen und darauf hinweisen, dass wir strengere Trainingsroutinen entwickeln müssen. Larry Myers von der Auburn University führte eine umfangreiche, noch nicht publizierte Studie an zwölf Hund-Mensch-Teams durch, die Vollzeit in der Spürhundearbeit tätig sind.

„Es war ein einfacher Test", sagte Myers geradeheraus. „Ich fürchtete, dass er zu einfach sein würde." Er platzierte Geruchsträger nach dem Zufallsprinzip in druckfrischen Pizzakartons. Er selbst vermied es, den Raum mit den Schachteln zu betreten, um den Hundeführern nicht unbewusst zu helfen. Die Bandbreite der Leistungen reichte von erbärmlichen 30 Prozent Verlässlichkeit des schwächsten bis zu beeindruckenden 97 Prozent Verlässlichkeit des stärksten Teams. Die beste Leistung wurde von einem erfahrenen Trainer erreicht, der, wie Myers bemerkte, regelmäßig mit Doppelblindsuchen arbeitete.

Der Großteil der getesteten Teams erreichte zwischen 60 und 85 Prozent Verlässlichkeit. 85 Prozent ist respektabel. 60 nicht wirklich – das grenzt schon an Zufall. Dreißig Prozent Verlässlichkeit sind ein Grund, Hund beziehungsweise Hundeführer auszuwechseln oder die gesamte Trainingsroutine zu überarbeiten.

„Es war interessant, zu sehen, wie viele Leute dachten, sie wären verdammte Genies – und ihre Leistung war unter aller Sau", bemerkte Myers. „Es erstaunt mich schon nicht mehr, dass manche ehrlich glauben, alles richtig zu machen, und welche Selbstillusionen dabei entstehen."

Beispielsweise sagte er unter Eid aus, dass er zwar keine detaillierten Aufzeichnungen über seine Aktivitäten führe, aber wisse, dass seine Hunde so gut wie nie falsch liegen. [Keith] Pikett zufolge hatte sein Hund „Clue" bis zum Jahr 2009 in 1.659 Geruchs-Gegenüberstellungen nur ein einziges Mal falsch gelegen. „James Bond" machte bei 2.266 Gegenüberstellungen ebenfalls nur einen einzigen Fehler, und „Quincy" wurden nur drei Fehler in 2.831 Gegenüberstellungen nachgewiesen."

- Bericht des Innocence Project of Texas, 2009 -

Sie ist zwar selten, aber es gibt sie: Eine Hundevariante des Kluger-Hans-Phänomens ist schon mehrmals an amerikanischen Gerichtshöfen vorgefallen – und dabei stehen Schuld- und Freisprüche auf dem Spiel. Aus Mathematik-Zaubertricks vor begeistertem Publikum werden Hundetricks vor leichtgläubigen Geschworenen, und unschuldige Menschen landen im Gefängnis. Wenn Hundeführer unter Eid lügen oder die Fähigkeiten ihrer Hunde übertrieben darstellen, leidet die Glaubwürdigkeit von Traineraussagen und Hundenasen.

Derartige Aussagen bringen Roger Titus, Vizerektor des Nationalen Polizeibloodhound-Verbandes, in Rage. Seit Jahrzehnten arbeitet er mit Bloodhounds, und manch eine schön ausgearbeitete Fährte macht ihn stolz auf seine Hunde. Seine Arbeit hat dabei geholfen, Verbrecher hinter Gitter zu bringen. Gelingt es seinen Hunden, drei oder vier Tage alten Fährten zu folgen, ist er mehr als zufrieden. Gute Spürhundearbeit wird von den Lügen unterminiert, die ihm im Training und auf dem Zeugenstand zu Ohren kommen. Derartige Geschichten werden zum Klotz am Bein gewissenhafter Trainer und Hundeführer. „Manchmal wird es richtig unverschämt", sagt Roger über die Behauptungen mancher Hundeführer. „Vier Monate alt? Unmöglich. Leute, die im Januar Fährten legen, um sie im März auszuarbeiten, reden Blödsinn."

Die Warnzeichen sind leicht zu erkennen, sagt Roger: „Es sind immer Hundeführer, die in die Geschichte eingehen wollen." Doch solche Legenden werden zu Aussagen unter Eid, zu Beweismitteln und zu abschreckenden Beispielen in juristischen Fachzeitschriften. Geruchsbeweise oder die Anzeige eines Hundes sollte eines unter vielen Indizien sein – doch manchmal wird es zum entscheidenden Beweis für ein Urteil. Das ist ein Problem.

Eine solche Legende ist der mittlerweile verstorbene John Preston aus Pennsylvania. Das Innocence Project, ein Verein mit dem Ziel, Justizirrtümer aufzudecken, gibt an, dass Prestons betrügerische Aussagen zur Fährtenleistung seines Hundes an ganzen sechzig Verurteilungen beteiligt waren. Preston behauptete etwas, das Fährtenexperten für unmöglich erklären: Sein Hund soll menschliche Spuren noch Monate oder sogar Jahre, nachdem ein Verdächtiger über stark befahrene Straßen gegangen ist, ausarbeiten können. Einer der Verurteilten wurde 2009 nach sechsundzwanzigjähriger Inhaftierung freigelassen. Die Staatsanwaltschaft in Florida hatte sich nicht die Mühe gemacht, Prestons Fälle neu aufzurollen, nachdem er Mitte der 1980er als Betrüger überführt wurde. Erst 2008 ordnete Staatsanwalt Norman Wolfinger an, Fälle von Mord und sexueller Nötigung, in denen Preston ausgesagt hatte, neu zu bearbeiten. Die örtliche Zeitung schrieb, dass unabhängige Ermittlungen nötig wären. Dazu kam es nicht mehr: Preston starb noch im selben Jahr.

Keith Pikett, ein mittlerweile pensionierter Hilfssheriff aus Fort Bend County, Texas, ist eine jüngere und noch heute lebende Legende. Wie Vertreter des Texas Innocence Project der New York Times erzählten, befinden sich derzeit zwischen fünfzehn und zwanzig Menschen „einzig und allein aufgrund von Piketts Aussagen" zur Fährtenleistung seiner Bloodhounds im Gefängnis.

Pikett war an der Anklage von über 1.000 Verdächtigen an allen Ecken und Enden der USA beteiligt. Seine Spezialität: Geruchs-Gegenüberstellungen. Dabei wird am Tatort eine Geruchsprobe entnommen und einer Geruchsprobe des Verdächtigen gegenübergestellt. Aufgabe des Hundes ist es, den Geruch des Tatorts mit dem Geruch des Verdächtigen abzugleichen. Ein stichhaltiger Geruchsabgleich muss unter ganz bestimmten Konditionen durchgeführt werden, doppelt blind, und die Gerüche müssen sorgfältig gesammelt, transportiert und ausgelegt werden. Niederländische Gerichte akzeptieren Geruchsgegenüberstellungen, allerdings nur als unterstützende Beweise. Voraussetzung dafür ist, dass mehrere Hunde übereinstimmen und der Test in einem sterilen Raum und unter Abwesenheit der Hundeführer durchgeführt wird. Anders gesagt: Fremdkontamination und der Kluger-Hans-Effekt sind ausgeschlossen. Keith Pikett ging in Texas ganz anders vor.

Letztendlich, meint Roger lakonisch, wurde Pikett von den Polizeivideos überführt, die ihn und seine Hunde beim Ausarbeiten von Geruchsgegenüberstellungen zeigten. Ich sah sie online. Nummerierte Lackdosen wurden auf einer Wiese in einer Reihe aufgestellt. Ein Beamter nahm mit bloßen Händen Mulltupfer in Plastiktüten aus einer Dose und legte sie in eine andere. Falls es jemals ein nicht kontaminiertes Geruchsobjekt mit dem Geruch des Verdächtigen gegeben hatte, so befand sich der Geruch vermutlich spätestens jetzt in mehreren Dosen. Pikett führte seine Bloodhounds an der Leine die Dosenreihe entlang. Die Hunde sahen ihn fragend an, heulten und blieben immer dann stehen, wenn Pikett selbst stehen blieb. Sie schüttelten die Köpfe, bis der Sabber in alle Richtungen spritzte, und heulten erneut. Manche Dosen mieden sie. Pikett stoppte einen Hund mit der Leine an einer der Dosen, und dieser blieb stehen. Ein weiterer Hund blieb genau in der Mitte zwischen zwei Dosen stehen, und Pikett sagte, er habe eine davon angezeigt. Ein Hund heulte, während er an zwei Dosen vorbeilief, und Pikett erklärte erneut, dass er eine davon angezeigt habe. Das Schütteln der Köpfe, die Pausen, das Bellen – all das waren Pikett zufolge Anzeigen. Die Bloodhounds zeigten alle drei Verhaltensweisen.

„Das ist das primitivste polizeiliche Beweisverfahren, das ich je gesehen habe“, sagte Robert Coote, ehemaliger Hauptmann einer britischen Polizeieinheit, aus, nachdem er die Videos gesehen hatte. „Wüsste ich es nicht besser, würde ich glauben, eine Komödie zu sehen.“

Das Problem? Ermittler, Staatsanwälte und Geschworene in ganz Texas nahmen die Komödie jahrelang für bare Münze. Ein Mann, dem man vorwarf, drei Menschen getötet zu haben, war teilweise blind, aufgrund von Diabetes und Knochenveränderungen körperlich eingeschränkt und rein physisch nicht in der Lage, die Morde zu begehen, mit denen ihn Pikett in Verbindung brachte. Er verbrachte sieben Monate im Gefängnis, bevor der tatsächliche Mörder die Tat zugab.

Piketts Hunde identifizierten den pensionierten Polizeihauptmann Michael Buchanek als den Hauptverdächtigen für die Vergewaltigung und den Mord seiner Nachbarin, einer Sozialarbeiterin. Die Theorie der Polizei besagte, dass Buchanek die Leiche im Kofferraum seines PKWs zu einer acht Kilometer entfernten Wiese transportiert und dort ausgeladen und zurückgelassen habe. Vierundzwanzig Stunden nach dem Verbrechen sollen Piketts Hunde dem aus dem fahrenden Auto austretenden Geruch des Opfers acht Kilometer weit gefolgt sein. Wie die international bekannten Gebrauchshundeexperten Resi Gerritsen und Ruud Haak in ihrem Buch *K9 Fraud* nicht ohne Ironie bemerken, handelte es sich „um eine außergewöhnliche und unnachahmliche Leistung“.

„Die Polizisten“, berichtet Buchanek in einem Interview der New York Times, „sagten immer wieder zu mir: ‚Die Hunde lügen nicht. Wir wissen, dass du es warst!‘“ Nachdem er monatelang des Mordes verdächtigt worden war, wurde Buchanek schließlich für unschuldig erklärt: Eine DNA-Probe überführte einen anderen Mann, der das Verbrechen später auch zugeben sollte.

Geschworene sind besonders leichtgläubig, was vierbeinige Zeugenaussagen betrifft, meint Roger Titus: „Sie sehen einander an, und von zehn Leuten haben acht einen Hund. Ein empfängliches Publikum!“

Nicht nur Coote und Roger waren entsetzt. Rogers Kollege Doug Lowry, der Rektor des Nationalen Polizeibloodhound-Verbandes, sagte gegen Pikett aus. „Er schadet den Polizeibloodhound-Teams im ganzen Land“, stellte Lowry fest. Es kommt selten vor, dass Organisationen, gute Hundeführer oder Trainer gegen andere Hundeführer aussagen – doch diese Männer waren der Meinung, dass Pikett aufgehalten werden musste. „Pikett hat den Hunden im texanischen System ein großes Stück Glaubwürdigkeit genommen“, seufzt Andy Rebmann.

Pikett ist mittlerweile im Ruhestand und sagt nicht mehr vor Gericht aus, doch seine Fälle finden bis heute den Weg in die Medien. 2007 wurde Megan Winfrey aus East Texas zu einer lebenslangen Gefängnisstrafe verurteilt. Im Alter von sechzehn Jahren sollte sie einen Mord begangen haben. Der Hauptbeweis, der gegen sie vorlag? Keith Piketts Geruchs-Gegenüberstellungen. Im Zuge der Berufung wurde ihr für denselben Mord ebenfalls verdächtigter Vater freigesprochen. Auch Megan Winfreys Bruder stand für den Mord vor Gericht. Sein Anwalt argumentierte energisch gegen die wissenschaftliche Stichhaltigkeit von Piketts Geruchs-Gegenüberstellungen. Die Geschworenen des Bruders berieten sich dreizehn Minuten lang, bevor sie ihn für unschuldig erklärten. Im April 2012 legte Megan Winfrey Berufung ein. Am 27. Februar 2013 wurde sie von allen gegen sie bestehenden Vorwürfen freigesprochen, doch der Staatsanwalt verlangte eine erneute Anhörung. Am 19. April 2013 wurde sie schließlich entlassen.

2009 erklärte Piketts Anwalt der New York Times, dass die Arbeit seines Klienten und seiner Hunden mysteriös erscheinen könne. „Als ich es zum ersten Mal sah, hatte ich keine Ahnung, was die Hunde da machten. Aber“, fügte er hinzu, „Pickett wusste es ganz genau. Er macht das schon so lange, dass er nicht versteht, warum wir nicht sehen können, was er sieht.“

Korruption, Fehlverhalten und Betrug finden sich an allen Punkten des menschlichen Verhaltensspektrums. Menschen sind klug, genauso wie Hunde, und wie diese schummeln sie mitunter, um schneller an ihre Belohnung zu kommen. Das Gros der Experimente zum Thema Lügen und Schummeln zeigt, dass die meisten Menschen ein wenig mogeln, wenn sich die Gelegenheit ergibt. (Die meisten Menschen schummeln nicht sehr viel, sondern nur ein kleines bisschen – gerade so viel, dass wir uns nicht allzu schuldig fühlen müssen. Es sei denn, wir sind Frank Abagnale.) Und während wir relativ tolerant gegenüber kleineren Unwahrheiten sind, fühlen wir uns auf unerhörte Weise betrogen, wenn Hunde wie Marionetten eingesetzt werden, um uns hinters Licht zu führen und Bewunderung zu ernten. Derartige Fälle erhalten in der Regel unverhältnismäßig viel Aufmerksamkeit.

Jedes Spür- und Fährtenhundegenre scheint einen Hundeführer zu haben, der zum Sinnbild der Unehrlichkeit wird. Und jeder einzelne dieser Hundeführer erreicht seinen Status nur, weil ihm dies von Leuten, die misstrauisch sein sollten, ermöglicht wird – im Falle der Leichenspürhunde werden Bundesbehörden, Staatsanwälte, die Exekutive und sogar Archäologen zu den Handlangern der Korruption. Schon als ich gerade erst begonnen hatte, Solo zum Leichenspürhund auszubilden, fiel mit verstohlenen Blicken in meine Richtung immer wieder ein Name: Sandra M. Anderson aus Midland, Michigan. Eine freiwillige Leichenspürhundeführerin. Wie ich.

Im Training und sogar während so manchem Einsatz wurde ich gefragt, ob ich von ihr gehört hätte. Ja, das hatte ich. Es gibt kaum einen Leichenspürhundeführer, dem sie kein Begriff ist. Wie Pikett hatte auch sie dem Ruf aller geschadet, die mit der Nase des Hundes arbeiten, und wie er ist auch sie ein warnendes Beispiel.

Anderson begann, erzählte mir ein Rettungshundeführer, der sie persönlich kannte, „mit einem richtig guten Hund“ – einem Dobermann-Pointer-Mischling namens Eagle. Ihr Hund fand Menschen und machte seine Sache gut. Doch Anderson sehnte sich nach mehr Aufmerksamkeit. Sie begann, Knochen an Tatorten und Massengräbern zu verstecken, die ihr Hund danach aufspürte. Später stellte sich heraus, dass sie bereits 1999 auf diese Art Beweismittel gefälscht hatte.

Wie Keith Pikett und jeder, der sich so etwas mehr als ein paar Mal leisten kann, hatte sie Wegbereiter, darunter das FBI: Die Agenten fanden Anderson großartig. Leichtgläubige Beamten und Archäologen sprachen von den „geheimnisvollen“ und „unheimlichen“ Fähigkeiten ihres Hundes. Die Wortwahl ist ein Alarmzeichen.

Im April 2002 wurde Anderson während einer Suche im Huron-Nationalpark in Michigan vom FBI verhaftet. Cherita Thomas war zwei Jahrzehnte zuvor hier verschwunden, und die Polizei suchte noch immer nach ihren Überresten. Anderson bot ihre Hilfe an. Sie wurde festgenommen, nachdem ein Kommissar und ein Polizist beobachteten, wie sie Knochensplitter und blutige Teppichfasern in und um einen Baumstumpf sowie im schlammigen Flussbett eines trockenen Waldbaches drapierte.

Das FBI musste Hunderte Fälle, an denen Anderson in Ohio, Indiana, Wisconsin, Louisiana, Michigan und Panama gearbeitet hatte, erneut aufrollen. Die ursprüngliche Glaubwürdigkeit von allen vom FBI bis zu Anthropologen wurde von der wutentbrannten Gegenreaktion wettgemacht. In ihrem Schuldgeständnis gab Anderson zu, im Laufe ihrer Leichenspürtätigkeit eine blutige Säge, eine Zehe, Teppichfasern und Knochen an Tatorten drapiert zu haben.

Der Effekt von Andersons Taten war sowohl komplex als auch simpel: Die Exekutive wurde noch misstrauischer gegenüber freiwilligen Helfern. Das ist verständlich, wenn auch nicht immer angebracht. Sämtliche Arbeiten im Zusammenhang mit der Aufdeckung und Ahndung von Verbrechen sollten auf Basis gesunder Skepsis ablaufen. Hundenasen sollten nur eines von vielen Werkzeugen sein. Sie können großartig sein und manches leisten, was andere Werkzeuge nicht können – doch sind sie weder mystisch und geheimnisvoll noch perfekt. Sie müssen verlässlich sein.

Es gibt keine Abkürzung zur Verlässlichkeit. Einzig und allein beständiges fleißiges Training führt ans Ziel. Nachdem ich Solo in jener entmutigenden Nacht zurück ins Auto gebracht hatte, fand ich Mike Baker am anderen Ende des heißen, staubigen Gebäudes. Er lehrte einen jungen Diensthundeführer, seinen Hund einen Gegenstand genau unter die Lupe nehmen zu lassen. Dieser zeichnete mit der Hand W-Muster in die staubige Luft und forderte den schmächtigen Malinois auf: „Such oben!", „Such unten!" und „Such hier!" Der Hund hechelte bereits stark und hyperventilierte. Irgendwann hielt der müde Vierbeiner inne und begann, seine Nase auf eine Box zu konzentrieren. „Lass ihn nicht stehen bleiben!", murmelte Mike hinter dem verschwitzten Hundeführer, um eine Fehlanzeige zu verhindern.

Timing ist immer wichtig, doch am Anfang des Trainings ist es essentiell. Ich lernte, nicht langsamer zu werden oder stehen zu bleiben, aber auch nicht so schnell zu gehen, dass Solo etwas Wichtiges übersah.

Was aber, wenn die Drogen, die Waffe oder der Knochen tatsächlich da sind und der Hundeführer weiterzugehen versucht? Der Hund lernt, seiner Nase zu vertrauen und sich auf die Anzeige festzulegen. Er lernt, unser Weiterwollen stur zu ignorieren: Selbst wenn der Hundeführer leicht an der Leine ruckt – worauf ein unerfahrener Vierbeiner schnell reagiert –, lässt sich ein erfahrener Spürhund nicht vom Geruch abbringen.

Es ist nicht mysteriös oder geheimnisvoll. Es ist nicht unheimlich. Es ist ein herrlicher Anblick: Ein Hund, der seiner Nase vertraut und auf die Versuche des Halters, ihn von der Geruchsquelle wegzulocken, -zurufen oder -zuziehen mit intelligentem Ungehorsam reagiert. Ein Hund, der die Blickrichtung seines Menschen ignoriert, die keine Relevanz für seine Aufgabe hat. Das ist echtes Selbstvertrauen – sicher, standhaft und souverän. Genau so sollte die Co-Evolution von Gebrauchshund und Hundeführer aussehen: Der Hund hält an der Wahrheit fest, selbst wenn sein Partner weitergeht. Das ist wahre Teamarbeit: Der Hund zeigt mit Nase, Pfote oder dem gesamten Körper auf die Geruchsquelle und sagt: „Du Idiot! Es ist hier!“

Und dieser weite, allgemeine Schauplatz
Beut mehr betrübte Szenen dar als unsre,
Worin du spielst.

- Herzog, Wie es euch gefällt, 2. Aufzug, 7. Szene, Ein anderer Teil des Waldes -

11
Die ganze Welt ist Tatort

Roy Ferguson, ein großer, schlanker Trainer aus Tennessee mit schwermütigen und zugleich gütigen Gesichtszügen, die an einen Bloodhound erinnerten, trug ein grelloranges Sweatshirt und eine hellbraune Weste mit zahlreichen Lätzen, Taschen und Patten zur Generalprobe. Diverse Gegenstände ragten aus seinen Hosentaschen und mehrere Abzeichen waren an seine Weste genäht. Er sah aus wie ein perfekter Pfadfinderleiter: intelligent und ein wenig sonderbar, als hätte er einen ganz eigenen Sinn für Humor und doch ernst genug, um ausufernde Blödeleien im Keim zu ersticken. Außerdem schien er für jedes nur denkbare Problem das richtige Werkzeug dabei zu haben. An einem nebeligen Wintermorgen stand er unter den Bäumen und bereitete einen lakonischen Hundeführer aus Florida auf seinen Probe-Einsatz vor. An dessen Seite stand eine junge Pitbull-Hündin, dunkel gestromt und mit geisterhaften Bernsteinaugen. Ihr schlanker, muskulöser Körper steckte in einer Polizeihundegeschirr , die ihr ein wenig zu groß war.

Wir waren siebzig Meter tief in einen geschotterten Forstweg in Georgia gefahren, der sich zwischen den Bäumen durchschlängelte und dann im Wald verlief. Die Sorte Weg, in die ein in Panik geratener Mörder des Nachts einbiegen könnte, auf der Suche nach einem Ort fern von Verkehr und Wohnhäusern, an dem sich eine Leiche loswerden lässt.

Ein achtzehn Monate altes Kleinkind, erklärte Roy dem Hundeführer Benjamen Ortiz, wurde vermisst. Es hieß, dass das Kind verstümmelt und vergraben worden sei. Die Exekutive habe den Verdacht, dass das Grab weiter unten im Wald liege, dort, wo der Weg zu einem Pfad wurde und dann verschwand. „Arbeite mit deinem Hund, komm zurück und berichte, was du gefunden hast."

Ben nickte und löste June Bugs Leine. Wie eine Gazelle hüpfte sie den Weg entlang, steuerte geradewegs auf einen frisch aufgeschütteten Humushügel zu, schnüffelte lange und sorgfältig, ging weiter zum nächsten Hügel, warf Ben einen kurzen Blick zu und schnappte sich dann etwas vom Boden. Gute Reflexe sind in der Spürhundearbeit unabdingbar.

„Mach weiter mit deiner Arbeit!", knurrte Ben sanft. June Bug flitzte davon und setzte über einen Baumstamm, während sie weiter an der mysteriösen Delikatesse kaute. Nach dieser Stärkung war sie bereit für die Arbeit. Ben hielt sich im Hintergrund und beobachtete seine Hündin schweigend. Schließlich verschwanden beide ruhigen Schrittes tiefer im Wald.

Fünf Minuten später – auch wenn es sich jedes Mal länger anfühlt – kam Ben zurück und erstattete Bericht. „Nichts", erklärte er Roy. „Keine Anzeige." Die Gesichter beider Männer blieben ausdruckslos. Roy bedankte sich förmlich bei Ben; dieser zuckte die Schultern, nahm June Bug an die Leine und führte sie zurück zu seinem Geländewagen. Sie hatte die Rute, dünn und glatt wie eine Peitsche, zwischen die Beine gezogen.

Roy verzog keine Miene, bis das Team um eine Kurve verschwunden war. Dann lächelte er breit. „Ich mag diesen Hund. Schöne Arbeit!" Er meinte auch, dass ihm gefiel, wie Ben mit dem Mordfall umgegangen war. Weder er noch sein Hund ließen sich dazu verleiten, menschliche Überreste zu finden, die gar nicht vorhanden waren.

Roy, ein Augenarzt aus Sevierville, und seine Frau Suzie – die genauso an eine perfekte Pfadfinderleiterin erinnert wie er – trainierten Hundeführer in Eatonton, Georgia, dem Heimatort von *Onkel-Remus*-Autor Joel Chandler Harris. Wie in einer berühmten *Onkel-Remus*-Geschichte der hinterhältige Br'er Fuchs dem Br'er Hasen eine gemeine Falle stellt, in der dieser sich immer tiefer verstrickt, je mehr er ihr zu entkommen versucht, so arbeiteten auch Roy und Suzy fröhlich und entschlossen mit ihren Schaufeln daran, einen Humushügel nach dem anderen aufzuschütten. Es war offensichtlich, dass die Inszenierung dieses Mordfalls jede Menge Arbeit und Schweiß erfordert hatte. Irgendwo in all dem Humus musste ganz einfach Kadavermaterial vergraben sein! Die Hundeführer verstrickten sich in ihrer eigenen Fantasie und redeten erst sich selbst und dann ihren Hunden ein, dass die Hügel Gräber wären.

Viel zu häufig läuft Spürhundetraining – auch mein eigenes – auf dieselbe Art und Weise ab: Ich komme zum Trainingsgelände – ein schimmelbefallenes Haus, das zur Zwangsversteigerung steht, ein abgeerntetes Baumwollfeld oder eine leerstehende staubige Lagerhalle. Ein anderer Hundeführer oder Trainer versteckt die Geruchsträger – Zähne, einen Knochen, blutige Bandagen –, weil es unsinnig scheint, zum Training zu fahren und nichts zu verstecken. Im Szenario des vermissten Kleinkindes wurde die gefühlte Unsinnigkeit auf die Spitze getrieben. Mehrere Hundeführer waren hunderte Kilometer weit angereist, um ein Seminar der Nationalen Spürhundevereinigung zu besuchen, das mitten im Nirgendwo stattfand. Es schien unlogisch, so weit zu fliegen oder zu fahren, um dann nach nichts zu suchen.

Der Fall des vermissten Kleinkindes war nur der erste eines langen Tages, an dem Suzie und Roy mit dem Verstand der Hundeführer spielten und deren Hunde herausforderten. Den Morgen mit einem sorgfältig durchkonstruierten Negativ-Szenario zu beginnen, wirkt vielleicht gemein – doch gutes Training simuliert die Realität. Mehr als neun von zehn Mal, schätzt Andy Rebmann, wird im Einsatz nichts gefunden. Die Polizei folgt vagen Anhaltspunkten, unverlässlichen Aussagen von Gefängnisinsassen, die ihre Komplizen verraten oder einfach der Notwendigkeit, eine bestimmte Gegend als Tatort auszuschließen. Sagen zu können: „Wir glauben nicht, dass sich die vermisste Person hier befindet", ist ebenfalls wichtig.

Derartige Trainingsszenarien haben den Vorteil, dass man sie nicht erfinden muss. Die besten Skripten schreibt das Leben selbst – auch wenn es eine gewaltige Menge Arbeit, Einfallsreichtum und – erstaunlicherweise – Fantasie erfordert, das Leben nachzustellen. Roys und Suzies Mentor, Sheriff, Detektiv und Diensthundetrainer in Roane County, entwickelte zahlreiche Szenarien für sein Rettungshundeteam, und viele Menschen profitierten von den sorgfältigen Überlegungen, mit denen er die Übungsfälle konstruierte.

Der Fall des vermissten Kleinkindes, in dem Ben und June Bug ausgezeichnete Arbeit leisteten, basierte auf einer Begebenheit, die sich im Jahr 2007 im Tennessee Valley zutrug. Die Polizei hatte ein frisches Grab gefunden und Spezialeinheit Team A zugezogen. Roy kam mit seinem Deutschen Schäfer Cherokee. Dieser ignorierte das Grab – aber die Polizei begann trotzdem zu graben. Ich kann nachvollziehen, dass sie es einfach wissen mussten. Sie fanden einen toten Pitbull. Wäre es ein größeres Grab gewesen oder hätte Cherokee angezeigt, hätte die Sache damit noch kein Ende gehabt: Manch ein Mörder begräbt ein totes Tier über dem menschlichen Opfer, um die Ermittler in die Irre zu führen.

Das Szenario, an dem Ben und June Bug an jenem Tag in Georgia arbeiteten, war „nur" Training – doch aus genau diesem Grund ist es wichtig, realistische Fälle nachzustellen. Nur zu oft wollen Hundeführer – so wie Liebende, wie die schöne Rosalinde in Wie es euch gefällt feststellt – „des Guten zu viel".

Nicht nur Hundeführer werden von ihren Wünschen, etwas zu finden, verführt. Ihre Hunde – vor allem, wenn sie nicht darauf konditioniert wurden, manchmal leer auszugehen – können das Gute ebenso gern finden wollen. Fehlanzeigen können im echten Leben verheerende Konsequenzen haben, darunter tagelange fruchtlose Grabungsarbeiten für die Exekutive und die Verurteilung Unschuldiger.

Ein mit Gräbern ausgestattetes Einsatzgebiet ist besonders suggestiv. Arpad Vass, dessen Labors nur eine Stunde von Roys und Suzies Haus liegen, stellt fest, dass wir – bewusst oder unbewusst – beim Finden und Interpretieren von Anomalien in der Landschaft gewaltigen Einfallsreichtum an den Tag legen. Das wiederum trägt dazu bei, dass auch die Hunde reagieren. Wie wir sind auch sie ausgesprochen gut darin, Anomalien zu bemerken und unsere Reaktion darauf zu spüren. Nicht nur Hundeführer und ihre Vierbeiner neigen zu ausufernder Fantasie: Geophysiker, Botaniker, Geologen – sie alle sehen einen Hügel, eine Abweichung in der Vegetation oder eine Veränderung in der Erde und konstruieren eine ebenso grimmige wie fiktive Geschichte rundherum.

Nachdem ich ein paar weitere Teams beobachtet hatte, erkannte ich, dass das Trainingsgebiet der Negativsuche, an der June Bug trainierte, mit Verlockungen gespickt war: Roy und Suzie hatten duftende Hornstücke von Pferdehufen ausgestreut, um die Hunde abzulenken und die Menschen zu verwirren. An einem solchen Hornstück hatte wohl auch June Bug während der Suche geknabbert. Sie hatte sich korrekt verhalten, indem sie nicht angezeigt hatte, sich aber eine unerlaubte Freiheit herausgenommen und während der Arbeit etwas vom Boden gefressen. Dennoch war sie besser als die meisten. Andere Hunde ließen sich nicht nur von den Hufhornstücken verleiten, sondern hatten auch zweibeinige Partner, die sich immer mehr in eine falsche Geschichte verrannten, als sie ihre Hunde an den Humushügeln zögern und ausführlich schnüffeln sahen. Mehrere Hunde zeigten an einem der beiden vermeintlichen Gräber an – und zwar an demjenigen, das Roy mit einer gehörigen Portion Tote-Mäuse-Saft übergossen hatte.

Mäusesaft war eine Zufallsentdeckung, die Roy und Suzie auf einem Roadtrip quer durch die Vereinigten Staaten machten. Sie hatten eine Kühlbox mit einem Beutel gefrorener Mäuse im Gepäck, die sie als Trainingsablenkung einsetzen wollten. Es wurde heißer als erwartet. Das Eis schmolz, der Beutel riss und die toten Mäuse schwammen in der Kühlbox. „Scheibenkleister!“ Suzies Augen weiteten sich, als sie sich daran erinnerte, wie sie die Box geöffnet hatte. Es war der einzige Kraftausdruck, den ich sie je hatte sagen hören. Der Geruch musste bestialisch gewesen sein.

„Cool!“, rief Roy. Die Flüssigkeit war noch besser als die geplanten toten Mäuse. Er schüttete ein wenig davon auf einen Erdhügel, welcher Sekunden später von einem Schwarm Schmeißfliegen umschwirrt wurde. Mäusesaft wurde ein essentieller Bestandteil ausgeklügelter Trainingsszenarien. Später verrieten Roy und Suzie ihr Rezept. Ich musste nicht mitschreiben – ich würde es im Kopf behalten. Fülle ein Einmachglas mit toten Mäusen. Füge Wasser hinzu. Warte einige Wochen. Gieße den Trunk großzügig überall dort aus, wo du einen Hund ablenken willst.

Die Vorbereitungen laufen im Geheimen ab. Wird das Szenario richtig aufgezogen, so wie in Georgia, sollte es die Hundeführer auf den Boden der Tatsachen zurückholen. „Überfahrene Tiere sind noch besser!“, erklärte Roy den bekümmerten Hundeführern, deren Vierbeiner falsch angezeigt hatten, bei der Nachbesprechung. Er strahlte beim Gedanken an vergrabene Tierkadaver im Suchgebiet. Er war ein Mann, der gemeinsam mit seiner Frau und Partnerin experimentiert, wie viele Stunden frisches Blut altern muss, um von Leichenspürhunden angezeigt zu werden, oder ob die Asche einer verbrannten Plazenta ebenso stark anziehend auf Kadaverspürhunde wirkt wie eine frische, feuchte Plazenta.

Bei der Nachbesprechung fanden einige Hundeführer Ausreden. Roy und Suzie nickten verständnisvoll, hörten gut zu und wiesen sie behutsam auf Fehler hin. Auch Hunde, die vor dem Schlafengehen etwas zu knabbern bekommen, sollten am Einsatzort nichts fressen. Das ist auch einer der Gründe dafür, dass viele Gebrauchshundeführer ihre Hunde nicht mit Futter belohnen – obwohl manche Rassen und manche Individuen sich für Kekse mehr anstrengen als für Spielzeugbelohnungen. Allerdings kann Spielzeug eine ebenso große Ablenkung darstellen. Ich habe Diensthundetrainings besucht, auf denen eine Ecke des Übungsraums mit unzähligen Tennisbällen, die andere mit einer kleinen Menge Rauschgift versehen war. Die Übung trieb die Balljunkies unter den Seminarteilnehmern fast in den Wahnsinn.

Im Gegensatz zu strategisch platziertem Hundespielzeug finden sich fressbare Verlockungen auf fast jeder Suche – besonders bei Katastropheneinsätzen. Ist ein Hund allzu futterbegeistert, gehen wertvolle Ressourcen und Zeit verloren.

Art Wolff half auf einem Erdbebeneinsatz in Übersee. Einer der Hunde vor Ort zeigte in einem eingestürzten Gebäude an. Die Rettungsteams warfen die schweren Maschinen an, um die eingestürzten Mauern beiseitezuschaffen. Mehrere Stunden später legten sie einen mit verdorbenen Nahrungsmitteln gefüllten Kühlschrank frei, den der Hund angezeigt hatte. Der Vierbeiner wurde nach Hause geschickt.

Die Huf-und-Mäusesaft-Demütigung war erst der Anfang. Bevor die Sonne an jenem Tag in Georgia unterging, spielten Roy und Suzie noch auf unterschiedlichste Art und Weise mit dem Verstand der Hundeführer. So trugen sie ihnen etwa auf, innerhalb eines mit Polizeiband abgesperrten Gebietes zu bleiben, während der Wind den Geruch des Todes von außerhalb des Absperrbandes, wo die Materialien tatsächlich versteckt waren, zu ihnen hereintrug. Bevor die Hundeführer ihre Vierbeiner losschickten, warnte Roy, dass man in der Gegend Bärenspuren gefunden habe. Bären sind berüchtigt dafür, Leichenteile zu verschleppen.

Die Hunde streckten die Hälse sehnsüchtig in Richtung des Geruches und wurden immer wieder zurückgerufen. „Sie ruft ihn schon zum dritten Mal zurück", murmelte Roy, als eine Hundeführerin ihren Partner dazu drängte, innerhalb der Polizeiabsperrung zu suchen, wie Roy, der die Rolle des örtlichen Polizeikommandanten spielte, ihr aufgetragen hatte. Ein wunderschöner Golden Retriever, der bereits mehrmals zurückgerufen worden war, lief schließlich weg, ignorierte die Kommandos seines Besitzers und wedelte so wild unter einem großen Berglorbeerbusch am Ufer eines Baches, dass der Hundeführer den mit ernster Miene und einem Klemmbrett in der Hand unbeteiligt danebenstehenden Roy schließlich um Erlaubnis bat, außerhalb der Absperrung zu suchen. Roy nickte und versuchte, sich seine Erleichterung nicht anmerken zu lassen. Bitte! Der Hund hatte die Mülltüte voller Leichenmaterial gefunden, die in einer Grube unter dem Lorbeerbusch versteckt war. Was für ein guter ungehorsamer Hund.

Jener schlimme Golden Retriever tat dasselbe wie Suzies Hund Schatzie und der Hund eines Kollegen in jenem Fall, auf dem das Übungsszenario basierte. Suzie und ihr Kollege waren zugezogen worden, um nach einem Doppelmord der russischen Mafia in Gatlinburg, Tennessee, menschliche Überreste aufzuspüren. Die Hundeführer wurden aufgefordert, ein bestimmtes Areal abzusuchen, doch die Hunde wollten woanders hin – und dort war auch der Geruch. Die Weigerung der Hunde, innerhalb des abgesperrten Gebiets zu bleiben, half der Polizei, einzelne Körperteile im Gestrüpp an einem Bachufer zu finden.

„Wenn euer Hund Interesse zeigt, müsst ihr ihm vertrauen. Ihr müsst ihm einfach vertrauen!", erklärte Roy den Seminarteilnehmern in Georgia in der Nachbesprechung. „Ihr müsst eurem Hund nachgehen. Euer Hund ist da draußen und versucht, seine Arbeit zu machen. Er zieht nach draußen? Fragt höflich: ‚Entschuldigen Sie, gibt es einen Grund, nicht dort zu suchen?'" Dann wechselte er von seiner Böser-Bulle-Rolle wieder zum guten Bullen, denn Roy ist ein netter Mensch, der nur kurze Zeit den bösen Bullen mimen kann, und gab zu: „Es war ein schwieriger Fall!"

Die Szenarien, die sich Roy und Suzie für jenen Tag überlegt hatten, zeigen, wie schwierig es ist, sich der menschlichen Natur zu widersetzen. Sind die Dornbüsche zu dicht und stachelig, hat die Polizei unrealistische Grenzen gesetzt, gibt es steiles, felsiges Gelände – warum sich die Sache unnötig schwer machen? Wenn einem das Bauchgefühl sagt, dass die Geruchsträger in einem bestimmten Areal sein müssen – warum dann dieses verlassen? Das ist einer der Gründe, warum gute Hunde so wichtig sind: Sie wollen auch an schwer zugänglichen Orten suchen. Polizeisperren und Giftefeu sind ihnen egal. Sie folgen ihrer Nase.

Das Szenario mit dem Polizeiabsperrband erinnerte mich an den alten Witz mit dem Polizisten, der einen Betrunkenen anspricht, welcher auf allen vieren unter einer Straßenlampe herumkriecht und seine Geldtasche sucht. Der Polizist fragt, ob der Betrunkene sicher sei, die Geldbörse hier verloren zu haben, und dieser antwortet, dass er sie wahrscheinlich auf der anderen Straßenseite habe fallen lassen: „Aber hier ist das Licht besser."

Der Betrunkene hatte keinen Hund dabei.

Selbst Hunde sind nicht zu allem fähig. Es gibt einen Punkt, an dem der Mensch nicht nur „seinem Hund vertrauen" sollte – so nützlich und wahr dieser Satz auch ist –, sondern auch seinem eigenen menschlichen Gehirn. Bis heute wissen die Wissenschaftler nicht, aus welchem Grund der Frontallappen des menschlichen Hirns gewissen Aufgaben besser gewachsen ist als jener des Hundes – doch die Fähigkeit, Shakespeare zu lesen, ist nicht der einzige Unterschied zwischen den Spezies.

Ist die ganze Welt der Suche Bühne und alle Hundeführer bloße Spieler, die auftreten und wieder abgehen, so findet sich so manch einer von uns in der „Hundeführer-Zombie-Szene". Diese kommt ungefähr zur Mitte des Theaterstücks, häufig nach einer atemberaubenden Leistung des Hundes. Ich konnte das Phänomen sowohl bei anderen Hundeführern als auch an mir selbst beobachten. Dabei geht es nicht darum, einen Zombie an der Leine zu führen, sondern darum, selbst einer zu werden. Neue Hundeführer sind zuerst wie Kinder: Sie wollen alles kontrollieren, sind nervös, reden viel, greinen, lenken ihre Hunde ständig ab und lassen diese nicht unabhängig ihre Arbeit machen. Gute Trainer führen die Anfänger behutsam durch diese irritierende Phase. „Halt den Mund", befahl mir Nancy Hook.

„Schleich nicht ständig deinem verdammten Hund hinterher", sagte Andy Rebmann einem anderen Neuling.

Ich brachte die Anfängerzeit hinter mich und fand mich in einer ebenso problematischen Trainingsphase wieder. Aufgrund einer Reihe erfolgreicher Einsätze, die wir teilweise der Tatsache zu verdanken hatten, dass wir zur richtigen Zeit am richtigen Ort gewesen waren, begann ich, Solo zu idealisieren. Ich wusste, er konnte die Arbeit machen. Er war über fünf Jahre alt – klug, fröhlich, furchtlos, unabhängig. Es gelang ihm sogar, fremde Hunde auf der Suche zu ignorieren – auch wenn er eindeutig nur so tat, als wären ihm diese egal. Wir alle sind Schauspieler. Vor allem wurde Solo immer sympathischer. Er lächelte ununterbrochen; seine Zähne glitzerten zwischen entspannten Lefzen aus dem leicht geöffneten Maul. Er zeigte sich im Training und auf Einsätzen von seiner triebstärksten Seite und wurde zuhause zum Schmusehund. Eines Abends nach einer langen, schwierigen Suche sagte ich etwas zu David, das ich immer bereuen werde. Ich war müde und hätte den Mund halten sollen – auch wenn ich es in jenem Moment wirklich meinte: „Er ist mein Held."

Solos Erfolg ließ mich gefühlsduselig und dumm werden und nur noch einen Teil meines Hirns verwenden.

Bald erkannte ich, dass ich nicht die Einzige war. Zombie-Hundeführer waren überall. Die Vorstellung, dass ihre Hunde unfehlbar wären und selbstständig komplexe Probleme lösen könnten, hatte ihnen den Verstand geraubt. Erfahrene Gebrauchshunde können in der Lage sein, bestimmte Probleme zu lösen, doch ist es nicht ihre Aufgabe, Strategien zu planen. Ein Hundeführer sollte das eigentlich wissen – und doch: Auf Seminaren und auch in meinem eigenen Training sah ich Menschen, die nicht auf ihre Hunde achteten. Statt ihren Hunden auf Schritt und Tritt zu folgen und sie ständig kontrollieren zu wollen, hatten sie nun das gegenteilige Problem. Sie standen am Rand und tratschten, während ihre Hunde arbeiteten.

Es gibt einiges, was Hunde wesentlich besser können als ihre Menschen. Andere Dinge können sie weniger gut. Sie sind wesentlich besser bei der Nasenarbeit als wir, doch drücken wir ihnen keinen Autoschlüssel in die Pfoten und fordern sie auf, uns in der Kommandozentrale Bericht zu erstatten, wenn sie gefunden haben, wonach wir suchen. Wir müssen Training oder Einsatz so gestalten, dass unsere Hunde Erfolg haben können. Hunde müssen an der richtigen Stelle angesetzt werden, um ihre Sache gut zu machen. Das heißt mehr als nur in Windrichtung zu stehen. Es heißt, dass wir im Team arbeiten. Ich musste lernen, wann ich mich im Hintergrund halten und wann ich Solo helfen musste. Dem eigenen Hund zu vertrauen und ihn seine Arbeit machen lassen heißt nicht, ein gedankenloser Zombie zu sein. Es gilt, mitzudenken und die Augen offen zu halten. Nancy Hook fuhr mich an, als ich eines Tages gedankenverloren durch eine Wiese spazierte: „Das nennst du ein Suchmuster?!" Ja. Ein Zombie-Suchmuster. Ich wartete darauf, dass Solo meine Gedanken las.

Es ist unverzichtbar, andere Hundeführer beim Training zu beobachten. Nur so merkt man, dass man selbst genau dieselben dummen Fehler macht, die man dabei zu sehen bekommt. Als ich Roys und Suzies Seminar besuchte, hatte ich Solo nicht dabei und konnte die anderen Teilnehmer genau beobachten. Ich kann nicht sagen, wie wir uns angestellt hätten. Das lähmende Lampenfieber, zu dem ich im Training neigte, war im Laufe der Zeit besser geworden, aber nicht völlig verschwunden. Auf einem Seminar im Westen Carolinas meinte Paul Martin in seinem beruhigenden, gedehnten Südstaatendialekt zu mir: „Dein Hund macht seine Sache gut, aber du machst mich nervös."

Einige Monate nach meinem Besuch in Georgia hatte ich erneut Gelegenheit, zu erkennen, wie viel ich noch zu lernen hatte. Ich war im Mississippi Delta. Der Herbst streckte seine Fühler aus und die Zypressen, deren Wurzeln bis tief ins Wasser reichten, verfärbten sich golden und purpurrot. Die Monarchfalter machten sich rechtzeitig vor dem ersten Frost auf den Heimweg in den Süden. Und ich bekam die Gelegenheit, von Lisa Higgins aus Pearl River in Louisiana zu lernen. Sie gehörte zu jenen Hundeführern, die mit Andy Rebmann trainiert hatten und später selbst zu den besten Leichenspürhundetrainern und -führern des Landes wurden.

Hätte Frank L. Baum nicht in New York und im Mittleren Westen, sondern in Louisiana gelebt, hätte Glinda, die gute Hexe des Südens, vielleicht so ausgesehen wie Lisa Higgins: große haselnussbraune Mandelaugen, eine markante Nase, runde Backen mit hellen Sommersprossen und dichte Salz-und-Pfeffer-farbene Locken, die bei jedem Schritt federten. Ihre Stimme ist sanft, präzise und – wenn nötig – streng. Ihr Lachen – und sie lacht gern und viel – erinnert an helles Glockenläuten. Seit sie 1990 mit der Ausbildung ihres ersten Hundes – Golden Retriever Frosty – begann, hat Lisa an mehr als vierhundert Einsätzen in den USA und Kanada mitgearbeitet. Während seines ersten Einsatzes 1991 trug Frosty dazu bei, die genaue Lage des Opfers unter mehr als einem Meter Wasser und 90 Zentimeter Sand zu bestimmen. Lisas nächster Spürhund war Molli, ein Labrador. Jetzt arbeitet sie mit Dixee, einem wilden Malinois-Schäfer-Mischling, und Maggie, einer ergrauten Australian-Shepherd-Hündin, die an einen alten, abgewetzten, viel geliebten Pandabären erinnert. Ein Teddy, mit dessen Hilfe fünf Kriminalfälle gelöst wurden: Häufig kooperiert Lisa mit dem FBI.

Lisa hatte sich „ein kleines Rätsel" für jene Hundeführer überlegt, die bereits am Vortag des Seminars in Mississippi angekommen waren und loslegen wollten – ein einfaches Szenario mit vergrabener Plazenta, einem simplen und zugleich genialen Trainingsmaterial. Die Hundeführer sollten ihre Hunde nicht einfach nur loslassen und auf die Suche schicken, sondern sie erst auf den „Winthrop-Punkt" ausrichten.

Niemand in unserer Gruppe wusste, was ein Winthrop-Punkt war, doch ich bezweifle, dass wir dessen Bedeutung nach Lisas Erklärung jemals vergessen würden. Der Punkt war nach jenem Ermittler benannt, der ein Muster in der Lage heimlicher Gräber erkannte. Mörder, stellte der Ermittler fest, taten dasselbe wie Soldaten, die einen Überschuss an Waffen vergraben mussten: Das Militär musste das Versteck wiederfinden können. Auch Mörder wollen ihre

Opfer besuchen können. Um das zu bewerkstelligen, muss es ihnen möglich sein, an den genauen Ort, an dem sie die Leichen begraben haben, zurückzukehren – und sie müssen feststellen können, ob ihnen die Exekutive bereits auf der Spur ist. Der Winthrop-Punkt ist ein markanter Orientierungspunkt in der Landschaft, der nicht verbrennen, sterben, verrotten oder unter Kopoubohnen und anderen kletternden Schlingpflanzen verschwinden kann. Bäume eignen sich nicht als Winthrop-Punkt. Schotterstraßen auch nicht – diese kommen und gehen. Ein großer Felsen ist gut. Ein einbetonierter Kanaldeckel. Ein markantes, nicht vergängliches Element in der Landschaft.

Lisa forderte jeden der Hundeführer auf, sich umzusehen und ein markantes Landschaftselement zu finden, das als Winthrop-Punkt dienen konnte. Sie stand etwa zehn Meter neben einer großen, mit Ketten behangenen Metallvorrichtung, die tief im Beton verankert war: ein Discgolfkorb. Markant. Unbeweglich. Ziemlich permanent. Und doch sahen nur ein oder zwei der Hundeführer, was sich direkt vor ihnen befand. Vermutlich deshalb, weil es sich um solch ein unschuldiges Objekt handelte. Lisa wies sie darauf hin und gab ihnen weitere Instruktionen: Vom Discgolfkorb ausgehend hügelabwärts waren die Bäume zu licht und vereinzelt, als dass sich ein Mörder dabei wohlgefühlt hätte, eine Leiche loszuwerden. Hügelaufwärts hingegen standen die Bäume und Büsche dicht beieinander, boten gute Versteckmöglichkeiten und die erforderliche Privatsphäre. Dort sollten die Seminarteilnehmer ihre Hunde ansetzen. In welcher Entfernung? Lisa erinnerte ihre Schüler, dass sich ein Großteil aller Leichen in Kriminalfällen weniger als dreißig Meter von einer Straße befindet. Ein Hundeführer muss diese Fakten kennen. Hatten sich die Teilnehmer vom Winthrop-Punkt ausgehend richtig orientiert, konnten sie wiederum ihre Hunde an der besten Stelle ansetzen.

Am nächsten Tag war Lisas elfjährige Enkeltochter an der Reihe. Haylee hatte gerade erst begonnen, Jayda, eine junge Deutsche Schäferhündin mit manischer Energie, zu trainieren. Haylee hat ein melancholisches Engelsgesicht und weiche braune Locken. Sie sagt: „Ja, gnädige Frau" und „Nein, gnädige Frau", besonders, wenn sie mit ihrer „gnädigen Frau", Lisa, spricht, die bei Haylees Hausunterricht mithilft. Es war Zeit für Hausunterricht im Freien.

„Haylee, du hast uns zugehört", sagte Lisa. „Was ist der Winthrop-Punkt?"

Haylee hatte gut aufgepasst. Ihre Antwort kam wie aus der Pistole geschossen: „Wenn jemand eine Leiche versteckt, wo er sie wiederfinden kann. Sein Orientierungspunkt."

„Warum verwendet er einen Orientierungspunkt, Haylee?"

„Damit er weiß, ob ihm die Polizei auf der Spur ist."

„Und warum noch?"

Haylee zögerte, daher half ihr Lisa behutsam weiter: „Damit er die Leiche besuchen kann, wann immer er will. Warum?"

Lisa wusste, dass diese Frage zu schwer für Haylee sein könnte, und antwortete selbst mit Nachdruck: „Weil er ein kleines krankes Miststück ist."

Haylee nickte besonnen, ernst und furchtlos. „Ja, gnädige Frau." Genug der Details. Die Psychologiestunde war für den heutigen Abend vorbei, und Haylee holte ihren Hund.

Als ich Haylee mehr als ein Monat später wiedersah, waren sie und ihre gnädige Frau in einem anderen Staat unterwegs. Lisa trainierte eine neue Gruppe Hundeführer. Brad Dennis, der charismatische nationale Einsatzleiter der KlaasKids-Stiftung, war ebenfalls als Trainer anwesend. Haylee saß mitten unter den Hundeführern und schrieb eifrig mit – diesmal während eines Abendseminars, das Brad unterrichtete. Es ging um die Suche nach entführten Kindern und Jugendlichen. In den letzten Jahren hatte Brad die Sucheinsätze in über zweihundert Entführungsfällen im ganzen Land geleitet. Er war es auch, der die Suche nach Polly Klaas leitete, die im Jahr 1993 entführt und ermordet wurde. Er führte mehrere Sucheinsätze während des Super Bowl durch, um die Zwangsprostitution von Mädchen und Jungen zu stoppen – eine Perversion, die im Hintergrund des Super Bowl ablief. Während des Super Bowl 2010 in Miami rettete sein Team sechs vermisste Kinder. Brad ist ein vor Energie überschäumender Mann, der das Schlimmste gesehen hat, aber das Beste in den Menschen zum Vorschein bringen kann.

Abgesehen von Haylee und ihrer Großmutter hörten an jenem Abend müde Freiwillige und Diensthundeführer Brads Vortrag zu. Sie hatten den Großteil des Tages mit ihren Hunden gearbeitet. Ich hatte mit meinem Hund gearbeitet. Haylee hatte mit ihrem Hund gearbeitet. Einige von uns schrieben mit, die meisten hörten jedoch nur zu. Haylee war eine Ausnahme; sie schrieb, als ginge es um ihr Leben. Hausunterricht hat niemals Pause.

Brad stellte uns einen herausfordernden Fall vor. Einen Fall, an dem er gearbeitet hatte und der, wie leider nur allzu viele, tragisch ausgegangen war. In Entführungsfällen zählen jede Minute und jede Stunde. Eine Siebzehnjährige war beim Joggen verschwunden. Wie sollten die Behörden reagieren? Spürhunde müssen sofort zugezogen werden. Sie müssen an der richtigen Stelle angesetzt werden. Man muss wissen, wie man Einsatzkräfte und Helfer rund um den Bereich, auf den es ankommt, am effektivsten nutzt. Man muss mit der Gegend vertraut sein. Nach Pfaden Ausschau halten. Triagieren, wo als Erstes gesucht werden soll. Wohlmeinende, aber unerfahrene Freiwillige werden im äußeren Umkreis des Suchgebietes eingesetzt, sodass sich erfahrene

Suchveteranen auf jenes Gebiet konzentrieren können, in dem die Wahrscheinlichkeit, etwas zu finden, am höchsten ist.

Brad merkte an, dass selbst die beste Arbeit für das Opfer in jenem Fall zu spät gekommen wäre. Ihr Mörder hatte bereits einmal zuvor eine junge Frau sexuell belästigt, vergewaltigt und getötet – und er würde dasselbe zweifellos wieder tun. Das Auffinden der Leiche der Joggerin brachte den Mörder dazu, zuzugeben, wo er sein erstes Opfer beinahe ein Jahr zuvor begraben hatte. Er hatte eines der Mädchen eine Stunde nach ihrer Entführung getötet, das zweite eineinhalb Stunden danach.

Brad fuhr fort, die düsteren Ergebnisse einer im Staat Washington durchgeführten Studie von 2011 zu zitieren: In 76 Prozent der Mordfälle an vermissten Kindern war das Opfer innerhalb von drei Stunden nach seiner Entführung tot. In 88,5 Prozent der Fälle war das Kind innerhalb von vierundzwanzig Stunden tot. Im Großteil der Fälle, 74 Prozent, war das Opfer weiblich. Das Durchschnittsalter lag bei elf Jahren.

Haylees Hand schoss in die Höhe. Sie war höflich, aber rechtfertigte sich nicht. „Können Sie bitte nochmal zur letzten Folie zurückgehen?“, bat sie Brad, den Kopf über ihre Notizen gebeugt. Sie hatte noch nicht alle Prozentzahlen aufgeschrieben. Die Seminarteilnehmer rutschten in ihren Sesseln hin und her. Brad tat fröhlich, worum sie ihn gebeten hatte, und blätterte in seiner Power-Point-Präsentation zurück. Haylee bedankte sich.

Brads Vortrag ging mit dem „Moment des Erstarrens“ weiter. Er zeigte uns ein verrauschtes Video, das die Überwachungskamera einer Bank aufgezeichnet hatte. Es zeigte die Entführung eines Mädchens, die mit ihrem Tod geendet hatte. Das Mädchen drehte sich um und erstarrte in der Bewegung, als sie ihren Mörder auf sich zukommen sah. Ihr kurzes Zögern reichte aus; er hatte sie. Jeder von uns, sagte Brad, hat diese „fantastische, gottgegebene Fähigkeit“: den Moment, in dem dir die Haare zu Berge stehen. Ein kalter Schauer läuft dir über den Rücken. Der Moment, in dem sich entscheidet: Kampf, Flucht oder Erstarren. „Sobald du das fühlst“, sagte Brad, „nutze es in deinem Sinne.“

Alle großen Organisationen, die sich mit Entführungen beschäftigen, haben ihre Ratschläge, was potentielle Opfer tun sollen, überarbeitet. Brad blickte in die Runde, um zu sehen, ob wir wussten, was wir zu tun hätten.

Haylees Hand schoss wieder in die Höhe. Wir alle saßen auf unseren Stuhlkanten, konzentriert; die Müdigkeit war verflogen. Die gnädige Frau, sagte Hailee, hatte ihr gesagt, was sie tun solle. „Wenn sie dich woanders hinbringen, tun sie dir doppelt so weh. Also beiß, kratz, tritt und sammle so viel von seiner DNA, wie du nur kannst.“

Lisa strahlte. Brad nickte. Die Hundeführer klatschten.

Haylee ist besonnen und mutig, klug und fleißig, neugierig auf die Welt und deren Widersprüche. Sieben Monate später sah ich sie auf einer anderen Veranstaltung. Sie schien mehrere Zentimeter gewachsen zu sein. Sie hatte gute Neuigkeiten. Im Team mit erfahreneren Hunden hatte ihre manische Deutsche Schäferhündin geholfen, eine Ertrunkene zu finden.

Haylee ist eine Leichenspürhundetrainerin in Ausbildung. Trotz ihrer großartigen Hundeführer-Gene und der Ausbildung, die sie und ihr Hund erhalten, wird sie Fehler machen. Jeder macht Fehler. Vielleicht wird sie eine Zombie-Hundeführer-Phase durchlaufen. Ich nehme an, dass diese ausgesprochen kurz sein wird. Ihre Großmutter wird dafür sorgen.

12
Die Trauer der anderen

■ Connecticut state Trooper Andrew Rebmann and his dog Josie walk in the woods along Route 140 near New Bedford, Mass., Tuesday in a search for the bodies of two victims believed to have been slain by a serial killer.

Police dogs seek victims of killer

■ Rebmann, center, goes over a map of the search area. With him are District Attorney Ronald A. Pina, left, and state Trooper Kevin Rodino.

By LYNNE TUOHY
Courant Staff Writer

NEW BEDFORD, Mass., — Six German shepherds and their handlers scoured wooded areas along three major highways Tuesday in a grim, and possibly final, search for victims of a serial killer.

The dogs ran through swampland that came up to their bellies and became entangled in dense patches of briar that resembled snarled barbed wire. Collectively, they found a discarded wallet, a dead dog in a bag and countless wild animals killed by automobiles — but no victims of a killer.

The three-day search was planned and coordinated by Connecticut's leading trainer of search dogs, state police Trooper Andrew Rebmann. The searchers in this working-class community east of the Rhode Island border are looking for at least two bodies. If found, they would be added to the eight already discovered along routes 140, 195 and 88.

"I think the big thing about this is the scope of the search, the amount of area that has to be covered and the potential number of victims," Rebmann said.

All the known victims were drug addicts, and some were prostitutes, according to law enforcement officials, and they were known to frequent a dingy area of the city known as Weld Square.

"It's almost like a McDonald's window," said Bristol County District Attorney Ronald A. Pina. "It's a fast-drug thing."

Pina will not say how the victims were slain or the positions in which they were found, except to say that there is a pattern in both areas.

"I'm holding that back so that only the killer and we know," Pina said. Several people who have confessed to the slayings

See Police, Page A11

Und die Knochen sangen zwitschernd
mit der Last der Heuschrecke ...

- T.S. Eliot, „Aschermittwoch“, 1930 -

Es gibt nur zwei Möglichkeiten. Abgesehen davon, dass eine der beiden eine dritte Möglichkeit eröffnet. Eine, von der ich Albträume bekomme.

Die erste Option repräsentiert den Idealfall – sofern man von ideal sprechen kann, wenn man nach Toten sucht: Du und dein Hund helfen, einen Menschen oder Teile dieses Menschen zu finden. Verschwinden und Tod des Menschen sind meist traurig, manchmal tragisch, und manchmal weniger traurig. Ich empfinde es nicht als Albtraum, jemanden zu finden. Es führt nicht zu posttraumatischer Belastung, sondern zu Erfolgserlebnissen. Ich freue mich, wenn auch im Stillen. Ich verstehe, wenn jemand ein betroffenes Gesicht macht und meint, dass es sich um lohnende, aber sicher nicht erfreuliche Arbeit handeln müsse. Für mich ist es beides. Was Solo und ich tun, ist keine pflichtbewusste Freiwilligenarbeit. In erster Linie trainiere ich, weil es Spaß macht. Ich fürchte mich nicht davor, zum Einsatz gerufen zu werden – ich hoffe darauf. Es ist ein herausforderndes Rätsel, das uns beide an die Grenzen unserer mentalen und körperlichen Belastungsfähigkeit treibt und Solos Nase auf die Probe stellt. Außerdem komme ich raus in die Natur. Oft bin ich im Wald unterwegs. Und ich kann Solo bei der Nasenarbeit beobachten – einer der schönsten Anblicke der Welt. Ich hoffe, wir finden den Vermissten.

Die zweite Möglichkeit besteht darin, niemanden zu finden. Spekulative Suchen sind Teil unserer Arbeit. Die meisten Einsätze enden, ohne dass das Opfer gefunden wurde. Option Nummer zwei verfolgt mich bis in den Schlaf. Ich drehe und wende den Fall im Kopf, denke über die Schwächen unserer Suchstrategie, der Arbeit des Hundes und meiner eigenen Taktik nach. Ich ziehe neue Szenarien in Betracht, sehe, ob sie sich wahrscheinlich anfühlen, teste und verwerfe Theorien. Möglichkeit Nummer zwei erfordert auch, dass ich mir vorstelle, wie, wo und was dem Opfer am Ende passiert ist.

Die zweite Möglichkeit kann sich über Jahre hinziehen. Oder noch länger. Auch sie liegt am Spektrum der Normalität. Es passiert ständig, dass jemand nicht gefunden wird. Nicht nur in unterentwickelten Ländern bleiben Vermisste vermisst – auch in den USA hatte die Liste der „gefährdeten“ Menschen – der Ausdruck der Exekutive für vermisste Personen, die mit großer

Wahrscheinlichkeit tot sind – im Jahr 2012 fast achtundvierzigtausend Einträge. Das entspricht einer mittelgroßen Stadt, in der alle Spuren im Sande verlaufen.

Die Trauer und die Albträume der Erfahrung, jemanden nicht zu finden, gehören Freunden und Familie des Vermissten. Es wäre anmaßend, mir diese anzueignen.

Meine Albträume im Einsatz – jene Albträume, die rechtmäßig mir gehören – wurzeln in der dritten Möglichkeit: Was, wenn sich herausstellt, dass wir etwas oder jemanden in dem Suchgebiet, für das wir verantwortlich waren, übersehen haben? Ich kenne andere Hundeführer, denen es ebenso geht. Es ist die Angst des Leichenhundeführers. So sehr ich die Fehlanzeigen, die hin und wieder vorkommen, auch hasse – eine falsche Negativsuche hasse ich noch mehr: eine Suche, auf der ein Hund den Geruch des Todes ignoriert oder überriecht. Auch das kann vorkommen. Auch das kommt vor. Und was die Sache noch schlimmer macht: Wenn die Überreste des Vermissten nicht in einem bestimmten Abstand zum eigenen Suchgebiet gefunden werden, kann man niemals sicher sein.

Natürlich vertraue ich dem Hund. Vertrauen ist gut, Kontrolle ist besser. Mir selbst, den Bodenbeschaffenheiten und Rahmenbedingungen vertraue ich nicht immer. Im Vergleich zum Einsatz ist selbst das schwierigste Trainingsszenario leicht.

Jede schwierige Suche bringt neue Lektionen mit sich, und das unvermeidliche Gefühl, dass man etwas hätte anders machen sollen. Haben wir einen Knochen übersehen? Hätte ich darauf bestehen sollen, ein Gebiet, das bereits mithilfe von Rasenmähertraktoren, zahlreichen freiwilligen Helfern und zumindest einem weiteren Leichenspürhund durchkämmt worden ist, abermals abzusuchen? Jene Gegend, in welcher der faulige Geruch so streng war, dass uns jedes Mal, wenn ein Sattelschlepper vorbeifuhr, eine Wolke unangenehmer Süße in die Nase stieg? Wo sich an jedem dunklen, öligen Fleck toter Vegetation auch Fell und Knochen toter Tiere fanden? Was hatte es mit dem kleinen Knochen neben dem Nagetier-Totenschädel auf sich? War auch er tierischen Ursprungs? Hätte ich Solo in jenem Moment aus dem Auto holen und die Skelette absuchen lassen sollen, für den Fall der Fälle? Ich ließ ihn im Auto. Ich tat, was mir gesagt wurde. Erst in den Tagen danach begann ich, jeden Moment der Suche, jede Entscheidung in Frage zu stellen.

Ich wartete auf unseren nächsten Einsatz und auf den übernächsten. Wir folgten einem steilen Weg, um einen Stall und ein verlassenes Haus zu durchsuchen. Weiter ging es rund um den auf dem Hügel gelegenen Teich. Nichts. Wir folgten den erschöpften Ermittlern einen lehmigen Hohlweg entlang zu einem Wohnwagen in einer Senke. Davor stand ein alter Geländewagen. Erst beim dritten Versuch hatten wir ihn gefunden. Wir waren mit unseren Autos durch enge Sackgassen zurückgeschoben, weil wir nicht umdrehen konnten, ohne über die Bankette hinauszufahren und im Graben zu landen oder einen bewaldeten Abhang hinunterzurutschen. Endlich – hier war es. Den Wohnwagen gefunden zu haben war ein kleines Erfolgserlebnis.

Eine Frau mittleren Alters hatte die Polizei gerufen, besorgt wegen eines Knochens, den einer ihrer Hunde heimgebracht hatte. Sie trat aus dem Wohnwagen, drängte einen bellenden Hund zurück in ihr Heim und schloss die dünne, schief in den Angeln hängende Tür. Ich konnte hören, wie die Hunde ihre Nasen auf der anderen Seite gegen den Türspalt pressten und schnüffelten. Die Hunde, erklärte sie, schleppten ständig etwas an. Mein Blick streifte eine tote Wühlmaus links neben meinem Stiefel, das Fell feucht von Hundespeichel. Hunde sind nun mal so. Sie bringen Dinge nach Hause. Sie folgte meinem Blick und zuckte entschuldigend die Schultern.

„Man weiß ja nie“, sagte sie. Sie machte eine kurze Pause und fuhr dann fort. Der Satz ging mir nicht aus dem Kopf. Man weiß ja nie. Damit konnte ich nicht leben. Einer der Ermittler bedankte sich für den Anruf und versicherte ihr, dass sie richtig reagiert hatte. Es war nicht ihre Aufgabe, menschliche von tierischen Knochen zu unterscheiden. Ihre vorpubertäre Tochter stand einen Schritt hinter ihr. Sie sah aus wie ihre Mutter, jedoch ohne die kleinen silbernen Ringe an jedem Finger und in den Ohren. Noch nicht vollständig gepierct. Still, ernst, entrückt. Ich wusste, was ihre Mutter meinte. Ein Detail hatte sich in ihren Gedanken verfangen und ließ diese nicht mehr los: Was, wenn…?

Der Knochen lag auf einem Holzblock und erinnerte mich an den Wirbelknochen eines Tieres in der Größe eines Opossums. Der grau-weiße äußere Teil ging in einen fleischig-pinken inneren Teil über. Ich schätzte, dass das Lebewesen, dem das Knöchelchen gehört hatte, bereits einige Tage tot war. Ich warf den Ermittlern einen Blick zu und fädelte dann einen langen Ast durch das kleine Loch, durch das wohl einst das Rückenmark verlaufen war. Mithilfe des Astes trug ich den Knochen an eine staubige, offene Ecke des Gartens und ließ ihn dort auf den Boden rutschen. Ich brauchte mir keine Sorgen zu machen, einen Tatort zu verunreinigen – das hatte bereits der Hund erledigt, indem er den Knochen von seinem Fundort heimgetragen hatte. Ich holte Solo aus dem Auto und führte ihn am Knochen vorbei. Er nahm dessen Geruch auf, drehte sich kurz um, schnüffelte daran und lief dann weiter. Es handelte sich nicht um jene Art Verwesung, die ihm eine Belohnung einbringen würde. Die Ermittler und ich brachten Solo an jene Stelle hinter dem Wohnwagen, an welcher der Hund mit seinem Fundstück aus dem Wald gekommen war. Er lief das Areal flott ab, ohne seine Körpersprache zu verändern oder mich anzusehen, und arbeitete sich zurück zu meinem Auto. Die Frau bedankte sich bei uns, und wir dankten ihr dafür, dass sie sich gemeldet hatte.

Als Nächstes suchten wir rund um einen Teich. Nichts, nur ein Pfad zu einem Hochsitz. Nichts – nur ein Stall. Eine Stelle, an der Jäger geschossene Rehe ausgeweidet hatten. Eine fleckige Matratze am Straßenrand. Feldwege, an deren Ende Müll abgeladen worden war. Ich deutete mit der Hand auf jeden weißen Müllbeutel, jeden schwarzen Müllbeutel: „Hier. Such hier. Such, such." Beginn der Suche: 10:03 Uhr vormittags. Ende der Suche: 10:17 Uhr vormittags. Beginn der Suche: 10:42 vormittags. Ende der Suche: 11:22 vormittags. Ich gönnte Solo eine Pause, gab ihm Wasser zu trinken und schaltete die Klimaanlage ein, bis seine Zunge aufhörte, löffelförmig und weit aus dem Maul zu hängen.

Wir fahren die Straße entlang bis zur nächsten Abzweigung, wo die Suche von vorne beginnt. Nichts Interessantes. Keine Anzeige. Wir machen Pause, essen belegte Brote und trinken Limonade. Fettige Pizza und Wasser. Zurück an die Arbeit; die nächste Schotterstraße wartet. Wir suchen in Abwasserrohren, im Bach, der parallel zur Straße fließt, klettern über moosbewachsene Baumstämme und tauchen in den Wald ein.

Die Realitäten der Suche: Du kannst die Welt nicht in einem Sandkorn erkennen. Im Gegenteil: Das Sandkorn, das du suchst, ist so unendlich klein, so verloren in der Welt, dass es vielleicht niemals gefunden wird.

Und doch war es nicht nur enttäuschend. Am Ende des Tages sahen wir Solo, der hätte erschöpft sein müssen, dabei zu, wie er durch das hohe Gras zu fliegen schien. Er suchte eine letzte Lichtung ab, bevor wir den Einsatz beenden wollten, sprang wie ein rot-schwarzer Gummiball, hinter ihm der Sonnenuntergang. Wir mussten lächeln. Ein fröhlicher Schatten, der vor mir herspringt. Als ich an jenem Tag nach Hause fuhr, war ich so müde, dass selbst das Kitzeln einer Zecke in meinem Nacken nichts weiter als ein müdes Fingerschnipsen hervorrief. Solo, von dessen Deckhaar sich der eingetrocknete Schlamm aus dem Bach in großen Flocken löste, hatte sich auf der Rückbank ausgestreckt, zu müde, um auch nur wohlig zu seufzen.

Später erfuhr ich, dass menschliche Überreste in einem Gebiet gefunden worden waren, das Solo und ich nicht abgesucht hatten. Es war mir egal, dass nicht wir das Opfer gefunden hatten. Mir fiel ein Stein vom Herzen, dass überhaupt etwas gefunden worden war: die tiefe, egoistische, vollkommen prosaische Erleichterung, dass ich in diesem Fall nicht weiter über die dritte

Möglichkeit nachdenken musste. Ich konnte den Einsatz von meiner Albtraum-Liste streichen. Wir hatten nichts übersehen. Solos große Nase war der Leiche nicht nahe genug gekommen, um eine Chance zu haben. Nach dem Telefongespräch mit dem freundlichen Ermittler hielt ich am Straßenrand an. Ich lehnte mich zurück und sah aus dem Fenster, bis ich wieder ruhig atmen konnte.

North Carolina fühlt sich nicht gefährlich für mich an, und das sollte es auch nicht. Heute ist es hier viel sicherer als in den 70er Jahren, als Armut und Crack regierten. Die Mordrate ist so wie auch alle anderen Verbrechen seit den 70ern und 80ern um über 60 Prozent gefallen. Armut und Sucht fordern auch heute noch ihren Tribut, doch ist dieser vergleichsweise gering. Statistisch gesehen lebe ich ausgesprochen sicher. Ich habe keinen Partner oder Elternteil, die mich misshandeln. Ich wohne in einem „guten" Viertel. Wir haben keine Waffen im Haus. Ich muss meinen Körper nicht verkaufen, um Drogen finanzieren zu können. Wir haben einen bellfreudigen Irischen Setter, der den Deutschen Schäferhund dazu erzogen hat, ebenfalls laut zu sein.

Dennoch hat sich meine Beziehung zu meiner Umgebung verändert, seit ich mit Solo arbeite. Ich kann keine Truthahngeier mehr kreisen sehen – besonders, wenn mehr als drei im selben Aufwind übereinander schweben – ohne mich zu fragen, ob sie mehr als den Kadaver eines Virginiahirschs unter sich riechen. Auch im Einsatz behalten wir die Geier im Auge – obwohl diese von allem Möglichen angelockt werden. Einmal beobachtete ich, wie vier von ihnen in meiner Straße um ein überfahrenes Eichhörnchen stritten. Sie landeten schwerfällig auf dem Wellblechdach meines Nachbarn und stießen dann nach unten, um sich um ein paar Gramm Protein zu zanken.

Meine Aufmerksamkeit hat sich nicht nur auf Waldspaziergängen verändert, sondern auch zuhause. Früher mied und verachtete ich Schlagzeilen, die sich immer nur mit Gewalt und Verbrechen auseinandersetzten – billig, leicht zu berichten und ein Garant für gute Einschaltquoten. Mittlerweile höre ich ganz genau hin, wenn jemand vermisst wird. Dann steigere ich mich in die Hoffnung hinein, zur Verstärkung gerufen zu werden: der Grund, aus dem wir trainieren. Doch mit wenigen Ausnahmen – wenn die Polizei freiwillige Helfer bittet, sich zu melden – rufe ich nicht von mir aus an. Ich warte darauf, dass mein Telefon läutet, was mich jedoch nicht davon abhält, zu wünschen und zu hoffen. Wird es unerträglich, tatenlos herumzusitzen, wähle ich Nancy Hooks Nummer. Sie entspricht meinem Sponsor in einem 12-Schritte-Programm für diese Sucht und erinnert mich daran, was ich verlieren könnte, wenn ich die Exekutive kontaktiere: meine Würde und Selbstachtung. „Du bist kein Leichenfledderer", erinnert sie mich streng. „Du bist ein Profi." Wir reden, sie bringt mich zum Lachen und verabschiedet sich dann mit den Worten, dass sie die Pferde füttern müsse. Meist erinnert mich das daran, dass ich selbst zu einer Lehrplanbesprechung muss und schon spät dran bin.

Sollte die Versuchung, zum Telefon zu greifen, mich nach der Besprechung wieder einholen, kann ich mir immer Andy Rebmanns schallende Stimme ins Gedächtnis rufen: „Ihr geht niemals selbstständig in den Einsatz. Niemals." Er sprach langsam und betonte jede Silbe, während er von einem Freiwilligen zum nächsten schaute. Ich habe Rettungshundeteams gesehen, die ausschwärmen, ohne gerufen zu werden. Es ist kein schöner Anblick. Nancy und Andy haben recht: Dieser Übereifer ruft dasselbe widerliche Gefühl hervor wie jene Anwälte, die spätnachts mit 0900-Nummern im Werbefernsehen auftauchen.

Ich denke viel über vermisste Personen nach, doch sind meine Grübeleien nicht umsonst, selbst wenn ich nicht zum Einsatz gerufen werde. Auch die Recherchen zu einem Fall, an dem ich nicht mitarbeite, vertiefen mein Wissen zur Leichenspürarbeit: Ich sehe mir auf Google Maps an, wie ich auf schnellstem Wege an einen bestimmten Ort kommen könnte, mache mir Gedanken über Wind, Temperaturen und Feuchtigkeit der letzten Tage. Definieren die Medien ein Suchgebiet, so sitze ich über Satellitenbildern der Umgebung, grüble über Ausbuchtungen in der Vegetation und frage mich, ob sie für einen Bach oder Pfad stehen.

Man muss auch darauf vorbereitet sein, wie Leichen aussehen können. Andys Power-Point-Präsentation bietet eine kurze und heftige Einführung: Totenstarre, Fäulnis, Hautablösung, Gewebeeinschmelzungen. Schaden durch hungrige Häher. Schaden durch Krähen. Gefesselte Tote, Verbrennungsopfer, Wasserleichen, Körper, die im Zuge einer Naturkatastrophe zerdrückt und entstellt oder von Bären und Kojoten zerfetzt wurden. Hundeführer müssen eine realistische Vorstellung davon haben, wie Leichen nach ein paar Tagen, Wochen oder Monaten unter freiem Himmel aussehen. Die Suche ist keine akademische Übung. Leichen im Anfangsstadium der Verwesung sind niemals schön; später können sie mit der Umgebung verschmelzen, als wollten sie sich tarnen. Es ist wichtig, eine Stelle erkennen zu können, wo der Säuregehalt der Erde aufgrund von Leichenkontakt so stark angestiegen ist, dass Pflanzen absterben.

Nur zu bald verschwinden die Körper im üppigen Blattwerk North Carolinas, werden zu einem dunklen oder gelblichen Akzent im leuchtenden Grün. Nur, wenn man weiß, dass sie da sind, sieht man sie. Oder wenn man einen Hund hat, der sie einem zeigt.

Vor Kurzem fragte mich der Detektiv, der mich auf einer Suche begleitete, ob Leichenspürhunde einen Toten übersehen können. Es kommt darauf an. Ich ließ meinen Blick über das undurchdringliche Dickicht links und den Kahlschlag rechts von uns gleiten. Morsche Baumstämme lagen kreuz und quer, dazwischen bahnten sich Farnkraut und Gestrüpp ihren Weg an die Sonne. Hinter uns lag ein Sumpf; am Waldweg zeichneten sich verdächtige Reifenspuren ab. Wir hatten uns bereits an mehreren Stellen ins Unterholz gekämpft, an denen Wildwechsel oder Lücken in Zweigen und Gestrüpp eine Öffnung freigaben. Wir gingen davon aus, dass jemand, der eine Leiche trug, auch kein leichtes Spiel hätte, sich durch die Vegetation zu kämpfen. Stieß Solo auf den Geruch des Todes, würde er ihm folgen – es sei denn, er war zu erschöpft und hechelte zu stark, um ihn wahrzunehmen. Doch seine Nase musste am richtigen Ort sein. Sich durch undurchdringliches Buschwerk zu kämpfen ist auch für ihn nicht einfach, und eine hastige Suche über Dutzende Hektar schwierigen Geländes kann die Fläche nicht zu hundert Prozent abdecken. Man spricht davon, ein Gebiet Meter für Meter zu durchkämmen, als wäre das die einfachste Sache der Welt – doch in vielen Teilen North Carolinas wäre ein solches Unterfangen nur möglich, wenn eine Phalanx an geländegängigen Rasenmähertraktoren vor den Suchenden herführe. Wir suchen dort, wo es möglich ist – jeder gibt sein Bestes. Wenn nötig, nehmen wir eine Machete zur Hilfe; wo es möglich ist, wählen wir natürliche Öffnungen im Dickicht, um Energie zu sparen.

Wir versuchen, unsere Chancen zu maximieren, indem wir im Vorfeld so viele Informationen einholen wie möglich. Bevor ich mich auf eine neue Art Suche einlasse – einen Alzheimerpatienten, der sich verlaufen hat, eine Frau auf der Flucht vor ihrem gewalttätigen Mann oder eine Drogenabhängige, verzweifelt auf der Suche nach einem Schuss, recherchiere ich.

So unterscheidet sich etwa ein Alzheimer- oder Demenzpatient im Verhalten von anderen Verirrten. Verläuft sich ein gesunder Rechtshänder, neigt er dazu, nach rechts zu gehen. Bei einem Demenzkranken sieht die Sache anders aus. Er verhält sich nicht logisch – auch nicht auf einer unbewussten Ebene –, sondern geht geradeaus ins dichteste Gebüsch. Sein Gehirn ist nicht mehr in der Lage, ihn umdrehen oder zurückgehen zu lassen. Er wird auch dann noch auf der Stelle weitertreten, wenn ihm ein Hindernis den Weg versperrt.

Ein Monat, nachdem ein älterer Mann mit Alzheimer als vermisst gemeldet worden war, fand man seine Leiche zwei Straßen von seinem Zuhause am Stadtrand im Wald. Mir kam zu Ohren, dass die Polizei kurz nach seinem Verschwinden meine Nummer erhalten hatte. Der Anruf kam nie. Es kann Hunderte gute Gründe geben, warum sie mich nicht anforderten. Oder keinen einzigen. Es war einer jener Fälle, bei denen ich neben dem Telefon saß und wartete.

Die meisten Vermissten mit Alzheimer – beinahe 90 Prozent – werden im Umkreis von etwa einem Kilometer von ihrem Ausgangspunkt und in weniger als dreißig Meter Entfernung von einer Straße oder einem Weg gefunden. Das weiß ich, weil ich recherchierte, während ich auf den Anruf wartete. Die Mühe war nicht umsonst. Das Wissen hat sich bereits auf anderen Einsätzen als hilfreich erwiesen. Doch bis heute denke ich über jenen Mann und seine Familie nach – vielleicht öfter, als wenn ich tatsächlich nach ihm gesucht hätte.

Wie sucht man richtig am Weg- oder Straßenrand? Wie viele Meter trägt oder zerrt der durchschnittliche panische oder faule Mörder sein Opfer? Nicht weit. Etwa zwanzig Meter, doch suchen wir auch weiter hinten. Tiere sind fleißiger. Wie viel weiter zerren sie eine Leiche? Je nach Tier über große Distanzen. Nicht selten tragen Hunde gefundene Leichenteile mehrere Kilometer weit. Welche Wildtiere leben im Suchgebiet? Bären wandern in der Regel bergab, bis sie auf eine Lichtung oder einen Bach stoßen. Sie können einen ganzen Körper tragen, Hüften brechen und Köpfe umherschlagen wie Fußbälle. Kojoten schleppen Extremitäten häufig bergauf, bis sie eine Höhle finden. Opossums und Waschbären dinieren hingegen direkt an der Fundstelle, können das Kadavermaterial aber auch ein Stück einen Baum oder Fels hinaufzerren. Kojoten gibt es in ganz North Carolina, Schwarzbären auf 60 Prozent des Staatsgebiets: in den Bergen im Westen und hinunter bis in die Moorlandschaften und mit niedrigem Buschwerk bewachsenen Küstensümpfe der Gegend, die wir als „unten im Süden“ bezeichnen.

Dazu kommen jene Orte, die, wie Brad Dennis erklärt, auf jeden Fall durchsucht werden müssen: verlassene Häuser und Wirtschaftsgebäude. Holzstapel und Schutthaufen, in denen ein Toter vergraben werden könnte. Improvisierte Müllhalden, an denen eine alte Matratze über die Leiche gezogen werden kann. Natürliche Löcher, die von Wurzeln oder Erosion geschaffen wurden, bieten sich als Gräber an: Hier muss wenig gegraben werden. Hatte der Verdächtige Zugang zu einer Schaufel? War er nicht obdachlos? Die meisten Gräber sind weniger als einen Meter tief: Das ist genug, um jemanden für immer verschwinden zu lassen. Arpad Vass bezeichnet heimliche Begräbnisse als seine Nemesis.

Auch der Zeitrahmen muss in Betracht gezogen werden. In North Carolina können Gebiete in wenigen Monaten mit frischem Grün überwuchert sein. Jäger finden menschliche Skelette häufiger als Ermittler. Vor allem Totenschädel, da diese am leichtesten identifizierbar sind. Ein Truthahnjäger fand mehr als ein halbes Jahr nach dem Verschwinden eines jungen Mädchens dessen Kopf. Die Suche nach ihren Überresten war eine der intensivsten und aufwändigsten in der jüngeren Geschichte North Carolinas gewesen. Andere Knochen neigen dazu, mit dem Blattwerk zu verschmelzen wie Chamäleons. Jeder, der schon einmal auf einer Suche in North Carolina dabei war, kennt den Moment, in dem einem fast das Herz stehen bleibt, wenn man einen hellbraunen oder von grünem Moos überwachsenen Schildkrötenpanzer entdeckt, einen Buckel im erdigen oder blätterbedeckten Boden, den man sekundenlang für einen menschlichen Kopf hält.

In einem Fall bat mich die Polizei scherzhaft – doch nicht, ohne sich der Nachbarschaft bewusst zu sein, die den Wald umgab –, nur jene Leiche zu finden, nach der sie suchten. In einem anderen Fall fanden die Leichenspürhunde menschliche Überreste – allerdings nicht von dem Opfer, nach dem sie auf der Suche waren. Eine Ermittlerin des Leichenbeschauers erklärt, dass das ganz einfach dazugehöre: Sie und andere forensische Ermittler können keinen schwarzen Müllbeutel sehen, ohne sich zu fragen, was – oder wer – wohl darin liegt.

Und dennoch, all der grausamen Gleichgültigkeit des Menschen und der Natur zum Trotz hat es etwas Beruhigendes, mit einem Leichenspürhund zu arbeiten. Jemanden oder einen Teil von jemandem zu finden, gibt der Familie die Möglichkeit, damit abzuschließen, und erlaubt der Polizei oder den Anklägern, mit einem Fall weiterzumachen. Das erklärt jedoch nicht vollständig, warum es so wichtig ist, menschliche Überreste zu finden, selbst wenn kaum etwas von dem Opfer übrig ist. Teils dient es dazu, sich, wenn auch nur einen Moment lang, mit jener Stelle auseinanderzusetzen, an der jemand versteckt oder abgeladen wurde. Innezuhalten und darüber nachzudenken. Ich mag die Tatsache, dass es schwierig sein kann, eine Leiche loszuwerden. Es gefällt mir, dass Menschen nach ihrem Tod nicht vollständig verschwinden, obwohl sich ihre Mörder Mühe geben. Ja, sie hören auf, zu existieren. Doch gleichzeitig sind sie stur und bleiben.

Während einer Suche steuerte Solo geradewegs eine bestimmte Stelle im Wald an, legte sich nieder und schaute mich erwartungsvoll an. Ein Ermittler bestätigte, dass er an genau jener Stelle angezeigt hatte, an der Jäger über ein Jahr zuvor die Knochen eines Mordopfers gefunden hatten. Die federnden Piniennadeln würden ihren Geruch noch viele Jahre festhalten.

> *Trostlose Straßen! Zu beiden Seiten keine Häuser, vielmehr Quader aus rabenschwarzer Finsternis, hin und wieder der trübe Schein einer Kerze wie aus einem Grab.*
>
> *- Herman Melville, Moby Dick, 1851 -*

Drei Autobahnen führen in die alte Walfängerstadt New Bedford in Massachusetts: Interstate 195, Route 140 und US Highway 6. Ender der 80er Jahre, am Höhepunkt der Kokain- und Heroinepidemie, waren jene Autobahnen nicht nur die Drogenverbindung erster Wahl. Auf der Fahrt stadtauswärts wurden hier auch regelmäßig Frauenleichen abgeladen. Zu jener Zeit, schreibt ein Reporter, behandelte eine örtliche Klinik vierhundert Heroinabhängige täglich. In Massachusetts schlug nur Boston diese Zahl. Heute ist die Kriminalitätsrate in New Bedford genau wie im Rest des Landes wesentlich niedriger.

Von April bis September 1988 verschwanden elf Frauen vom Weld Square, einem trostlosen Quader aus rabenschwarzer Finsternis im Zentrum der Stadt. Die meisten der Opfer hatten verzweifelt Sex im Tausch gegen Kokain oder Heroin verkauft.

Eine einzige Leiche wurde gefunden, während weitere Frauen verschwanden. Niemand stellte eine Verbindung zwischen den Fällen her, bis es zu spät war: Es handelte sich um Frauen, deren Leben ihnen bereits entglitt, bevor sie ermordet wurden.

Anfang Juli 1988 hielt eine Frau ihr Auto am Rand der Route 140 an, um in den Büschen auszutreten. Sie entdecke die erste Leiche. Debra Medeiros, achtundzwanzig, lag mit ausgestreckten Armen am Boden. Ein BH war um ihren Nacken gewickelt. Sie galt seit Ende Mai als vermisst. Etwas später im selben Monat folgten zwei Motorradfahrer ebenfalls dem Ruf der Natur und fanden Nancy Paiva, einunddreißig. Paiva lag auf dem Rücken; ihre Füße zeigten in Richtung des Verkehrs, der sich auf der Interstate 195 nach Westen wälzte. Als Nächstes fand ein Bauarbeiter, der in der Mittagspause Pfandflaschen am Straßenrand sammelte, die Überreste einer dritten Frau: Debbie DeMellos Leiche lag an einer Auffahrt zur I-195.

Nach diesem Fund kontaktierte die Staatsanwaltschaft von Bristol County Andy Rebmanns Vorgesetzten bei der Polizei von Connecticut. Mittlerweile arbeitete Andy mit Ladys Nachfolgerin, Josie. Auch sie war aus Fidelcos Assistenzhundeprogramm ausgeschieden, weil sie – wie Rufus und Lady – zu triebstark war, um ein verlässlicher Blindenführ- oder Behindertenbegleithund zu sein. Sie war fröhlich, leichtfüßig und intensiv. Klein für einen Schäfer und gelenkig wie eine Katze. Andy hatte sie erst vor Kurzem übernommen, doch das schien nichts zu machen. Sie war ein Naturtalent und wurde ausgebildet, sowohl Lebende als auch Tote zu finden. Solange sie ihre Belohnung erhielt, hatte sie keine Präferenz. Sie war jene Sorte Hund, die sich zwei oder drei Mal durch undurchdringliches Buschwerk und wieder herauskämpft, um den Hundeführer zu finden und sicherzugehen, dass er verstand. Immer wieder stieß sie mit der Schnauze an Andys Tasche: „Der Ball. Der Ball. Der Ball! Meine Güte, hol ihn endlich raus!“ In der ersten Suche nach Josies Leichenspürhundeprüfung ging es um einen selbstmordgefährdeten Jugendlichen. In zwei Minuten hatte sie ihn gefunden. Er war noch am Leben.

„Wir hatten Spaß“, sagt Andy nur. „Sie war der einfachste Hund, den ich je trainiert habe.“

Die Autobahnsuche in New Bedford machte keinen Spaß. Sie war gefährlich und mühsam. Dichter Verkehr auf einer Seite, dichtes Gebüsch, Dornen und tote Tiere auf der anderen. An jenem ersten Tag suchte Josie fünf Stunden lang entlang der Nordseite der Interstate 195. Für Menschen, die von neun bis fünf arbeiten und zwischendurch im Internet surfen, klingt das vielleicht nicht nach viel, doch für einen Spürhund, der ohne Pause schnüffelt, strategisch vor- und zurückläuft, über Hindernisse springt und sich im dichten Buschwerk verfängt, ist es ein brutaler Arbeitstag.

Josie war drei Jahre jung und bestand nur aus Muskeln und Sehnen, und während Andy kein junger Hüpfer mehr war, war er ein erfahrener Hundeführer in ausgezeichneter Kondition. Andy definierte etwa einen Kilometer lange Gebiete und arbeitete sich den Seitenstreifen entlang. Dann ging er zwanzig Meter von der Straße weg und arbeitete innerhalb des Wildzaunes. Nichts. Den ganzen Tag lang.

Auch am nächsten Morgen fanden sie nichts. Am frühen Nachmittag hatten sie sich auf der Nordseite bis zur Reed-Road-Abfahrt vorgearbeitet. Sie würden auch die Südseite absuchen müssen – doch alles zu seiner Zeit.

Wie fast alle Einsatzhunde, die mit hoher Nase suchen, trug Josie keine Leine, damit sie laufen konnte, wohin auch immer ihre Schnauze sie führte. Plötzlich verschwand sie zwischen den Bäumen, keine zwanzig Meter von der Abfahrt entfernt, und wedelte wie wild. Sekunden später flog sie wieder auf Andy zu und stieß mit der Schnauze gegen seine Tasche: „Gib mir den Ball!"

Es handelte sich um Dawn Mendes' Überreste, eine fünfundzwanzigjährige New Bedforderin, die zuletzt gesehen worden war, als sie am 4. September 1988 ihre Wohnung verließ. Nach Mendes' Identifizierung druckte die New Bedforder *Standard-Times* eine unverblümte und geschmacklose Schlagzeile, die mit Mendes' Leiche begann, von ihrer Sexarbeit sprach und ihren Namen unerwähnt ließ: „I-195-Leiche als stadtbekannte Prostituierte identifiziert."

Andy gönnte Josie einen Tag Pause und setzte die Suche am 1. Dezember 1988 fort. Vor und zurück. Debbie McConnell aus Newport in Rhode Island war irgendwann im Juni desselben Jahres verschwunden. Josie und Andy fanden sie am frühen Nachmittag des 1. Dezember. Sie lag am Fuße einer Autobahnböschung der Route 140 in nördlicher Richtung, zehn Meter von der Straße entfernt, in weniger als fünf Kilometer Entfernung von der Fundstelle des ersten Opfers.

Es waren Kilometer um Kilometer anstrengender Arbeit. Zwanzig Meter weiter von der Straße weg, und dieselbe Strecke nochmal. Andy teilte die Autobahn in Sektoren ein, versuchte, den Hund in Windrichtung zu halten sowie tote Rehe und kleinere Säugetiere zu vermeiden. Josie gönnte sich eine herzhafte Pause, um sich in einem toten Stinktier zu wälzen. Später auf der Suche wurde die soziale Hündin von einem TV-Team abgelenkt. Sie flitzte quer über die Autobahn, um die Menschen zu begrüßen, und wäre beinahe von einem Sattelschlepper erfasst worden.

Ende März 1989 machten sich Andy und Josie erneut an die Arbeit, und die Schäferhündin fand ein drittes Opfer: Robin Rhodes, achtundzwanzig, war nur sechs Meter von Route 140 entfernt zwischen zwei Baumstämme geklemmt worden. Nach diesem dritten Fund rief Andy sechs Spürhundeteams aus vier Staaten zu Hilfe und organisierte eine viertägige Suche. Sie fanden keine weiteren Leichen. Nach einigen Tagen ohne Ergebnisse beendete Andy den Einsatz. „Zumindest wissen wir jetzt, wo die Opfer nicht sind", sagte er in einem Interview.

Nur ein weiteres Opfer wurde später gefunden. Sandra Botelhos Leiche tauchte viele Kilometer entfernt an der I-195 in Marion auf. Neun Frauenleichen in neun Monaten. Zwei weitere Frauen, die dem Profil der West-Square-Opfer entsprachen, wurden nach wie vor vermisst. Die Polizei verhörte zwei Verdächtige, doch auch eine dritte Möglichkeit tat sich auf: War der Mörder vielleicht ein Saisonarbeiter auf einem Fischerschiff in New Bedford gewesen?

Die unbeschwerte Josie starb 1991, zwei Jahre später, an einer Blutkrankheit. Sie war noch ein junger Hund. Andy ging noch im selben Jahr in Ruhestand.

Wären all die Frauen gefunden worden, wenn Andy nicht darauf gedrängt hätte, weiterzusuchen? Ich fragte ihn nicht; ich kannte die Antwort: wahrscheinlich nicht. Es war nicht jene Sorte Fall, für den Hunderte hilfsbereite Freiwillige anreisen und das Rote Kreuz Limonade und Donuts an alle Helfer verteilt. Die Vorkommnisse wurden überhaupt erst als Kriminalfall wahrgenommen, nachdem es für fünf der Opfer zu spät war. Wäre die Sache anders ausgegangen, wenn die Frauen gewarnt worden wären, dass sie das Ziel eines (oder mehrerer) Mörder waren? Wahrscheinlich nicht – vielleicht aber doch. Wer weiß?

Einer Handvoll Menschen in New Bedford – und einer arbeitsfreudigen, verspielten Hündin – gingen die Vorfälle nahe, sie nahmen sie sich zu Herzen und schauten nicht weg, sondern ganz genau hin. Und doch wurden mit Ausnahme der drei Leichen, die Josie und Andy fanden, alle Opfer nur zufällig gefunden: von Menschen, die den Straßenrand als Toilette benutzten, von Jägern, von zwei Jungen, die den Seitenstreifen entlanggingen und drei Meter neben sich eine Tote entdeckten.

Vierundzwanzig Jahre später sind die Fälle immer noch ungeklärt.

Blasierte Massen mit
leuchtendem Auge
jubeln den jungen Soldaten zu.
Schleicht euch nach Hause
und betet, die Hölle, in der das
Lachen der Jugend verschwindet,
niemals kennenzulernen.

- Siegfried Sassoon, „Suicide in the Trenches“, 1918 -

13 Im Schützengraben

Seit Jahrhunderten werden Hunde im Krieg eingesetzt: erst im Angriff, dann, um feindliche Soldaten aufzuspüren, um Nachrichten an die Front zu bringen und um Bomben und Minen zu finden. Ab dem neunzehnten Jahrhundert verwendete man Hunde auch, um verwundete Soldaten zu finden. In all dieser Zeit war es ausdrückliche Aufgabe der Hunde, lebende Menschen zu finden – keine Toten. Hunde sollten im Eifer des Gefechts mithelfen, statt Leichen zu finden, nachdem alles vorüber war. Die Vierbeiner waren schlicht und einfach eine weitere Ressource, die sich in der Kriegsmaschinerie einsetzen ließ.

Dennoch kommt es nach Ende einer Schlacht unter anderem darauf an, zwischen Toten und Lebenden zu unterscheiden. Das Rote Kreuz wusste besser als irgendeine andere Organisation, dass jede Minute zählt. Im Ersten Weltkrieg wurden erstmals großflächig jene Hunde eingesetzt, die man in Deutschland Ende des 19. Jahrhunderts zu trainieren begonnen hatte: die sogenannten Sanitätshunde.

Die Vierbeiner trugen mit Erste-Hilfe-Ausrüstung ausgestattete Satteltaschen. Fanden sie verwundete Soldaten, konnten diese sich nehmen, was auch immer sie brauchten. Die Deutschen setzen Schäferhunde ein, die Engländer unterschiedliche Rasse von Airedale Terriern über Collies bis hin zu Mischlingen. Sie alle wurden als Sanitäts- oder Ambulanzhunde bekannt. Das Rote Kreuz schätzt, dass zehntausend Hunde auf beiden Seiten der Front arbeiteten. Während ihre Existenz und Unterstützung gut dokumentiert sind, misstraut die Skeptikerin in mir dieser verdächtig runden Zahl. Ob die PR-Abteilung des Roten Kreuzes vor einem Jahrhundert Überstunden machte?

Sanitätshunde widmeten sich nur den Lebenden. Das Rote Kreuz hielt auch über den Ersten Weltkrieg hinaus an dieser Position fest. Trotz des Sprichwortes „Wir lassen keinen Mann zurück" werden am Schlachtfeld und im Nebel des Krieges die Toten zurückgelassen. Im Krieg schaffen wir ganze Berge von Toten: in „großen" Kriegen wie dem Ersten Weltkrieg, wo Siegfried Sassoon eine Tapferkeitsmedaille erhielt und erbittert mit ansah, wie seine Kameraden im Schützengraben ausgelöscht wurden, in aus amerikanischer Perspektive „guten" Kriegen wie dem Zweiten Weltkrieg und in jenen Kriegen, von denen wir zugeben, dass sie eine Katastrophe waren. Im Ersten und Zweiten Weltkrieg blieben hunderttausende Soldaten dort liegen, wo sie niederfielen oder wurden in Massengräber geworfen. Sich den Lebenden und Verletzten zu widmen war allein schon eine kaum zu bewältigende Aufgabe. Der Ansatz hat sich bis heute nicht geändert. Noch immer priorisieren wir in Katastropheneinsätzen das Auffinden der Lebenden, bevor wir uns auf die Suche nach Toten machen.

„Die Hunde werden niemals darauf trainiert, Tote zu finden", schrieb Ellwood Hendrick 1917 im *Red Cross Magazine*. „Ihre Aufgabe ist es, den Verwundeten zu helfen." In einem vergeblichen Versuch, den patriotischen Eifer, den die Hunde entfachten, zu dämpfen, fuhr er fort: „Wir müssen keine Menschen töten, um Hunde wertvoll zu machen."

Das Bergen der Kriegstoten war schon lange von Interesse. In den USA finden sich die ersten Aufzeichnungen zu offiziellen Versuchen, Soldaten zu bergen, nach den Seminolen-Indianerkriegen Anfang des neunzehnten Jahrhunderts. Jedoch konnte kaum jemand das damalige Rückholprogramm in Anspruch nehmen: Der Staat hatte keine finanzielle Unterstützung für den Heimtransport eines verstorbenen Familienmitglieds vorgesehen. Wie Michael Sledge in seinem ausgezeichneten Geschichtsbuch *Soldier Dead* berichtet, hatten Verwandte die Möglichkeit, die sterblichen Überreste heimsenden zu lassen, wenn sie dem „designierten Generalstabsoffizier an einem Hafen" einen mit Blei beschlagenen Sarg zukommen ließen.

Nur wenige Familien konnten sich die Särge leisten. Trotzdem war damit der Startschuss für ernsthafte Bemühungen, verstorbene Soldaten – zumindest jene auf der Siegerseite – zu ihren Familien zurückzusenden, gefallen. Bis zum Bürgerkrieg, schreibt Sledge, begann das Land, „den Tod des gewöhnlichen Soldaten zu ehren".

Die Kriegstoten des Bürgerkrieges wurden zum logistischen Albtraum, doch diesmal schritt die Regierung ein. 1873 waren bereits über dreihunderttausend Soldaten auf vierundsiebzig neue Nationalfriedhöfe umgebettet worden. Die Gesamtzahl der Toten auf beiden Seiten ist nach wie vor ein Rätsel, doch fest steht, dass die Nationalfriedhöfe nur den Soldaten der Union offen standen. „Im starken Kontrast dazu zeigte man von offizieller Seite her keinerlei Interesse für verstorbene Konföderationssoldaten", schreibt Drew Gilpin Faust in ihrem kürzlich erschienenen Buch zum Thema Tod im Bürgerkrieg, *This Republic of Suffering*. Faust berichtet von *Atlantic*-Autor John Trowbridge, der Virginia kurz nach dem Krieg besuchte. Er und der von ihm angeheuerte Führer stießen im Wald auf zwei Tote. Der Ortsansässige untersuchte deren Uniformknöpfe und erklärte seinem schockierten Begleiter: „Die waren aus North Carolina, darum haben sie die nicht begraben."

Bürgerkriegshistoriker J. David Hacker geht heute davon aus, dass die früheren Schätzungen von 620.000 Toten auf beiden Seiten weit unter den tatsächlichen Zahlen liegen. In seinem jüngsten Werk vermutet er 20 Prozent mehr Gefallene: Der Krieg sei für den Tod von etwa 750.000 Männern verantwortlich gewesen.

Was bedeuten diese Zahlen? Warum sind sie wichtig? Teilweise, schreibt Hacker, ein gewissenhafter und wohlüberlegter Historiker, „weil wir die Verantwortung haben, zu berichten, wie es wirklich war." Seine jüngste Schätzung geht davon aus, dass im Zuge des Bürgerkrieges mehr Menschen ihr Leben ließen als in allen anderen amerikanischen Kriegen zusammen.

Und doch: Nur zu oft zählen wir alles und verstehen doch nichts.
Während des Zweiten Weltkriegs schreibt Journalist Ernie Pyle im Pazifik seine letzte Kolumne. Man fand sie am 18. April 1945 in seiner Hosentasche, als seine Leiche auf der Insel Ie-jima geborgen wurde. Ein japanischer Maschinengewehrschütze hatte ihn erschossen. „Tote Männer gehen in Massenproduktion – in einem Land nach dem anderen – Monat für Monat und Jahr für Jahr. Tote Männer im Winter und tote Männer im Sommer. Tote Männer überall, sodass sie eintönig scheinen. Tote Männer so zahllos, dass du kaum anders kannst, als sie zu hassen. Das sind Dinge, die ihr zuhause unmöglich verstehen könnt."

E pluribus unum.
Aus vielen eines.

- Wappenspruch der USA -

Obwohl vereinzelt berichtet wurde, dass Israel während des Sinai-Krieges 1973 Hunde eingesetzt habe und das US-amerikanische Militär schon in die allerersten Leichenspürhunde-Experimente involviert war, begann man erst 2003, Hunde zur Suche nach gefallenen Soldaten zu verwenden. Selbst dann galt es noch als bescheidenes und umstrittenes Experiment: Ein Mann aus dem Nordosten und seine beiden Deutschen Schäfer wurden in die Dschungel Vietnams geschickt, um Soldaten zu suchen, die seit Jahrzehnten vermisst wurden.

Das Militär entsendete Matt Zarrella, einen Landespolizisten aus Rhode Island. Es war Februar, und Vietnam war heißer als Rhode Island. Matts neunjährige Schäferhündin Panzer und sein einjähriger Rüde Maximus hechelten, so gut sie konnten: Die nervösen vietnamesischen Piloten hatten darauf bestanden, den Hunden einen Maulkorb anzulegen, bevor diese in ihren Hubschrauber klettern durften. Über Reisfelder, in denen man noch immer die jahrzehntealten Bombenkrater ausmachen konnten, flogen sie zur südlichsten Spitze Vietnams. Mit der Feuchtigkeit der Urwaldluft stiegen auch die Temperaturen in dem alten Sowjethubschrauber. Matt trug keinen Maulkorb, obwohl das bei seinem Hang, sich kein Blatt vor den Mund zu nehmen, vielleicht keine so schlechte Idee gewesen wäre.

Die Mission, vermisste Soldaten zu finden, eilte. Die Zeugen, die gesehen hatten, wie Kampfjets auf dem Höhepunkt des Vietnamkriegs in den 1960ern abgeschossen wurden, wurden älter – viele waren bereits gestorben. Die Bergungseinsätze wurden langsamer, und man fand weniger und weniger sterbliche Überreste US-amerikanischer Soldaten und Piloten – bis sich die Senatoren John McCain und Ted Kennedy einschalteten. Beeindruckt davon, was Gebrauchshunde an den drei Katastrophenschauplätzen des 11. September – Shanksville, Pennsylvania, das World Trade Center und das Pentagon – leisteten, wandten sie sich ans Militär. Warum setze man in Vietnam keine Leichenspürhunde ein, um Soldaten zu finden, die seit über dreißig Jahren vermisst wurden? Nicht alle begrüßten diese Idee; dennoch wurde sie umgesetzt.

Matt Zarella und seine Hunde hatten den Ruf, Tote und Begrabene zu finden. Eines Tages läutete sein Telefon. Ob er bereit wäre, eine Militäreinheit zu beraten, die sich mit der Bergung gefallener Soldaten beschäftige? Das JPAC – jene Militärdienststelle, die sich mit der Suche und Identifikation von Kriegsgefangenen und vermissten Soldaten beschäftigt – wolle wissen, ob sich für diesen Zweck Hunde einsetzen ließen.

Ein pensionierter Offizier hatte jede Menge Fragen an Matt: Was bräuchte man, um ein solches Programm auf die Beine zu stellen? Was würden die Hundeführer benötigen? Und die Hunde? Bald war klar, worauf das Gespräch hinauslief.

„Sie fragten mich, ob ich es machen wolle“, erzählt Matt. „Ich fühlte mich sehr geehrt.“ Er sollte der erste Leichenspürhundeführer werden, der offiziell entsandt wurde, um in einem US-Konflikt gefallene Soldaten zu suchen. Als Matt nach Hawaii flog, um sich und die Hunde am Zentralen Identifikationslabor der JPAC vorzubereiten, galten 1.889 Soldaten noch immer als in Vietnam vermisst.

Matt, selbst ein ehemaliger Marinesoldat, stand mit Überzeugung hinter dem Credo „Wir lassen keinen Mann zurück.“ Die Sache war jedoch nicht so einfach, wie sie auf den ersten Blick schien. Die Rückführung sterblicher Überreste aus Vietnam war in den 70er Jahren eine Katastrophe gewesen: Die Informationen waren kaum verlässlich und die Rückführaktionen politisch brisant, teuer und gefährlich.

Zwei Jahre vor der Befreiung Saigons wurde ein Team, das versuchte, gefallene US-amerikanische Soldaten rückzuführen, aus dem Hinterhalt überfallen. Der Anführer des Teams, Kommandant Richard Reese, wollte seine Männer retten, indem er vortrat und dem Vietkong mitteilte, dass sie unbewaffnet waren. Er wurde in einer Gewehrsalve getötet. Bis 1985 unternahmen die USA keinen weiteren Versuch, ihre Toten nach Hause zu bringen.

Mitte der 80er Jahre wurden die Bemühungen wieder aufgenommen, doch stellte sich mehr als eine Aktion als spektakulärer Misserfolg heraus. So basierte etwa die Rückholaktion in Yen Thuong in Mittelvietnam auf fehlerhaften Informationen: Es handelte sich vermutlich um einen Raketenstützpunkt oder ein abgestürztes sowjetisches Flugzeug, nicht aber um eine amerikanische Maschine. Die Militäranthropologen führten trotzdem Grabungsarbeiten durch. Sie gruben eine fünfzehn mal dreißig Meter große und zwölf Meter tiefe Grube und durchsuchten das gesamte entfernte Erd- und Lehmmaterial. Sie fanden nichts.

Matt, dem die politischen Probleme durchaus bewusst waren, fragte sich, ob man ihn – bewusst oder unbewusst – zum Sündenbock für das erste militärische Leichenspürhundeprojekt machen wollte. Er wusste, dass in ganz Vietnam bereits vergeblich Löcher gegraben worden waren. Auch hatte er den Konflikt zwischen Anthropologen und Militärpersonal schon zu spüren bekommen: Waren er und seine Hunde tatsächlich in der Lage, menschliche Überreste zu finden, oder hatte er nichts weiter als eine bellende Version des Klugen Hans an der Leine? Am Militärstützpunkt auf Hawaii wurde darüber gestritten, ob seine Hunde aufgrund der Tollwutvorschriften sechs Monate lang in Quarantäne müssten, wenn sie den Stützpunkt verließen, doch waren keine brauchbaren Zwinger vorhanden. Schließlich mussten sich die Hunde mit einem kleinen zweckentfremdeten Kasten zufrieden geben. Das von Ungeziefer und Spinnen heimgesuchte Hotel, in dem Matt in Ho-Chi-Minh-Stadt abstieg, trug nicht zur Verbesserung seiner Laune bei. Er hatte kein Problem mit schwierigen Bedingungen und dem Tragen eines dreiundzwanzig Kilo schweren Rucksacks, doch er war einundvierzig – nicht so alt wie seine Schäferhündin in Menschenjahren, aber kein junger Mann mehr.

Matt fragte sich auch, ob er seinen Hunden eine unlösbare Aufgabe stellen würde. Er wusste, dass Panzer Tote und Begrabene finden konnte: Seit Jahren machte sie dies bereits im Nordosten der Vereinigten Staaten. Doch die ältesten vergrabenen menschlichen Überreste, die sie jemals aufgespürt hatte, waren zehn Jahre alt – nicht nahezu vierzig wie in Vietnam. Die Temperaturen und Bedingungen waren nicht nur neu, sondern mörderisch. Panzer konnte in Schnee und Eis arbeiten, aber Mangrovensümpfe mit einer Luftfeuchtigkeit von hundert Prozent und Temperaturen über vierzig Grad waren Neuland für sie.

Matt beriet sich mit Andy Rebmann. Andy sieht Matt als eine Art Adoptivsohn, und Matt bewunderte und respektierte Andy. Beide streiten und diskutieren viel und gerne. An jenem Abend stellten sie sich der Frage, ob Panzer zu alt für den Vietnameinsatz war. Gunner, Matts Schweizer Sennenhund, hatte am Höhepunkt seiner Leichenspürkarriere Krebs bekommen. Kurz nachdem Matt versprochen hatte, nach Vietnam zu fliegen, musste Gunner ein Bein amputiert werden. Matt hatte dem Militär zwei Hunde versprochen, also besuchte er das Tierheim und fand einen sechs Monate alten Deutschen Schäfer, der als aggressiv galt. Das war er nicht – er war triebstark. Matt nannte den Junghund Maximus und trainierte ihn über die nächsten sechs Monate intensiv. Er konnte ihn ausbilden, aber nicht schneller erwachsen werden lassen.

Matt hatte nun also einen einjährigen und einen neunjährigen Hund: die beiden Extreme der Alterskurve einsatzfähiger Spürhunde. Die Leistung des jungen Rüden war noch nicht unter schwierigen Bedingungen abgesichert, sondern nur zertifiziert worden. Die Hündin war mit dem Alter sanft und langsam geworden und ermüdete rasch. Würde sie den Einsatz überhaupt überleben? Skeptische Anthropologen in Hawaii und Vietnam ließen das Team nicht aus den Augen. Die Atmosphäre, in der sich Matt wiederfand, war nicht gerade herzlich.

Matt versuchte, zu erklären: „Wir wollen euch nicht ersetzen. Wir sind einfach nur ein weiteres Werkzeug. Wir brauchen gute Investigationsstrategien. Wir sind ein kleiner Teil des größeren Teams." Im Stillen fürchtete er, dass seine beiden „Werkzeuge" nicht funktionieren würden.

Kommandant David Phillips' Starrflügel-Kampfflugzeug war am 3. Juli 1966 über einem Mangrovendickicht an der Südspitze Vietnams abgeschossen worden. Ein Zeuge teilte den Behörden mit, dass er Phillips' Überreste gefunden und begraben habe. Später war er umgebettet worden. Die übriggebliebenen Teile seiner Maschine wurden aufgesammelt und zweckentfremdet. Der Boden war sauer. Knochen – sofern diese überhaupt jemals hier gelegen hatten – würden längst verschwunden sein.

Kaum waren sie aus dem Hubschrauber gestiegen, war die Suche auch schon wieder vorbei. Panzer zeigte an genau der Stelle an, an welcher der Dorfbewohner Kommandant Phillips beerdigt haben wollte. Gut. Die Anthropologen hatten sowieso vor, an dieser Stelle zu graben. Obwohl er Blindsuchen bevorzugte, konnte Matt sich nicht gegen das Gefühl wehren, dass das noch nicht das Ende der Geschichte wäre. Panzer und er spazierten um das Haus des Dorfbewohners und tauchten in den dichten Urwald ein, der das Dorf umgab. In etwa fünfzig Meter Entfernung von der Stelle, an der Panzer angezeigt hatte, lagen ein alter Familienfriedhof und eine Müllhalde.

Matt sah Panzers veränderte Körpersprache. Die Hündin warf Matt einen Blick zu, hob den Kopf und suchte eine relativ kleine Fläche intensiv ab, jedoch ohne anzuzeigen. Sie wurde müde. Matt gönnte ihr eine Pause und holte den jungen Max. Dieser verhielt sich ebenso interessiert wie Panzer und zeigte schließlich an. „Er war sicher, dass es hier war. Ich konnte es in seinen Augen sehen."

Matt nahm Max wieder an die Leine und sprach mit zwei der Anthropologen. Sie waren fasziniert und wollten die Stelle näher unter die Lupe nehmen, während Matt und die Hunde zu ihren nächsten Einsatzorten weiterflogen: Orte, an denen Soldaten begraben worden waren, an denen Flugzeuge abgestürzt waren, Orte, an denen Kriegsgefangene gestorben und von der Dorfbevölkerung begraben worden sein sollten. Manche der Einsatzorte stellten sich als frei erfunden heraus. Matt ließ die Hunde suchen, die nicht das geringste Interesse zeigten. Die Dorfbewohner beobachteten seine Hunde und änderten dann ihre Geschichte – vielleicht etwas weiter in Richtung Wahrheit. Auch wenn sie nicht für diese neue Aufgabe trainiert hatten, stellten sich Panzer und Max als gute Lügendetektoren heraus.

Ein Monat später begegnete Matt in der Lobby seines Hotels in Ho-Chi-Minh-Stadt einem der Anthropologen, die ihn an die Absturzstelle von Phillips' Flugzeug begleitet hatten. Matt und die Hunde hatten soeben ihren letzten Fall abgeschlossen, ohne etwas Handfestes zu finden. Matts Stimmung hatte ihren Tiefpunkt erreicht.

„Hast du schon gehört, was wir gefunden haben, wo dein Hund angezeigt hat?", fragte der Anthropologe. Matt hatte nichts mehr von seinem ersten Einsatzort gehört. Die Anthropologen hatten den Boden dort, wo Max an- und Panzer Interesse gezeigt hatte, großflächig aufgegraben. In fünfzehn Zentimeter Tiefe hatten sie ein Taschenmesser, den Reißverschluss einer Fliegerjacke und etwas, das die Anthropologen für eine Kniescheibe hielten, gefunden. Der Knochen war noch nicht von offizieller Stelle identifiziert worden und lief vorerst unter „knöcherne Überreste".

„Ich hätte fast zu weinen begonnen", erinnert sich Matt.

Einige Jahre später griff Matt, der nichts mehr über den Einsatz gehört hatte, zum Telefon, um das Identifikationslabor in Hawaii anzurufen. Der freundliche Mitarbeiter am anderen Ende der Leitung suchte den Fall aus den Akten. Kommandant Phillips' Überreste waren im September 2004 identifiziert worden – im selben Monat, in dem Panzer an Krebs gestorben war. Endlich kannte Matt das Ende der Geschichte. Maximus sollte nach dem abenteuerlichen Einsatz in Vietnam noch viele weitere Suchen meistern, bis er 2011 im Alter von zehn Jahren ebenfalls an Krebs starb.

Noch immer gelten 1.664 Amerikaner seit dem Krieg in Südostasien als vermisst. 225 weniger als zu dem Zeitpunkt, zu dem sich Matt und seine Hunde auf die Suche machten. Dreihunderttausend vietnamesische Soldaten werden ebenfalls bis heute vermisst. Das Militär schickte kein weiteres Leichenspürhundeteam zurück nach Vietnam.

1989 verstarb Kommandant David Phillips' Frau. Die Medien berichteten, dass seine Tochter Debra Stubbs das Militärlabor auf Hawaii besuchte, um die in eine militärgrüne Wolldecke gewickelten sterblichen Überreste ihres Vaters nach Hause zu holen. Sie streckte ihre Hand in die Decke, erzählte sie einem Reporter der *Atlanta Journal-Constitution*. So nahe wie in diesem Moment war sie ihrem Vater, der in Vietnam diente, bevor sie geboren wurde, niemals zuvor gewesen. Ihre Mutter hatte sich jahrelang gesorgt, dass ihr Vater in Kriegsgefangenschaft geraten sein könnte. Immer wieder sprach sie davon, nach Vietnam zu fliegen und die Wahrheit herauszufinden, setzte dieses Vorhaben jedoch nie in die Tat um.

Kommandant Phillips' drei Töchter und sein Bruder begruben die heimgeholten Überreste mit Blick auf den Wilmington-Fluss auf dem Bonaventure-Friedhof in Savannah. Der Friedhof wird von zahlreichen Eichen mit ausladenden flechtenbehangenen Ästen gesäumt. Im Jahr 1897 campierte der Schriftsteller und Naturforscher John Muir fünf Tage lang in Bonaventure. Er hatte kein Geld und der üppig grüne Friedhof wirkte einladend. Muir hielt ihn für einen sicheren und ruhigen Ort. Tatsächlich war er sicher, aber alles andere als ruhig.

„Die Bäume am Rande des Sumpfes werden von Weißkopfseeadlern bevölkert", schrieb Muir. „Jeden Morgen mischen sich ihre Schreie mit dem Krächzen der Krähen und dem Gesang unzähliger Grasmücken. Zu sehen bekommt man sie kaum; sie sitzen tief im Blätterdach versteckt. Schmetterlingsschwärme und zahlreiche Insekten tanzen in fröhlicher Hektik und Lebenslust über den Friedhof. Er ist ein Zentrum geschäftigen Lebens. Die Toten regieren hier nicht alleine."

Die Zahl der vermissten Soldaten im Irak- und Afghanistankrieg war klein, doch das Militär hatte seine Lektion gelernt und stellte sicher, dass kein Mann zurückgelassen wurde. Als die USA 2003 im Irak einmarschierten, zweifelte das Militär nicht mehr daran, dass Hunde in vielerlei Hinsicht nützlich sein konnten: beim Aufspüren von Bomben und Landminen, als Wachhunde und beim Finden und Überwältigen von Feinden.

Kathy Holbert war unter den Leichenspürhundeführern, die eingeladen wurden, als Vertragspartner in den Nahen Osten zu gehen. Sie leitet eine Zwingeranlage in den Bergen von Barbour County in West Virginia. Selbstironisch, selbstgenügsam und humorvoll trainiert sie Spür- und Diensthunde, bietet Urlaubsbetreuung für Haustiere an und züchtet Deutsche Schäfer aus Arbeitslinien sowie Beaucerons, eine alte französische Hüterasse. Hin und wieder holt sie einen Malinois dazu, damit ihr nicht langweilig wird.

Kathy war beim Militär gewesen, erst als Fallschirmpackerin und dann als Militärhundeführerin. Letzteres lief weniger glatt. Ihr erster vierbeiniger Partner, ein auf „Finden und Beißen" trainierter Hund mit dem passenden Namen Dick, biss mindestens hundertmal Katie selbst. „Ehrlich gesagt war ich eine furchtbar schlechte Hundeführerin", lachte Katie. „Mein Timing war grauenhaft. Sie zeigten meine Arbeit als Beispiel dafür her, wie man es nicht machen soll."

Es fällt mir schwer, das zu glauben. Kathys Umgang mit Hunden und Menschen lässt die Arbeit einfach, unkompliziert und ruhig erscheinen. Als sie im Juni 2009 gefragt wurde, ob sie in den Nahen Osten gehen wolle, arbeitete sie mit ihrem zweiten Leichenspürhund. Strega war eine dunkle Schäferhündin mit außergewöhnlich langer Rute, großen Ohren und hexenhaft listiger und zugleich wohlüberlegter Intelligenz. Die Entscheidung, ob sie das Angebot annehmen sollte, war erstaunlich einfach. Kathy und ihre gesamte Familie – ihre Großväter, ihr Vater, ihr Bruder und ihr Mann Danny, ein Elektriker – waren beim Militär gewesen. Sie sagte ja und schüttelte dann vor sich selbst den Kopf: „Du verrückte Frau. Dein Hund ist acht, und du bist fünfzig, und du willst bei vierzig Grad im Freien arbeiten? Was zur Hölle hast du dir dabei gedacht?"

Sie machte es trotzdem. Kathy erinnert sich noch gut an Vietnam. „Damals haben sie sich nicht groß bemüht, unsere Männer heimzuholen", sagte sie. Sie nahm es persönlich: Jahre zuvor waren sie und ihre Familie in Übersee eingerückt. Also begann Kathy, zu trainieren: Sie ging laufen, stemmte Gewichte und nahm ab. Sie wollte, sagte sie, nicht „das fehlende Glied in der Kette" sein – jemand, der die Gefahr, in der die Soldaten schweben, noch weiter vergrößert.

Als sie im September im Irak aus dem Flugzeug stieg, fühlte sie sich dennoch wie vom Panzer überfahren. „Die Hitze ist schwer zu beschreiben. Es ist, als würde dir ein Fön ins Gesicht blasen." Ein Fön, der nach Urin stinkt und dir Sand in die Augen weht. Kathy zog Strega Stiefel an, doch manchmal schmolzen diese bei den durchschnittlichen Sommertemperaturen von 43 Grad. Die Hitze ist bereits schwer zu ertragen, bevor man seine Splitterschutzweste anzieht und sich die schwere Ausrüstung auf den Rücken lädt. Anstatt der Hitze entrinnen zu wollen, beschloss Kathy, sich daran zu gewöhnen. Sie und Strega hielten sich so häufig wie möglich im Freien auf und passten sich an die Klimabedingungen an. Kathy dachte darüber nach, welche Rassen und Persönlichkeiten am besten mit den lokalen Bedingungen zurechtkämen. Obwohl Strega eine Schäferhündin war, hatte sie eine große, breite Schnauze, aber relativ wenig Muskelmasse. Sie arbeitete länger als einige der spitznasigen Rassen und schien mit der Hitze besser zurechtzukommen als die muskulösen Labradore. Strega war eine methodische Arbeiterin. Nicht zu schnell, nicht zu langsam, eine ordentliche Portion Arbeitstrieb und doch ruhig und bedacht. Diese Eigenschaften kamen Kathy und ihr gelegen.

Greg Sanson, von 2009 bis 2012 Personenrückführungsberater des US-amerikanischen Militärs, hatte ein komplexes Aufgabenfeld: An erster Stelle stand das Verhindern von Kidnapping und Entführungen. Falls doch ein Soldat oder Vertragspartner des Militärs verschwand, war es seine Aufgabe, ihn lebend wiederzufinden. Klappte dies nicht, bestand der nächste Schritt darin, Teams wie Kathy und Strega anzufordern. Es sei, sagte er, „eine Ehre", mit mir über die Arbeit zu sprechen, die Kathy und ihr Hund im Nahen Osten leisteten, um Vermisste zu finden. „Wir hören nicht auf, nach ihnen zu suchen", betonte er.

Die Suche war schwierig – sowohl physisch als auch emotional. Sprengfallen (USBVs) zerreißen Menschen in kleinste Fetzen. Kathy und Strega mussten feststellen, dass sie nicht nach Leichen, sondern nach winzigen Gewebestückchen suchten. Bei der Suche nach USBV-Opfern kam es darauf an, den Hund einbremsen zu können. Anfangs, berichtet Kathy, wirkte Strega an Explosionsschauplätzen verwirrt: Der Geruch des Todes war zugleich überall und nirgends. Kathy verstand, dass ihre Aufgabe mehr als bloß das Sammeln von ausreichend DNA zur Identifikation des Toten war: Sie suchten alles, wirklich alles, was von einem Menschen übrig geblieben war.

Kathy passte ihr Training an die veränderten Bedingungen an, und bald verstand Strega ihre Aufgabe. Sie begann, das bisschen, was an die Toten erinnerte, zu finden.

„Glauben Sie mir, mein junger Freund, es gibt NICHTS – absolut nichts – das auch nur halb so viel lohnt, als einfach in Booten herumzualbern. Einfach herumalbern", fuhr er verträumt fort. „Schau nach vorne!", schrie der Maulwurf plötzlich.

- Kenneth Grahame, Der Wind in den Weiden, 1908 -

14
Am Wasser

David und ich konnten Nancy Hooks Stimme aus den Zwingern hören. Sie verteilte Wasser und Futter an die Hunde, damit wir loskonnten. Wir versuchten zu helfen, standen ihr dabei aber hauptsächlich im Weg. „Du Arschloch“, murmelte sie sanft, während sie den Napf eines riesigen Pitbull-Mischlings füllte. Er hatte wiederholt gebissen. Nancy würde ihn rehabilitieren. Hunde, die unaufgefordert bissen, waren ihr Spezialgebiet.

Das Sportfischerboot stand auf einem rostigen Anhänger, der an Nancys Kleintransporter hing. Ich zupfte am Unkraut, das im Inneren des Bootes wucherte, bis Nancy mir befahl, es in Ruhe zu lassen. Sie sagte, dass sie es absichtlich wachsen ließe. In der Nacht hatte es geregnet, und nun standen drei Zentimeter schmutziges Wasser im Boot, die das Unkraut düngen und gießen würden. Ich bot an, es auszuschöpfen, aber Nancy meinte, das bisschen Wasser würde uns kaum zum Kentern bringen.

Mit hinter dem Transporter herspringendem Anhänger machten wir uns auf den Weg zu Taylors Millpond, einem Stausee wenige Kilometer von Nancys Farm, an dem wir heute trainieren wollten: zwei Frauen, ein Mann, ein Hund und ein Boot.

Wir würden am Wasser arbeiten.

Geschichten von Hunden, die Leichen am Grunde eines Sees oder Flusses anzeigten, hatten ursprünglich recht apokryph auf mich gewirkt. Bald jedoch lernte ich, dass sich Wasser ganz ausgezeichnet dafür eignet, Kadavergeruch zu einer an der Oberfläche arbeitenden Hundenase zu transportieren. Unter Wasser verhalten sich Leichen wie Brausetabletten in Zeitlupe. Sie reagieren ebenso wie Leichen an Land: Sie zersetzen sich und geben Gase ab. Im Wasser steigen diese Gase blubbernd an die Oberfläche und dem Hund in die Nase. Auch Öle bewegen sich aufwärts und bilden eine dünne Schicht an der Wasseroberfläche, die zusätzlich Gerüche verströmt.

Seen oder Flüsse können Leichen allerdings auch ausgezeichnet verbergen, selbst wenn die Suchenden mit der neuesten Echolottechnologie ausgestattet sind. Oft können Taucher nicht einmal die eigene Hand vor dem Gesicht ausmachen, und selbst wenn das Wasser verhältnismäßig klar ist, lässt sich die Leiche nicht immer mithilfe von Tauchern oder Totenangeln lokalisieren. Die Nase eines guten Wasser-Leichenspürhundes hingegen kann das Suchgebiet bedeutend einschränken.

Solo und ich hatten nur ein oder zwei, oder vielleicht eher zwölf, Trainingsprobleme. Nancy meinte, sie könne uns auf Vordermann bringen.

Der beinahe einen Kilometer lange Taylors-Millpond-See wurde vor dem Bürgerkrieg angelegt und ist heute der Schauplatz von Angelwettbewerben. Gegenüber der Slipanlage liegt ein Gemischtwarenladen. Unter dem Vordach saß eine kleine Gruppe Männer mit Bierdosen in der Hand. Sie kauten Tabak und rauchten. Ich nickte, und sie nickten zurück. Die Ladeninhaberin schüttelte vehement den Kopf, als ich versuchte, ihr die zwei Dollar Bootsgebühr zu geben. Sie kannte Nancy und wusste, dass wir nicht hier waren, um Bier zu trinken und Forellenbarsch zu fischen.

Wir tasteten uns mit dem Anhänger rückwärts die Rampe hinunter und lösten das Boot. Ohne größere Peinlichkeiten und ein klein wenig Rutschen und Gleiten später schwamm es in den Wasserlinsen. David und Nancy stiegen ein. Solo, der bereits ein Stück in den See hinausgeschwommen war, sprang an Bord und schüttelte sich, bis die beiden nass waren. Solo liebte Boote. Er fand es herrlich, in Boote zu springen, und noch schöner, vom Boot aus ins Wasser zu setzen. Ich stieß uns ab und sprang ebenfalls an Bord. Das Boot schaukelte hin und her. Solo kletterte über die Menschen hinweg an den Bug; eine tropfnasse Galionsfigur. David fummelte am brummenden Motor herum und senkte ihn ins Wasser. Es wollte ihm nicht gelingen, den Motor zu starten. David blickte finster. Er ärgerte sich. Er kann es nicht leiden, wenn die Dinge nicht so funktionierten, wie er sich das vorstellt.

„Wir haben den Motor gratis bekommen", erinnerte ihn Nancy. Wie den Transporter. Wie das Boot. Wie Nancy, die uns in der Wasserarbeit schulte. Beißender Rauch stieg vom Motor auf. Ich fragte mich laut, ob Batterien explodieren können. Nancy sagte nein, doch wir wussten, dass sie log. David beugte sich über den toten Motor und meinte, dass er spüren könne, wie sich das Boot bewege. Es folgte der Strömung des Moccasin-Flusses. Als wir näher an den Entlastungskanal herantrieben, konnte ich sehen, wo der See endete und das Wasser wie ein breites seidiges Band über die Betonplatte schwappte und in die Tiefe stürzte. Ich hörte, wie das Band drei Meter weiter unten zerbarst. Vermutlich wies ich David darauf hin, denn Nancy befahl mir, ihm nicht ständig zu sagen, was er tun sollte.

„Ist sie immer so?", wandte sich Nancy an ihn. Sie lächelten einander an. Ich schloss den Mund und nahm eines der Ruder, um uns in Sicherheit zu bringen. Der Motor erwachte spuckend zum Leben und fiel in ein gleichmäßiges, beruhigendes Brummen. Endlich unter Davids Kontrolle, bewegte sich das Boot vom Entlastungskanal weg und glitt in den See hinaus, vorbei an Seerosen und Wasserlinsen.

Obwohl ich es gerne betrachte, ist Wasser nicht mein Element. Die Schwimmstunden meiner Kindheit verbrachte ich in stummer Panik. Selbst am seichtesten Ende des Schwimmbeckens bekam ich Wasser in die Nase. Ich war klein und dünn. Unter meiner Haut zeichneten sich schwere Knochen ab, und ich hatte keine Fettschicht, die mir half, an der Oberfläche zu bleiben. Ich ging unter, schluckte Chlorwasser, hustete und spuckte. Der Schwimmlehrer sah enttäuscht zu, während mich meine langen Zöpfe nach unten zogen wie Ketten.

Solos Element ist das Wasser. Er liebt es, sich in die Fluten zu stürzen, und weiß, dass er in jeden Fluss, jeden See und jedes Schlammloch springen darf – es sei denn, ich verbiete es explizit, und manchmal selbst dann. Sein heiserer Lobgesang schallte über den See.

Ich konnte seine Begeisterung verstehen. Ein Kanadareiher stieg aus den Weihrauchkiefern auf und es wirkte, als würde er in Zeitlupe fliegen. Crappies, Katzenwelse, Wolfsbarsche und Seewölfe lauerten unter den Seerosenblättern und im struppigen Wurzelwerk, das aus dem Sumpf bis ins Augebiet reichte. Ich konnte sie nicht sehen, doch der blau-grau-kastanienrote Eisvogel, der mit schiefgelegtem Kopf auf einem im Wasser treibenden Baumstamm saß, wusste, dass sie da waren. Als wir näher kamen, hob er ab und strich schimpfend am Ufer entlang.

Der Eisvogel spielte zwar in einer anderen Liga, doch auch ich konnte fischen. Mein Großvater, mein Vater und meine Brüder hatten mir vom Fischen mit Schwimmern und Würmern bis hin zum Fliegenfischen so ziemlich alles beigebracht. Ich wusste, wie man sich an ein tiefes Loch in einem Fluss heranschleicht, ohne einen Schatten zu werfen oder das Ufer zum Vibrieren zu bringen und die Bachforellen zu vertreiben. In meinen Highschool-Jahren bastelte ich meine eigenen Angeln. Sorgfältig setzte ich die Führungsringe für die Angelschnur auf die Rute, brachte Griffe und Angelrollen an. Vor dreißig Jahren hatte ich mit dem Fischen aufgehört. Ich war ungeduldig, und die Fische taten mir leid. Aber ich esse sie immer noch gern.

Es war allerhöchste Zeit für mich, ans Wasser zurückzukehren. Diesmal war es Solos Aufgabe, den Fisch zu finden. Er war mittlerweile sieben Jahre alt. In nicht allzu ferner Zukunft würden seine wachsende Erfahrung und mentale Leistungsfähigkeit seine schwächer werdende Ausdauer und Kraft nicht mehr wettmachen können. Solange er eine gute Nase hatte, konnten Wasserleichen seine Einsatzzeit verlängern.

Das war auch der Grund dafür, dass Nancy uns zur Wasserarbeit drängte. Sie wollte, dass wir die Prüfung ablegten und uns für die Wassersuche zertifizierten. Ich hatte in den letzten Jahren bereits eine gute Handvoll Wassersuchen abgelehnt, und ich hasste es, Nein zu sagen. In einem Fall schwor der Ermittler, dass das Opfer mitsamt seinen Stiefeln geradewegs in den See gegangen war – unmöglich, dass es sich um ein Verbrechen handle. Ob ich Solo bringen konnte? Es tat mir ungeheuer leid, Nein sagen zu müssen. Mike Baker erzählte mir später, dass die Ermittler nur Hüftstiefel anziehen und ein paar Meter in den See hinauswaten mussten, um das Opfer selbst zu finden. Manchmal ist es so einfach. Manchmal treibt die Leiche an der Oberfläche. Meistens ist es schwieriger – für uns Menschen zumindest. Ein guter Wasserspürhund kann helfen.

Vor einigen Jahren halfen Hunde bei der Lösung eines rätselhaften Falles in Tennessee. Das Opfer, eine junge Frau, war zuletzt dabei gesehen worden, wie sie ihr Boot an einem langen Dock an einem See im Osten Tennessees abdeckte. Zwei Wochen nach dem Verschwinden der Frau wurden zwei Hunde von Roy und Suzie Fergusons Team zur Verstärkung geholt. Beide Hunde zeigten am Dock an – an jener Stelle, an der das Opfer zuletzt gesehen worden war. Zu diesem Zeitpunkt lagen überall Totenangeln und Unterwasserkameras herum, was das Geruchsbild komplizierter gestaltete. Seit zwei Wochen war das Suchteam fast ununterbrochen im Einsatz. Mit Echolotgeräten, Tiefseekameras, Totenangeln und Tauchgängen hatten sie die Umgebung des Docks abgekämmt. Keine Spur von der Frau. Die Ermittler fragten sich, ob das Opfer das Dock verlassen hatte oder etwas Unvorstellbares passiert war. Eine natürliche Reaktion, wenn man keine Antwort findet.

Die Familie des Opfers gab nicht auf. Sie ließ ein Unterwasserbau-Team mit einem Tauchroboter einfliegen. Roy und Suzie Ferguson reisten an, um gemeinsam mit den beiden anderen Spürhundeteams, die ursprünglich am Dock angezeigt hatten, bei der Suche zu helfen. Suzie brachte ihre Schäferhündin Schatzi mit. Roys Aufgabe war es, die Hunde von einem gegenüberliegenden Dock aus zu beobachten. Auf Landeinsätzen ist es nützlich, einen Beobachter dabeizuhaben, der weiß, wie Hunde an Land arbeiten. Bei Wassereinsätzen ist ein erfahrener Beobachter unerlässlich, der die Anzeigemuster am Wasser aus größerer Entfernung im Auge behält. Roy beobachtete die Anzeigemuster der Hunde, die von anderen Decks und von Booten aus arbeiteten, und kalibrierte, wo die Hunde angezeigt hatten. Am nächsten Morgen, der im Unterschied zum Vortag windstill war, wiederholten sie die Aktion. Roy berichtete, was die Teams herausgefunden hatten: Die Hunde hatten das Suchgebiet auf ein sechs mal zwölf Meter großes Oval eingegrenzt. Das Unterwasserbau-Team senkte den kleinen Tauchroboter, ausgestattet mit Echolot und Kamera, an der entsprechenden Stelle ab. Mithilfe eines Joysticks lenkten ihn die Techniker durch das erstaunlich klare Wasser. In weniger als zwei Minuten sahen sie das Opfer am Bildschirm der Videokamera.

Die junge Frau trieb etwa zehn Meter von jener Stelle entfernt, an der sie zuletzt beim Abdecken ihres Bootes gesehen worden war. Und nicht nur das: Sie befand sich in siebzig Meter Tiefe – wäre der See ein Hochhaus, so hätte ihre Lage zwanzig Stockwerken unter der Wasseroberfläche entsprochen. Bill Bass, ein forensischer Anthropologe an der Universität von Tennessee, bestätigt, dass das Opfer bei den kalten Wassertemperaturen, der Tiefe und der körperlichen Fitness niemals an die Oberfläche getrieben wäre. Sie war vermutlich ins Wasser gefallen, schräg nach unten und weg vom Dock getrieben und hatte sich dabei langsam gedreht wie ein Blatt, das von einem Baum nach unten schwebt und sich in der Luft um sich selbst dreht. Dennoch gelang es ihr, ein letztes klares Signal an die Hunde zu senden.

[I]ch stürzte mich in das geringfügige Wagnis, das darin bestand, zwölf- bis dreizehnhundert Meilen des großen Mississippistroms zu „lernen" mit der ganzen Selbstvertrauensseligkeit meiner Jahre. Hätte ich allen Ernstes eine Vorstellung von dem gehabt, was ich meinen Fähigkeiten zuzumuten im Begriff stand, ich würde sicherlich den Mut nicht gefunden haben, es auch nur anzufangen.

- Mark Twain, Life on the Mississippi, 1883 -

Lisa Higgins kennt sich mit Wasser aus. Zu Recht genießt sie den Ruf, zu den besten Wassertrainern des Landes zu gehören. Sie trainiert und arbeitet auch mit ihren eigenen Hunden. Einem hektischen Seminarprogramm zum Trotz die Zeit dafür zu finden ist, wie alle Trainer wissen, alles andere als einfach.

Während eines Trainings mit Haylee im Juli 2011 läutete Lisas Handy. Ob sie und ihre Hunde zu einem Stausee in der Nähe von Morganza kommen könnten? Ein Stausee, der zum Staudammsystem des Mississippi gehöre? Die rekordbrechenden Regenfälle der letzten Wochen hatten gezeigt, dass das Staudammsystem nicht perfekt war. Schweren Herzens hatte das Militär entschieden, die Entlastungsanlage Morganzas zu öffnen und die kleinen Dörfer flussabwärts zu überschwemmen, um den Druck auf die Dämme in Baton Rouge und New Orleans zu reduzieren. Als Anfang Juli eine vierköpfige Familie zum Fischen fuhr, war der Wasserstand des Stausees nach wie vor ungewöhnlich hoch. Die Familie war bestens mit dem See vertraut, doch die ungewöhnlichen Wasserverhältnisse hatten in dem ansonsten ruhigen See einen Strudel verursacht. Beim Zusammenstoß mit einem dicht unter der Oberfläche treibenden Baumstamm starb der Motor ab. Das Boot geriet in den Strudel und kenterte. Der Vater brachte seine Frau und einen seiner Söhne in Sicherheit, indem er ihnen half, auf die Entlastungswehrmauer zu klettern. Er schleppte auch seinen zweiten Sohn durchs Wasser bis zur Mauer, und seiner Frau gelang es trotz ihrer Verletzungen, ihn nach oben zu ziehen. Doch diese letzte Anstrengung war zu viel für den Vater.

„Er rettete seine Familie, aber er war zu erschöpft, um sich selbst in Sicherheit zu bringen“, erinnert sich Lisa. Sie und ein weiteres Team aus Jefferson Parish wurden um Hilfe gebeten. Haylee vor dem Einsatz nach Hause zu bringen, wäre sehr umständlich gewesen. Die Beamten vor Ort meinten, dass Lisa ihre Enkeltochter gerne mitbringen könne. Haylee war begeistert, und Lisa sah eine weitere Gelegenheit, ihrem Schützling Hausunterricht im echten Leben zu erteilen. Die Beamten vor Ort seien, meint Lisa, großartig mit dem Mädchen umgegangen.

Jener erste Tag zog sich hin. Wenn es an Land heiß und windstill ist, ist es auf Booten mitunter noch heißer und windstiller. Lisa arbeitete mit ihren beiden Hunden Dixee und Maggie, und auch das Team von Jefferson Parish arbeitete mit zwei Hunden. Aufgrund der Hitze wurde jeder Hund für zwanzig Minuten eingesetzt und hatte dann Pause, um sich zu erholen und abzukühlen. Danach kam er für weitere zwanzig Minuten an die Reihe.

Am Ende des ersten Tages „fiel mir auf, dass Maggie sich für einen bestimmten Teil des Sees interessierte“, berichtet Lisa. Die Hundeführer markierten diese und eine weitere Stelle für die Beamten und Taucher. Der Tag neigte sich dem Ende zu und es blieb keine Zeit, die beiden Gebiete weiter einzugrenzen.

Am 4. Juli riefen die Behörden Lisa an und baten sie, weiterzusuchen. Die Beamten vor Ort waren enttäuscht, dass Haylee diesmal nicht dabei war; sie hatten ihre Freude mit der jungen Helferin gehabt. Lisa begann die Suche dort, wo ihre erfahrene Australian Shepherd Hündin einige Tage zuvor Interesse gezeigt hatte. Nach dreißig Minuten hechelte Maggie bereits stark. Lisa nahm sie beiseite, um ihr im Auto bei laufender Klimaanlage eine Pause zu gönnen. Sie beriet sich mit den Kollegen vor Ort. Dixee, ihre stürmische Malinois-Schäfer-Mixhündin aus Kathy Holberts Zwinger, hatte noch nie am Wasser gearbeitet. Andererseits war sie nicht erschöpft wie Maggie.

Dixee suchte, und Dixee zeigte an. Die Exekutive fand die Leiche noch in jener Nacht an der entsprechenden Stelle. Der Familienvater befand sich in vierzig Meter Tiefe und in fast zweihundert Metern Entfernung von jener Stelle, an der Augenzeugen ihn hatten untertauchen sehen.

„Leichen können im Wasser noch viel weiter wandern“, erklärte Lisa.

Die Schwierigkeit liegt nicht nur in der horizontalen Distanz, sondern auch in der Dreidimensionalität der Wassersuche. Diese erschwert den Einsatz und macht es manchmal unmöglich, einen Ertrunkenen zu finden, selbst wenn Taucher und die neuesten Technologien zum Einsatz kommen. Sich auf die Elektronik allein zu verlassen führt meist zu Enttäuschungen. Die Seitensichtsonartechnologie kann helfen, doch wenn sich das Suchgebiet über einen ganzen Stausee erstreckt, ist es dennoch, als würde man die Nadel im Heuhaufen suchen: Der Boden ist von zahlreichen Gegenständen bedeckt, die vom Echolot mit einer Leiche verwechselt werden können. Felsbrocken, Baumstämme, Büsche, Wurzelstöcke. Manchmal befindet sich eine Leiche weder an der Oberfläche noch am Grund, sondern schwebt aufgrund der Temperaturbedingungen und Strömungen irgendwo dazwischen. Taucher, die im kalten Wasser arbeiten, berichten, dass sich das Opfer mitunter in Embryohaltung zusammenrollt und an den Grund des Sees sinkt, wodurch es einem Felsbrocken zum Verwechseln ähnelt. Selbst das beste Seitensichtsonarinstrument der Welt kann den zusammengerollten Toten nicht von anderen runden Umrissen unterscheiden.

Manche Ertrunkenen haben Wasser in der Lunge, und manchmal ist ein Opfer – aufgrund eines Unfalls oder eines Mordes – bereits tot, bevor es ins Wasser fällt. Wer schon vorher tot ist oder nur ein klein wenig Wasser in die Lunge bekommt, sinkt selten. Zahlreiche Faktoren haben Einfluss auf die Lage der Leiche und darauf, ob sie sinkt oder schwimmt. Auch was die Person zuletzt gegessen hat, ob sie mit Beton beschwert wird oder Anglerstiefel trägt spielt eine Rolle.

Dann ist da noch die Sache mit dem Alkohol. Ob dieser mit dem Tod einer Person in Verbindung steht – was übrigens häufig der Fall ist – oder nicht, in jedem Fall spielt er eine Rolle, wenn derjenige erst einmal tot ist. Bier bläht die Leiche auf. „Ist Bier an Bord, kann die Leiche wesentlich schneller wieder an die Oberfläche treiben“, erklärt Lisa Higgins einer Gruppe Hundeführer.

In Louisiana überlegte sie außerdem, ob das Opfer Creole, ein scharf gewürztes Krabbengericht, gegessen haben könnte: Auch rote Bohnen und Reis verkürzen die Zeit, die eine Leiche braucht, um wieder aufzutauchen.

Ernsthafte Wasserspürhundeführer haben immer ein Leichen-Diagramm dabei; viele kennen die darin enthaltenen Daten auswendig. Es enthält Informationen zu Wassertemperaturen und zur Zeit, die es schätzungsweise braucht, bis Leichen an die Oberfläche treiben, und weitere körperliche Variablen, die den Vorgang beeinflussen.

Im Grunde funktioniert Wasserleichentraining genau wie Training an Land: Es geht darum, die stärkste Geruchsquelle zu finden. Doch dann wird es schwierig. Anfangs werden die Hunde gequält – es ist, als würde man ihre Beine zusammenbinden und ihnen dann befehlen: „Such!" Auf dem Wasser hat der Hund keine Möglichkeit, sich frei zu bewegen und Hindernisse zu überwinden, um den Geruch zu finden. Stattdessen ist er in einem Boot gefangen, das als Ersatz für seine eigenen vier Pfoten fungiert. Um den schwerfälligen Pfotenersatz zu steuern, ist das Tier gezwungen, sich den Geruchsanalphabeten im Boot verständlich zu machen.

„Wir nehmen ihnen etwas Wichtiges weg", warnt Lisa Higgins die Hundeführer in einem Vortrag. „Wir nehmen ihnen die Möglichkeit, den Geruchskegel mit den eigenen vier Beinen entlangzulaufen. Jetzt sind sie auf uns angewiesen."

Die Wassersuche stellte meine Geduld auf die Probe. Solo und ich waren keine Vorzeigeschüler. Weder er noch ich verstanden, was genau wir am Wasser zu tun hatten. Wir konnten nicht mehrmals die Woche am See trainieren. Schon mehrmals waren wir mit Nancy und dem Boot losgefahren. Die Strömungen, den Wind, den Geruchskegel und das Boot, das im Zickzack über den See tuckerte, zu verstehen, war wie Trigonometrie für mich. Für Solo war die Wasserarbeit hyperbolische Geometrie. Sie verlangte Nervenstärke und Geduld seitens des Hundes. Solo hatte jede Menge Trieb und gute Nerven, aber Geduld zählte nicht zu seinen Stärken.

Er würde auch lernen müssen, sich zu zügeln, wenn wir tatsächlich in den Einsatz gehen wollten: Es ging nicht darum, ein über den See schallendes Hundeheulkonzert zu veranstalten, sondern mittels Lautgeben ein möglichst kleines Suchgebiet für die Taucher zu definieren, das auf Basis der Anzeige mit Bojen markiert werden konnte. Ein ungenügend trainierter Hund am Wasser ist mehr als nur Zeitverschwendung. Lebende Menschen werden in Gefahr gebracht, um einen Toten zu bergen. Lauern heimtückische Strömungen und Baumstümpfe im trüben Gewässer, will man möglichst genau einschränken, wo die Taucher suchen müssen. Während unserer ersten drei

Wassertrainingseinheiten heulte Solo bereits, als wir noch hundert Meter von der Geruchsquelle entfernt waren, und versuchte frustriert, sein Spielzeug aus der Brusttasche meiner Rettungsweste zu zerren.

Solo hatte den Geruch des Todes in der Nase – allerdings war dieser noch nicht besonders stark. Ich rang verzweifelt die Hände, und Nancy lachte, schüttelte den Kopf und erklärte erneut, worauf es ankam. Sie wollte Solo ruhiger und näher an der Geruchsquelle sehen. Ich stimmte ihr zu.

Hunde, die es gewohnt sind, an Land zu arbeiten, müssen im Boot ein ganz neues Verhaltensrepertoire erlernen. Hier gilt es, dem Hundeführer zunehmend starke Signale zu geben, je stärker der Geruch wird. Solo musste lernen, das bisschen physische Freiheit, das ihm blieb, dafür einzusetzen, mir und dem Bootsfahrer mitzuteilen, wohin wir uns bewegen sollten. Das konnte er tun, indem er sich in diese oder jene Richtung drehte oder von einem Ende des Bootes ans andere ging. Er musste dem Kapitän mitteilen, ob sich das Boot auf das Parfum, das eine weit unter der Oberfläche befindliche Leiche verströmte, zu- oder davon wegbewegte. An Land hat Solo in der Regel die Möglichkeit, dorthin zu laufen, wo der Geruch am stärksten ist, und sich an der entsprechenden Stelle niederzulegen. Er kann Probleme selbstständig lösen; kein Boot schränkt ihn ein. Wenn ich an seiner Körpersprache sehe, dass er der Geruchsquelle näherkommt, kann ich langsamer werden und ihn arbeiten lassen. Auf dem Wasser sieht die Sache anders aus. Anstatt sich selbstständig näher und näher an den Geruchsträger heranzuarbeiten, muss er dem Bootsfahrer genau mitteilen, was er will. Sein rechthaberisches Gehabe und Durchsetzungsvermögen würden ihm gelegen kommen – vorausgesetzt, er konnte lernen, klare Anweisungen zu geben.

Andy Rebmann schrieb den Großteil des Buches über Leichenspürhundetraining, aber es war Marcia Koenig, die das Kapitel zur Wasserarbeit schrieb. Erst nachdem ich die Bilder in jenem Kapitel studiert, Solo im Boot gesehen und eine Reihe erfahrener Wasserspürhunde bei der Arbeit beobachtet hatte, begann ich, zu verstehen, wie groß die Unterschiede zwischen Wasser- und Landeinsätzen für Hund und Mensch tatsächlich sind – und wie gefährlich ein „dreidimensionales Problem“ für alle Beteiligten sein kann, wenn Hochwasser und reißende Strömungen im Spiel sind.

Marcia recherchierte eine außergewöhnliche Such- und Bergungsaktion an einem Hochwasser führenden Fluss in Ohio und stellte diese nach. Sie geht davon aus, dass Hunde dort anzeigen, wo sich das Wasser an einem Gegenstand bricht – eine Stelle, an welcher der Geruch erst stärker wird und dann plötzlich verschwindet. Die Hundeführer, die an der Suche in Ohio beteiligt waren, beobachteten alle dasselbe Phänomen. Nikki, eine Schäferhündin, reagierte auf eine ganz neue Art und Weise: Ihr Unterkiefer vibrierte, wenn sie Geruch aufnahm. Ihr Boot befand sich noch zwei Kilometer unterhalb des Opfers. Als das Boot dem Toten näher kam, nahm Nikki Wasser ins Maul, spuckte es wieder aus, kratzte am Boden des Bootes und versuchte, ins Wasser zu springen. Sobald das Boot die unsichtbare Geruchslinie flussaufwärts von der Leiche überfahren hatte, entspannte sich ihr Körper sichtlich. Sie roch nur noch frisches, klares Wasser. „Für einen Moment fiel alle Spannung von ihrem Körper ab." Game over. Geruch, Geruch, mehr Geruch ... kein Geruch.

Die Hundeführerin warf an jener Linie eine Boje aus. Marcia schreibt: „Sie dachte, ‚Was habe ich getan?'" Nikkis Besitzerin hatte ihre Hündin noch nie auf diese Art reagieren sehen. Wie einer der anderen Hundeführer bemerkte: „Für die Hunde war es, als würden sie von einem Raum in einen anderen treten."

Die Türschwelle befand sich genau über dem unter gesunkenen Baumstämmen eingeklemmten Opfer.

Wasserarbeit erfordert noch mehr als Landarbeit, dass der Hundeführer seinen Partner gut kennt und lesen kann und einen Beobachter dabei hat, der aus einigem Abstand genau zusieht. Die Signale des Hundes können sich von seinen Landsignalen gewaltig unterscheiden; sie können subtil oder dramatisch ausfallen.

An Land kommuniziert Solo mit dem gesamten Körper vom Kopf bis zur prächtigen Rute, und ich beobachte ihn aus der Ferne. Am Boot ist seine Bühne viel kleiner. Hier müssen wir mit einer ganzen Reihe Hinweise arbeiten, mit stärker werdenden Signalen, die Hundeführer und Bootsfahrer ermöglichen, im Tandem zu arbeiten. Über die Lefzen schlecken, Wasser trinken, den Kopf herumwerfen: ein neues Vokabular. Die Wasserarbeit unterscheidet sich so stark von der Landarbeit, dass es sein kann, dass Solo auch ein neues Anzeigeverhalten entwickeln muss – eines, bei dem niemand bezweifelt, dass er etwas gefunden hat. Ins Wasser beißen, jodeln – wer weiß? Ich weiß noch nicht, wie Solos Anzeige am Wasser aussehen wird. Wir arbeiten noch daran. Ich hoffe, dass wir unser Ziel erreichen.

Radimir, Kommissar Art Wolffs prächtiger Belgischer Malinois, dessen Name Fröhlichkeit und Frieden auf Russisch bedeutet, gräbt am Boden des Bootes. Könnte er sich nur durch die Planken buddeln, würde er die darunter befindliche Leiche erreichen! Radimir wird zu Wassereinsätzen in ganz Tennessee gerufen.

Einer der emotional schwierigsten Fälle, an denen der kanadische Trainer und Hundeführer Kevin George je gearbeitet hat, spielte sich an einem

Hochwasser führenden Fluss in Calgary ab, der jedes Jahr seine Opfer fordert. Sein Belgischer Malinois begann zu bellen, lehnte sich über Bord des Zodiac-Bootes und biss ins Wasser. In seiner Aufregung schnappte er nach der Seitenwand des aufblasbaren Bootes. Zum Glück durchlöcherte er es nicht. Traurigerweise führte der Fluss zu viel Wasser, und angeschwemmte Baumstämme erschwerten die Aktion zusätzlich. Es war nicht möglich, das Opfer zu bergen, ohne die Einsatzkräfte selbst in Lebensgefahr zu bringen.

Nancy mochte, was ihr großer Deutscher Schäfer Indy zu tun pflegte: Wenn er es nicht länger aushielt, neigte sich das große Fragezeichen, zu dem sein Körper geworden war, immer weiter über Bord, bis er schließlich genau dort ins Wasser fiel, wo der Geruch am stärksten war.

Es gibt auch eine noch direktere Methode. Lisa Higgins erklärte einer Gruppe Hundeführer: „Ein Hund, der aus dem Boot springt und über der Geruchsquelle Kreise schwimmt? Das ist eine Anzeige, die ihr nicht übersehen könnt!"

In Lisas Einsatzgebiet gibt es Alligatoren, daher ermuntert sie die Hundeführer in Louisiana nicht, ihre Hunde zur Anzeige aus dem Boot springen zu lassen. Sie erinnert sich noch gut an eine Suche, an der sie ganze dreißig Alligatoren zählte. Interessanterweise hatten diese das Opfer nicht angerührt. Dennoch wählt Lisa ihre Trainingsgewässer mit großer Sorgfalt aus.

„Ich trainiere dort, wo es sicher ist. Auch Alligatoren, die keine Menschen angreifen, fressen Hunde zum Frühstück."

Freunde, fürwahr nicht folget der
Ruhm uns, kehren wir jetzo
Zu den geräumigen Schiffen! O nein,
eh' schlinge der Erde
Schwarzer Schlund uns hinab! Das
wär' uns besser in Wahrheit;
Als den hier zu verlassen den
gaulbezähmenden Troern,
Daß sie zur eigenen Stadt ihn ziehn,
und Ruhm sich gewinnen!

- Homer, Ilias -

Seit Kathy Holbert und Strega im September 2009 im Irak angekommen waren, hatten sie begonnen, sich an die drückende Hitze, den Wind und den Sand zu gewöhnen – und an die Gefahr.

Im November, zwei Monate nach ihrer Ankunft, sendete das Militär die beiden 2.500 Kilometer nach Norden – nach Afghanistan. Als sie zum Landeanflug ansetzten, sah

Kathy die wilde Schönheit des Landes von oben: herrliche braune und ockergelbe Berge, Flüsse, die sich durch die Landschaft schlängeln wie glitzernde Bänder, riesige Farmen und Obstgärten, die endlich begonnen hatten, sich von der neunjährigen Belagerung durch die Sowjets im Kampf gegen die Mudschaheddin und der damit einhergehenden Bombardierung und Zerstörung zu erholen. Kathy war bewusst, dass das, was ihr und Strega nach der Landung bevorstand, einen krassen Gegensatz zur Schönheit der Natur bildete: ein härteres und noch gefährlicheres Einsatzgebiet als der Irak.

„Afghanistan war anders“, sagt sie nachdenklich. „Dort versuchten sie, unsere Hunde zu töten.“

In Afghanistan sind Militärhunde und -führer, anders als im Irak, häufig ganz bewusst das Ziel von Anschlägen. Hier weiß man, wie entmutigend und zermürbend es ist, wenn das US-Militär einen Hundeführer oder Diensthund verliert: Diese Teams sind es, die vorausgehen. Der Hund läuft dreißig Meter oder mehr vor seinem Partner, um den Geruch von USBVs aufzuspüren. Hund und Mensch sind dem Rest ihrer Truppe voraus. Manche USBVs haben Drähte, die in einen naheliegenden Graben führen, wo jemand wartet – bereit, die Sprengvorrichtung auszulösen. Die, die vorausgehen, sind auch die Ersten, die sterben. Kathy führt eine stetig wachsende Liste getöteter Hunde und Hundeführer.

Die Gefahr geht nicht nur von den Taliban und deren Sympathisanten aus. In Afghanistan war Strega nur ein weiterer Besetzer. Kinder, hauptsächlich Mädchen, folgten Kathy und ihrem Hund nach der Landung. Sie waren, sagte Kathy, hübsch, und sie drehte sich um, um sie zu grüßen und ihnen Süßigkeiten zuzustecken. Die Mädchen reagierten, indem sie Steine nach Strega warfen. „Die Kinder trafen sie hart und mehr als nur einmal.“

Bald darauf fanden sich Kathy und Strega in einer Fahrzeugkolonne wieder, die sich weiter nach Norden wälzte. Das Ziel? Der Murghab-Fluss an der Grenze zu Turkmenistan, ein tausend Kilometer langer Fluss, der Richtung Norden fließt, bis er im Sand der Karakum-Wüste versickert. Zwei Fallschirmjäger waren ertrunken. Es handelte sich um eine klassische Tragödie: Eine Vorratspalette war aus einem Flugzeug abgeworfen worden und im Fluss statt am Ufer gelandet. Der erste Fallschirmjäger trug seine volle Kampfmontur, als er auf einer Sandbank, wo das Wasser ruhig und seicht war, in den Fluss watete. Er griff nach der Vorratspalette, als diese vorbeitrieb. Im selben Moment wurde die Palette von einer stärkeren Strömung erfasst. Es war, als hätte er nach einem Boot gegriffen, das soeben seinen Motor gestartet hatte und mit großer Geschwindigkeit losfuhr. Vom Gewicht der Palette überrascht, verlor er den Boden unter den Füßen und stürzte nach vorne in die Strömung.

Ein weiterer Fallschirmjäger folgte seinem Kameraden, um diesem zu helfen. Sekunden später wurde auch er von den tückischen Fluten mitgerissen.

Als die flussabwärts lagernden Taliban behaupteten, die Leichen beider Männer zu haben, begannen die USA eine groß angelegte Suchaktion. Ein Team britischer Taucher wurde eingeflogen. Nach einer Woche fanden sie den Fallschirmjäger, der seinen Freund hatte retten wollen. Sein Körper befand sich ein gutes Stück weiter unten an einer Flussbiegung. Die Bergungsaktion hatte ihren Preis: Flussabwärts befanden sich Talibankämpfer. Die Presseagentur Associated Press berichtet, dass acht Afghanen getötet wurden – vier Soldaten, drei Polizisten und ein Übersetzer. Siebzehn weitere afghanische und fünf amerikanische Soldaten wurden verwundet.

Nachdem die zweite Leiche nicht gefunden wurde, erhielt Greg Sanson, damals der Personenbergungsratgeber des US-Militärs im Irak, einen Anruf mit der Bitte um ein Leichenspürhundeteam. Er entsandte Kathy und Strega.

Kathy war mit der Wassersuche bestens vertraut. Ihren letzten Hund, Mangus, hatte sie am nassen Element auszubilden begonnen. Sie war eine freiwillige Helferin mit einem Rauschgiftspürhund gewesen, als sie eines Sommers an den Schauplatz eines tragischen Unfalls gerufen wurde. Sie saß bei der Familie, deren junger Sohn ertrunken war, während die Einsatzkräfte nach ihm suchten. Die Leiche blieb unauffindbar, doch die Familie wusste irgendwo, dass er tot war – und zugleich wussten sie es nicht.

„Fünf Tage ging es so weiter“, erinnert sich Kathy. „Es ist unvorstellbar, was Familien durchmachen, wenn sie einfach nicht wissen, ob jemand noch lebt oder tot ist. Ich lernte, dass man niemals – niemals! – zu einer Familie sagt, dass sie ‚damit abschließen sollen‘. Es ist nicht möglich, damit abzuschließen.“

Jene emotional schwierigen Tage brachten Kathy zum Nachdenken. Sie fragte sich, ob ein Hund hätte helfen können. Ein Beamter erzählte ihr von Charm Gentry, einer Leichenspürhundeführerin in einem anderen Teil des Staates. „Ich kontaktierte sie, und wie es der Zufall so wollte, war Charm gerade dabei, ein Seminar mit Andy Rebmann zu organisieren.“

Am Ende des Seminars legte Mangus seine Leichenspürprüfung ab. Eine Woche später half er dabei, einen Ertrunkenen zu lokalisieren. In den folgenden Jahren spürte er siebenundzwanzig Tote auf. Wenn Mangus arbeitete, wirkte die Suche wie ein Kinderspiel. Er lief zum Bug des Bootes, legte sich nieder und legte den Kopf auf die Reling. Einfach so. Er war ein Naturtalent.

Strega hingegen hatte ihre eigenen Vorstellungen davon, wie eine Wassersuche abzulaufen hatte. Sie wollte ins Wasser springen. „Sie war ein sturer Hund“, sagte Kathy stolz. Es dauerte eine Weile, doch schließlich einigten sie sich auf ein System, mit dem sie beide glücklich waren.

Und plötzlich fanden sie sich in Afghanistan wieder, im Begriff, eine Wassersuche zu leiten.

Das von Weiden gesäumte Flussufer fiel zum Wasser hin steil ab. Die östliche Seite des Flusses wirkte seicht, ruhig und friedlich. Der blaue Himmel spiegelte sich im Wasser, und Kathy konnte bis zum sandigen Flussbett hinuntersehen. Weiter in der Mitte wurde der Fluss zu einem gurgelnden grüngrauen Strom, stellenweise tosend und schäumend weiß. Kathy schlug vor, die Suche mit Strega an jener Stelle zu beginnen, wo die Männer ins Wasser gestiegen waren. Die Soldaten versicherten ihr, dass die Leichen weiter abwärts geschwemmt worden seien, über die Flussbiegung hinaus. Ich kann mir gut vorstellen, wie die erfahrene, zurückhaltende Kathy ruhig widersprach: „Nein, wir müssen dort beginnen, wo sie in den Fluss gestiegen sind."

Um zehn Uhr vormittags setzte Kathy Strega an jener Stelle an. Sie begannen an der Ostseite des Flusses, wo es wärmer war und die Strömung den Geruch in Bewegung versetzen würde. Sie hatten nicht nur mit dem Fluss zu tun – ein großer, langbeiniger Herdenschutzhund, der am Flussufer eine Herde Schafe und Ziegen bewachte, stürmte geradewegs auf sie zu. Nur wenige Meter vor Strega drehte er ab und zog sich auf einen Felsvorsprung über dem Fluss zurück. Er sah aus, als würde er mindestens sechzig Kilo wiegen. „Er ließ uns den Rest des Tages nicht mehr aus den Augen."

Strega arbeitete sich bis zu der Biegung vor und versuchte dann, in den Fluss zu springen. Sie hatte kein Interesse daran, weiter flussabwärts zu gehen – dorthin, wo das Militär den Fallschirmjäger vermutete. Sie drehte um, lief wieder flussaufwärts und arbeitete an den Stromschnellen. Plötzlich hielt sie inne und zeigte am Ufer gegenüber einer brodelnden Stelle an, nur wenige Meter von dort, wo die Männer zuletzt gesehen worden waren. Es war ihre einfache Anzeige: Sie setzte sich und teilte Kathy damit alles mit, was diese wissen musste – auch wenn die Soldaten, die noch nie mit einem Hund gearbeitet hatten, etwas mehr „Hipp-hipp-hurra!" erwartet hatten, wie Kathy vermutete. Strega war kein Hund, der Rückwärtssaltos schlug, wenn er etwas fand. Ihr Sitz, wenn auch antiklimaktisch, führte zu neuen Theorien zur Lage des ertrunkenen Fallschirmjägers.

Der nächste Tag war ein Sonntag. Niemand gönnte sich eine Pause. Luftfeuchtigkeit und Windbedingungen waren heute besser, und Strega erklärte erneut, dass sie verdammt sicher war, dass der Fallschirmjäger nie bis zur Biegung des Flusses gekommen war. Ihr Interesse beschränkte sich auf die Gegend flussaufwärts, und wieder arbeitete sie sich näher und näher an den rauschenden Strudel heran, wo sie bereits am Vortag angezeigt hatte. Die Soldaten bastelten ein Kautschukfloß, welches mithilfe eines über den Fluss gespannten Seils kontrolliert werden konnte. Strega und Kathy wurden auf dem Floß von einem Flussufer zum anderen gezogen. Hin und her, hin und her. Strega zeigte in der Mitte an – genau über den gurgelnden Stromschnellen. Kathy und die Taucher blickten nach unten und sahen eine tiefe Furche im Flussbett und einen brodelnden hydraulischen Strudel.

Ein hydraulischer Strudel funktioniert wie eine Waschmaschine im höchsten Schleudergang: Sie lässt die Kleidung kreiseln, aber niemals entkommen. Die britischen Taucher versuchten, nah genug an den Strudel heranzukommen, um ihn zu durchsuchen, doch die Strömung war zu stark. Allerdings gelang es ihnen, die Vorratspalette und den Fallschirm herauszuziehen. Beide waren im Strudel hängengeblieben.

Auch ohne die Leiche bergen zu können, mussten sie Strega vertrauen. Mehrere Menschen hatten bereits ihr Leben lassen müssen. Das Militär dachte über verschiedene Optionen nach, darunter die Möglichkeit, mittels Sprengungen Druckwellen durch den Fluss zu jagen, was die Leiche aus dem Strudel befreien könnte – doch schließlich entschied man, der Natur ihren Lauf zu lassen.

„Der Einsatz des Hundes wurde beendet", hieß es im Bericht. Strega hatte drei Tage lang konsequent an derselben Stelle angezeigt. Man sollte nicht von einem Hund verlangen, einem wieder und wieder dieselbe Antwort zu geben, nur weil man selbst unsicher ist.

Das Militär versprach den Dorfbewohnern eine Belohnung, wenn sie den Fluss beobachten und Bericht erstatten würden, sollte die Leiche auftauchen. Kathy kannte die Daten ihres Wasserdiagramms auswendig und erklärte dem Militär, wann die Wahrscheinlichkeit, dass der tote Fallschirmjäger angeschwemmt würde, am größten war. Die Zeit seit seinem Verschwinden, seine Kleidung und die Wassertemperatur ließen Vorhersagen zu, doch war ungewiss, wann der hydraulische Strudel sein Opfer tatsächlich freigeben würde.

Etwa zwei Wochen nach Ende der Suche kontaktierten die Dorfbewohner das Militär. Es war Ende November, und der Fallschirmjäger war dort, wo Strega angezeigt hatte, an die Oberfläche getrieben. Strega, ein Leichenspürhund, hatte mit großer Wahrscheinlichkeit dazu beigetragen, Menschenleben zu retten. Die Leiche fiel nicht in die Hände der Taliban. Niemand triumphierte, und niemand sonst musste im Zuge der Bergungsmission sein Leben lassen.

15
Das perfekte Instrument

Es dauert, im Showbiz richtig gut zu werden, und wenn du's endlich bist, bist du überflüssig.

- Cher -

Als ich endlich das Gefühl hatte, etwas von der Nase des Hundes zu verstehen, und sie für ihre Präzision, Zweckmäßigkeit und Anpassungsfähigkeit zu schätzen wusste, holte mich die Wissenschaft ein. Eine Erfindung, die der primitiven Hundeschnauze überlegen war, stand in den Startlöchern. Ich war ein Geruchs-Luddit und bereit, die Klasse der arbeitenden Hunde zu verteidigen, sollte die biotechnologische Revolution es wagen, etwas Künstliches, Mechanisches und Überlegenes auf den Markt zu bringen.

Eine Woche bevor mich Joan Andreasen-Webb informierte, dass Vita mit Solo trächtig war, erschien im *Time*-Magazin ein Artikel über den Niedergang des Gebrauchshundes. Solo und seine Nase waren bereits passé, bevor sie mehr als ein Klumpen Zellen waren.

Unter dem Titel „Nachruf auf den besten Freund des Menschen" sprach die *Time* im August 2004 ihre vierbeinigen Abonnenten direkt an. „Zwei Technikern aus Georgia ist es zu verdanken, dass du bald von deinen polizeilichen Drogensuchdiensten freigestellt sein könntest. Die Wissenschaftler entwickelten eine elektronische Nase, die Kokain und andere Rauschgifte besser aufspüren kann als deine kalte, nasse Schnauze." Das Magazin überschätzte die Alphabetisierungsrate der Hunde, während es ihre Nase unterschätzte.

Die Sternstunde der Biotechnologie war nicht das erste Mal, dass ich mich wie ein Lehrling an der Schwelle zu einer genialen neuen Karriere fühlte, der sich mit einem Kündigungsschreiben wiederfand, noch bevor seine Zukunft überhaupt begonnen hatte. Was meine Karriere betraf, war mein Timing schon immer miserabel gewesen. 1982, im selben Jahr, in dem ich im nebeligen San-Joaquin-Tal meinen ersten Zeitungsjob bekam, brachte Gannett USA Today heraus: in Farbe und Hochglanz, mit kurzen, unterhaltsamen Nachrichtensequenzen. Herausgeber Allen H. Neuharth bezeichnete diesen Stil des Berichtens und Schreibens als „Journalismus der Hoffnung". Die Schlagzeilen konzentrierten sich auf positive Ereignisse. Als in Malaga eine Chartermaschine abstürzte, lautete die Schlagzeile: EIN WUNDER: 327 ÜBERLEBENDE, 55 TOTE. Die Zeitungen kränkelten schon damals, fielen erbsenzählenden Herausgebern und dem aufkeimenden Internet zum Opfer.

Ich dachte voraus und verließ die Zeitungsindustrie etwa ein Jahrzehnt, bevor zahlreiche Journalisten ihre Jobs verloren. Diesmal wählte ich ein Feld, von dem ich wusste, dass es immer wichtig sein würde: Höhere Bildung gab es schon seit dem Mittelalter. Wissen würde seine Bedeutung nie verlieren. Etwa zehn Jahre, bevor unbefristete Stellen zu verschwinden begannen und die Ära leistbarer öffentlicher Universitäten dem Ende zuging, wurde ich Universitätsprofessorin.

Und nun hatte auch die Stunde der Gebrauchshundenase geschlagen. Unter dem Beifall der Medien teilten mir Wissenschaftler, Ingenieure und Chemiker mit, dass meine neue Berufung in den letzten Zügen lag. Hundeersatztechnologien – biometrische Wunderwerke – waren nicht nur der letzte Schrei; sie würden die Vierbeiner gänzlich aus der Welt der Nasenarbeit verdrängen. Einmal mehr war ich am Ende einer Ära gerade erst angekommen.

Dank ihrer PR-Büros wussten die Forscher, dass sie ihre künstlichen Nasen mithilfe wohlbekannter plüschiger Begriffe anpreisen mussten. Die künstlichen Nasen waren vielleicht nicht von haarigen Schnauzen umgeben, doch das Bild wollte man trotzdem vermitteln: FIDO, RealNose, der E-Dog. Manchmal ging die Sache mit dem Namen nach hinten los: Dog-on-a-Chip war keine gute Wahl.

Glaubt man den Medien und den Anträgen auf finanzielle Unterstützung, ist all den künstlichen Nasen – gleich ob für Bomben, Drogen, Landminen oder Leichenspürarbeit – eines gemeinsam: Sie haaren nicht und sie beißen nicht. Sie werden nicht müde und überhitzen nicht. Sie spüren ein Billionstel Teilchen auf, egal, worum es geht. Und sie stehen kurz davor, Spürhunde aus dem Markt zu verdrängen. Es ist schon fast so weit.

Wie die Heilung von Krebs und brillante künstliche Intelligenz steht die ultimative mechanische Nase in den Startlöchern des nächsten Nachrichten- oder Finanzierungszyklus. Jedes Mal, wenn es etwas über künstliche Nasen zu berichten gibt, überschlagen sich die Medien vor Begeisterung. Das Zielpublikum liebt geniale Technologie und Hunde. Vielleicht ist die neueste Technologie noch cooler als der treuste Freund des Menschen, doch wissen wir, dass die Hunde auf uns warten, wenn wir vom Flirt mit dem letzten technologischen Schrei nach Hause kommen.

Etwa ein Jahr, nachdem mich das *Time*-Magazin darüber informiert hatte, dass Solos Nasentage gezählt waren, begann ich, ernsthaft mit Nancy Hook zu trainieren. Mittlerweile konnte ich seine Verhaltensänderungen lesen und verstehen. Ich wusste, was passierte, wenn Geruchsmoleküle auf Hitze, Wind, Regen und Wasser trafen. Ich wurde zum Doktor der Hundewissenschaften.

Im selben Sommer stellten Glen Rains und seine Kollegen an der Universität von Georgia einen Patentantrag für ihren „Wespenhund“. Es handelte sich um eine zwanzig Zentimeter lange tragbare Röhre, in der sich ausgehungerte Wespen, ein Ventilator, eine Videokamera und ein Computer befanden. Wenn der Zielgeruch in die Röhre strömte – ganz gleich ob menschliche Überreste oder eine Bombe –, sammelten sich die trainierten Wespen an einem kleinen Loch und hofften auf ihre Futterbelohnung. Die Videokamera behielt die Wespen im Auge und signalisierte dem Computer die Verhaltensänderung. Im Antrag zur Patentierung wurden Hunde als „subjektiv und teuer" bezeichnet. Wespen hingegen wären „sensibler, programmierbar, portabel und kryptisch". Besonders das letzte Adjektiv war nach dem 11. September wichtig. Es war das ausschlaggebende Argument für den Triumph der kleinen, stummen Wespen in der Röhre. Solo war vom Tag seiner Geburt an niemals auch nur annähernd kryptisch gewesen.

Zumindest verstand ich das Konzept des Wespen-Hundes, als ich mir die Illustrationen der Applikation ansah. Vom Dog-on-a-Chip konnte ich das nicht behaupten, auch wenn seine Erfinder ihn als „eine elegante Kombination aus Biotechnologie und Mikroelektronik" beschrieben. Solo jedenfalls war ebenso wenig elegant wie kryptisch. Mit dem Wespen-Hund hatte er mehr gemeinsam als mit dem Großteil der biotechnischen Nasen. Er und die Wespen gehörten vielleicht nicht derselben Spezies, aber immerhin beide der Systematik *Animalia* an.

Mechanische Nasen, Mischungen aus Mechanismus und Organismus oder deren neueste Spielart, gentechnisch veränderte Zellen, sind seit einiger Zeit der Heilige Gral der angewandten Wissenschaft. Manche Forscher diskutieren nach wie vor die Physik der Geruchsfähigkeit, während andere versuchen, zu verstehen, was genau Hunde wahrnehmen, wenn sie anzeigen. Eine dritte Gruppe erklärt die Hundenase überhaupt für überholt und arbeitet an ihrem Nachfolger. Vielleicht ist die Nase des Hundes eine Black Box und ihre Rekonstruktion eine Herausforderung, doch besagt kein wissenschaftliches Gesetz, dass man erst versuchen darf, eine bessere Black Box zu bauen, nachdem man herausgefunden hat, wie das Original funktioniert.

Die erste künstliche Nase kam 1982 auf den Markt – im selben Jahr, in dem *USA Today* erschien. Die „Warwick-Nase" hatte einen Zinnoxid-Sensor und wird noch heute kommerziell hergestellt. 1988 schrieb die *Computer Business Review*, dass Drogenbosse Spürhunde in die Irre führen könnten, indem sie den Duft der Drogen mit bestimmten anderen Gerüche maskierten, während sich die Warwick-Nase nicht hinters Licht führen ließe. Es mangle einzig, drängte die Review, an Entwicklungsgeldern – sollte sich das nicht ändern, bestünde die Gefahr, dass Japan das elektronische Nasenrennen gewinnen würde.

Seit fast dreißig Jahren ist der Begriff der „elektronischen Nase" im Umlauf. Unterschiedlichen und neuen Technologien wie Gaschromatographie,

Nanopartikelgittern und Polymersensoren zum Trotz muss jede künstliche Nase nach wie vor drei Dinge können: Ausdünstungen aufnehmen, lokalisieren und für denjenigen, der die Maschine bedient, identifizieren. Die Hundenase arbeitet ähnlich: Sie nimmt einen Geruch auf und sendet ein Signal ans Gehirn des Hundes. Der Hund sitzt: „Ich rieche Rauschgift." Der Hundeführer sieht den sitzenden Hund und weiß, dass dieser soeben Rauschgift wahrgenommen hat.

Der Hund lässt sich nicht patentieren, und so wurde „ein biomimetisches olfaktorisches Mikrosystem" – das heißt, eine künstliche Nase – zum Ziel für Bioingenieure. Obwohl es ihr an der Fähigkeit, Gefühle zu zeigen, mangelt, bleibt die künstliche Nase ihren Erfindern doch unheimlich treu. In den ersten theoretischen Schritten hilft sie bei der Veröffentlichung von Fachaufsätzen. In der experimentellen Phase greift sie den Wissenschaftlern beim Einrichten der Laborräumlichkeiten finanziell unter die Arme und zahlt das Gehalt der Doktoranden, die an ihrer Umsetzung arbeiten. Wird die Nase schließlich tatsächlich produziert, schafft sie neue Arbeitsplätze. Die meisten der heute erhältlichen künstlichen Nasen sind teuer, aber nicht zu teuer – besonders zu Zeiten wie diesen, in denen die öffentliche Infrastruktur immer weiter abgebaut wird. Vollzugsbehörden, Militär, Gesundheitswesen und weitere Branchen wie Nahrungsmittelhersteller investieren in das neue Wunderwerk der Technik. Geben die Entwickler zu, dass die künstliche Nase einiges an Wartungs- und Instandhaltungsarbeiten und Training erfordert, werden noch mehr Mittel bereitgestellt.

Jede neue Nase, die den Medien und der Öffentlichkeit vorgeführt wird, geht mit denselben Behauptungen einher: Diese Nase ist jene Nase, die das Schicksal aller anderen Nasen besiegelt. Sie wird bei Wind und Wetter, Hitze und Kälte arbeiten, niemals falsch anzeigen, niemals ermüden und keine Leberkekse verlangen. Sie wird nicht im Alter von acht oder neun Jahren mit Hüftdysplasie in Frühpension gehen.

Mechanische Nasen florieren im wissenschaftlichen Wettbewerb – doch wie eine schlechte Reality-TV-Sendung ist der Wettbewerb mitunter eine Polyphonie oder gar eine Kakophonie einander übertönen wollender Klänge und duellierender Harmonien: Alles, was ein Hund kann, kann eine Maschine besser. Deine künstliche Nase ist gut, aber meine künstliche Nase ist besser. Alles, was ein Chemotechniker am Georgia Institute of Technology kann, kann ein Forscher am MIT noch besser. „Eine weitere Verbesserung des Sensors ist nicht möglich", erklärte ein Chemotechniker am MIT dem *Wired*-Magazin, als er 2010 zu der von ihm entwickelten E-Nose interviewt wurde. „Es ist der ultimative Sensor."

Vielleicht ist es der neueste Sensor, doch ich bezweifle, dass es der letzte sein wird. Vielleicht bin ich unsentimental, doch ich kann mich wirklich nicht entscheiden, was mir lieber ist: ein Flughafen-Sicherheitsbeamter, der mir eine elektronische Nase in die Schrittgegend rammt, oder ein Bombenspürhund, der seine Schnauze an dieselbe Stelle presst. Werden meine Bürgerrechte jedes Mal, wenn ich fliege, verletzt, so würde ich es bevorzugen, wenn die Suche effektiv ist und zu möglichst wenigen Fehlanzeigen führt. Und ich möchte dabei weder mein Krebsrisiko erhöhen noch gebissen werden.

Mehrere Jahrzehnte vor der Prägung des Begriffes „elektronische Nase“ begannen Militärforscher wie bereits ihre Kollegen am Southwest Research Institute, mit dem Gedanken zu spielen, den Hund – ein mitunter unhandliches biologisches System – durch ein besseres System zu ersetzen.

Anfang der 60er Jahre führte der erfolgreiche Einsatz von Diensthunden in Vietnam zu einigen fantasievollen Projekten. Während manche Militärforscher, darunter Nick Montanarelli, dem Altbewährten treu blieben, zugleich aber doch Neues probierten, indem sie die Spürleistung verschiedener Rassen verglichen, gingen andere am Kriegslaboratorium des US-amerikanischen Militärs weiter. Hundenasen eigneten sich großartig, um Feinde aufzuspüren, und das warnende Bellen eines Hundes wirkte als effektiver und verlässlicher Wecker für schlafende Soldaten. Was, wenn man dasselbe System mechanisieren und verkleinern könnte?

1965 begannen Militärforscher, mit „Hinterhalts-Detektoreninsekten“ zu experimentieren. Die Idee beruhte auf der Tatsache, dass blutsaugende Insekten ideale Kandidaten für den „Bio“-Teil der Maschine darstellen könnten: Zecken, Stechmücken, Bettwanzen, riesige Triatominae. All diese Insekten finden ihre nächste Mahlzeit mithilfe des warmen Wirbeltieratems. Die Forscher konstruierten eine Plastikröhre mit Blasebalg, Mikrofon und einem Klaviersaitendraht, der in hörbare Schwingungen versetzt wurde, sobald die Beine der Insekten ihren frenetischen Tanz begannen, weil sie eine nahende Mahlzeit spürten. Ta-da – schon war der neue „Hinterhaltsdetektor“ bereit für ein wildes Spektakel, sobald seine Insassen den Atem feindlicher Soldaten rochen.

Bald stellte sich heraus, welche Insekten am besten für den Einsatz geeignet waren. Spürten Flöhe die Gegenwart eines Menschen, begannen sie, aufgeregt auf- und abzuspringen. Sie beruhigten sich nicht und mussten ständig gefüttert werden. Ähnlich den Flöhen regten sich auch Bettwanzen zu sehr auf, wenn sie Aussicht auf eine köstliche Mahlzeit hatten. Auch Zecken zog man in Betracht: Sie lieben den Geruch des menschlichen Atems und bewegen sich schnell, ohne dabei zu springen. Da ich sie meinen Arm hinaufklettern habe sehen, kann ich dies bestätigen. Sie haben weiche, federleichte Füße. Du hast das unbestimmte Gefühl, dass etwas über deine Haut gleitet, doch ist es so sanft, dass du es im nächsten Moment wieder vergessen hast. Du denkst erst dann wieder an die Zecke, wenn dich jemand darauf aufmerksam macht, dass sie sich in deinem Nacken festgesaugt hat. Diese Unauffälligkeit stellt einen Vorteil für die Zecken, aber einen Nachteil für die Militärwissenschaftler dar – trotz Mikrofon im Detektor. Die Forscher versuchten sogar, die Füße der Zecken mit Gewichten zu beschweren, doch auch mit schwerem Schuhwerk waren diese noch zu leise.

Triatominae – im Englischen auch als Kissing Bugs, also Küsse-Käfer, bekannt, weil sie fleischige Stellen im Gesicht oder auf den Lippen ihres menschlichen Opfers bevorzugen – schienen ideal – bis zum ersten Feldversuch. Die Leistung der Insektenmaschine war, wie der Militärbericht zu den Tests im Panamakanal im Jahr 1966 zugab, miserabel. Die Fehlanzeigen häuften sich. Waren die Käfer erst einmal freudig erregt, beruhigten sie sich nicht mehr. Genau wie die Bettwanzen konnten sie sich nicht mehr entspannen, und ihre Füße trampelten immer weiter und sendeten laute Signale: „Futter! Futter!" Die Wissenschaftler stellten fest, dass nicht nur die Aussicht auf eine gute Mahlzeit die Käfer in Aufregung versetzte: Sie reagierten auf Bewegung. Sie reagierten auf den Wind. Sie reagierten auf fast alles – in der Plastikröhre ging es zu wie auf einer Kindergeburtstagsparty.

Der Abschlussbericht verwendete eine Phrase, die bald zu einer beliebten Ausrede dafür werden sollte, nichts zu erfunden zu haben, was der Hundenase überlegen war. Der Einsatz von blutsaugenden Insekten, hieß es, sei jedenfalls „technisch möglich". Ein schöner Euphemismus für ein gescheitertes Experiment.

Wie dem auch sei – die Ära der Käfer ist passé. In den letzten fünf Jahren begeistern sich Technikreporter nicht mehr für Hybridmaschinen mit tierischen Namen wie den Wespen-Hund, sondern für Pflanzen: Bombenspür-Farne werden in den höchsten Tönen gelobt. „Sie werden weiß wie ein Laken, wenn sie etwas Gefährliches in ihrer Umgebung wahrnehmen", berichtet ein Reporter der FOX News. Der Anblick großblättriger, sattgrüner Pflanzen in Einkaufszentren und Lokalen ist uns mehr als vertraut. Ich fürchte allerdings, dass wir ihr Erbleichen übersehen könnten, wenn jemand eine Bombe legt.

„Wir verändern die Samen", erklärte June Medford, eine Biologin an der

Universität von Colorado, FOX News. „Dadurch wird die Eigenschaft stabil und ist für immer in den Genen verankert. Die Pflanze schlägt Alarm, wenn sich Sprengstoff in der Umgebung befindet!"

Klingt gut. Wie lange dauert es, bis die Pflanze weiß wird und die Sicherheitsbeamten alarmiert? Medford meint, dass die Spürfähigkeiten ihrer Pflanzen denen eines Hundes ähnlich oder überlegen seien, gibt aber zu, dass die Farne mehrere Stunden brauchen, um die Farbe zu wechseln. „Wir arbeiten daran, die Zeit auf wenige Minuten zu reduzieren", verspricht der Bericht.

Noch gibt es keine gentechnisch veränderten Hunde, die sich verfärben, wenn sie eine Bombe riechen – doch sind die altmodischen Modelle gut darin, uns mitzuteilen, dass etwas nicht mit rechten Dingen zugeht. Schneller als „mehrere Stunden". Oder auch nur Minuten: Sie reagieren sekundenschnell. Und wenn es um eine Bombe geht, kommt es mitunter auf jede Sekunde an.

Dieses Problem haben wir mit einem Großteil aller Hunde-Ersatzmodelle, von Farnen bis hin zu Maschinen und allem, was dazwischen liegt: Sie vereinen nicht all die Fähigkeiten, die ein Hund in einem praktischen haarigen Paket mitbringt. Die Forscher erkannten das in den 1970ern, als sie versuchten, den Hund durch eine Reihe anderer Spezies zu ersetzen. Wieder und wieder lernen sie dieselbe Lektion. Hunde sind anpassungsfähig, mobil und sensibel. Mittels komplexer kognitiver Mechanismen vermeiden sie häufige Fehlanzeigen. Sie können mehrere Dinge auf einmal machen: schnüffeln, Alarm schlagen, wenn nötig zubeißen, abschreckend wirken. Sie interagieren stärker mit Menschen als Farnkraut. Es macht mehr Spaß, Zeit mit ihnen zu verbringen als mit wütenden Bienen. Ich weiß das, seit ich beim Betreuen unserer Bienenstöcke mehr als einmal gestochen wurde.

Und das Beste: Hunde sind vergleichsweise günstig. Es kostet zwar Zeit und Geld, einen Hund zu trainieren, allerdings kann es ebenso teuer kommen, einen Techniker dazu auszubilden, eine Maschine zu bedienen. Geräte arbeiten nicht selbstständiger als Hunde. Sie hören auf, zu funktionieren, müssen ständig neu eingestellt werden und reagieren mitunter launischer auf Schlechtwetter als ein Vierbeiner.

„Als ich vor zwanzig Jahren auf diesem Gebiet zu arbeiten begann", gibt Chemiker Ken Furton zu, „ging ich davon aus, dass wir einen künstlichen Hund würden bauen können. Aber das wird nicht zu meinen Lebzeiten passieren. Wir können keine Maschine bauen, die genauso viel kann wie ein Hund."

Ende 2010 kam das Pentagon in Afghanistan und im Irak zum selben Schluss. Ein großes Forschungsprogramm, in das bereits 17 Billionen Dollar für Mitarbeiter und Technologien geflossen waren, ohne der Lösung des USBV-Problems näher zu kommen, wurde eingestellt. Nach fünf Jahren, Hunderten von Experimenten und dem Zahlen gewaltiger Summen an die größten Verteidigungsfirmen des Landes berichtete das Center for Public Integrity, eine Nonprofit-Organisation für investigativen Journalismus, dass ein bestimmtes System den anderen klar überlegen war: Hunde und ihre Menschen in Kombination mit aufmerksamen Beobachtern. „Die effektivsten USBV-Detektoren, die wir heute haben, summen, schießen, scannen oder fliegen nicht. Sie sprechen. Und sie bellen“, schreiben Peter Cary und Nancy Youssef.

Die Erfolgsrate der anderen Technologien sei „stur“ bei fünfzig Prozent geblieben, sagt Leutnant General Michael Oates in einem Interview des *National-Defense-Magazin*. Hundeführer und ihre Vierbeiner hingegen fanden die USBVs in achtzig Prozent der Fälle. Die besten Bomben-Detektoren, ist Oates überzeugt, sind Hund-Mensch-Teams, Informanten und die geschulten Augen erfahrener Soldaten: „Diese Kombination ist das beste Detektoren-System, das wir derzeit haben“, sagt Oates.

Vor einigen Jahren stand ich neben einem der besten Detektoren-Systeme, die wir derzeit haben. Ich wohnte einem Polizeihundeseminar auf einem Militärstützpunkt in North Carolina bei. Ein Soldat und sein Militärdiensthund machten hier Pause von ihrem geheimen Einsatz im Nahen Osten. Der Malinois lag ruhig neben seinem Herrn. Er lag in Sphinx-Stellung, und die Krallenspitzen der Vorderpfoten hatten sich ein kleines Stückchen in die Erde gegraben. Sein Blick ruhte nicht auf seinem Menschen, sondern schweifte ununterbrochen über die große gemähte Wiese, die sich vor uns erstreckte. Der Soldat blickte zu seinem Hund hinunter.

Es fühle sich an, erklärte er mir, als habe er einen Respekt einflößenden verlängerten Arm. Einen Arm, der sechzig bis hundert Meter weit voraus reiche, einen persönlichen Späher, der alles im Blick behalte, niemals ermüde und ihn vor Angriffen aus dem Hinterhalt beschütze. Und davor, erschossen zu werden. Und davor, auf Minen zu treten. Er habe aufgehört, lächelte der Soldat, mitzuzählen, wie oft ihm sein Hund schon das Leben gerettet habe.

Bombenspürarbeit ist nicht das einzige Feld, in dem Maschinen weniger Fortschritte machen als ihre Entwickler sich wünschen. Auch in der Leichenspürarbeit mangelt es den elektronischen Nasen an Erfolgserlebnissen. Eine

Gruppe deutscher Forensiker schrieb in ihrem Abschlussbericht über den Einsatz von Maschinen zum Aufspüren menschlicher Leichen (obwohl sie in ihren Experimenten tote Hasen verwendet hatten) im Jahr 2010: „Theoretisch kann eine elektronische Nase auf Basis der Sensoren, die in dieser Studie eingesetzt wurden, verwesende menschliche Leichen unter freiem Himmel finden. Allerdings setzt die Entwicklung eines praxistauglichen Geräts die Optimierung von Stichproben und Messtechniken voraus." Oder auf gut Deutsch: Theoretisch können Schweine fliegen – vorausgesetzt, man optimiert ihre Hufe.

> *Truthahngeier haben im Vergleich zu Spürhunden einen Vorteil: Im Fliegen können sie ein erheblich größeres Gebiet erfassen, besonders, wenn es sich um unwegsames Gelände handelt. Die Aasfresser können Tod und Verwesung noch aus 500 bis 1.000 Meter Entfernung riechen, bei ihrer Nahrungssuche vertrauen sie mehr auf ihre Nase als auf ihre Augen.*
>
> *- Der Spiegel, 2010 -*

Zwischen den Deutschen mit ihren Hasen und den Wissenschaftlern aus Georgia mit ihren Wespen begann ich, mich mit der Position des Hundes im Leichenspür-Universum wohlzufühlen. Gute Hunde scheinen auf schwierigen Suchen eine Art komplexen Entscheidungsbaum zu durchlaufen: „Das, nicht aber das." „Weiter oben, nicht unten." „Dieses Ding gehört nicht hierher, ist aber nicht jenes Ding, nach dem ich suche." Hunde sind nicht perfekt, doch sie können sich an unterschiedlichste Suchbedingungen anpassen.

Dennoch wird die Vormachtstellung des Hundes immer wieder auf die Probe gestellt. Vielleicht ist ihm keine Maschine überlegen – aber was wäre mit einem Vogel? Experimentierfreudige Wissenschaftler geben die Hoffnung, eine dem Hund überlegene Spezies zu entdecken, nicht auf. Darum war ich besorgt, als ich zum ersten Mal von den Truthahngeier-Experimenten in Deutschland hörte. Es gibt zwar bisher nur wenige Studien, doch scheint es, als wären Truthahngeier von allen Greifvögeln mit dem besten Geruchssinn ausgestattet. Die Idee, sie zum Aufspüren menschlicher Leichen einzusetzen, war genial: ein Spürhund mit Flügeln und einer besseren Nase! Rainer Herrmann, Kriminalhauptkommissar der niedersächsischen Polizei, berichtete den faszinierten Reportern, dass Geier mit ihrer Fähigkeit, Wälder im Flug abzusuchen und in kürzester Zeit viele Kilometer zurückzulegen, einen gewaltigen Vorteil gegenüber Spürhunden haben könnten. Mehr als vierzig

Forschungsinstitute in Deutschland, Österreich und der Schweiz meldeten ihr Interesse an.

Nicht zum ersten Mal sollten Geier als Spürtiere eingesetzt werden. Bereits 1930 berichtet der berühmte Ornithologe Kenneth Stager über Ingenieure, die dem Öl in den Pipelines Ethylmercaptan – eine chemische Verbindung, die nach Aas riecht – zufügten und Truthahngeier beobachteten, um Lecks in den Leitungen zu finden.

Für die Spürgeier im einundzwanzigsten Jahrhundert galt es, einige kleine Hürden zu überwinden: Die Geier mussten gut trainiert, mit Peilsendern versehen und ermuntert werden, nur tote Menschen, nicht aber tote Tiere zu suchen. Außerdem sollten sie die Leichen nicht fressen und damit wertvolle Beweismittel vernichten, bevor die Polizei eintraf. Der Geiertrainer German Alonso teilte den Reportern mit, dass die Polizei wahrscheinlich Zeit hätte, den Tatort zu erreichen, bevor allzu viele Beweise ihren Weg in den Magen der Geier gefunden hätten: Die Vögel neigen dazu, an Kadavern zu picken, statt diese in großen Brocken zu verschlingen.

Ich sah mir die Fotos von Alonso und Sherlock, seinem Spürgeier in Ausbildung, an. Meiner Schwäche für gutaussehende Deutsche Schäferhunde zum Trotz könnte ich mich auch an das glatzköpfige, runzelige rote Haupt und den großen Höckerschnabel gewöhnen. Auch Solo hat eine Höckernase. Der Gedanke daran, dass Geier beizendes Erbrochenes ausspeien und auf ihre eigenen Beine urinieren, um Bakterien zu tilgen, ist mir allerdings weniger sympathisch.

Sherlock flog ungern, wenn es darum ging, seine Geruchsträger zu suchen. Stattdessen watschelte er über den Boden wie eine Ente. Er war dermaßen nervös und ungesellig, erinnert sich Alonso, dass er sich im Wald versteckte oder flüchtete, sobald er sein Suchkommando erhielt. Miss Marple und Columbo, zwei jüngere Geier, die Sherlock unterstützen und ihm das Gefühl geben sollten, Teil einer größeren Geierfamilie zu sein, stritten ununterbrochen. Keiner der Geier interessierte sich für den Unterschied zwischen Tier- und Menschenkadavern.

Die Sozialdemokratische Partei – damals in Opposition – schlug vor, dass die Regierung ein Trainingszentrum für Spürgeier gründen solle. Als sich das Gelächter schließlich legte, geriet auch das Projekt in Vergessenheit.

„Die Geier stehen zurzeit für Journalisten nicht zur Verfügung“, erklärte Stefan Freundlieb, der Sprecher der Vögel, Spiegel-Reporter Michael Fröhlingsdorf.

Bisher können weder Hunde noch Menschen oder Geier die Arbeit alleine erledigen. Das gilt besonders für vergrabene Leichen. In einer zehnjährigen

FBI-Studie traten die Schwierigkeiten mit geheimen Gräbern klar zutage: Die Leichen lagen zum Zeitpunkt der Suche im Durchschnitt bereits vier bis sechs Jahre unter der Erde. Meist befanden sie sich in abgelegenen Gebieten, in größerer Entfernung von Wegen und Straßen, inmitten dichten Buschwerks und in bis zu achtzig Zentimeter Tiefe.

Sofern der Mörder nicht gesteht und die Lage der Leiche detailliert und vor allem korrekt beschreibt, nimmt die Suche nach Begräbnisstätten in der Regel unzählige Stunden in Anspruch. Dazu kommt, dass, so wie wir alle, auch Ermittler, Leichenspürhundeführer und forensische Archäologen zu unbewussten Vorurteilen und kognitiven Verzerrungen neigen. Mitunter ist das Ergebnis ein großes Gebiet voller frisch gegrabener Löcher, jedoch keine Leiche. Die Arbeit ist anstrengend und entmutigend.

„Ich glaube", meint Arpad Vass, „dass Hunde für diese Art Arbeit unverzichtbar sind. Aber sie sollten nicht allein verwendet werden. Ich überlege mir meine Sache gut, bevor ich dort grabe, wo ein Hund anzeigt." Das heißt nicht, dass Arpad einem guten Leichenspürhund misstrauen würde. Er ist ein Fan, und die Hunde geben ihr Bestes. Aber Geruch wandert, chemische Verbindungen verändern sich, und Stoffe bewegen sich im Laufe des Zersetzungsprozesses von ihrem Ursprungsort weg. Die sterblichen Überreste eines Opfers können fünfzig Meter und mehr von der Stelle entfernt sein, an welcher der Hund angezeigt hat.

„Man braucht immer einen Plan B", sagt Arpad. Oder noch besser mehrere. Georadar kann hilfreich sein, doch selbst GPR-Geräte führen manchmal zu Fehlanzeigen und können nicht überall eingesetzt werden. Hydrogeologen, Magnetometer, Metalldetektoren und gute Ermittler, die gelernt haben, ihre Vorurteile auszublenden, erhöhen die Chance auf Erfolg. Auch nicht zu verachten ist eine Maschine, die etwa vierhundert flüchtige Bestandteile erkennt, die wir ausscheiden, wenn wir wieder zu Staub zerfallen. Aus diesem Grund beschloss das Justizministerium, die Entwicklung einer solchen Maschine zur Messung von „odor mortis" zu finanzieren. Damit war der Startschuss für Arpads LABRADOR gefallen – ein Akronym für Lightweight Analyzer for Buried Remains and Decomposition Odor Recognition, also ein „leichtes Analysegerät für vergrabene Überreste und Verwesungsgeruch". Dieses Jahr soll der LABRADOR in Produktion gehen. Er sieht aus wie ein Metalldetektor und ist nicht dafür gedacht, den Hund zu ersetzen. Vielmehr soll es das Gesamtpaket ergänzen und erweitern: Ermittler, Georadar, Geologen, forensische Archäologen, Hydrologen, Magnetometer, Leichenspürhunde, Hundeführer – und bald auch ein LABRADOR.

Die ersten Pressemeldungen für LABRADOR fielen – wahrscheinlich, weil Arpad einer der Autoren war – ungewöhnlich bescheiden aus: „Die Empfindlichkeit des Messinstruments reicht noch nicht an die Hundenase heran." Doch Arpad ist auch nur ein Mensch, und als solcher konnte er es nicht lassen, seinem Prototypen neben dem Akronym ein weiteres tierisches Marketingelement zu verpassen. Die Silhouette eines breitschnäuzigen Jagdhundes zierte das Schaltfeld des ersten LABRADOR. Leider entschied die Firma, die Arpads Maschine produzierte, sowohl die Silhouette als auch den ursprünglichen Namen wegzulassen. Ich bezweifle, dass es daran liegt, dass die Geschäftsleute Deutsche Schäferhunde bevorzugen.

16
Grabungsarbeiten

Das Heiligtum der Natur – eine erhabene Betrachtung inmitten friedlicher Wildnis, die zuweilen im Schatten des Waldes Gedanken an Tote und Gräber zu wecken vermag …

- Nehemiah Cleaveland, Green-wood Illustrated, 1847 -

Streife ich mit Solo durch die Wälder Piedmonts – ganz gleich ob auf einer Suche oder nur zum Vergnügen –, frage ich mich jedes Mal, wenn er schnüffelnd innehält, ob er mehr riecht als bloß ein Eichhörnchen oder die alte Spur eines Pitbull Terriers.

Wie viele Amerikaner, die ursprünglich aus dem Norden der USA kommen, sehe ich die Geschichte der Südstaaten nicht selten durch den groben schwarz-weißen Filter der Sklaverei. Doch wenn ich mit Solo im Wald bin, erinnere ich mich daran, dass die Toten der Südstaaten viel weiter zurückgehen – Tausende Jahre. Wer mag wohl unter dem federnden Waldboden liegen? Mein Blickwinkel ändert sich.

In der Leichenspürwelt bezeichnen wir jene uralten Toten, die sich auf der Suche nach Vermissten als schwierige Ablenkung erweisen können, als historische menschliche Überreste. Ein langer Einsatz rund um eine verlassene Plantage – das Opfer, das wir suchten, konnte noch nicht lange tot sein – endete damit, dass Solo mit großem Interesse den Hang unterhalb des Fundaments einer ehemaligen Sklavenhütte untersuchte, ohne jedoch anzuzeigen. Ich beobachtete ihn und entschied, dass sein Interesse irrelevant für jene Suche war, für die wir vor Ort waren. Als ich erschöpft nach Hause fuhr und meine Gedanken wandern ließ, fiel mir ein, wie viel Leben und Sterben der Lehmboden jener Hütte schon gesehen haben musste.

Barbara Weakley-Jones, eine Gerichtsmedizinerin, ist Gründerin und ehemalige Leiterin des staatlichen Leichenspürhundeprogramms für Kentucky. Sie trainiert ihre Hunde ungern auf „wirklich alte" menschliche Überreste: In Kentucky ist es legal, Geschwister, Mutter und Vater im eigenen Garten zu begraben. Dadurch, so Weakley-Jones, sei es nicht nur „unwichtig", Hunden beizubringen, alte Gräber anzuzeigen, sondern auch eine unnötige Ablenkung, wenn es um die Suche nach einem kürzlich Verstorbenen geht.

Ich verstehe, was sie meint. Ich erinnere mich noch gut an den Einsatz, im Zuge dessen die Ermittler einen Hügel aus pyramidenförmig aufgestapelten Steinen abtrugen, um in der darunterliegenden Erde dicke Wurzeln zu finden, die eindeutig mehr als zwei Jahre alt waren. Solo und ein weiterer Hund hatten unabhängig voneinander an den Steinen angezeigt, doch falls sich tatsächlich ein Toter weiter unten befand, war es mit Sicherheit nicht jenes Opfer, das wir suchten. Die Ermittler gruben nicht weiter. Ich konnte die Entscheidung nachvollziehen, sollte mich jedoch noch lange fragen, was es mit jener Steinpyramide mitten im Wald, mit Blick über einen Tümpel, auf sich hatte.

Immer öfter wird ganz bewusst nach historischen menschlichen Überresten gesucht – mithilfe von Familiengeschichten, alten Besitzurkunden, mündlich überlieferten Anekdoten, Google Earth – und Hunden. Seit etwa zehn Jahren werden Hunde vermehrt eingesetzt, um Orte zu lokalisieren, bei denen es sich im Grunde um Freilichtmuseen handelt: alte Friedhöfe, Schlachtfelder, archäologische Ausgrabungsstätten. Einer der ersten dokumentierten Einsätze von Hunden zur Suche historischer Überreste geht auf den inzwischen verstorbenen Bloodhoundtrainer und -führer Bill Tollhurst zurück. 1987 brachte er seine braune Labradorhündin Candy zu einem Baugrundstück im kanadischen Ontario, nachdem Bauarbeiter dort menschliche Schädelknochen gefunden hatten. Die hinzugezogenen Archäologen stellten fest, dass die Knochen auf den Britisch-Amerikanischen Krieg von 1912 zurückgingen. Bill und Candy halfen dabei, drei weitere Leichen aufzuspüren.

An allen Ecken und Enden der Vereinigten Staaten – von vermeintlichen Massengräbern entlang des Oregon Trail, der ersten Siedlerroute in den Westen der USA, über hastig ausgehobene Notgräber entlang des Old Spanish Trail, einer historischen Handelsroute, bis hin zu Sklavengräbern, den Friedhöfen des Unabhängigkeits- und Bürgerkriegs sowie den vorgeschichtlichen Hügelgräbern der Ureinwohner des Mississippi-Deltas tun sich Archäologen, Historiker und Geologen mit Leichenspürhundeteams zusammen, um herauszufinden, wo die Toten liegen könnten. Ich sage ganz bewusst „könnten“: Nur Grabungsarbeiten und Tests können mit Sicherheit sagen, wer oder was tatsächlich unter der Erde ruht – und oft sind Grabungsarbeiten weder wünschenswert noch möglich.

„Einst das Ende der Eisenbahnstrecke in Georgia, war Thomasville aufgrund seiner Abgelegenheit schon immer ein gut gehütetes Geheimnis“, heißt es in einem alten *Road & Travel*-Artikel – Doch für die sagenhaft reichen Industriellen, die nach dem Bürgerkrieg nach Thomasville strömten, war es alles andere als ein Geheimnis. Sie kauften Plantagen und Villen zu günstigen Preisen. Nach Wiederaufbau und Neuordnung der ehemaligen Konföderationsstaaten wurden die Baumwollplantagen zu Federwild-Abschussfarmen. 1887 ernannte das *Harper's*-Magazine Thomasville mit seiner bekömmlichen trockenen Luft und dem wachsenden Wohlstand zu einem der Top-Winterkurorte auf drei Kontinenten.

„Thomasville lockt mit Rindfleisch aus dem Norden und frischer Milch“, schrieb Harper's. Nach dem Loblied sprach der Autor des Artikels jedoch auch eine Warnung aus: „Besucher sollten darauf achten, dass die sanitären

Anlagen mit dem raschen Wachstum des beliebten Kurortes Schritt halten."

Ein guter Ratschlag. Tatsächlich hatten die sanitären Anlagen von Thomasville zwei Jahrzehnte zuvor nicht mit seinem plötzlichen Wachstum mithalten können. Als der Bürgerkrieg in den letzten Zügen lag, hatte das Heer der Konföderierten Staaten in der Vorausahnung, dass General Sherman mit seiner Nordstaatenarmee bald ins nördliche Georgia vorstoßen würde, fünftausend Unionsgefangene aus dem berüchtigten Gefangenenlager in Andersonville nach Thomasville verlegt. Hastig ließ man die Sklaven der Kleinstadt lange, ein bis zweieinhalb Meter tiefe und drei bis dreieinhalb Meter breite Gräben ausheben, die eine zwei Hektar große Fläche in den Pinienwäldern einrahmten. Die Phalanx der Gefangenen von Andersonville – krank, ausgehungert und dem Tod nahe – wurde in ein eilig an jener Stelle errichtetes Gefangenenlager verlegt.

Für zwölf Tage im Dezember 1864 lebten die Gefangenen in Thomasville. Fünfhundert von ihnen starben in dieser Zeit; größtenteils an Pocken und Durchfall. Ohne die Hilfsbereitschaft der Einwohner Thomasvilles wären die Zahlen vielleicht noch höher gewesen. Ärzte, die sich bereits hier niedergelassen hatten, um die medizinische Versorgung der Reichen sicherzustellen, richteten in der Nähe der Methodistenkirche ein notdürftiges Krankenhaus ein.

Am Heiligen Abend verlegte die nervöse Konföderation die überlebenden Gefangenen zurück nach Andersonville, als sie erkannte, dass Sherman das nur dreihundert Kilometer weiter östlich gelegene Savannah eingenommen hatte.

Das Gefangenenlager wird in der Geschichte Thomasvilles und der Amerikanischen Bürgerkriegsgeschichte kaum erwähnt. Obwohl die Regierung sich mehr als jemals zuvor in der Geschichte des Landes bemühte, Unionssoldaten zu exhumieren, zu identifizieren und auf staatliche Friedhöfe umzubetten, wurde Thomasville übersehen. Bürgerkriegshistoriker J. David Hacker berichtet: „Männer wurden vermisst, Kriegs-, Krankenhaus- und Gefängnisberichte waren unvollständig, und Familien konnten über das Schicksal ihrer Lieben nur spekulieren, wenn diese nach dem Krieg nicht nach Hause kamen."

Das Grundstück an der Wolfe Street ist winzig. Nur etwa vier Quadratkilometer des ursprünglich zwei Hektar großen Areals sind nach wie vor unbebaut; einige Flecken dürren Grases, ein paar Pinien und Laubbäume umgeben von Wohnhäusern und Geschäftsgebäuden. Auch zwei der ursprünglich vier Gräben gibt es bis heute. Schief und L-förmig begrenzen sie zwei Seiten des Areals. Eine kleine Gedenktafel weist auf die Geschichte des Ortes hin. Die Schrift ist verblichen und das Grundstück liegt im Schatten. Ich konnte nur einen einzigen Reiseführer finden, der das ehemalige Gefangenenlager erwähnte – verglichen mit der Allgegenwart der Hinweise auf Thomasvilles Herrlichkeiten: seine prunkvollen Feriendomizile und die große Eiche.

Lessel Long, ein Unionssoldat aus Indiana, der hier gefangen war, schrieb ausführlich über die Bürger von Thomasville, von denen er meinte, dass sie „den Gefangenen großes Mitgefühl entgegenbrachten“. Seine Aufzeichnungen berichten auch von dem Schrecken, den die Bluthunde aus den Südstaaten im Andersonviller Gefängnis verbreiteten. Es handelte sich um jenen Schlag Hunde, der aus Kuba importiert worden war, um flüchtende Sklaven und Unionssoldaten aufzuspüren. „Zweifellos wären Tausende unserer Männer entkommen, wären da nicht die Hunde gewesen ... Sie hielten viele davon ab, die Flucht auch nur zu versuchen.“

Eineinhalb Jahrhunderte später sollte eine andere Art Spürhund eine weit weniger grausame Rolle spielen. Kha McDonald, eine Verwaltungsbeamtin, die in Thomasville geboren und aufgewachsen war, spielte als Erste mit dem Gedanken, Leichenspürhunde in die Stadt zu holen. Sie wollte mehr über das kleine Grundstück mit der verblassten Gedenktafel wissen. Thomasville hatte den Bürgerkrieg ohne größeren Schaden überstanden, doch die ungeklärten Rätsel blieben. Hunderte Tote der Union galten immer noch als vermisst. Wo hatte man jene Gefangenen, die in der Methodistenkirche behandelt worden und verstorben waren, begraben? Lag an der Wolfe Street ein Massengrab? Legenden zufolge waren die Toten in einiger Entfernung unter der Broad Street begraben. Die ungewisse Geschichte ihrer auf Sklavenarbeit gebauten Heimatstadt war, spürte Kha, Teil ihres eigenen Erbes. Zeitweise hatte es in Thomasville mehr Sklaven als Weiße gegeben. Ein städtischer Park ist nach Henry O. Flipper, dem ersten schwarzen Absolventen der Militärakademie von West Point, benannt. Seine Eltern waren Sklaven. „Du kannst der Geschichte nicht entkommen“, meinte Kha.

Als geborene Historikerin beschloss sie, dass dieser Teil der Bürgerkriegsgeschichte Thomasvilles und auch der historische Schwarze Friedhof ans Tageslicht kommen mussten. Über eine Mitarbeiterin der Stadtbibliothek, die in ihrer Freizeit mit einem Spürhundeteam in Florida arbeitete, erfuhr Kha von Leichenspürhunden. Die Hunde, sagte man ihr – darunter auch Suzi Goodhope's Hunde – würden im Mississippi Delta zur Suche nach achthundert bis tausend Jahre alten menschlichen Überresten aus Hügelgräber bauenden Zivilisationen eingesetzt. Kha meldete sich bei Suzi, welche ihr Leichenspürhundetrainerin Lisa Higgins vorstellte.

Historische menschliche Überreste waren nicht Lisas erste Wahl. Sie hatte an mehr als genug Kriminalfällen und Personensuchen zu arbeiten und hielt zusätzlich ein Seminar nach dem anderen. Lisa gibt zu, dass sie anfangs auch skeptisch war, ob Hunde überhaupt in der Lage wären, historische Überreste aufzuspüren. Mittlerweile hat sie ihre Meinung geändert – teils, weil sie ihren eigenen Hunden beim Anzeigen achthundert Jahre alter Geruchsträger zugesehen hat, teils weil sie andere ausgezeichnete Hundeführer bei der Arbeit beobachten konnte. In mehreren Fällen wurde die Anzeige der Hunde durch Ausgrabungen eindeutig bestätigt.

Also brachte Lisa Dixee und Maggie nach Thomasville, und Suzi brachte ihre beiden Malinois Temple und Shiraz oder, wie sie die beiden liebevoll nennt, „das Straßenmädchen und die Prinzessin". Temple war ein Tierheimhund mit posttraumatischer Zwingerstörung und wahrscheinlich ein Mischling, doch schien sie viele Malinoisgene mitbekommen zu haben: Sie war triebstark, eigensinnig und stur. Shiraz hingegen erinnerte an ein filigranes, teures Teeservice. Sie war ebenfalls eigensinnig und hatte eine feine Nase. Ihr Vater war auf der Westminster Hundeausstellung Rassebester geworden.

Kha steuerte ihr historisches Wissen bei und brachte einen Geologen mit Bodenradargerät mit. Ephraim Rotter, der Kurator des Geschichtsvereins von Thomas County, verschaffte dem Team Zugang zu historischen Dokumenten.

Suzi fand die Arbeit in Thomasville faszinierend und meinte, dass sie auch ihren Hunden guttäte. Ein solcher Einsatz ist nicht mehr oder weniger wichtig als die Suche nach jüngeren Vermissten – er ist einfach anders. Es ist wichtig, die Wahrheit herauszufinden. Suzi stellte fest, dass es einige Zeit dauerte, die Hunde auf „dermaßen alte Knochen" zu prägen: „Sie strengen sich etwas mehr an und arbeiten ein wenig langsamer."

Die Suche nach den lange Vermissten ist alles andere als unkompliziert. In Lisa Higgins' Worten: „Der Geruch ist überall!" Oft gehen wir Menschen davon aus, dass der Geruch in den rechteckigen Einbuchtungen in Größe eines Sarges am stärksten ist, die den Eindruck erwecken, dass die Toten auf alten Friedhöfen an jenen Stellen beerdigt worden seien. Das ist aber nicht immer der Fall. Lisa lehrt, dass wir nicht wissen, wo genau Hunde den Tod am stärksten riechen. Geruch neigt dazu, sich in Mulden zu sammeln. Die Höhlen und Bauten wilder Tiere können den Duft an bestimmten Stellen leichter zugänglich machen als an anderen. Er kann auch entlang von Wurzeln wandern, auch wenn wir bis heute nicht wissen, wie das möglich ist, und Hundeführer und Wissenschaftler über mögliche Erklärungen streiten. Wir kennen noch nicht alle Mechanismen, die Wurzeln und Vegetation attraktiv für Leichengeruch machen. Vielleicht spielt die Feuchtigkeit eine Rolle, vielleicht auch die Tatsache, dass Wurzeln mitunter die Erdoberfläche sprengen. Selbst bestimmte chemische Stoffe könnten erst mithilfe der Vegetation freigesetzt werden. Kontroverse und einander widersprechende Theorien gibt es wie Sand am Meer. Das Einzige, worüber man einer Meinung ist, ist die Tatsache, dass Hunde von Bäumen und Vegetation in der Nähe einer Grabstätte angezogen werden.

Die Hunde bewegten sich den alten Graben an der Wolfe Street entlang. Sie alle wurden langsamer und zeigten in etwa einem Meter Abstand rund um dieselbe Stelle an. Suzi hörte auf, die vielen Anzeigen zu zählen. Kha beobachtete die Hunde und erkannte das Muster. „Suzi und die anderen hatten nur im Graben deutliche Anzeigen", erinnert sie sich. Danach liefen die Hunde über die Grundstücksgrenze. Auf der Böschung steht ein einzelner Baum, darunter befindet sich eine tiefe Mulde. Jeder der Hunde zeigte auch hier enthusiastisch an. Sie benahmen sich, beschrieb Kha, als wären sie im siebten Himmel, als würden die Gerüche an jener Stelle aus der Erde geblasen wie Rauch aus einem Schornstein.

Das Bodenradargerät bestätigte an jener Stelle im Graben, an der Suzi die Anzeigen der Hunde verzeichnet hatte, Anomalien und Veränderungen in den Erdschichten. Auch an einer Stelle mit trockenem Gras schlug das Radargerät an.

Nichts davon beweist mit wissenschaftlicher Sicherheit, dass hier jemand begraben liegt, dessen ist sich Kha bewusst. Aber in Kombination mit den historischen Aufzeichnungen reicht es aus, um einen Antrag auf Fördergelder zu stellen. Sie hofft, dass es ihr so trotz der schlechten wirtschaftlichen Lage gelingen wird, die Geschichte des düsteren Grundstücks ans Licht zu bringen. Vielleicht wird die Stadt das Gebiet umzäunen oder eine weitere Gedenktafel aufstellen. Viele Gefangene verstarben damals in Thomasville, und eine Stadt, die sich als Standort der größten Eiche im Südosten feiert, darf ruhig auch die letzten Tage der Unionsgefangenen zur Kenntnis nehmen.

Fünf Frauen mittleren Alters ließen die Blicke über die Wiesen und Felder schweifen, die sich bis an den Horizont erstreckten. Wir befanden uns in West Virginia, ein wenig über tausend Kilometer nördlich von Thomasville, Georgia. Am Fuße eines sanften Hügels lag ein Teich, der halb von Wasserlinsen bedeckt war. Ein Rotschulterstärling trällerte „Konk-larie, konk-larie!", bevor er sich von dem Stromkabel, auf dem er gerade noch gesessen hatte, nach unten stürzte und im Schilfrohr verschwand. Der Hügel war in hellgrünes Bermudagras getaucht, unterbrochen von Flecken weißen und roten Klees und den kleinen blassen Blüten der Pferdenessel. Aus dem helleren Grün am Kamm des Hügels leuchtete das strahlende Violett Gemeiner Kratzdisteln. Berichten zufolge waren die sechs Sklaven ohne Särge und knapp unter der Oberfläche begraben. Darunter vielleicht ein Kind, oder auch zwei. Vielleicht hatte man den einen oder anderen mit einer Granitplatte zugedeckt, vermutete der Bauer, dem das Feld gehörte, um zu verhindern, dass Tiere nach den Kadavern gruben.

Kathy Holbert und ihre Freundin und Kollegin Lisa Lepsch hatten eine halbe Stunde mit dem alten Mann, dem die Rinderfarm mit dem makellos weißen Hauptgebäude und den malerischen Stallungen gehörte, verhandelt. Die Besprechung der Suche wurde von seinen Anekdoten unterbrochen: wie er die Rinder von Montrose zum Schlachthaus in Elkins getrieben hatte, als er noch jünger war. Über die beiden Hütehunde, die sich nicht beeindrucken ließen, wenn ihnen eine Kuh ins Gesicht trat, und aufmüpfige Rinder zurechtstutzten. Sein bester Hund, rotbraun und langhaarig, hatte zahlreiche Narben und war zäh wie Leder. Vermutlich handelte es sich nicht um einen Irischen Setter. Dann drehte sich das Gespräch um uns und die Spürhunde: Die Weidegatter sollten schnell geöffnet und wieder geschlossen werden. Die Hunde hatten sich von den Herden fernzuhalten. Und was auch immer das Ergebnis der Suche wäre, er wolle keine Archäologen, die seine Weiden umgruben. Falls die Leichen hier waren, solle man sie in Frieden lassen.

Anders als Thomasville waren unseres Wissens keinerlei Berichte zu dieser Gegend erhalten geblieben – vorausgesetzt, dass solche Dokumente überhaupt je existiert hatten. Die mündliche Überlieferung der Sklaven – drei Männer und drei Frauen –, die möglicherweise auf oder um diesen Hügel in West Virginia in nicht gekennzeichneten Gräbern lagen, hatte bereits einen modernen Zweck erfüllt: In Kombination mit gefährdeter Flora und Fauna und historischen Bürgerkriegsstätten hatte die Geschichte der begrabenen Sklaven dabei geholfen, den Bau der Route 33 durch einen Teil von Randolph County – ein Vetternwirtschaftsprojekt von Senator Robert Byrd – zu verhindern. Die Autobahn endet bei Montrose und beginnt wieder dahinter.

Früher, als Sklaven hier arbeiteten, musste der Hügel mit Apfelbäumen bedeckt gewesen sein. Äpfel hatten in West Virginias Landwirtschaft schon immer eine große Rolle gespielt, und jeder Obstgrund hatte zumindest fünf oder sechs Sorten: je eine Sorte zum Kochen, eine zum Essen, zum Pressen, zum Einlagern, und zum Export getrockneter Früchte nach England.

Die Wurzeln der Bäume und der felsige Boden würden es schwierig gemacht haben, in jener Obstplantage ein Grab zu schaufeln: West Virginia bestand aus Felsen und Äpfeln, Salz und Kohle. Hier gab es nur wenige Sklaven.

Die Region war bergig und große Plantagen rar. Tabak wuchs nur in wenigen Gegenden, Baumwolle nirgends. Abgesehen von den Salzbergwerken, in denen Sklaven wie Booker T. Washington schufteten, waren die meisten Sklavenbesitzer West Virginias Landwirte mit weniger als fünf Sklaven.

Dass es relativ wenige Sklaven gab, heißt jedoch nicht, dass diese gut behandelt wurden. Manche Wissenschaftler glauben, dass es den Sklaven in den Appalachen schlechter ging als auf den Plantagen im tiefsten Süden. Sie berichten von grober physischer Misshandlung und dem häufigen Auseinanderreißen von Familien. Viel zu häufig, schrieb ein Forscher frustriert, „werde ich mit dem mythologischen Konstrukt konfrontiert, dass die Sklavenhalter in den Appalachen kleine Bauern waren, die nur ein paar Sklaven hatten, um ihren Frauen in der Küche zu helfen."

Der zweiundneunzigjährige Eigentümer der Landwirtschaft erzählte Kathy und Lisa, dass die Sklaven die Farm nicht hatten verlassen dürfen. Manche ihrer Kinder hatte man verkauft. Dazu hatten sie sich in einem mit Seilen zusammengebundenen Sklavenzug formieren müssen – ein häufiger Anblick im West Virginia jener Jahrzehnte. Fast eines von drei Sklavenkindern, das 1820 im oberen Süden lebte, war 1860 nicht mehr hier.

Kurz nach neun setzte Kathy Strega auf einem ausgetretenen Rinderpfad an. Die Sonne blendete, als die Hündin im leichten Galopp bergab lief. Aufgrund ihrer alternden Hüfte schwankte ihr Hinterteil bei jedem Schritt zur Seite, als sie auf den Teich zulief, und faltete sich nach hinten wie dunkles Origami. Sie bewegte sich am Ufer entlang, ohne für eine Abkühlung zu pausieren. Erst als sie das andere Ende des kleinen Sees erreicht hatte, verlangsamte sich ihr Schritt. Sie hielt die Nase dicht über dem Boden, um Geruch aufzunehmen. Nichts. Auch hier nichts. Hier auch nichts. Kein Grund, zu zögern. Zehn Meter weiter wurde sie langsamer und drehte sich plötzlich um sich selbst – die charakteristische Bewegung eines Spürhundes, dem etwas Wichtiges in die Nase steigt. Sie lehnte sich über den Entwässerungskanal. Meine Blicke folgten dem Kanal nach oben, und ich sah, wo das Wasser aus dem felsigen Hügel sickerte und an einer tiefer gelegenen Stelle wieder verschwand, bevor es weiter unten wieder ans Tageslicht kam und in den Teich floss. Strega blieb stehen, schnüffelte, drehte sich mehrmals, lief ein Stück weiter und kam dann zurück an jene Stelle über dem Kanal.

Sie sah nie zu Kathy, die etwa dreißig Meter weiter hinten stand und Strega ruhig beim Arbeiten zusah. Kathy ist eine Hundeführerin, die den Hund seine Arbeit machen lässt, ohne sich einzumischen. Strega ließ den Kanal hinter sich und arbeitete sich mithilfe ihrer guten, tiefen Nase langsam bergauf bis zu jener Stelle, an der das Wasser aus dem Boden sickerte. Erfahrene Hundeführer und Trainer wissen, dass dieses Verhalten oft dann auftritt, wenn sich ein Hund auf das Opfer zubewegt – selbst wenn dieses nicht unter der Erde liegt. Der Geruch kann unter der Erde hügelabwärts sickern oder sich aus großer Entfernung auf ein Gewässer zubewegen. Nicht immer ist er direkt über dem Grab selbst am stärksten.

Nach über 175 Jahren sollte man nicht erwarten, dass sich die Vegetation direkt über den Toten von der Umgebung unterscheidet, meinte Kathy. Und dennoch – ganz oben am Hügel befand sich eine leichte Mulde, gesprenkelt mit rotem und weißem Klee und kürzerem, intensiv grünem Gras, das hier dichter zu stehen schien als am Rest des Hügels. Strega blieb stehen, drehte sich mehrmals um sich selbst und bellte hörbar. Dann setzte sie sich und starrte Kathy an.

So ging es die nächsten zwei Stunden weiter. Renzo, Lisa Lepschs massiver schwarzer Schäfer, fand eine Stelle auf der anderen Seite des kleinen Hügels. Hier befand sich keine Mulde, doch zeigte Renzo inmitten eines etwa fünf Meter langen, ebenso intensiv grünen Grasstreifens an. Er schnüffelte am Rande des Streifens entlang, ging langsamer, bewegte sich schließlich in die Mitte und blieb dort stehen, die intensiven dunklen Augen auf Lisa gerichtet. Diese musste schmunzeln: „Er ist gut darin, die Dinge zu definieren."

Rocco, Ann Christensens junger Schäfer, zeigte an derselben Stelle an, für die sich Renzo interessiert hatte. Er warf sich theatralisch auf den Boden: Wumm! Auch Dusty, Charm Gentrys Beauceron, zeigte am selben Fleck an, nachdem er über das Feld gestreift war, unterbrochen von gelegentlichen antilopengleichen Luftsprüngen. Kessa, Anns graue Schäferhündin, entschied sich für die gleiche Stelle.

Auf dem etwa fünf Hektar großen Hügel und dem umgebenden Feld liefen und rannten die fünf Hunde vor und zurück, arbeiten das Gebiet systematisch ab, wurden langsamer und zeigten schließlich an jenen beiden flachen Stellen an, die auch Strega und Renzo für wichtig erklärt hatten. Hunde können dort anzeigen, wo bereits vor ihnen ein Hund sein Signal gegeben hat – darauf werden sie allerdings nicht trainiert. Es kommt auch vor, dass Hundeführer ihren Hunden unbewusst eine Stelle signalisieren, wo bereits vor ihnen ein anderer Alarm geschlagen hat. Keine der Hundeführerinnen in diesem Einsatz arbeitete blind. Die Hunde bestätigten, was die mündlichen Überlieferungen vermuten ließen, doch würde es nicht möglich sein, auf dem felsigen Untergrund Bodenradargeräte einzusetzen. Alles, was bleiben würde, nachdem wir das Feld verließen, waren die Geschichten und die GPS-Koordinaten in unseren Trainingsnotizen. Keine Namen. Keine Grabsteine. Eine Wiese, gesprenkelt mit Klee und Disteln.

„Ich habe noch nie nach etwas so Altem gesucht", sagte Arpad Vass und fuhr fort, „aber ich bin nicht überrascht, dass die Hunde angezeigt haben. Lehm ist ein gutes Material für eine Grabkammer."

Wissenschaftler wissen wenig darüber, was passiert, wenn ein Hund über einen alten Friedhof streift. Archäologie ist selbst schon ein spekulatives Feld. Was kann die Nase des Hundes dem hinzufügen? Was löst die Anzeige aus? Die unbewussten Signale des Hundeführers? Alte, verrottete Bäume? Grabsteine, sofern es solche gibt? Beobachten die Menschen die Hunde einfach nur bei der Arbeit, füllen historische Landschaften mit blühender Fantasie aus und schaffen falsche Malen-nach-Nasen-Bilder?

Mehrere Teams im ganzen Land arbeiten mittlerweile mit alten Grabstätten. Einige von ihnen erhalten einheitlichere und leichter verifizierbare Ergebnisse, indem sie Bodenradargeräte, Leichenspürhunde sowie mündliche und schriftliche Überlieferungen miteinbeziehen. Gelegentlich werden tatsächlich Grabungsarbeiten durchgeführt und bestätigen die Vermutungen. Dennoch ist die Leichenspürhundearbeit an historischen Überresten nach wie vor undurchsichtig und umstritten. Es ist nicht einfach, den Nutzen eines Gebrauchshundes zu beweisen, wenn man mit alten Grabstätten arbeitet: In den meisten Fällen kommt es niemals zu Grabungen, und somit bleibt auch der Beweis, dass ein Spürhund richtig angezeigt hat, aus.

Mary Cablk arbeitet mit auf historische Überreste spezialisierten Hunden am Old Spanish Trail. Nachdem sie mehrere mögliche Grabstätten sowie auch Orte, an denen keine Toten zu vermuten waren, abgesucht hat, möchte sie stichprobenartig an einigen Stellen graben, an denen sowohl die Hunde als auch die Bodenradargeräte ein Grab vermuten ließen.

„Die Arbeit an historischen Überresten geht mir nicht aus dem Kopf", sagt sie nachdenklich. „Ob ich glaube, dass Hunde die Arbeit erledigen können? Ja. Ob ich glaube, dass all die Teams im ganzen Land, die historische Überreste finden zu können behaupten, tatsächlich dazu in der Lage sind? Nein. Mitunter haben wir nicht mit den tatsächlichen Fähigkeiten eines Hundes zu tun, sondern mit dem fast schon religiösen Glauben des Hundeführers an sein Tier." Sind die Hunde, die darauf trainiert werden, menschliche Überreste zu finden, fragt sich Mary in skeptischen Momenten, einfach nur „talentierte Unregelmäßigkeitsdetektoren"? Handelt es sich bei der Anomalie einfach nur um eine Veränderung, eine Unregelmäßigkeit in der Erdchemie der Umgebung? Zeigen die Hunde etwa die Tonurnen an, in welchen manche Kulturen menschliche Asche begruben, anstatt die Asche selbst aufzuspüren?

Mary ist weder die einzige Skeptikerin noch die einzige Forscherin, die versucht, die Durchführung und Veröffentlichung fachlektorierter Studien in diesem Feld anzukurbeln. Gezielte Experimente zur Fähigkeit von Leichenspürhunden, historische Überreste zu finden, werden erst seit Kurzem durchgeführt – mittlerweile allerdings auf der ganzen Welt: von Bosnien bis nach Hawaii und von Kalifornien bis ins Mississippi Delta. Nachdem man bis heute nicht einmal weiß, welche der flüchtigen Bestandteile kürzlich Verstorbener von Hunden aufgefangen und angezeigt werden, werfen alte Gräber noch viel mehr Fragen auf.

„Denn Staub bist du, und zu Staub wirst du werden" hat eine wissenschaftliche Basis: Früher oder später kehren wir auf eine Art und Weise zur Erde zurück, die sowohl einen Leichenspürhund wie auch jegliche Art Messinstrument verwirren sollte. Wir sind keine Graberde und wir sind keine mit Leichenwachs vermischte Erde – wir sind schlicht und einfach Erde.

Wie weit kann ein Hund zurückgehen? Das kommt ganz darauf an, wie viel Wert wir auf wissenschaftliche Nachweisbarkeit legen. Solo zeigte mir einen achthundert Jahre alten Knochen aus dem Mississippi Delta an, und ich habe mehrere andere Hunde ebenso darauf reagieren sehen. Natürlich kommt es auch darauf an, was konkret der Hund eigentlich anzeigt. Bis vor Kurzem ging man davon aus, dass es sich ausschließlich um flüchtige organische Bestandteile handeln könne. Der menschliche Körper lässt diese Bestandteile beständig aufsteigen – bis er aufhört, auf diese Art zu kommunizieren. Dann sollte kein Geruch, den wir als Zersetzung des menschlichen Körpers bezeichnen würden, mehr in der Luft liegen. Und dennoch scheinen gute Hunde, die auf das gesamte Spektrum menschlicher Zersetzungsstadien trainiert werden, selbst dann noch in der Lage zu sein, Tote zu finden. Es ist, als hätte die Erde sich für immer verändert.

„Es ist fast unmöglich, es wissenschaftlich zu erklären", meint Arpad Vas. „Was in aller Welt kann der Hund riechen, wenn nichts mehr vorhanden ist?"

Sie hatte kaum ausgesprochen, da erstarrten ihre Glieder; ihre Brust ward sanft von Rinde umschlossen; ihre Arme wurden Zweige; ihr Fuß steckte als Wurzel fest in der Erde; ihr Gesicht ward Baumkrone, und einzig ihre Schönheit erinnerte an ihr früheres Selbst. Apollo stand vor ihr und staunte.

- Apollo und Daphne, Bulfinch's Mythology, 1913 -

Wenn ich gut ausgebildete Hunde dabei beobachte, wie sie an einer potentiellen Grabstätte arbeiten oder die Lage eines alten Friedhofes eingrenzen – sie werfen die Köpfe hoch, starren in die Bäume, setzen die Vorderpfoten auf die Stämme, als wollten sie daran hochklettern, und senken die Nasen tief zu den Wurzeln hinunter, die aus Einbuchtungen in der Erde treten –, dann staune ich. Ich trete an jenen Stellen vorsichtiger auf. Wie Gwen Hancock, eine Hundeführerin aus Mississippi, flüstert, wenn sie aus Versehen in die Mulden des Friedhofes aus dem 19. Jahrhundert tritt, die sie und weitere Hundeführer zufällig im Wald hinter ihrem Haus gefunden haben: „Bitte verzeiht mir. Danke, dass wir unsere Hunde hier trainieren dürfen."

Ich hatte das Bedürfnis, mich ganz ähnlich zu bedanken, als ich auf eine Expedition zu einer potentiellen Begräbnisstätte in South Carolina eingeladen wurde. Zwar hatte ich Kathy Holbert, Lisa Higgins und andere erfahrene Hundeführer bereits bei der Arbeit an potentiellen Begräbnisstätten in West Virginia und Mississippi zugesehen, doch war Solo bisher nie einen derartigen Einsatz gelaufen. Paul Martin, Leichenspürhundeführer und Doktorand der Anthropologie, lud uns nach South Carolina ein.

Der Morgennebel hing noch über dem Great Pee Dee Fluss an der Grenze zwischen North und South Carolina. Ein Februarnebel, der uns kühl und feucht unter die Kleidung kroch. Auf einem kleinen Felsvorsprung mit Blick auf den Fluss stand ein einzelner mit Flechten bedeckter Gedenkstein. Die Daughters of the American Revolution, eine patriotische Frauenorganisation, hatte ihn in den 1960ern hier gesetzt und gehofft, damit einen verlassenen Friedhof zu markieren, auf dem möglicherweise Kriegskommandant Claudius Pegeus Jr. lag, der an der Seite des schlauen Francis Marion im Amerikanischen Unabhängigkeitskrieg gekämpft hatte. Marion, „der Sumpffuchs“, führte eine Guerillatruppe gegen die Briten und entkam diesen wiederholt, indem er im Unterholz oder Sumpflandschaften untertauchte. So kam er auch zu seinem Spitznamen: „Der Teufel selbst könnte diesen verdammten alten Fuchs nicht fangen“, fluchte der britische Oberstleutnant Banastre Tarleton.

Claudius Jr. starb 1792, weniger als zehn Jahre nach dem Ende des Unabhängigkeitskrieges. Berichten zufolge sollte er hier begraben liegen. Steht man auf dem Felsvorsprung, überblickt man die einst riesige Baumwollplantage der Fegues-Familie – den Schauplatz des einzigen Gefangenenaustausches im Unabhängigkeitskrieg. Vielleicht war Claudius aber auch gar nicht hier. Vorstellungen werden nicht automatisch Wirklichkeit, wenn man einen Gedenkstein aufstellt.

Pat Franklin, Claudius Jr.s Ur-ur-ur-urenkelin, stand am Rande des Waldes, das graue Haar in einem losen Knoten zusammengebunden. Weder Pat noch ihre alte Freundin und Ahnenforscherkollegin May MacCallum waren mit der Arbeit von Leichenspürhunden vertraut. Als May darüber las, dass Hunde Gräber finden konnten, forschte sie weiter und nahm Kontakt zu Paul auf.

Pat war sich nicht sicher, wie ihre Familiengeschichte, Briefe, Testamente und mündliche Überlieferungen zusammenpassten. Ihre Großmutter hatte ihr erzählt, dass „die alte Grabstätte“ an jener Stelle mit Blick über den Fluss lag, an der wir jetzt standen, und dass sie von einer Kutscherpeitschennatter bewacht werde. Kutscherpeitschennattern sind lang, schnell und klug, mit großen dunklen Augen und Schuppen, die an geflochtene Lederbänder erinnern. Einen Menschen, der ihre Ruhe stört, jagen sie, peitschen ihn mit ihrem langen Schwanz zu Tode und stecken ihm dann die Schwanzspitze in die Nase, um sicherzugehen, dass er nicht mehr atmet.

Jetzt, wo sie die Gruselgeschichten ihrer Kindheit hinter sich gelassen hatte, wollte Pat wissen, wo ihre Vorfahren begraben lagen. Ruhten Claudius Jr., seine Frau Marcia Murphy und vielleicht auch ihre vier früh verstorbenen Kinder vor uns im Wald? Zwei der Kinder starben, bevor sie zwei Jahre alt waren. Hätten sie überlebt, hätten sie eine große Baumwollplantage geerbt, doch der Wohlstand ihrer Eltern schützte sie nicht vor dem frühen Tod, der damals zahlreiche Kinder heimsuchte. Manche nahmen ihre Mütter mit ins Grab. In einem Bericht finden sich Hinweise darauf, dass Henriette Pegues, Claudius Jr.s Mutter, 1758, wenige Tage nachdem sie ein Mädchen zur Welt brachte, ebenfalls hier begraben wurde. Aus den Aufzeichnungen geht nicht hervor, was mit dem Baby passierte. In Claudius Sr.s Notizen werden nur zwei Söhne direkt erwähnt. Er vererbte seine Dienerin Cortney und deren Sohn Martin als Sklaven an seinen Sohn William. Außerdem gab er Cortney ihren eigenen Sklaven und ordnete an, dass ein Haus für sie und Martin gebaut werden solle. Weiterhin legte er fest, dass Cortney und ihr Sohn freigelassen werden mussten, wenn dieser das Alter von einundzwanzig Jahren erreichte, und dass Martin Werkzeuge bekommen und ein Handwerk erlernen solle. Das ist die letzte Erwähnung von Courtney und Martin in den Aufzeichnungen, die Pat erhalten blieben.

Ich ließ meinen Blick über die Landschaft gleiten und versuchte zu verstehen, dass sowohl der Unabhängigkeitskrieg als auch der Bürgerkrieg hier stattgefunden hatten, und dass die Menschen, die während der Revolution für die Unabhängigkeit von England gekämpft hatten, dieselben waren, die Sklaven hielten. Und dass ihre Sklaven selbst Sklaven hatten.

Solo jaulte im Auto. Er war ein Friedhofsneuling und würde nicht als Erster drankommen, was ihn gewaltig irritierte. Paul Martin würde mit Macy, einem seiner erfahrenen Hunde, den Anfang machen. Vor über zehn Jahren hatte Paul zum ersten Mal an historischen menschlichen Überresten gearbeitet. Er sah die Suche sowohl als intellektuelle als auch als Trainingsherausforderung. Mit ein wenig mehr Sonne, versprach Paul, würde der Geruch – sofern er sich hier befand – aufsteigen und sich bewegen. Zu viel Sonne jedoch könne den Duft verbrennen. Die optimalen Bedingungen lägen irgendwo dazwischen.

Arpad Vass hielt die Idealbedingungen für die Suche nach jüngeren vergrabenen Opfern fest, und Paul wandte dessen Prinzipien auf ältere Gräber an: Die Luftfeuchtigkeit sollte zwischen siebzig und fünfundachtzig Prozent liegen. Ja! Ideale Bodenbedingungen: Sand und Humus. Ja! Die Temperatur sollte mindestens zwölf Grad betragen. Es war kühler, aber abgesehen davon hatten wir Arpads Berechnungen zufolge perfekte Suchbedingungen – auch wenn ich nicht wusste, ob der Luftdruck sank, was den Idealfall darstellte.

Macy sieht aus wie eine Mischung aus dem vierbeinigen Hauptdarsteller aus „Sein Freund Jello“ und dem Golem, nicht wie ein Labrador. Er ist schnell und instinktsicher, hat bernsteingelbe Augen und seine Rippen stechen durch das rötliche, matte Fell. Obwohl er ständig frisst, bewegt er sich zu viel, um zuzunehmen. An jenem Morgen hatte er sich die Nase an mehreren Stellen wundgescheuert: Er hatte es nicht erwarten können, aus seiner Hundebox zu kommen, und den Kopf wiederholt gegen die Gitterstäbe geworfen. Die ganze Box bebte, als Macy begeistert gegen die Tür donnerte, sobald Paul auf sie zutrat. Er öffnete die Box und Macy schoss aus dem Auto und tauchte im Wald unter. Paul folgte seinem Hund gemächlich und blieb inmitten der Eichen, Buchen, Amberbäume, Traubenkirschen und Maulbeerfeigen stehen, um zuzusehen, wie Macy das Suchgebiet ablief wie ein Vermessungstechniker auf Methamphetamin.

„Zu weit“, sang er in seiner sanften, nasalen Stimme, als Macy das Steilufer nach unten zum Fluss lief. Das Signal stammt von Lisa Higgins, und ich hatte begonnen, es auch für Solo zu verwenden. Es ist kein Rückruf, sondern teilt dem Hund mit, dass er die Grenze des Suchgebiets überschritten hat und die systematische Suche in entgegengesetzter Richtung fortsetzen soll.

Macy strengte sich an; tief inhalierte er den Geruch und senkte die Nase ins Laub, das den Boden bedeckte. Sie fand nichts. Es war zu kalt. Macy ignorierte Paul und verlangte keine Belohnung. Zehn Minuten später brachte Paul ihn ins Auto zurück. Wir würden warten müssen, bis die Sonne durch die Wolken brach. Bis dahin lockte uns eine weitere Lichtung – weiter unten, wo es bereits wärmer war als am Felsvorsprung über dem Fluss. Hügelabwärts, dort, wo die Baumwolle schon vor Monaten geerntet worden war, lag der „Schwarze Friedhof“ – von Immergrün bedeckt und verlassen, aber mit Steinen, deren Daten bis 1910 zurückreichten. Einige frühere Sklaven hatten hier Grundstücke gepachtet und waren nach dem Sezessionskrieg als Bauern geblieben. Auch die Geschichte dieses Friedhofs hatten Pat und May erforscht.

Paul drehte sich zu mir. „Holst du deinen Hund?“

Solo war ekstatisch. Endlich durfte er aus dem Auto! Er drehte sich um sich selbst, bellte und rammte die Schulter in meine Kniekehlen. Ich bot ihm Wasser an, da er vor lauter Vorfreude im Auto gehechelt hatte. Er hatte kein Interesse. Er flog den Hügel nach unten und über das abgeerntete Baumwollfeld, ohne sich von den harten Stoppelhalmen beeindrucken zu lassen. Er tauchte ins Unterholz und in das Meer aus Immergrün ein. Der Geruch des Todes schien ihn zu rufen.

Als wir den Wald erreichten, war Solo bereits bei der Arbeit. Er hatte noch nie mit Grabsteinen zu tun gehabt – abgesehen von einer einzigen, hastigen Suche auf einem modernen Friedhof. Er hatte keinen Grund, zu vermuten, dass Grabsteine eine besondere Bedeutung hatten. Angesichts der Tatsache, dass sie kreuz und quer lagen, konnte auch ich nicht davon ausgehen, dass ihre Position uns weiterhelfen würde. Und dennoch: An einer Stelle konnte ich Solos schnorchelnden Atem bereits aus sechs Metern Entfernung hören. Er zeigte an, indem er sich hinlegte und mir stolz entgegenstarrte. Rund um ihn blühten Immergrün und Narzissen, und unter den Ranken konnte ich mehrere umgestürzte Steine ausmachen. „Belohn ihn!“, sagte Paul, und ich zog Solos Spielzeug aus der Tasche. Er zeigte insgesamt sieben oder acht Mal an. Paul schätzte, dass auf dieser größeren Lichtung mindestens fünfundsiebzig Menschen begraben waren. Pat hatte nicht herausfinden können, wann der Friedhof angelegt worden war. Die Daughters of the American Revolution hatten hier keinen Gedenkstein gesetzt.

Mittlerweile war es später Vormittag. Wir gingen wieder hügelaufwärts, um die ältere Grabstätte – falls es sich tatsächlich um eine solche handelte – abzusuchen. Aufgrund des größeren Alters würde auch der Geruch wesentlich schwächer sein. Paul holte Macy aus dem Auto. Es war zehn Grad wärmer, und die Veränderung im Verhalten des Labradors war beeindruckend. Er zeigte mehrmals an. Nun fielen uns auch Umrisse und Einbuchtungen auf, die unter den Blättern verborgen waren. Paul wies Pat und May darauf hin. Je länglicher und rechteckiger, desto wahrscheinlicher war es, dass es sich bei einer Bodenunebenheit tatsächlich um ein altes Grab handelte. Möglicherweise lagen hier bis zu sechs Erwachsene und fünf Kinder, schätzte Paul.

Paul holte Jordan, seinen zweiten Labrador. Die Hündin war sanft und schwarz, nicht hart und bernsteinfarben wie Macy. Sie zeigte wiederholt im tiefen Laub an, an denselben Stellen, an denen auch Macy Alarm geschlagen hatte, und an einigen neuen Orten, wo wir bei genauem Hinsehen ebenfalls Einbuchtungen ausmachen konnten. Es faszinierte mich, wie sehr sich die Suche beider Hunde glich. Macy war schnell, Jordan viel langsamer. Doch beide schienen sich einig zu sein, welche der Einbuchtungen Geruch abgaben. Die beiden Labradore warfen die Köpfe an denselben Bäumen herum, liefen zu denselben Löchern und zeigten vier oder fünf Mal an denselben Stellen an.

Solos gedämpftes Heulen drang aus dem Auto zu uns. Paul drehte sich zu mir, und ich befreite Solo aus dem Toyota und ließ ihn in den Wald laufen. Ich hielt mich im Hintergrund – Solo brauchte mich nicht. Seine Arbeit deckte sich mit der von Macy und Jordan – mehrere Anzeigen und herumwirbelnde Köpfe an denselben Stellen. Mittlerweile wunderte ich mich nicht mehr.

Für heute beendeten wir die Suche. Wir steckten Markierungsfähnchen in die Erde, und dann begannen die Messarbeiten. Pat und ich stocherten in den rechteckigen Einbuchtungen, an welchen die Hunde angezeigt hatten, um zu sehen, ob wir auf Stein stießen. Es war möglich, dass umgefallene Grabsteine unter dem Humus verschwunden und von Moos überwachsen worden waren. Da man die Toten jener Zeit mindestens einen Meter tief zu begraben pflegte, hatte ich nicht das Gefühl, sie zu pieksen.

May freute sich für ihre Freundin. „Es ist uns egal, wer wer ist. Jetzt können wir damit abschließen.“ Pat und ihre Familie planten, Gedenksteine aufzustellen.

Solo lag abseits am Waldboden und hechelte glücklich. Sein Zerrspielzeug hing ihm aus dem Maul. An der Stelle, wo er sich zu Boden geworfen hatte, hatte er die Laubdecke durcheinandergewirbelt. Unter den Blättern konnte ich einen Hauch von Weiß ausmachen. Ein winziges Veilchen. Pat folgte meinem Blick und lächelte: „Die Blume heißt *Spring Beauty*." Die Schöne des Frühlings.

Meine kleine Hexe, die jeden Tag in vollen Zügen lebte, ist nicht mehr hier. Ein riesiges Stück meines Herzens ist mit ihr gegangen. Hab immer eine Handbreit Wasser unter dem Kiel, Strega. Buon viaggo.

- Kathy Holbert, 2012 -

17
Auf zu neuen Ufern

Danny Goochs Gesicht war schweißgebadet. Er hatte sich gerade aus dem engen, warmen Schutzanzug geschält und die schweißgetränkten Ärmel seines dunkelblauen T-Shirts über die Schultern hochgerollt, sodass das in dunkelblauer Tinte gestochene Porträt eines Holländischen Schäferhundekopfes auf seinem Bizeps zum Vorschein kam.

Einer der Hundeführer schüttelte den Kopf. „Paisano", sagte er.

Dannys leuchtend weiße Zähne kamen zum Vorschein, als er die Lippen in einer Grimasse zurückzog. „Hey, weißt du, was Kimbo gemacht hätte? Weißt du, was Kimbo gemacht hätte?"

Alle wussten, was Kimbo gemacht hätte. Kurz zuvor hatte Mike Baker den Verdächtigen gespielt. Er hatte sich in einen engen Zwischenraum unter den Bodenbrettern gezwängt. Allein beim Zusehen wurde mir klaustrophobisch zumute.

Hunde orientieren sich an Objekten. Hatten die weniger erfahrenen Hunde erst einmal erkannt, dass sich Mike nicht im Raum befand, begannen sie, ihn hinter den Türen zu suchen. Einer von ihnen sprang mehrmals an dem großen Kühlschrank hoch, der in einer Ecke stand: Mikes Geruch war an dessen Seitenwand nach oben gekrochen. Mehrere andere Hunde hielten eine Durchreiche in den Korridor nebenan für den Schlüssel zur Lösung. Immer wieder wurden sie davon angezogen und hofften darauf, auf der anderen Seite einen Menschen zu finden. Die Vorstellung, dass sich jemand im wahrsten Sinne des Wortes unter ihren Pfoten verstecken könne, verwirrte sie.

Der kleine dunkle Kimbo, der mehr an einen Tasmanischen Teufel als an einen Holländischen Schäfer erinnerte, hätte sich nicht hinters Licht führen lassen. Er hätte Mike durch die kleinen Löcher in den Bodenbrettern gerochen und versucht, sich mit Krallen und Zähnen zu ihm durchzugraben, während Danny sicherstellte, dass ihm das nicht tatsächlich gelang. Eines Nachts hatte Mike, der beobachtete, wie Kimbo steifbeinig und kampfbereit eine verlassene Zigarettenfabrik im Zentrum Durhams betrat, gemurmelt: „Wenn du in die Hölle musst, ist das der Hund, den du vor dir haben willst."

In dieser Nacht war Kimbo nicht da, um den Anfängern zu zeigen, was Sache war. Danny hatte ihn im Alter von zwölf Jahren pensioniert – später als die meisten Diensthunde. Kimbos Härte hatte ihn lange durchhalten lassen; bis zum Schluss hatte er Waffen gefunden.

Manchmal ist die Pensionierung – wie in Kimbos Fall – geplant. Dannys neuer Diensthund, Rin, ein gutaussehender dunkler Deutscher Schäfer, ist deutlich größer als Kimbo, fröhlich und ein rundum guter Hund. Danny, ein Malinois- und Holländischer-Schäfer-Snob, hatte seine gespielte Anti-Deutscher-Schäfer-Rhetorik zurückschrauben müssen: „Zu weich, zu langsam, zu groß." Doch weil Danny nun mal Danny war, änderte sich nicht viel an seinen Sprüchen. Kimbo blieb inzwischen zuhause, wo sein Zwinger zunehmend komfortabel eingerichtet wurde. Wenn Danny bei der Arbeit war, schmuggelte seine Tochter Kimbo ins Haus und verwöhnte ihn nach Strich und Faden.

Die Pensionierung eines alten Diensthundes zu lange hinauszuzögern ist ein großer Fehler – und doch kommt es vor: Der Diensthundeführer, dessen Blicke mit liebevollem Mitleid auf dem Bein seines Hundes ruhen, das zittert, wenn es ruhig und fest am Boden stehen sollte. Der Helfer, der den Hund am Beißarm aus Angst, ihn zu verletzten, nur ein kleines Stück hochhebt, statt ihn durch die Luft zu wirbeln. Dieser Beschützerinstinkt kann verletzte Beamte nach sich ziehen.

In anderen Fällen kommt die Pensionierung eines Diensthundes tragisch und verfrüht. Ein harter, fordernder fünfjähriger Malinois in Durham begann zu lahmen. Zwei Wochen später wurde er mit degenerativer Myelopathie diagnostiziert – eine Krankheit, die das Rückenmark zerstört und die Lebenserwartung eines Gebrauchshundes verkürzt. Wenige Wochen später war er nicht mehr Teil seiner Polizeitruppe. Nie wieder würde er den Beamten, die reflexartig ihre schützenden Hände über die Schrittgegend legten, sobald sie ihn auf sich zustürmen sahen, ungestüm seinen Kong entgegenrammen.

In Fort Lauderdale, Florida, hatte Steve Sprouse DJ, seinen Deutschen Schäferhund, der einen Kopf wie ein Amboss hatte, im Alter von acht Jahren aufgrund von Arthritis und Wirbelsäulenproblemen pensioniert. Sprang DJ ab, um den Beißarm zu packen, wurde deutlich, dass er Schmerzen hatte; er jaulte, wenn der Ruck seinen Rücken nach unten lief. Steve musste ihm beim Einsteigen in den Dienstwagen helfen. Steve pensionierte DJ kurz bevor ich nach Florida reiste, um von ihm zu lernen.

„Aussteigen kann er immer noch gut", bemerkte Steves Frau, Sandy, liebevoll, als der Rüde aus dem Auto kletterte. DJ kaute an den Kokosnüssen, die von den Palmen im Garten gefallen waren. Casey, die wilde graue Junghündin der beiden, sah ihm dabei zu. All die Jahre hatte Sandy ihr Leben nicht nur mit Steve, sondern auch mit jedem einzelnen seiner Diensthunde geteilt – vom Tag, an dem ein neuer Welpe einzog über die Pensionierung eines alten Polizeihundes bis zu seinem Tod.

Als Steve die steife neue kugelsichere Weste anprobierte, die ihm die Dienststelle zugeteilt hatte, ging ihm DJs unfreiwillige Pensionierung durch den Kopf: War er selbst schon zu alt, um einen neuen Hund aufzubauen? Waren seine Reflexe im Einsatz, auf der Straße, noch gut genug? All die Bewegungen, die im Einsatz ganz automatisch ablaufen, würde er wieder trainieren müssen. Er würde sich auf einen neuen Hund einstellen müssen. Sandy und er müssten in ihrem bescheiden bemessenen Haus zusammenrücken, um Platz für einen dritten großen, stürmischen Schäfer zu schaffen. „Bin ich zu alt für einen neuen Hund?“, fragte er sich.

Hundeführern in einem gewissen Alter ist diese Frage wohl vertraut. Diensthundeführer, die einen Hund pensionieren oder verlieren, stehen vor einer Entscheidung. Manche Beamten haben aus Prestigegründen begonnen, mit Hunden zu arbeiten, nicht weil sie Hunde mögen. Erst später stellen sie fest, wie vereinnahmend das Leben mit einem Diensthund ist. Manchmal winkt eine Beförderung oder eine andere Abteilung – doch ich kenne mehr als einen Hundeführer, der Beförderungen ablehnt, um weiter mit Hunden in einer Einheit zu sein.

Manchmal winkt dem Hundeführer selbst die Pension. Steve, der den Großteil seiner Zeit damit verbracht hatte, andere zu trainieren, würde viel nachdenken müssen. Ein neuer Hund war komplizierter als eine neue kugelsichere Weste.

Manchmal zittert Solos linkes Sprunggelenk – besonders am Tag nach einem schwierigen Training oder einer langen Suche. In seiner rechten Schulter scheinen Arthrosen zu sitzen – wahrscheinlich, weil er jahrelang jedes Mal von der vierten Stufe abgesprungen ist, wenn er aus dem ersten Stockwerk nach unten kam. Gelegentlich rutscht er auf unserem Betonboden aus, wenn er in seinem abendlichen Ritual durchs Haus tanzt und sein Spielzeug totschüttelt.

Abgesehen von einigen grauen Haaren an der Schnauze sieht man Solo sein Alter nicht an. Und selbst die grauen Haare beweisen nichts: Deutsche Schäferhunde können bereits zwischen zwei und drei Jahren zu ergrauen beginnen. Solo benimmt sich auch nicht seinem Alter entsprechend. Immer noch springt er durch den Garten wie ein Känguru und bringt uns abends seine Spielzeuge: Mit stolz erhobenem Kopf und glitzernden Augen platziert er sie auf der Couch, stößt sie mit der Nase an und geht dann rückwärts, duckt sich leicht und wartet darauf, dass wir dem sorgfältig ausgelegten Köder erliegen. Haben wir Besuch, wird er zu einem anstrengenden Clown. Ich schicke ihn auf seine Decke, und er läuft darauf zu, landet aus dem Sprung mit den Vorderpfoten darauf und schiebt diese durchs Wohnzimmer, als wäre sie ein Skateboard, bevor er sich in gewagten Luftsprüngen dreht und mit dramatischem Jaulen und Jodeln auf die Decke wirft. „Was verlangst du bloß von mir?!" Ausnahmslos bringt er Gäste zum Lachen, was Solos lautstarke Theatralik noch verstärkt. Stellt ihn ein Trainingsversteck vor eine Herausforderung, belohnt er sich selbst, indem er triumphierende Siegerrunden läuft, sich zwischen den Bäumen hindurchschlängelt, über Hindernisse hinwegsetzt und sein Zerrspielzeug vor- und zurückschwingt.

Bis heute zeigt er am Einsatz und im Training gelegentlich seine gemeine Machoseite. Kürzlich führte uns eine Suche in die Näher zweier großer, in einem Hinterhof angeketteter Hunde. Die Versuchung war zu groß. Erst, nachdem er drohend, mit steifer Rute und gesträubtem Nackenhaar nähergestakst war, schenkte mir Solo wieder Beachtung. Guter Gehorsam sieht anders aus.

Doch ärgere ich mich nur noch selten über ihn, und auch peinlich ist er mir kaum noch. Es ist nicht so, dass ich weicher geworden wäre. Nein – er ist besser geworden. Und es ist ein Zeichen dafür, dass das Ende begonnen hat. Ein sommerliches Training auf Nancys Weide endete damit, dass sie die Hände hochwarf, als er sich mit gleichgültigem Hecheln zur Anzeige eines Geruchsträgers niederlegte. Seine Zunge hing bis ins Gras. „Es ist erbärmlich!", rief sie und sah erst ihn mit Verachtung an, bevor sie mir einen anklagenden Blick zuwarf: „Es ist wirklich Zeit, dass du dir den nächsten Hund holst. Sonst kann Solo ihm nichts mehr beibringen!"

Ich suchte nach Ausreden. Er sei langsam und unmotiviert, erklärte ich triumphierend, weil er aufgrund eines Zeckenbisses Antibiotika bekäme. Vielleicht langweilten ihn auch ihre Verstecke: dasselbe tote Material zur selben Zeit am selben Ort. Alles schon einmal da gewesen. Alles schon einmal gerochen. Nancy wusste, dass mein Protest nichts als eine Verzögerungstaktik war.

Gebrauchshunde sind auf ihre körperliche Fitness und Stärke angewiesen. Irgendwann kommt der Zeitpunkt, an dem es zu sehr schmerzt, den Hügel neben der Mülldeponie hinaufzuklettern, um einem von der anderen Seite herüberwehenden Geruch nachzugehen. Die beste Nase der Welt muss irgendwann aufgeben, wenn der dazugehörige Körper aus arthritischen Hüften oder Beinen besteht.

Die ersten drei Jahre von Solos Leben verbrachte ich damit, mich zu fragen, welche seiner halsbrecherischen Aktionen ihn das Leben kosten würde: Auf einer Suche rannte er in höchster Geschwindigkeit in einen Stacheldrahtzaun und wurde davon zurückgeschleudert wie ein Vogel, der gegen ein Fenster fliegt. Ein andermal legte er sich mit einer Herde Kühe an. Im Anschluss an eine dritte Übung rannte er aus einem alten Lagerhaus, über das davorliegende Ladedeck hinaus und machte einen Bauchfleck auf den betonierten

Gehweg darunter. Solo überlebte diese und einige weitere Vorfälle unseres beidseitigen schlechten Urteilsvermögens, und wir erreichten einige Jahre der Homöostase. Er war am Höhepunkt seines mentalen und physischen Könnens angelangt; seine Arbeit war nicht mehr wild und ungestüm, sondern zielstrebig und systematisch.

Als auf einer Suche eine große Wassermokassinotter aus einem trüben Tümpel geschossen kam, rief ich Solo einfach zurück und wir gingen weiter, ohne die Schlange in ihrem Revier zu stören. Wir konnten Weiden absuchen, auf denen eine Herde Pferde graste, ohne dass ich mir Sorgen machen musste. Ich gab Solo meine Anweisungen in leiser, ruhiger Stimme. Solange wir keine Kojoten oder Rehe aufstöberten, verstanden wir uns meist sogar ohne Worte.

Unsere besten Jahre waren herrlich – und vergänglich. Mittlerweile ist Solo acht. Ein Alter, in dem die Dinge schiefzulaufen beginnen, auch wenn man es nicht wahrhaben will. Wir hatten beide unseren Zenit überschritten. Weil Solo ein Hund war, ging es mit ihm schneller abwärts als mit mir. Hunde leben nicht ewig. Im besten Falle hatte er noch ein paar gute Arbeitsjahre vor sich. Wie ich das weiß? Indem ich schonungslos ehrlich bin und mir keine Geschichten von der Weisheit alter Hunde erzähle. Nicht nur Gelenke und Muskeln, sondern auch Nasen leiden unter dem Alter. Der Geruchssinn des Hundes ist vergänglich. Larry Myers erklärt, dass die Fähigkeit der Nase mit zunehmendem Alter, mit Krankheiten und einer Reihe winziger Verletzungen abnimmt. Das gilt auch für die menschliche Nase. Geruchsexperte Avery Gilbert schreibt, dass die olfaktorische Leistung des Menschen Mitte vierzig abzunehmen beginnt. Es gibt aber Ausnahmen zu dieser Regel: Parfümeure werden, so Gilbert, mit dem Alter immer besser: „Die olfaktorische Leistung eines siebzigjährigen Parfümeurs kann der eines zwanzigjährigen durchaus überlegen sein … Erfahrung und Expertise machen das Schwächerwerden der Nase im Alter mehr als wett."

Deak Helton ist überzeugt, das dasselbe auch für Gebrauchshunde gilt: Erfahrung, Können und physische Fitness können bestimmte Alterserscheinungen des Hundes kompensieren. Ich selbst konnte dieses Phänomen bei mehreren Diensthunden der Polizeiinspektion von Durham beobachten, die ich seit mehr als sechs Jahren regelmäßig beim Training sehe. Einige von ihnen sind in Solos Alter. Sie machen ihre Arbeit – weniger dramatisch und mit weniger fieberhafter Energie als in jüngeren Jahren, dafür bewundernswert effektiv, gekonnt und zielstrebig. Diese Hunde wissen, was sie tun, und wenn sie nach getaner Arbeit wieder im Dienstwagen sitzen, fällt einem auf, dass die alten Hunde für die Suche nur halb so lange gebraucht haben wie die jüngeren.

Diesen Hunden beim Älterwerden zuzusehen gab mir das Gefühl, dass es keinen Grund gab, über Solos „Pensionierung" nachzudenken. Was heißt es überhaupt, sich von Teilzeit-Freiwilligenarbeit zur Ruhe zu setzen? Alles, was ich wusste, war: Ich war noch nicht bereit, aufzuhören.

Der unscheinbare Knoten an Solos Bein, direkt über der Wolfskralle, fiel mir einige Monate später als sein gelegentliches Hinken auf. Sofort rief ich unsere Tierärztin an. Bis David und ich in der Praxis angekommen waren, hatte ich mir die wahrscheinliche Diagnose bereits eingeredet: Knochenkrebs. Das osteogene Sarkom ist eine häufige Diagnose beim Deutschen Schäferhund. Rüden sind öfter betroffen als Hündinnen. In einem Durchschnittsalter von siebeneinhalb Jahren befällt das Sarkom die langen Beinknochen. Wenn der Hund schließlich zu hinken beginnt, hat der Krebs meist schon Metastasen in der Lunge gebildet. Die Chancen auf Heilung sind gering.

Ich versuchte, die aufsteigende Übelkeit zu ignorieren. Im Wartezimmer versicherte ich David und mir selbst, dass Solo ein gutes, aktives Leben gehabt hatte. Dass es zwar wirklich traurig sein würde, ihn zu verlieren, aber keine Tragödie. Wir hatten eine schöne Zeit gehabt. Im Kopf ging ich unsere begrenzten Behandlungsmöglichkeiten durch, um bereit für die Argumente der Ärztin zu sein. Ja, wir würden auf jeden Fall operieren. Aber nicht amputieren, nicht bestrahlen, keine Chemotherapie.

David und ich hatten bereits darüber gesprochen, dass Solos Lebenserwartung aufgrund unserer Trainings- und Einsatzorte kürzer sein könnte als das eines gewöhnlichen Familienhundes. Seine Nase, seine Lunge, seine Pfoten und Beine waren im Laufe der Jahre mit jeder Menge giftiger Substanzen in Kontakt gekommen. Mit Sümpfen, Feldern und Wiesen voller Abwasser, Herbizide, Pestizide und Schwermetallrückstände. Mit verlassenen Häusern voller Chemikalien und Bleianstrich. Mit Schrottplätzen, an denen Schweröl und Frostschutzmittel langsam in den Boden sickerten. Einmal arbeiteten wir auf Feldern, die gerade eben mit Klärschlamm gedüngt worden waren – mit Chlor behandelte menschliche Abfallprodukte. Nach jenem Einsatz unterhielt ich mich lange mit einem Freund, der als Gesundheitsepidemiologe arbeitet. Er hat viel über Klärschlamm zu sagen. Aus irgendeinem Grund sind sterilisierte menschliche Fäkalien wesentlich widerlicher als ihr Original. Ganz zu schweigen von Abfällen, die jahrzehntelang auf Müllhalden gelegen haben oder zur Geländeaufschüttung eingesetzt wurden, wo sie langsam und stetig ätzenden, giftigen Schwefelwasserstoff und Schwefeldioxid in den Boden sickern lassen und an die Umgebung abgeben. Regelmäßig kam ich mit Herzrasen nach Hause, weil ich in staubigen Tabakfabriken und Lagerhallen gearbeitet hatte, und fragte mich, wie ich zwanzig Jahre lang hatte rauchen können, bevor ich schließlich aufgehört hatte, und ob Solo Lungenkrebs bekommen würde.

Mein Allheilmittel für den Kontakt mit giftigen Substanzen heißt Seifenwasser: erst Solo, dann ich, und zwar sobald wir nach Hause kommen. Solo, der sich gerade noch mit Begeisterung in Algen-, Schlamm- und schadstoffgefüllten Pfützen und Sumpflöchern gesuhlt hat, zieht die Rute ein und presst die Ohren so fest gegen den Kopf, dass nicht das kleinste Tröpfchen sauberen Wassers hineingelangt.

Ist Solo anfälliger für Krebs, Atemwegserkrankungen oder bakterielle Infektionen als der durchschnittliche Familienhund? Das ist schwer zu sagen. Zu diesem Thema gibt es kaum Studien. Gebrauchshunde sind in der Regel körperlich fit und weniger übergewichtig als Familienhunde. Der Unterschied könnte sogar noch größer sein: Cynthia Otto, die Gründerin des Penn Vet Working Dog Centers, studierte Rettungshunde, die im Anschluss an den 11. September eingesetzt wurden, und stellte etwas Motivierendes fest: „Diese Hunde scheinen länger und gesünder zu leben als der durchschnittliche Hund, den wir in unserer Klinik an der Universität von Pennsylvania sehen. Ich habe eine Theorie, der ich gerne nachgehen würde. Ich frage mich, ob die physische Aktivität, die Fitness, die mentale Stimulation und die Lebensfreude, die diese Hunde regelmäßig erfahren, weil sie arbeiten dürfen und eine großartige Bindung zu ihren Menschen haben, nicht nur ihre Lebensqualität, sondern auch ihre Lebensdauer positiv beeinflussen."

Otto ist nicht die Einzige, die sich mit den Hunden des 11. September auseinandersetzt. Im Gegensatz zu anderen Forschern konzentriert sie sich allerdings auf die freiwilligen Rettungshundeteams.

Eine weitere kleine Studie, die sich mit den 27 New Yorker Polizei- und Feuerwehrhunden beschäftigt, die an den Schauplätzen des 11. September arbeiteten, ergab ähnliche Ergebnisse. Die Hunde hatten in den fünf Jahren nach ihrem Einsatz nur „geringe und unregelmäßige" gesundheitliche Probleme – und das, obwohl sie kurz nach dem Einsturz der Gebäude die mit dem Staub von Zement, Glas, Glasfasern, Asbest, Blei, Treibstoff und Dioxinen gesättigte Luft atmeten. Siebenunddreißig Wochen lang, ohne Masken und Schutzanzüge. Die Giftstoffe drangen durch all ihre Poren. Kein einziger der Hunde reagierte mit langfristigen Atemwegsproblemen – eine Krankheit, welche die zweibeinigen Katastrophenhelfer mit größerer Häufigkeit befiel.

Mit dem Durchschnittshund unserer Industrienation sieht es weniger rosig aus. Eine Familienhundestudie aus dem Jahr 2008 zeigt, dass unsere vierbeinigen Freunde mit fünfunddreißig Chemikalien belastet sind, darunter elf Karzinogene und vierundzwanzig Nervengifte. Glücklicherweise lässt sich von chemischer Belastung nicht direkt auf Krankheiten schließen. Dennoch sind Haut- und Knochenkrebs sowie Leukämie beim Hund weit häufiger als beim Menschen. Schätzungsweise fünfzig Prozent aller Hunde über zehn erkranken an Krebs, und zwanzig bis fünfundzwanzig Prozent sterben daran. Ende der 1930er Jahre fanden Wissenschaftler heraus, dass die in Farbstoffen enthaltenen chemischen Verbindungen Blasenkrebs in Hunden hervorrufen können. Mitte der 1950er Jahre fand man weitere industriell eingesetzte Chemikalien, die krebserregend auf den Organismus unserer Vierbeiner wirken. 1980 zeigte eine großflächige Familienhundestudie, dass Blasenkrebs beim Hund direkt mit dem Leben in Industriegebieten zusammenhängt.

Ich wusste all das, als ich resigniert in der Tierarztpraxis eintraf. Nachdem er bereits seit vierzehn Jahren mit mir zusammen lebte, hatte sich David mit meinem Fatalismus abgefunden. Er wusste, dass es sinnlos war, mich davon abzuhalten, mir eine trostlose Zukunft auszumalen. Für Solo hingegen ist Resignation ein Fremdwort. Er wehrte sich gegen die Biopsienadel und war überzeugt, dass ihm die Ärztin – unerhört! – die Krallen schneiden wollte. Als er schließlich spürte, wie die dicke Nadel in seine Haut eindrang – kein Problem für ihn –, entspannte er sich schlagartig und erlaubte ihr, die Zellen zu entnehmen und auf den Objektträger zu schmieren. Für den ersten Schritt brauchte sie kein Mikroskop.

Die Tierärztin hielt den Objektträger gegen das Licht und lächelte. „Fett." Das schönste Wort im tierärztlichen Lexikon. Solo hatte eine gutartige Zyste.

Wie die meisten freiwilligen Rettungshunde in den USA war Solo, anders als etwa die Militärhunde im Nahen Osten und Südasien – und ihre Hundeführer –, nicht permanent und ununterbrochen in Kontakt mit giftigen Substanzen. Soldaten kommen mit unterschiedlichen Krankheiten aus dem Dienst zurück, die mit ihrem Einsatz in Zusammenhang stehen können – oder auch nicht.

Hunde gehören zu den besten Alarmanlagen, die wir Menschen haben – und das nicht nur als Wachhunde. Hunde können sowohl das Nahen eines Feindes als auch das Nahen gesundheitlicher Gefahren melden. Sie sind ein

Frühwarnsystem, das zum Verständnis menschlicher Krankheiten beiträgt. Die Praxis, Hunde in der biomedizinischen Forschung als Modell für den Menschen einzusetzen, reicht bis zu den alten Griechen zurück. Die Idee, Hunde als Frühwarnsystem zu verwenden, ist ein jüngeres Modell. Erstmals wurden im 19. Jahrhundert Kanarienvögel zu diesem Zweck in den Kohlebergwerken eingesetzt: Stiegen die Methan- oder Kohlenmonoxidwerte, fielen sie tot von der Stange – und zwar bevor die Bergarbeiter starben. 1952 fielen erst die Rinder im britischen Smog tot um und kurz darauf die Menschen an ihrer Seite. Ebenfalls in den 1950ern zeigten in dem kleinen japanischen Fischerdorf Minamata die Katzen groteske Verhaltensänderungen, weshalb die Krankheit umgangssprachlich auch als „Katzentanzfiber" bezeichnet wird. Mitunter fielen die Katzen ins Meer und ertranken, was die Dorfbewohner „Katzenselbstmord" nannten. Wenig später begannen die Menschen in Minmata, dieselben Symptome zu zeigen. Sämtliche Tiere und Menschen im Dorf litten unter Quecksilbervergiftung: Das örtliche Industriekraftwerk leitete die bei der Herstellung von Vinylchlorid entstehenden Abfallstoffe in die Bucht.

Auch wenn sich menschliche Krankheiten gut am Modell des Hundes erforschen ließen, ist es verständlich, dass das Militär nur bedingt daran interessiert ist, die Krankheiten festzuhalten, unter denen seine Diensthunde im Laufe ihres Lebens leiden. Eine der wenigen publizierten Studien zu den Diensthunden im Vietnamkrieg zeigt ein erhöhtes Hodenkrebsrisiko für Hunde und Soldaten. Hypothesen bezüglich der Ursachen reichen von Agent Orange, dem Herbizid, das die USA zur großflächigen Entlaubung von Wäldern und Zerstörung von Nutzpflanzen einsetzten, dem Pestizid Malathion bis hin zur Einnahme des Antibiotikums Tetrazyklin.

Die Studien zur Gesundheit von Militärdiensthunden stecken noch in den Kinderschuhen. Eine Epidemiologin brachte in einem Privatgespräch ihre Frustration darüber zum Ausdruck, wie wenig bisher in diese Richtung getan worden war. Mittlerweile ist eine Änderung in Sicht: Aktuell läuft eine große Studie über Militärdiensthunde im Irak und in Afghanistan. Die ersten Resultate sind bereits Ende 2014 zu erwarten. Militärpersonal im Irak und in Afghanistan könnte mit Umweltgiften in Kontakt gekommen sein. Die beiden Länder werden zudem von gewaltigen Sandstürmen heimgesucht, die oft tagelang anhalten. Die Staubpartikel werden eingeatmet. Von Abfällen bis hin zu Metallen verbrannte das Militär alles, was man loswerden wollte. Veteranengruppen äußern Bedenken zu den gesundheitlichen Folgen, die beim Einatmen des Rauches entstehen. Sind Soldaten einer gesundheitsschädigenden Substanz ausgesetzt, so gilt dasselbe für die Diensthunde an ihrer Seite.

Epidemiologe und Veterinärmediziner Michael Peterson, der eine Studie des Kriegsveteranenministeriums leitet, sagt, dass die Überwachung der Gesundheit von aus dem Einsatz zurückgekehrten Hunden „zu 99,9 Prozent menschlichen Zwecken" diene. Peterson und eine Kollegin, die auf Präventivmedizin spezialisierte Ärztin Wendi Dick, interessieren sich besonders für Atemwegserkrankungen, aber auch Krebs, neurologische Symptome und Blastome.

Peterson, Dick und ihr Forscherteam beschäftigen sich mit den Krankengeschichten einer Gruppe von 450 Militärdiensthunden, die von 2004 bis 2007 im Auslandseinsatz waren: Malinois, Deutsche und Holländische Schäfer und Labradore. Verglichen werden die Einsatzhunde mit einer Kontrollgruppe aus Hunden, die ebenfalls auf den Einsatz vorbereitet wurden, aber im Militärhundezentrum des Luftwaffenstützpunkts in Lackland zurückblieben.

Starben die Diensthunde oder wurden sie im Irak oder in Afghanistan getötet, erhielten die Forscher Gewebeproben der Tiere. Bis vor einigen Jahren waren Autopsien an Militärdiensthunden Routine – selbst dann, wenn es sich um gesunde Tiere handelte. Bis zu einer Gesetzesänderung im Jahr 2000 war es üblich, Militärdiensthunde einzuschläfern, anstatt sie nach ihrer Pensionierung zur Adoption freizugeben. Mittlerweile können die Hunde nach ihrem Einsatz in die Vereinigten Staaten zurückkehren und vermittelt werden, wodurch sie der medizinischen Forschung nicht mehr zur Verfügung stehen – eine Änderung, die höchstens auf einer abstrakten Ebene bedauernswert ist. Abgesehen davon gibt es auch Hunde, die nicht dem Militär selbst, sondern Vertragspartnern gehören. Manche von ihnen sind jahrelang an Sicherheitscheckpunkten oder Botschaften im Einsatz; andere suchen wie Kathy Holberts Hündin nach vermissten Soldaten. Auch deren Krankengeschichten sind zwangsläufig unvollständig oder nicht vorhanden.

„Im Grunde testen wir nur eine Hypothese. Wir wissen nicht, was wir finden werden", sagt Peterson. „Wir halten die Kategorien so breit wie möglich. Vielleicht ist es eine Sackgasse, und vielleicht finden wir etwas – ein weiteres Puzzleteil."

Hunde werden krank, werden alt, sterben. Manche Hunde vermissen wir mehr als andere. Wir wehren uns dagegen, doch ist es unvermeidlich.

Im Alter von elf Jahren wurde Kathy Holberts Leichenspürhündin Strega mit Gallenwegskrebs diagnostiziert. Seit fast einem Jahr war sie im Irak und in Afghanistan im Einsatz. Wenige Monate nach ihrer Diagnose starb sie in den Bergen West Virginias, an jenem Ort, an dem sie den Großteil ihres Lebens verbracht hatte. Kathy versuchte alles, darunter auch einen experimentellen Eingriff, in dem Farbstoff injiziert wird, um das Immunsystem anzuregen. Sie wusste, dass die Chancen gering waren.

Danny Goochs Kimbo starb im März 2012, etwa ein Jahr nach seiner Pensionierung. Dannys Tochter bat den Tierarzt um einen von Kimbos Eckzähnen. Zum Vatertag ließ sie ihn in Gold fassen. Danny trägt den Zahn an einer Kette unter seinem T-Shirt. Seine Tochter ließ sich ein kleines Herz und den Schriftzug „Kimbo, bester Freund" auf die Haut tätowieren. Kimbo war wild und dunkel. Sein Zahn ist klein und weiß.

Sean Kelly hatte im Laufe seiner Diensthundeführerkarriere vier Polizeihunde. Nero war sein letzter Hund und einer der fröhlichsten Vierbeiner, die mir je begegnet sind. Er liebte Menschen, er liebte es, Drogen und Waffen zu finden, und er liebte es, zu beißen. Seine Stimme war tief und respektgebietend, und er ließ sich so nahtlos in den Beute- und Aggressionstrieb bringen und wieder beruhigen wie kaum ein anderer Hund: Er ließ vom Beißarm ab und forderte im nächsten Moment mit wedelnder Stummelrute Streicheleinheiten von den Trainingszuschauern. In ihrer Freizeit besuchten Sean und Nero Heime für Kinder mit besonderen Bedürfnissen, wo sie jedes Mal von einem Chor begeisterter „Nero! Nero!"-Rufe begrüßt wurden.

Auf Sean Kellys Kaminsims in North Carolina steht ein kleiner, achtseitiger Behälter mit Neros Asche. Der Pfotenabdruck des Malinois ziert den Deckel sowie den Oberschenkel seines Herrn in Form einer Tätowierung. Neros Urne ist nicht die einzige am Kaminsims der Familie Kelly. Auch die Asche zweier anderer Diensthunde bewahrt Sean hier auf.

Neros Verlust traf Sean am härtesten. Der Malinois war Militärdiensthund in einem Sondereinsatzkommando gewesen. Er überlebte eine Explosion, die seinen Hundeführer das Leben kostete. Dieselbe Bombe, die seinen Menschen tötete, riss Nero die Schneidezähne aus dem Maul und ein blutiges Loch in seine Brust. Seine Rute musste amputiert werden, weil sie und seine Hinterläufe zu stark in Mitleidenschaft gezogen worden waren. Er war schlimm zugerichtet, aber mit dem Leben davongekommen. Die Tierärzte flickten seinen Körper und verpassten ihm Titaniumzähne. Doch Nero, einer der besten Einsatzhunde seiner Einheit, der sowohl seinem Herrn als auch anderen Soldaten mehr als einmal das Leben gerettet hatte, konnte seine Arbeit nicht mehr tun. Der Begriff posttraumatische Belastungsstörung ist zu nüchtern und klinisch, um auszudrücken, was Nero fühlte: Die Bombe hatte nicht nur seinen Herrn getötet, sondern auch seine Welt zum Einsturz gebracht.

„Du kannst dem Hund nicht in die Augen schauen und ihn davon überzeugen, dass alles in Ordnung ist und so etwas nie wieder passiert“, meinte Sean. Ganz abgesehen davon, dass es eine Lüge wäre. Also wurde Nero an einen Militärstützpunkt in den USA zurückgeschickt, um bei der Ausbildung junger Diensthundeführer zu helfen. Doch Nero war mehr Gebrauchshund als Nichtgebrauchshund, und ihn zum Übungshund für Anfänger zu machen kam der Verschwendung eines großartigen Tieres gleich. 2008 wurde Nero in einer Vereinbarung, die nicht an die große Glocke gehängt wurde, an eine Polizeistation in North Carolina abgegeben. Sean, ein ehemaliger New Yorker Polizeihundeführer, verliebte sich in den Neuzugang. Nero war sechs Jahre alt. Er war triebstark, intelligent und hatte eine gute Nase. Seine Rute und seine Zähne waren entstellt und Kopf und Brust größtenteils ergraut, doch er hatte nach wie vor seine perfekten großen, spitzen Malinoisohren. Neros Aufgaben in einer Kleinstadt in North Carolina waren zwar weniger gefährlich als bei seinem Spezialeinsatzkommando im Irak, doch brachten auch sie Herausforderungen mit sich: Einem Verdächtigen auf der Spur rannte Nero mit dem Kopf voraus in ein Wespennest.

„Ich will nicht, dass das Ohr umknickt!“, bat Sean den Tierarzt, als er Nero in die Praxis brachte. Sein Kopf war von zahlreichen Stichen unförmig angeschwollen. „Die Ohren sind das Einzige, was er noch hat!“ Seans Bitten halfen nicht: Neros zerstochenes Ohr war nicht zu retten.

Auch wenn sein neues Knickohr an eine Karikatur erinnerte, arbeitete Nero fleißig weiter. Er hatte sich erholt und war wieder auf Erfolgskurs. Er begleitete Sean noch drei Jahre lang in den Einsatz auf die Straßen North Carolinas, und während er seine Arbeit geliebt hatte, fühlte er sich mit neun Jahren auch im Ruhestand wohl.

„Er gewöhnte sich schnell an das Leben zuhause!“, lachte Sean. „Wenn ich heimkam, lag er auf dem Bett und grinste mir entgegen.“ Die Titaniumzähne leuchteten ihm aus dem Fang.

Das Lymphom wuchs schnell und aggressiv. Trotz Chemotherapie war es in wenigen Wochen vorbei. Am Tag vor seinem zehnten Geburtstag schnappte Nero verzweifelt nach Luft. Sean fuhr mit ihm zum Tierarzt, so schnell er konnte, und legte seinen Hund auf den Untersuchungstisch.

„Ich saß auf dem Fußboden. Der Arzt trat auf mich zu und sah mich an, und ich wusste, dass es vorbei war.“

Solo und ich waren im Zentrum Durhams unterwegs, am Ende einer Schotterstraße, wo die Straßenmeisterei Maschinen, Sand und Schotter lagerte. Mike wendete seinen Geländewagen und schaltete das Aufblendlicht ein, und ich tat dasselbe mit meinem Toyota. Das schummrige Licht unserer Scheinwerfer tanzte über die Sand-, Kies- und Schotterhügel am Ende der Straße. Die Hügel erinnerten an ausladende Half-Pipes, die aus Granit und gelbem Sand statt Schnee bestanden. In die Täler zwischen den Hügeln hatten Auto- und Traktorenreifen mit schmutzigem Wasser gefüllte Krater gegraben.

Der Kalksteinkieshügel erweckte den Eindruck eines zerklüfteten, steilen grau-schwarzen Eisberges, der fünf oder sechs Meter in die Höhe ragte, eindimensional und unmöglich wie eine Escher-Grafik. Der Sandhügel gegenüber war noch höher und lag als riesige Düne in der Dunkelheit. Er war so lange nicht mehr verwendet worden, dass Tiere begonnen hatten, Höhlen zu graben und sich häuslich einzurichten. Zahlreiche Löcher und Eingänge zu Bauten und Höhlensystemen zierten den sandigen Hang. Daneben befanden sich Bordsteine aus Granit; die Arbeiter hatten die Steine wie lange, schmale Zähne aus dem Rachen der Innenstadt gezogen und operiert. Jahrzehntelang hatten die Granitbordsteine die Straßen Durhams gesäumt. Dreizehn Zentimeter lang und acht Zentimeter breit hatten die Randsteine die Reifen all jener zerschnitten, die nicht gut darin waren, parallel einzuparken – ein Zeugnis für das respektable Alter der Stadt. Unbeweglich. Stark. Hier, die Ecken und Kanten willkürlich in alle Richtungen ragend, wahllos übereinandergeworfen und mit schwarzen Öffnungen dazwischen, wirkte das pinke Granit alles andere als stabil: Dominosteine, die den ganzen Berg zum Einsturz bringen würden, wenn Solo einen falschen Schritt machte. Schwerer Asphaltgeruch lag in der Luft, obwohl wir von Pinien und duftenden Wachsmyrten umgeben waren.

Irgendwo auf den Kiesbergen, in der Half-Pipe aus Sand oder zwischen den Schotter- und Granitsteinhügeln hatte Mike etwas für Solo versteckt.

Solo bellte mich scharf und ungeduldig an. Er wollte aussteigen! Ich öffnete die Tür und er verschwand kurz zwischen den Bäumen, um das Bein zu heben, tauchte dann aus der Dunkelheit auf, bog um einen Hügel, setzte leichtfüßig über die schlammigen Pfützen. Ich musste ihm keinen Befehl zur Arbeit geben. Er kletterte die Sanddüne hoch, lief den Kamm entlang und verschwand aus unserem Blickfeld. Kurz darauf tauchte er wieder ins Scheinwerferlicht, hob den Kopf, schnüffelte konzentriert, bevor er kurz zögerte, sprang und sich in der Luft um sich selbst drehte. Wie ein Teenager auf einer Skateboardrampe jagte er die Half-Pipe aus Schotter hinunter, nahm Schwung, bevor es auf der anderen Seite wieder aufwärtsging. An der Spitze des gegenüberliegenden Hügels angekommen hielt er kurz inne und wiederholte dann sein Skateboard-Kunststück. Nachdem er sich zwei weitere Male in Schlangenlinien über die Hügel bewegt hatte, schoss er ins Tal hinunter und hielt geradewegs auf den Berg aus Granitsteinen zu. Der Geruch aus dem Schotterhaufen war zu den Sandbergen hinübergeweht worden und diese hinaufgekrochen. Solos Erfahrung sagte ihm, was passiert war. Ein paar Serpentinen und er wusste, dass sich die Geruchsquelle nicht auf der Düne befand.

Solo trainierte nur selten auf Schotter und Schutt. Ich machte mir Sorgen, als ich seinen halsbrecherischen Possen zusah. Wieselflink kletterte er die Granitblöcke nach oben, und ich schluckte hörbar. Zum Glück war ich weit genug entfernt, dass er nicht hören konnte, falls ich unbewusst laut einatmete, während er mutig von Stein zu Stein sprang, Öffnungen zwischen den Bordsteinen vermied und immer höher kletterte. Mike, der hinter mir stand, sagte behutsam: „Ich hab's getestet."

Auch Solo testete die Stabilität des Schutthaufens. Geschickt setzte er eine Pfote vor die andere, balancierte die Grate entlang, steckte den Kopf in schwarze Löcher, in denen sich der Geruch gefangen hatte, um dann weiterzuspringen. Über einem bestimmten Loch erstarrte er und drehte den Kopf in meine Richtung. Seine Augen glühten bernsteinfarben im Scheinwerferlicht. Langsam bewegte er sich rückwärts, bis er seine Anzeige geben konnte.

„Toll!", lobte Mike. „Toll."

Ich hatte einmal einen Hund. Wedel. Er war einer der sieben großartigen Hunde. Du musst wissen: Es gibt immer nur sieben von ihnen. Hast du das gewusst?

- Peter O'Toole als Fisk Senior, Dean Spanley, 2008 -

18
Ein Schwanzwedeln

Solo war nicht der Einzige, der nicht jünger wurde. Auch der Rest unserer Familie wurde langsam ein wenig rostig, und die Tage, an dem einem von uns etwas wehtat, wurden häufiger. Silbernes Haar zierte unsere Häupter; allein Solos Kopf war immer noch glänzend rot und schwarz – nur seine Schnauze war ergraut. Megans einst glänzend kastanienroter Kopf war einer Mischung aus Weiß und mattem Mahagonibraun gewichen. Ihre Augen wurden zunehmend trüb, als hätte sich Nebel darüber gelegt und würde sie langsam umschließen. Sie war dreizehn – in Setterjahren uralt. Wenn sie auch nicht mehr so beeindruckend schön war wie in ihrer Jugend, nannten wir sie nach wie vor bei ihrem Spitznamen: Scarlett O'Setter. Sie blieb egozentrisch und verwöhnt wie eh und je. Nach wie vor verlangte sie Tantiemen und Ehrerbietungen von uns allen. Schlief Solo langgestreckt auf einem weichen Hundebett, schwankte sie zu ihm und ließ sich mit einem Seufzer auf ihn fallen. Schreckte er hoch und brachte sich mit einem Sprung in Sicherheit, sah sie ihn vorwurfsvoll an. Die Tage, an denen sie mir fast die Schulter ausgerenkt hatte, indem sie in Höchstgeschwindigkeit gegen das Ende ihrer Flexileine rannte, waren gezählt. Beim Anblick eines Eichhörnchens fiel sie in einen schwankenden Trab wie ein Kleinkind, das seine Beine noch nicht vollständig unter Kontrolle hat. Manchmal fiel sie einfach um.

Meine orthodoxen Überzeugungen zum Umgang mit alternden Hunden begannen zu wanken, je schwächer Megan wurde. Wir gaben ihr schwache Opiate, um sie und uns bei Laune zu halten. Mit einem ausgeklügelten Geschirr mit Haltegriff am Rücken halfen wir ihr morgens und abends die Stufen hinauf und hinunter – etwas, von dem ich früher geschworen hatte, es nie zu benutzen. Wir kauften ihr eine Hundesteppjacke von Martha Stewart, um sie warm zu halten. Gelegentlich zollte sie mir einen wohlwollenden Blick, wenn ich sie abends zudeckte. Wir hatten Papas Kirschholz-Schaukelstuhl, sein gutes Fernglas und Megan.

Nancy hatte recht: Es war Zeit, einen neuen Leichenspürhund zu trainieren. David und ich wollten den Einzug des Welpen auf Megans Ableben abstimmen. Wir haben ein kleines Haus. Ein weiter Hund im Schlafzimmer, und es würde wie eine Jugendherberge riechen. Der nächtliche Geräuschpegel erinnerte bereits an eine solche: Drei von uns schnarchten. Natürlich nicht Megan. Abgesehen von ihren schlampigen Trinkmanieren war sie bis ins hohe Alter eine Lady geblieben.

„Warum erschießt du sie nicht einfach?“, fragte ein praktisch denkender Diensthundeführer eines Abends, als ich das Megan-Dilemma erklärte. Ich starrte ihn ausdruckslos an, bevor ich sanft erklärte, dass es schwer mit dem

Andenken an meinen Vater zu vereinbaren wäre, sie auf diese Weise loszuwerden. Außerdem besaß ich keine Waffe. Ein anderer Diensthundeführer, Moses Irving, nickte zustimmend und warf seinem (wahrscheinlich) scherzenden Freund einen rügenden Blick zu. Seine Freizeit verbrachte Moses als Prediger einer kleinen Glaubensgemeinde. „Dein Vater sieht auf dich herab", sagte er. „Du tust das Richtige."

An diesem Abend bekam Megan eine Extraportion Futter – auch wenn sie immer etwas mehr bekam, wenn sie wollte. Egal, was sie fraß, sie behielt ihre Wespentaille. David versprach mir, dass er sich an das Chaos dreier Hundegenerationen gewöhnen könne, sofern es nicht jahrelang andauere.

Davids Versprechen gab mir die Erlaubnis, mich auf etwas einzulassen, was ich als Welpenporno bezeichne: Ich verbrachte Stunden damit, im Internet nach Züchtern zu suchen und Welpenfotos anzusehen. Mit jedem zweidimensionalen Deutscher-Schäfer-Babybild stiegen meine Endorphine und meine Hoffnung. Im Alter von vier bis sechs Wochen haben Schäferwelpen eine hängeohrige Herzigkeit, in die sich jeder verliebt. Wer sie sieht, will sie anfassen, streicheln und mit nach Hause nehmen. Mit neun Wochen gleicht ihr Aussehen und Verhalten einem tollpatschigen Tigerhai. Jedem das Seine.

Wir würden keinen zweiten Solo bekommen. Die Versuchung wäre groß gewesen, doch Joan Andreasen-Webb hatte das Züchten aufgegeben. Wollte ich mit der Leichenspürhundearbeit weitermachen, war die beste Wahl ein Hund aus reinen Arbeitslinien. Und ich wollte weitermachen. Zusätzlich wollte ich mit Katastrophentraining beginnen. Meine ehemalige Wunschvorstellung von einem großen, ruhigen, rot-schwarzen Prinzen war von einer völlig anderen Vorstellung abgelöst worden: ein grauer oder schwarzer Schäfer mit geradem Rücken, „Umwelthärte", guten Nerven und Triebstärke. Ich wusste genau, was ich wollte: Einen von Kathy Holberts Deutschen Schäferwelpen aus West Virginia, der mit Kathys leisem Lachen und ihrer Gebrauchshundeerfahrung aufwachsen durfte, mit den sanften Händen ihres Mannes Danny und mit ausgelassenen Abenteuern: durch Kanalrohre kriechen, in Flüssen schwimmen, durch den Wald laufen, über schräge Leitern und Schwebebalken balancieren und in Swimmingpools springen. Ein Gebrauchshundehimmel.

„Ich hoffe, du hast eine Aufgabe für den Kleinen, sobald er bei dir ankommt", warnte mich Lisa Mayhew. Sie hatte Recht. Das würde kein Welpe sein, der auf seiner Decke lag wie Solo mittlerweile und vor sich hindöste, während wir den neuen Sherlock Holmes im Fernsehen sahen und die Teller mit unserem Abendessen am Schoß hielten. Auch unser Morgenritual mit

Kaffee im Bett und der New York Times würde Geschichte sein. Solo hatte sich zum Langschläfer entwickelt und stand erst auf, wenn wir entschieden, dass es Zeit dafür war.

Es würde jene Sorte Welpe sein, die Hundeführer Havoc, Harm oder Hecate nennen. Schon lange hielten wir einen Namen in Reserve. Selbst Jahre später ging er uns mit angenehmer zweisilbiger Leichtigkeit von der Zunge: Coda. Diesmal wollte ich keinen Namen, der für ein ruhiges, bedachtes Ende stand. Ich wollte weniger Sonate und mehr Beethovens Coda für die Achte Symphonie: stellenweise schnell und wild, gelegentlich disharmonisch; alles, nur nicht orthodox. Diesmal würde ich nachts in Davids Armen weinen, wenn der Welpe nicht umgehend an uns hochsprang und unsere Arme, Beine, Nasen und Zehen mit seinen spitzen Zähnen und Krallen zerkratzte, bis wir aussahen wie Heroinsüchtige. Solo hatte mich gelehrt, dass dieses Verhalten weder persönlich noch aggressiv, sondern kratzende, beißende Lebenslust war. Meine Maßstäbe hatten sich geändert. Ich wusste, dass ich Gehorsam aufbauen konnte. Viel schwieriger wäre es, Trieb aufzubauen, wenn die Grundvoraussetzungen fehlten. Ich konnte einem Welpen beibringen, nicht über die Couch zu springen, an uns hochzuklettern und unsere Hände zu beißen, solange ich ein paar Monate Zeit hatte. Oder ein paar Jahre.

Unseren Vorbereitungen, Recherchen und der Freude über die Entscheidung zum Trotz war ich gelegentlich traurig und fürchtete mich vor der Zukunft. Nach einigen relativ entspannten Jahren standen wir davor, ein Risiko einzugehen. Ein Welpe würde viel Zeit in Anspruch nehmen – Zeit, die bisher Solo gehört hatte. Vorausgesetzt, Solo akzeptierte überhaupt einen neuen Welpen im Haus. Ich würde sein Training abkürzen, um mich auf einen spannenden neuen Welpen zu konzentrieren, in den ich viele Hoffnungen setzte. Einen neuen Welpen so weit auszubilden, dass er in den Einsatz gehen konnte, dauerte bis zu zwei Jahre – vorausgesetzt, er entwickelte sich vielversprechend. Vorausgesetzt, die Polizeihundeteams in Durham ließen mich mit ihnen trainieren. Vorausgesetzt, es kam nicht zu schlimmen Unfällen. Ich sprach mit einer anderen Freiwilligen darüber, was passieren würde, falls sich unsere neuen Hunde als nicht geeignet für die Arbeit erwiesen. Sie meinte, sie würde dem Hund ein neues Zuhause suchen und sich einen anderen nehmen. Ich war nicht sicher, ob ich das könnte – auch wenn mir klar war, dass unser Haus zu klein für drei Schäfer war. Und auch das „Zweiter-Hund-Syndrom" war mir schmerzlich bewusst: Wenn sich der Welpe nicht in die richtige Richtung entwickelte, würde es teilweise meine eigene Schuld sein.

Meine düsteren Vorahnungen wurden geschürt: Zwei erfahrene Diensthundetrainer meinten, dass ich nie wieder einen Hund haben würde, der von sich aus so viel Talent mitbrachte wie Solo. Ich erzählte Nancy davon, und sie schimpfte, dass ich nicht so gefühlsduselig sein solle. „Blödsinn", sagte sie. „Es kommt auf den Hundeführer an!" Noch in derselben Stunde hörte ich durch eine geschlossene Tür, wie Nancy einer Freundin erzählte, dass sie mich gerade angelogen hatte. Es war durchaus möglich, dass ich nie wieder einen Hund haben würde, der so gut war wie Solo. Ich wusste, dass sie mich nicht zum ersten Mal anlog. Die erste große Lüge hatte ich gehört, als ich zum ersten Mal ihren Garten in Zebulon betrat, eine Bauchtasche mit Leberkeksen über den lachsfarbenen Leinenhosen und voller Hoffnung, eine Aufgabe für meinen jungen *canis horribilis* zu finden: Sie hatte mir fröhlich versichert, dass ich die Leichenspürhundearbeit lieben würde. Tatsächlich hatte sie nicht daran geglaubt, dass ich Gefallen daran würde finden können. Sie hatte Solos Potential erkannt, doch nicht gedacht, dass ich „kleiner Großstadt-Hippie" die Arbeit durchhalten würde. Ha! Ich hatte es ihr gezeigt! Und nun würde ich es ihr noch einmal zeigen müssen.

Ähnlich wie One-Hit-Wonder in der Popmusik sind „'One-Dog-Wonder' unter Hundeführern nicht selten", schreibt ein Leichenspürtrainer. „Nach dem ersten Hund hängen sie die Arbeit an den Nagel. Oder sie holen sich den nächsten Hund – und leiden furchtbar." Ich zeigte sämtliche One-Dog-Wonder-Symptome, und dabei hatte ich den Welpen noch nicht einmal!

Ich war die Gebrauchshunde-Forscherin, die zu viel wusste. Genetik und Temperament, Unfälle und Krankheiten, meine beschränkten Fähigkeiten als relative Gebrauchshunde-Anfängerin – einen weiteren Hund erfolgreich zu führen schien reine Glückssache zu sein. Zwar konnten wir Vorbereitungen treffen, einen passenden Züchter wählen und dem Welpen einen guten Start ins Leben ermöglichen, doch war es unmöglich, alle Eventualitäten zu kontrollieren.

Vielleicht hatte ich zu viel Zeit mit Polizeihundeführern verbracht und zu oft gesehen, wie schwer sich selbst die besten Hundeführer taten, ihre neuen Hunde zu verstehen und zu respektieren. Manchmal scheiterten sie. Auch die Hunde selbst konnten scheiterten. Ich sah fast erwachsene Hunde, die aus Europa importiert worden waren, am Eignungstest oder in der Probephase versagen. Sie packten den Beißarm nicht hart genug. Sie zögerten, bevor sie metallene Gittertreppen nach oben stürmten. Sie sprangen in einer Fabrikhalle nicht auf einen rutschigen Tisch. Mike Baker, der im Laufe seiner Dienstzeit hunderte Hunde evaluiert hatte, war geduldiger und erfahrener als die meisten Hundeführer. Oft gingen sie mit Vorurteilen an die Sache heran. Mike wusste, wie lang ein Hund bereits im Land war, ob er einen Jetlag hatte, was er in seinen ersten Lebenswochen erfahren oder verpasst haben könnte. Viele der Hunde fanden sich plötzlich in einer völlig neuen Umgebung wieder. Zuchtstätten – selbst die besten aller europäischen Zwinger – ziehen Welpen nicht immer unter Idealbedingungen auf.

Unter ähnlich strengen Evaluierungsbedingungen würde ich einen zehnwöchigen Welpen ins Diensthundetraining mitbringen, der zu klein war, um die Treppen in Lagerhäusern hinaufzulaufen. Und nicht nur, dass der Welpe kein Malinois, sondern ein Deutscher Schäferhund sein würde – ich brachte kein Dutzend, sondern nur einen einzigen Welpen zur Evaluierung. Nur einen. So viel konnte schiefgehen! Solos Talent war ein Glücksgriff und half, ihn zu dem zu machen, was er werden sollte: ein guter, verlässlicher Leichenspürhund. Ein zweites Mal würde ich kein Anfängerglück haben.

Andererseits war ich nicht allein. Ich hatte Nancy Hook. Kathy Holbert. Joan. Mike Baker versprach, dass er mir bei der Grundausbildung des Welpen helfen würde – er würde zwar bereits in Pension sein, wenn der Welpe eintraf, wollte aber weiter im Diensthundetraining aktiv sein.

Eines Abends nach dem Training mit Solo versicherte ich Mike – und mir selbst –, dass ich beim nächsten Mal mehr Ahnung haben würde: „Ich weiß inzwischen mehr. Die Fehler, die ich bei Solo gemacht habe, mache ich kein zweites Mal."

Mike schüttelte den Kopf. Er wusste es besser. „Wenn ich jeden einzelnen Hund vor mir hätte, den ich je trainiert habe – ich würde mich bei jedem von ihnen entschuldigen."

Kurz nachdem Steve Sprouse DJ pensioniert hatte, fiel seine Entscheidung: noch ein letzter Diensthund.

„Meine Knie sagen: „Du Idiot!", aber ich kann mir einfach nicht vorstellen, etwas anderes zu machen", erklärte er mir. Steve würde keinen neun Wochen alten Welpen aufnehmen. „Wir versuchen, achtzehn Monate alte Hunde für den Dienst zu bekommen. Selbst mit Einjährigen kommt es noch zu Problemen. Sechs zusätzliche Monate machen einen großen Unterschied." Steve achtet auf zwei Dinge: Genetik und Potential.

„Ich will nicht sehen, was der Mensch aus dem Hund gemacht hat", sagte er. „Ich will sehen, was Gott dem Hund mitgegeben hat." Steve bekam viele achtzehn Monate alte Hunde zur Evaluation: Er würde aus zahlreichen und größtenteils nicht verwandten europäischen Linien auswählen können. Er wusste genau, was er wollte: einen starken, selbstbewussten, ausgeglichenen Hund mit einem inneren Motor, der niemals aufgab. Ein Händler bot an, ihn nach Deutschland zu fliegen, wo er die Hunde selbst unter die Lupe nehmen könne – doch kurz darauf läutete sein Telefon erneut. Ein anderer Händler, den er gut kannte, teilte ihm mit, dass er glaubte, einen ganz besonderen Hund für Steve zu haben. Dieser war kürzlich aus der Slowakei nach Florida eingeflogen worden. Steve hatte nicht mit diesem Anruf gerechnet; der Händler wusste, wonach Steve suchte, und dass es sich um seinen vermutlich letzten Diensthund handeln würde.

Der Hund, der aus dem Zwinger kam, war kein jugendlicher Schäfer, sondern ein muskulöser dreijähriger. Ein grauer Schäfer mit glänzendem Fell und leuchtenden kupferfarbenen Augen; wahrscheinlich eine Mischung aus Deutschem Schäfer und Malinois, doch war es schwer zu sagen. Er war „ein Hund auf einer Mission“, sagte Steve. Das Tier sah sich aufmerksam um und nahm alles – auch Steve – unter die Lupe. Steve tat es ihm gleich.

Steve änderte seinen Namen nicht: Aaron, Hebräisch für „Berg der Stärke“.

Trotz seines Alters war Aaron ein Berg, der noch viel zu lernen hatte. Steve erinnert die Hundeführer, die er trainiert, dass es Zeit, Geduld und Energie erfordert, einen Hund an jenen Punkt zu bringen, an dem er flüssig arbeitet und weiß, was er zu tun hat. Nun musste Steve seine eigenen Erwartungen anpassen. DJ war, meinte Steve, „mit Autopilot“ und wie von selbst gelaufen. Anders als Aaron: Im Training wollte dieser zweihundert Meter weit ausschwärmen, nicht nur fünfzig. Er wollte sich umsehen und versuchte, das Rätsel mit den Augen zu lösen, bevor er die Nase einsetzte.

„Man hat einen neuen Hund und erwartet, dass er dasselbe kann wie die alten Hunde“, stellte Steve fest. „Aber er kennt die Spielregeln noch nicht. Das ist das Schwierigste. Du musst nochmal ganz von vorne beginnen.“

Und doch hatte Aaron das Potential, ein außergewöhnlicher Diensthund zu werden. Das wusste Steve. Es war nur eine Frage der Zeit. Steve flog nach wie vor quer durch die Staaten und bis nach Trinidad, um Hundeführer und ihre Vierbeiner zu trainieren. Dann gab er erst ein Diensthundeseminar in Florida, bevor er zurück nach Fort Lauderdale kam, um mit Aaron zu arbeiten. Dass er viel unterwegs war, gab Steve zu, war nicht das schlimmste Problem, das man haben konnte.

„Wahrscheinlich habe ich nie Zeit, in Pension zu gehen und gemütlich vor meinem Haus in einem Schaukelstuhl zu sitzen, mit Blick auf die Berge. Manchmal ist es frustrierend. Aber ich würde es gegen nichts in der Welt eintauschen.“

Ich öffnete den Dateiordner „Geniale Hundeforschung", um zu sehen, ob sich eine der darin befindlichen Studien mit den Auswirkungen des Geschlechts auf die Leistung des Hundes beschäftigte. Nein – nichts.

- Patricia McConnell, 2009 -

Es war eine heiße Nacht in North Carolina, und wieder einmal standen wir vor einem verlassenen Bürogebäude. Jeder Diensthund, der das Gebäude betreten oder verlassen hatte, hatte am Gebüsch nahe dem Eingang sein Bein gehoben. Einer von ihnen hatte besonders intensiv duftenden Urin und der beißende Geruch wehte in unsere Richtung.

Der Gestank führte dazu, dass die Beamten wieder einmal über die unstrittige Überlegenheit des Gebrauchshunderüden über die Hündin diskutierten. Ich hatte mich daran gewöhnt und konnte die Gespräche meist ausblenden. Die Diensthundewelt ist größtenteils männlich und unkastriert, was zu einer selbsterfüllenden Prophezeiung führt. Jede Hündin, der es gelingt, sich einen Platz in der Diensthundewelt zu ergattern, wird mit Argusaugen beobachtet, bis sie einen Fehler macht – und das ist nur eine Frage der Zeit. Der erste Fehler ist die Tatsache, dass sie eine Hündin ist. Der zweite ist ihre Läufigkeit: Wessen Schuld war es wohl, wenn die Rüden abgelenkt waren und nicht arbeiten konnten?

Ich seufzte und verdrehte die Augen, als die Diskussion eskalierte. Zweifellos war Testosteron ein mächtiges Hormon, dessen Produktion in einer Atmosphäre von Konkurrenz, wie sie sich rund um den Busch vor dem Bürogebäude abspielte, angeregt wurde. Das Problem war, dass auch ich Rüden bevorzugte, wenn ich an Deutsche Schäfer dachte: Solo war mein dritter. Allerdings habe ich auch feministische Züge an mir. Ich sprach mit Mike Baker und Nancy Hook. Mike wies mich darauf hin, dass einer der härtesten und besten Hunde der Einheit eine Hündin gewesen war. Hündinnen ließen sich weniger leicht ablenken als Rüden, meinte er. Nancy fand, dass es auf den individuellen Hund ankam, nicht auf sein Geschlecht. Ich sollte den Hund nehmen, den ich wollte. Solang es sich um eine „höllische Furie" handle, sei ihr jede Hündin recht. Nancy würde in jedem Fall darauf achten, dass ich meinen neuen Hund nicht zu sehr zum Gehorsam erzog, um zu verhindern, dass er mich anhimmelte und ihre Arbeit ignorierte. Ich dachte an die Leichenspür- und Fährtenhunde, über die ich berichtet hatte, und die vierbeinigen Partner von Lisa Higgins, Kathy Holbert, Andy Rebmann, Marcia Koenig, Jim Suffolk, Roy und Suzie Ferguson. Darunter waren beide Geschlechter – ebenso viele Hündinnen wie Rüden. Roger Titus hatte in seiner Fährtenkarriere abgesehen von einem einzigen Rüden ausschließlich Hündinnen geführt. Der Rüde war, meinte Roger, ein Fehler gewesen.

Ein E-Mail von Joan gab mir einen weiteren Anstoß in Richtung Hündin. „Hündinnen arbeiten so, wie ich es am liebsten mag", schrieb sie. „Es ist eine ganz andere Art von Beziehung… zumindest für mich. Ich fand es schon immer interessant, dass auch Stephanitz die Arbeitsmoral einer Hündin bevorzugte."

Max von Stephanitz – der sexistischste aller Offiziere und Hundezüchter und ein Mann, der erklärte, dass Deutsche Schäferhunde Frauen nur mit Vorbehalten gehorchen würden – bevorzugte tatsächlich die Arbeitsmoral der Hündin?

Weder Stephanitz, Mike, Nancy noch Joan überzeugten mich vollends. Es war Solo, der mir die Entscheidung schließlich abnahm. Er war in den letzten acht Jahren reifer und erwachsener geworden, aber ich konnte mir nur allzu leicht vorstellen, wie er und ein pubertierender Rüde aneinandergerieten. Ich fand eine Dissertation, die zeigte, dass Beziehung und Spiel zwischen Rüde und Hündin in der Regel ausgeglichener sind als zwischen gleichgeschlechtlichen Paaren. Das leuchtete mir ein. Selbst Solo, der nicht gerade zu den sozialsten seiner Rasse gehörte, flirtete gelegentlich mit einer Hündin und tollte albern mit ihr über die Wiese, statt die Nackenhaare zu sträuben. Ich hoffte auf mehr Ausgelassenheit und weniger Konfliktpotential.

Doch wie sollte ich die passende Hündin in einem Wurf auswählen?

Natürlich konsultierte ich wissenschaftliche Publikationen. Ich fand jede Menge zum Thema Haarwirbel – jene mathematisch notwendigen Punkte, an denen die einzelnen Haare zusammentreffen und sich dann in die eine oder andere Richtung drehen. Temple Grandin untersuchte Haarwirbel an Stieren und stellte fest, dass sich mithilfe der Richtung und Position der Wirbel an der Stirn eines Stieres vorhersagen ließ, ob sich dieser zu einem ruhigen oder ängstlichen Tier entwickeln würde.

Eine australische veterinärmedizinische Forscherin, fasziniert von Grandins Arbeit, führte diese weiter. Sie testete hundertfünfzehn zukünftige Assistenzhunde auf Haarwirbel und die bevorzugte Pfote und verfolgte ihre Entwicklung mit. Welpen, welche die rechte Pfote häufiger einsetzten als die linke, bestanden die Prüfungen der Assistenzhundeschule mit doppelt so großer Wahrscheinlichkeit wie ihre linkspfotigen Artgenossen. Welpen, deren Brustwirbelhaare sich gegen den Uhrzeigersinn drehten, waren mehr als zweimal so erfolgreich wie Welpen mit Wirbeln im Uhrzeigersinn. Tomkins und ihre Forscherkollegen spekulierten, dass diese Tendenzen mit einer Präferenz der linken beziehungsweise rechten Gehirnhälfte zusammenhängen könnten. Mir war bereits aufgefallen, dass Solo lieber die rechte Pfote verwendete, um Spielzeuge unter dem Sofa hervorzuangeln, die er nicht mit der Schnauze erreichte. Mit Hoffen und Bangen untersuchte ich seine Brust. Anfangs sah ich nichts als eine undifferenzierte Mähne, doch als ich das Fell teilte und mich weiter Richtung Bauch vorarbeitete, entdeckte ich, kurz bevor Solo, von all dem Unsinn frustriert, aufsprang, einen kleinen Wirbel, der gegen den Uhrzeigersinn lief. Gott sei Dank.

Ich konnte es kaum erwarten, Mike und Steve zu sagen, wie sie beim Import europäischer Hunde Zeit und Geld sparen konnten. Statt alle persönlich zu evaluieren, konnte bereits in Europa eine Vorauswahl getroffen werden. Sie mussten einfach Fotos der Brust aller potentiellen Kandidaten anfordern und hoffen, dass die Händler nicht genug wussten, um einige der Fotos zu drehen und sicherzustellen, dass alle Hunde Wirbel hatten, die gegen den Uhrzeigersinn liefen. Oh, und Mike und Steve konnten die Händler außerdem bitten, den Hunden einen mit Futter gefüllten Kong anzubieten, um zu sehen, welche Pfote der Hund einsetzte, um den Kong festzuhalten und die Leckereien herauszufischen. Es war sogar möglich, dass die eine oder andere Hündin den Test bestehen würde.

Ich stellte mir vor, wie David und ich in Kathy Holberts Zwinger eintrafen. In einer Hand hätte ich meine Checkliste und in der anderen einen gefüllten Kong. Wir hätten gern einen Deutschen Schäferwelpen, weiblich, mit einem gegen den Uhrzeigersinn laufenden Brustwirbel (und im Idealfall einem zweiten, identischen Wirbel am rechten Ellenbogen), mit starker Präferenz für den Einsatz der rechten Pfote. Und natürlich mit sämtlichen Eigenschaften eines guten Gebrauchshundes: triebstark, sozial, kerngesund, ein Sinn für Humor. Ich hoffe, das ist nicht zu viel verlangt?

Die Welpen kamen Anfang September zur Welt, noch bevor sich die Blätter der mächtigen Maulbeerfeigen in den Bergen von Barbour County, West Virginia, gelb färbten. Das Fell ihres Vaters war von einem so dunklen Grau, dass ihn jeder schwarz genannt hätte, obwohl er Spuren eines dunkeln, samtigen Brauns auf der Brust und am Bauch trug. Einen Moment lang verrannte ich mich in seine Schönheit, doch versuchte ich dann, mich auf die wesentlichen Dinge zu konzentrieren. Er war wunderschön. Auch in die Mutter, Kathys Fährten- und Spürhündin Reza, hatte ich mich bereits verliebt. Alles, was sie tat, sah aus wie ein Kinderspiel. Sie trug ihren Ball durch den Garten, bis sie merkte, dass die Wehen eingesetzt hatten: Ups. Entschuldigt mich kurz; ich muss ein paar Welpen auf die Welt bringen. Bald jedoch kehrte sie zu den Spielzeugen zurück und brachte diese ihren Welpen mit. Sie fiel in die Kategorie einer Mutter, mit der man Spaß hat.

Ich verfolgte mit, wie die drei Hündinnen auf Facebook auftauchten, und wurde über Nachrichten und Fotos auf dem Laufenden gehalten. Danny hielt die Welpen einen nach dem anderen für Kathys Kamera hoch. Drei Maulwürfe bei ihrem ersten Fotoshooting. Einer von ihnen hing noch ein Stückchen Nabelschnur vom Bauch. Sie hielt ihre rosaroten Vorderpfoten hoch, als wolle sie den Paparazzo vertreiben. Es war schwer zu sagen, ob sie die rechte Pfote weiter vorstreckte als die linke. Zwei der Hündinnen waren mit über einem halben Kilo bereits richtige Brocken, als sie zur Welt kamen. Die dritte Hündin war ebenso schwarz wie eine ihrer Schwestern, aber mit 0,3 Kilogramm nur halb so groß. Kathy taufte sie „Little Bit" – „Kleines Bisschen".

Wir gehen davon aus, dass Welpen alles Mögliche von ihren Müttern lernen. Aber lernen sie durch Beobachten und Imitieren, oder handelt es sich um einen instinktiven Vorgang, ähnlich einer Katzenmutter, die ihren Kätzchen die Toilette zeigt oder einer Stute, die das Fohlen zum Wasser führt? Nancy meinte, dass Solo dem Welpen das eine oder andere beibringen könne. Dabei gilt natürlich, dass ein Welpe nicht nur Gutes von einem älteren Hund lernen kann. Ich bin mir ziemlich sicher, dass Megans wildes Gebell Solo dazu anstiftete, ebenfalls lautstark den Postboten vertreiben zu wollen. Vielleicht schaffte sie auch einfach eine unruhige Atmosphäre, die Solos Aufregung steigen ließ.

Auch ältere Hunde können von anderen lernen. Steve Sprouse stellte fest, dass Aaron Probleme mit Wasser hatte: Er hasste den Gartenschlauch, die Rasensprenger und den Pool. Seine Tage als Deckrüde dürften nicht sorgenfrei gewesen sein. Vermutlich hatte man Wasser eingesetzt, um ihn zu disziplinieren oder nach dem Deckakt von einer Hündin zu trennen. Doch Floridas Diensthunde dürfen sich von Wasser nicht aus dem Konzept bringen lassen – sie sind ständig davon umgeben. Steve beobachtete, wie Aaron der Schäferhündin Casey dabei zusah, wie sie mit ihren Spielzeugen durch die Rasensprenger lief. Aaron mochte Casey sehr, und bald schon apportierte auch er freudig aus dem Wasser. Es war ein guter erster Schritt, doch schaute sich Aaron nicht nur Gutes von den anderen Hunden ab: DJ hatte die Angewohnheit, sich in seinem Zwinger immer und immer wieder im Kreis zu drehen, wenn er aufgeregt war. Mittlerweile zeigt auch Aaron dieses Verhalten.

Die meisten Kognitionspsychologen würden Aarons Verhalten nicht auf Imitation, sondern auf etwas anderes zurückführen. Verhalten zu beobachten und dann zu imitieren galt bis vor Kurzem als ausschließlich menschliche Fähigkeit. Obwohl wir es verächtlich als „Nachäffen" und den Imitator als „Copycat" bezeichnen, handelt es sich beim Beobachtungslernen nicht um einen primitiven kognitiven Vorgang, sondern um einen relativ komplexen, der auch beim Weitergeben unserer Kultur von Generation zu Generation eine große Rolle spielt. Andererseits passt hier auch der alte Witz vom ersten Rinderbraten einer jungen Frau sehr gut: Silvia folgt dem perfekten Bratenrezept ihrer Mutter, indem sie die Enden des Bratens abschneidet, bevor sie ihn ins Rohr schiebt, wie es auch ihre Mutter immer getan hat. Später fragt sie ihre Mutter, welchen Zweck dieser Schritt habe, und diese antwortet, dass sie es nicht wisse – ihre eigene Mutter habe es immer so gemacht. Schließlich fragt Silvia ihre Großmutter. Diese erklärt, dass ihr Bräter so klein sei, dass der Rindsbraten nur darauf Platz habe, wenn sie die Enden abschneide. Das ist die menschliche Natur.

Nach und nach ändern neue wissenschaftliche Publikationen die Vorstellung, dass einzig und allein der Mensch zum Nachahmungslernen fähig sei. Hunde sind nicht die Ersten, an denen geforscht wurde, doch sind sie Teil einer bunten Menagerie von Raben, Erdmännchen, Seidenäffchen und Elefanten. Bisher wurden nur wenige Studien zu Themen wie „soziales Lernen", „Imitation" oder „Beobachtungslernen" an Gebrauchshunden durchgeführt – doch auch hier zeichnet sich ein Umdenken ab. Wie Deak Helton erklärt, fällt es Wissenschaftlern leichter, Zugang zu Familien- als zu Gebrauchshunden zu bekommen. Nur eine einzige kleine Veröffentlichung zeigt etwas, wovon viele Hundeführer ausgehen: Gebrauchshunde lernen, indem sie ihre Artgenossen bei der Arbeit beobachten. Die südafrikanische Studie aus dem Jahr 2009 folgt der Entwicklung zweier Würfe Deutscher Schäfer. Einer der Würfe darf seiner Mutter, einer Drogenspürhündin, bei der Arbeit zusehen. Die entsprechenden Welpen haben die Möglichkeit, die Hündin zu beobachten, können ihr aber nicht folgen. Der zweite Wurf sieht der Mutter nicht bei der Arbeit zu. Im Alter von sechs Monaten bestehen fünfundachtzig Prozent jener Welpen, die ihrer Mutter zugesehen haben, einen Eignungstest für Rauschgiftspürarbeit. Aus der Kontrollgruppe, welche die Arbeit ihrer Mutter nicht beobachtet hat, bestehen weniger als zwanzig Prozent der Welpen die Prüfung.

Eine weitere gute Nachricht für Solo und den neuen Welpen war, dass dominante Tiere in der Regel bessere Lehrer sind, Probleme leichter lösen und neue Aufgaben schneller bewältigen als unterwürfige. Ich will nicht behaupten, dass etwas, was für Lemure, Schimpansen und domestizierte Hühner gilt, automatisch auch auf Deutsche Schäfer zutrifft – aber die Vermutung ist gar nicht so weit hergeholt. Vor vielen Jahren beobachteten mein Bruder Mark und ich zwei Hunde am Strand. Einer Irischen Setterhündin meines Vaters gelang es nicht, eine sandige Klippe hochzuklettern. Sie hatte es versucht, war ausgerutscht und gefallen. Tarn, mein erster Schäfer, rannte die Klippe hoch, blieb oben stehen und starrte auf den Setter herunter. Die Hündin winselte. Tarn kam zurück nach unten und lief erneut hoch, diesmal langsam. Die Hündin sah zu, versuchte, ihm zu folgen, und scheiterte erneut. Tarn lief zum dritten Mal zurück nach unten, umrundete die Hündin und bellte sie von hinten laut an. Sie schoss die Klippe hoch. Es ist nur eine Anekdote. Vielleicht illustriert sie nur Tarns Hüteinstinkt – doch will ich glauben, dass Tarn der Setterhündin zeigte, was sie tun sollte, und dass diese sich bemühte, seinem Beispiel zu folgen (oder ihm zu entkommen).

David und ich sahen die Videos der vier Welpen, die Kathy ins Internet stellte. Drei Hündinnen und ein Rüde begannen, die Leitern aus PVC-Rohren, die Tunnel und Tonnen, mit denen der Welpenspielplatz im Garten ausgestattet war, zu erkunden. Wir bemühten uns, uns in keinen der Welpen zu verlieben. Videos erzählen nicht die ganze Geschichte, genauso wenig wie Fotos oder E-Mails. Uns auf diese Art zu entscheiden, wäre, als würden wir mittels eines Psychotests im Internet jene Hunderasse wählen, die angeblich perfekt zu uns passt: wir würden uns für die Vorstellung eines Hundes begeistern, ohne uns tatsächlich auf ihn einzulassen.

Den beiden großen Hündinnen – die eine schwarz, die andere schwarz und blond wie ihre Mutter – sah man bereits an, dass sie zu schönen Tieren heranwachsen würden. Ich vermied es, Little Bit direkt ins Gesicht zu sehen. Mit ihren großen milchig blauen Augen und dem mitternachtsschwarzen Fell, ihrer kompakten und zugleich eleganten Nase sah sie aus wie ein Welpe aus einem japanischen Anime-Comic. Ich hatte keine Angst davor, dass mich ihr Anblick zu Stein erstarren lassen würde, sondern davor, dahinzuschmelzen, sobald ich ihr in die Augen sah.

Auch ich war als Kind klein und süß gewesen; Passanten und Bekannte hatten mir häufig über den Kopf gestreichelt, weil sie es konnten. Anders als

Little Bit hatte ich nicht den evolutionären Vorteil spitzer Welpenzähne, um sie mir vom Leib zu halten. Little Bit rief entzückte „Ooooh!"s in ihren Besuchern hervor und weckte deren Mutterinstinkt. Das war nicht jene Art „Oooh!", die ich mir von einem Schäferhund wünschte.

Freunde, fürwahr nicht
folget der Ruhm uns, kehren wir jetzo
Zu den geräumigen Schiffen!
O nein, eh' schlinge der Erde
Schwarzer Schlund uns hinab! Das wär' uns besser in Wahrheit;
Als den hier zu verlassen den gaulbezähmenden Troern,
Daß sie zur eigenen Stadt ihn ziehn, und Ruhm sich gewinnen!

- Homer, Ilias -

Wenn ihre Mutter nicht da war, probierten ein oder zwei Welpen etwas Neues aus, und kurz darauf folgte der dritte. Lasst uns klettern gehen! Wollen wir aus diesem Fass ausbrechen? Kommt, wir rutschen durch den Metalltunnel und beißen einander! Ich bin keine Kognitionspsychologin, doch ich sah die Videos und erkannte, dass das ständige Spielen und Experimentieren der vier Welpen, selbst wenn ihre Kooperation zufällig und unbeabsichtigt wirkte, durch die Gruppe verstärkt wurde und exponentiell anstieg. Sie waren neugierig, impulsiv, enthusiastisch und leicht ablenkbar. Ihre Kooperation war nicht so ausgefeilt wie die eines Rugby-Teams, doch konnte man sich bereits jetzt vorstellen, wie ihre Zukunft aussehen könnte: ein ganzes Rudel Welpen, das mit wedelnden Ruten ins dichte Unterholz eintaucht oder über Schuttberge klettert, um zu suchen.

Anfangs konnte Little Bit nicht so gut über Hindernisse klettern wie die größeren Welpen. In einem der Videos hört man Kathy leise schmunzeln, während Little Bit frustriert knurrt und sich mehrmals gegen ein Wackelbrett und eine Wippe wirft, bis es ihr schließlich gelingt, auf die Bretter zu robben, indem sie wie eine Schildkröte ihre Hinterbeine und den Bauch benutzt, um sich vorwärtszuschieben. Nachdem ihr dies gelungen war, lief sie in eine andere Ecke des Welpenauslaufs, um für sich zu spielen. Sie schlitterte durch ein großes Metallrohr, jagte ihre eigene Rute und drehte sich fröhlich im Kreis. Ich zeigte David das Video und bat ihn ernst, sich nicht in Little Bit zu verlieben, sondern auf all die Stärken der beiden großen, schönen Hündinnen zu achten. Bei Solo war die Sache einfacher gewesen. Wir hatten uns nicht entscheiden müssen.

Letztendlich traf Kath, die Entscheidung für uns. Sie rief mich an, als die Welpen acht Wochen alt waren. Sie hatte den ganzen Tag damit verbracht, die Welpen zu testen. Der Suchtest, sagte Kathy, war ein „Kopf-an-Kopf-Rennen" zwischen einer der großen Hündinnen, die mir anfangs so gut gefallen hatten, und Little Bit. Am Ende des Tages jedoch war eindeutig, dass Little Bit länger und intensiver nach versteckten Spielsachen suchte als die anderen Welpen. Ein unerlässliches Verhalten für einen Leichenspürhund. Little Bit verschwand so lange in der Dunkelheit, dass Kathy sich Sorgen zu machen begann, und kam dann zurück, einen verlorenen Ball zwischen den Zähnen. Sie fand den blauen Ball, den ihre Mutter im Schnee verloren hatte, noch vor Reza, schnappte ihn sich und blitzte ihre Mutter mit dem Weiß ihrer Augen an, wenn diese versuchte, ihn ihr abzujagen: Keine Chance! Little Bit war unabhängig und widerspenstig. Sie würde mir den letzten Nerv rauben, und sie zu trainieren würde eine helle Freude sein. Ein Stofftier mit messerscharfen Zähnen und einem intelligenten Gehirn.

David grinste breit, als ich den Hörer auflegte. Welpentests zeigen auch nur Tendenzen, nicht die Bestimmung eines Hundes – aber Kathys Entscheidung bestätigte ein Gefühl, das wir von Anfang an gehabt hatten.

Kathy erzählte mir, dass Danny und sie fünf Minuten lang trauerten, nachdem die Entscheidung gefallen war. Der kleinste und sturste der Welpen hatte es geschafft, sich in die Herzen der beiden zu stehlen. Dann hörte Kathy auf, sie Little Bit zu rufen, und nannte sie Coda.

Die Mautstraßen von West Virginia zurück nach North Carolina fuhren wir am oberen Tempolimit, um vor der Dunkelheit nach Hause zu kommen. Den Großteil der Fahrt starrte ich schweigend aus dem Fenster. Ich war mir sicher, dass Solo unsere wertvolle Fracht mit einem einzigen Pfotenhieb oder Biss in die ewigen Jagdgründe befördern würde. „Little Bit" wie „kleiner Bissen". Wie passend. Ich drehte und wendete die bevorstehende Begegnung im Kopf und fürchtete ein tragisches Ende. Nach langem Hin und Her beschlossen wir, dass ich David zuhause aussteigen lassen würde, damit er Solo bewegen und müde machen konnte. Dann würden wir uns auf einer großen Wiese in unserer Straße treffen. Megan war unterdessen bei unserer Freundin Barb Smalley und ihrem Hund auf Kurzurlaub, um die Vorstellungsrunde so simpel wie möglich zu halten.

Wir waren erschöpft, müde und hungrig von der Fahrt – zu alt für diesen Blödsinn. Es begann bereits zu dämmern, als ich die Hintertür des Toyota öffnete. Ich ließ Coda in ihrer Transportbox und trat zur Seite. Solo sprang aus Davids Civic und begrüßte mich überschwänglich, bevor er davontrabte, um an den Büschen zu schnüffeln und das Bein zu heben. Erst als ich ihn zu meinem Auto rief, schnupperte er kurz durch die Gitterstäbe an Coda und widmete sich dann wieder den interessanteren Urinmarken am Rande der Wiese. Offenbar stellte er keinerlei Besitzansprüche an das Auto. Während Solo abgelenkt war, trug ich die kleine Coda auf die Wiese, setzte sie ins Gras und ging ein paar Schritte zur Seite. David hatte Solos roten Ball. Ich hatte Kekse. Coda bellte fünf oder sechsmal scharf, als der große schwarze Schatten auf sie zukam, und suchte dann zwischen meinen Beinen Zuflucht. Hoffnungslos wich ich einige Schritte weiter zurück. Solo beschnupperte Coda mit gesträubten Nackenhaaren und hoch aufgerichteter wedelnder Rute, dann mit gesenkter wedelnder Rute. Sein Fell glättete sich, er öffnete das Maul und grinste, streckte sich lässig über dem schwarzen Welpen, dessen Konturen in der Dunkelheit zu verschwimmen begannen, und gähnte herzhaft. Coda setzte sich unter ihm auf und streckte sich, um an seinem Bauch zu schnüffeln. Eines ihrer Ohren war umgeknickt und wippte bei jeder Bewegung mit, das zweite stand bereits gerade und tütenförmig nach oben. Solo lief mit einigen Luftsprüngen zurück zu David und ließ Coda unversehrt zurück. Sie sah nicht mehr schüchtern, sondern neugierig aus. Solo starrte David herausfordernd an. „Du hast den Ball! Lass uns spielen!"

19
Coda

Was ich mit „seltsamer Schleife" meine, ist (…) nicht ein physischer Kreis, sondern eine abstrakte Schleife (…) Man landet also, obwohl man das Gefühl hatte, sich vom Ausgangspunkt immer weiter weg zu bewegen, erschreckenderweise wieder an dem Punkt, von dem man ausgegangen war.

- Douglas Hofstadter, Ich bin eine seltsame Schleife, 2007 -

Das war nicht ganz richtig. Es gibt einfache Suchen – Suchen, bei denen der Hund aus dem Auto springt, fünf oder zehn Minuten sucht und auch schon wieder fertig ist. Das Problem dabei ist, dass sich einfache Suchen nicht vorhersagen lassen. Ich konnte einem Beamten, der mich anrief, schlecht sagen: „Wenn das Wetter gut ist, der Boden eben und kein dichtes Gestrüpp vorhanden, und wenn wir nicht den ganzen Tag lang suchen, dann habe ich den richtigen Hund für Sie." Manchmal humpelte Solo auf einem Vorder- und einem Hinterbein. Lief er zu schnell um die Kurve, geriet er aus dem Gleichgewicht. Wenn er morgens ans Bett trat, um sich den Kopf kraulen zu lassen, konnte ich die Knochen durch sein Fell spüren. Sie waren nicht mehr von einer starken Muskelschicht umgeben. Wenn er länger in Bewegung war, hechelte er – nicht aus Erschöpfung, sondern aufgrund seiner Schmerzen. Sein Alter war nicht das einzige Problem, gab ich gegenüber Mike zu. Ich hatte nicht genug Zeit, um zwei Hunde zu trainieren. Und wenn ich Solo nicht regelmäßig trainierte, sollte ich ihn auch nicht einsetzen.

„Lass ihn seinen Ruhestand genießen", nickte Mike. „Er hat ihn sich verdient."

Auch Mikes Pensionierung von der Durhamer Polizeistation war wohlverdient. Nun trainierte er Beamte und Diensthundeeinheiten in ganz North Carolina, in Gibsonville, Elon, Lenoir, Boone. Vor beinahe acht Jahren waren Solo und ich zum ersten Mal zu ihm ins Training gekommen. Und jetzt waren wir zurück und trainierten erneut. Statt Solo lag Coda im Kofferraum meines Toyota. Ein wunderschöner achtzehn Monate alter Rorschach-Tintenfleck, abgesehen von der rosa Zunge und den leuchtend weißen Zähnen. Solo war zuhause. David berichtete, dass er das Kinn auf dem niedrigen Fensterbrett ablege und die Einfahrt im Auge behalte, wenn ich unterwegs war.

Es war verwirrend und so, als hätte ich mich im Kreis bewegt und wäre über ein Möbiusband wieder in Gibsonville angekommen. Coda hatte den Park nach ihrem Leichenmaterial abgesucht. Statt ihr zu sagen, dass sie „den Fisch" finden solle, schickte ich sie auf die Suche nach „dem Eichhörnchen". Manchmal rutschte mir Solos altes Kommando heraus. Nach Jahren der Arbeit im Tandem mit Solo war ich ungeschickt im Umgang mit diesem neuen Hund. Sie erinnerte an einen kleinen Panther: geschmeidig, muskulös und schnell. Schon als Junghund war sie erstaunlich geschickt. Kathy Holbert staunte, als sie während eines Besuchs beobachtete, wie leichtfüßig Coda über umgestürzte Baumstämme hinwegsetzte: „Sie weiß ganz genau, wo ihr Körper ist." Wie Quecksilber glitt Coda durch Wälder und Wiesen. Manchmal furchteinflößend weit weg von mir.

Mike musste mich neu ausbilden. Wie er vorhergesagt hatte, wiederholte ich manche der Fehler, die ich bei Solo gemacht hatte, und machte auch vollkommen neue. Obwohl mir der Trainingsvorgang vertraut war, hatte ich das Gefühl, noch einmal ganz von vorne zu beginnen – nicht nur mit Coda, sondern auch mit der Arbeit, die ich so sehr geliebt hatte. Jeden Augenblick konnte sie mir entgleiten und für immer aus meinem Leben verschwinden.

Trainer und Hundeführer rieten mir, Codas Trieb aufzubauen, an unserer Bindung zu arbeiten und ihre Freude am Suchspiel zu fördern. Sie empfahlen mir andere Spielzeuge und neue Wege, um ihre Begeisterung zu steigern. Coda blickte mir in die Augen und schwenkte sanft die Rute. Andere wiederum rieten mir, entspannter zu sein: Vielleicht war sie kein guter Leichenspürhund. Ihr wahres Metier würde sich zeigen. Coda würde ihre Berufung schon finden. Ich würde ein besserer Besitzer, ja, ein besserer Mensch werden, wenn ich ihr erlaubte, sich zu entfalten. Ich wollte, dass sie eine einzige Sache machte, und zwar gut: Sie sollte die Toten finden. Coda hingegen war verrückt danach, die Lebenden zu jagen: Eichhörnchen, Hasen, Katzen, Rehe. Die Symptome waren klassisch: Ich litt unter Zweiter-Hund-Syndrom.

Solo hingegen empfand Coda gegenüber keinerlei Syndrome. Sie gehörte ihm. Sie war sein erster Hund. Er verliebte sich auf den ersten Blick und für immer, als sie als neun Wochen alter Welpe ankam. Er brauchte nur einen Tag, um sich entspannt in die neue Situation einzufinden, die Vorderpfote im Liegen lässig anzuwinkeln und seinem Welpen lächelnd zuzusehen. Nie hätten wir uns vorstellen können, dass er eine Beziehung zu einem anderen Hund entwickeln könnte, die uns Freude bereitete. Er brachte Coda seine liebsten Spielsachen, ließ diese vor ihr in der Luft baumeln, lockte sie – langsam und vorsichtig –, bis sie gleich der schwarzen Wasserschlange ihres chinesischen Horoskops mit für einen Welpen erstaunlicher Anmut lossprang und sich in dem Stofftier verbiss. David und ich brachten Solo bei, nicht zu stark zu beuteln und nicht zu schnell zu laufen, wenn sie am anderen Ende des Spielzeuges hing. Sie war zwar winzig, aber unbeirrbar. Im Spiel knurrte Solo grimmig und wild, während Coda die Zähne zusammenbiss, schweigend und hoch konzentriert.

Unsere anfänglichen Sorgen, dass er ihr aus Versehen den kleinen Nacken brechen könnte, zerstreuten sich bald: Solo war das ideale Kindermädchen. Er trabte langsam wie ein Zugpferd mit gebogenem Hals und gesenktem Kopf, während sie neben ihm herlief, die Vorderpfoten teils in der Luft, ein Miniaturpony, das durch ein beliebiges Spielzeug mit Solo zusammengespannt worden war. In ihrer zweiten Woche bei uns trug sie ihre angeknabberten Markknochen zu Solo, um sie zwischen seine großen Pfoten gekuschelt fertig zu fressen, wobei sie den Knochen mithilfe seiner Vorderbeine stabilisierte. Solo hielt den Kopf hoch, um unsere Sorgen, dass er von etwas oder jemandem abbeißen könnte, zu mindern.

Wir hatten keine Ahnung, woher dieser sanfte Hund gekommen war, doch genossen wir seine Anwesenheit: Wir gingen mit ihm spazieren, wenn wir erschöpft und ungeduldig mit Coda waren. Morgens stand er schläfrig auf, nahm eines ihrer Lieblingsspielzeuge und ließ sie anbeißen. Er war nicht mehr der Prinz der Dunkelheit, sondern der König der Güte. Mit mäßigem Erfolg versuchten wir, Coda die Namen einzelner Spielsachen beizubringen. Solo gesellte sich zu uns, berührte das entsprechende Spielzeug mit der Nase – „Das ist roter Ball, Coda!" – und trat zur Seite, damit sie es aufheben konnte. Nie wirkte er ungeduldig, obwohl er ihr die Dinge wieder und wieder zeigen musste. David und ich verliebten uns noch einmal neu in ihn, als wir das Erwachen seiner Großmut miterlebten. Solo war zu dem geworden, was wir vor vielen Jahren bei Joan gesehen hatten, als seine Großtante Cora ein unglaublich freches Einzelkind tolerierte und erzog.

David und ich bemühten uns sehr, Coda so sehr zu lieben, wie wir Solo als Welpen geliebt hatten. Aber jede Beziehung mit jedem Hund ist anders. Coda gab sich weich und kuschelbedürftig, wenn sie müde, und wild und stur, wenn sie munter war. Solo war mithilfe von Spielsachen und seiner endlosen Faszination von uns Menschen leicht zu motivieren gewesen. Coda motivierte Futter, alles, was zu Futter gemacht werden konnte, alles, was einen Geruch verströmte und alles, was sie ins Maul nehmen und herumtragen konnte. Ihre Augen und Ohren waren den unseren und Solos weit überlegen. Eine Ammer, die im Garten im Laub raschelte. Ein Flugzeug in der Ferne. Sie fixierte es mit ihren mittlerweile erdbraunen Augen und kalkulierte, wie hoch sie würde springen müssen. Schließlich konnte sie Fliegen mit einem einzigen Schnappen vertilgen. Flugzeuge hatten die Größe einer Fliege. Und sie waren langsamer.

Doch wie bei Solo war es auch in Codas Fall die Nase, die ihre übrigen Sinne in den Schatten stellte. Sie ging nach draußen, hob die Plüschnase und witterte, senkte den Kopf – und weg war sie. Wir fanden sie dort, wo der Nachbar duftenden Kompost rund um seine edlen Krokusse verteilt hatte, in unserem Gemüsegarten, wo wir einige späten Herbsttomaten und Paprika auf ihren Stauden hatten verrotten lassen, im Wald tief in Humus und Fauna.

Bald kannten David und ich jede einzelne Stelle, an der im Eno-Fluss ein Rehskelett lag. Ich nahm ein paar Kilo ab, weil ich ihr so oft nachlaufen musste. Einmal war sie damit beschäftigt, eine Keule von einem Rehkadaver zu reißen, als ich sie fand. Ich pflückte sie von dem verrottenden Bein und trug den wütend strampelnden Junghund zum Auto zurück.

Ich fühlte mich wie eine Zeitreisende, die nicht in die Welpenzeit ihrer früheren Schäfer, sondern in jene Zeit zurückversetzt worden war, in der der allererste rund um ein Lagerfeuer streifende Wolfshund gezähmt wurde. Jene Caniden hungerten nicht nach gefüllten Kongs und liebevollen Blicken, sondern nach Fleischknochen und Beute. Solos Blicke ruhten auf uns und sehnten sich nach unserer Anerkennung. Coda blickte nach draußen, in die Ferne, dorthin, wo die wilden Kerle wohnen. Entdeckte sie etwas, quietschte sie voller Vorfreude und vergaß, dass wir existierten. Einerseits waren ihr Jagdtrieb und ihre scharfen Sinne ausgezeichnete Voraussetzungen dafür, was ich ihr beibringen wollte – wenn, und das war ein großes Wenn, ich sie in die richtigen Bahnen lenken konnte. Andererseits stand ich kurz davor, zu verzweifeln. Sie war völlig anders als Solo – ein Welpe von einem anderen Planeten. Sofern keine fremden Hunde zugegen waren, hatte Solo den Großteil seiner Welpenzeit damit verbracht, unsere Aufmerksamkeit gewinnen zu wollen. Mit Coda war es genau umgekehrt: Wir waren diejenigen, die ihren Namen flöteten und durchs Haus tanzten wie tollpatschige Hofnarren, um in dem verzweifelten Versuch, spannender als das Eichhörnchen vor dem Fenster zu sein, ihre Aufmerksamkeit zu gewinnen. Wir scheiterten.

Eines jedoch schien zu funktionieren: Futter war besser als Aas. In den ersten Wochen kombinierte ich ihr Frühstück, Mittag- und Abendessen mit Trainingseinheiten. Coda, komm. Coda, sitz. Dafür gab es eine Handvoll Futter. Nachdem unsere Hunde Rohfutter bekamen, das zwischen meinen Fingern auf den Fußboden tropfte, war die Sache unordentlich, klebrig und mitunter schmerzhaft. Meine Hände waren rot und rau vom ständigen Waschen und mit winzigen Bisswunden von Codas spitzen Milchzähnen übersäht. Und dennoch: Coda begann, sich nach mir umzusehen, mir länger in die Augen zu blicken und sich auf mich zu konzentrieren. Solange das, was ich zu bieten hatte, besser als der Kompost des Nachbarn war, arbeitete sie mit mir.

Megan hingegen war immer öfter abwesend. Die Altersschwäche brachte ihre Beine zum Zittern. David und ich hatten darauf gehofft, dass ein Welpe ihr bereits langes Leben weiter ausdehnen würde, aber sie ignorierte Coda von Anfang an, es sei denn, um sie anzuknurren, wenn diese ihr zu nahe kam, oder matt den Kopf zu heben und nach ihr zu schnappen, wenn sie inmitten ihrer Possen auf Megan landete. Auch Coda ignorierte Megan, abgesehen von jenen Momenten, in denen sie versuchte, ihr die Martha-Stewart-Jacke auszuziehen. Megans Welt war auf Fressen und Schlafen zusammengeschrumpft, doch selbst das Fressen – etwas, das ihr einst große Freude bereitet hatte – brachte die fedrige Rute nicht mehr zum Wedeln. Ende Januar, drei Monate nach Codas Ankunft, entschieden David und ich, dass es Zeit war. Der Tierarzt kam während eines Eissturms zu uns nach Hause. Megan lag auf ihrer Decke vor dem Holzofen, zu müde, um aufzustehen. David und ich streichelten sie und sprachen mit ihr, bis das Medikament ihr altes Herz stoppte. Mit dreizehneinhalb verließ sie uns ohne ein Winseln. Megan war eine meiner letzten physischen Verbindungen zu Papa gewesen. Nun hatte ich nur noch den Kirschholzschaukelstuhl und sein Fernglas. Wir bekamen ihre Asche in einer rostroten hölzernen Urne, die an das seidige Fell ihrer Jugend erinnerte.

Drei Tage, nachdem ich Mike gesagt hatte, dass ich Solo pensionieren würde, rutschte auf der anderen Seite des Landes ein Berghang ab, geschwächt von der radikalen Abholzung, sintflutartigen Regenfällen und einer schnellen Schneeschmelze. Nur zwei Wochen zuvor waren David und ich am Weg in den Urlaub in meinen geliebten Pazifischen Nordwesten über genau jenen Bergpass gefahren, der nun unter einem gewaltigen Murenabgang begraben lag. Die Schlammlawine hatte sich bis ins Tal gewälzt und alles, was ihr im Weg stand, zerstört.

Ein Leichenspürhundeführer berichtete, dass es aussah, als habe jemand Bäume, Häuser und Schlamm in einen gigantischen Mixer gefüllt und das Ergebnis wieder ausgegossen: beinahe zwei Quadratkilometer Zerstörung und Schlamm, der an manchen Stellen zwanzig Meter tief stand. Vierzig Häuser und ein Stück Autobahn waren weggerissen worden. Ein Fluss wurde aus seinem Bett

> *Die menschliche Natur – oder die amerikanische Kultur – verleiten uns, einer Katastrophe ins Auge zu blicken und stattdessen eine helle, leuchtende Lüge zu sehen (…) Die Illusion, dass die großräumige Manipulation der Natur keine Konsequenzen hat, ist ein Vermächtnis der Kolonialisierung.*
>
> *- Timothy Evan, „A Mudslide, Foretold", The New York Times, März 2014 -*

gezwungen und flutete die Umgebung. Immer noch fiel sintflutartiger Regen. Dreiundvierzig Menschen wurden vermisst.

Marcia Koenig und Andy Rebmann sind in der Nähe von Seattle zuhause, nur hundertdreißig Kilometer von Oso entfernt, und Teil des Freiwilligenteams der King County Search Dogs. Marcias siebenjähriger Schäfer Raven hatte noch nie unter derartigen Bedingungen gearbeitet, doch Marcia selbst und ihre früheren Einsatzhunde Bear, Orca und Coyote hatten Erfahrung mit Murenabgängen. Andy hatte Carlo, einen Arbeitslinienhund von Kathy Holbert, der sich mit seinen fast sieben Jahren immer noch wie ein wilder Junghund benahm. Andy hatte auch zwei kaputte Knie, was ihn verständlicherweise in schlechte Laune versetzte, als der Anruf kam. Kaputte Knie tun sich schwer, wenn sie durch Schlamm von der Konsistenz nassen Betons waten müssen. Abgesehen davon spielte Andy schon länger mit dem Gedanken, die freiwillige Sucharbeit hinter sich zu lassen. Er hatte mehr als genug damit zu tun, Hundeführer auf der ganzen Welt zu trainieren.

Doch nicht weit von ihrem Zuhause spielte sich jene Art Katastrophe ab, mit deren Eigenheiten Marcia und Andy vertraut waren. Sie wussten, wie man an Murenabgängen arbeitet. Beide hatten Menschen und Hunde für derartige Einsätze trainiert. Also nahmen sie den Auftrag an und machten sich gemeinsam mit einigen Teamkollegen und weiteren Hundeführern aus dem Westen auf den Weg. Ich wollte unbedingt dabei sein und mit einem Hund arbeiten, aber Coda und ich hatten noch einen weiten Weg vor uns. Und selbst wenn Solo jünger gewesen wäre – ich hatte ihn für derartige Katastropheneinsätze nicht fertig ausgebildet.

Die Leichenspürhunde, berichteten Hundeführer und Einsatzkräfte vor Ort, lieferten einen entscheidenden Beitrag zum Auffinden der Opfer. Alle wussten, dass man möglicherweise nicht jeden der Toten finden und identifizieren würde können. In dermaßen tiefem Schlamm ist die Hundenase nicht perfekt: Dem Geruch fällt es schwer, dem nassen Grab zu entkommen. Und doch waren Hunde das beste Werkzeug, um den Rettungskräften bei der Entscheidung zu helfen, wo in den zweieinhalb Quadratkilometern Verzweiflung sie zu graben beginnen sollten. Hunde, Hundeführer und Suchende waren Teil eines Teams, das die Zahl der Vermissten auf jenem Schlammberg stetig zum Sinken brachte, einen schweren Schritt nach dem anderen. Sie kletterten über gewaltige Baumstämme. Wichen verbogenen Metallteilen aus. Zerrten stecken gebliebene Stiefel aus dem Morast. Säuberten die Nasenlöcher der Hunde, wenn diese mit Schlamm verklebt waren. Passten auf, dass die Hunde nicht von auf den Fluten treibendem Müll oder Baumstämmen rutschten oder darunter eingeklemmt wurden. Halfen den Hunden in die Tümpel, die vom beständigen Regen und dem über die Ufer getretenen Fluss gebildet wurden, und wieder heraus. Und die Hunde? Sie suchten, suchten und suchten.

Am Ende des Einsatzes war Marcy mit blauen Flecken übersät und zufrieden. Andy war gut gelaunt. Die Hunde waren glücklich. Sie lieben ihre Arbeit. Tausende Trainingsstunden hatten sich ausgezahlt. Andys Knie waren dem Schlamm nicht gewachsen, doch das hielt ihn nicht davon ab, die Leichenspürhunde- und Rettungsteams zu organisieren. Und der über die Ufer getretene Nordarm des Stillaguamish-Flusses musste mithilfe eines Bootes abgesucht werden, was Andy mit Carlo übernahm. Raven und Carlo zeigten deutlich an mehreren Stellen an, die markiert wurden, um später, wenn das Wasser zurückgegangen war, Bergungsaktionen durchführen zu können. Andy entschied, dass er noch nicht bereit war, die aktive Sucharbeit hinter sich zu lassen.

Alle dreiundvierzig Oper des Erdrutsches wurden gefunden. Das Washingtoner Tal, in dem es zu der Katastrophe kam, wird von zahlreichen Immigranten aus dem Westen North Carolinas bevölkert. Holzfäller, Sägewerksarbeiter und deren Familien aus Sylva, North Carolina, waren zwischen der Jahrhundertwende und den 1950er Jahren nach Washington emigriert, als in ihrer alten Heimat ein Sägewerk nach dem anderen seine Pforten schloss. Es gab kein Hartholz mehr, und die großflächige Rodung der Wälder hatte zum Niedergang der örtlichen Wirtschaft geführt. Die Welt ist ein Dorf voller seltsamer Schleifen: Sylva ist zugleich jene Kleinstadt in der Nähe der Western Carolina University, in der Hundeführer aus dem ganzen Land – auch ich – zusammenkamen, um unter der Paul Martins, Lisa Higgins' und Brad Dennis' Anleitung ihre Leichenspürhunde zu trainieren.

Nicht nur wenn ich durch den Wald wandere geht mir North Carolinas Geschichte durch den Kopf. Auch unsere Städte und Ortschaften sind voller Geister: geschlossene Fabriken, verlassene Sägewerke und Lagerhallen, leerstehende moderne Bürogebäude. Diese Orte helfen, Nase und Gehirn unserer Hunde auf die Probe zu stellen. Sie lehren Mensch und Hund, wie Gerüche zu strömen und Geräusche zu hallen pflegen. Sie sind Oasen für die Hundeführer: fern von sommerlichen Stürmen, brutaler Hitze und eisigen Wintern. Sie erinnern uns daran, dass die Vergänglichkeit selbst in massiven und scheinbar unverwundbaren Industriezweigen lauert.

Als ich vor fast zehn Jahren mit Solo zu arbeiten begann, trainierten wir in Tabakfabriken und Auktionshäusern. Das Liberty Warehouse, wo ich Mike Baker zum ersten Mal traf, gibt es nicht mehr. Die Chesterfield-Zigarettenfabrik steht bis heute leer, obwohl sie aufgekauft wurde und umgebaut werden sollte. Ebenso das Qualex-Gebäude, eine Filmentwicklungsfirma, die zur selben Zeit wie ihr Mutterunternehmen Eastman Kodak Konkurs anmeldete. Wir trainierten sogar in Billigwohnbauten, deren Bewohner auf die Straße gesetzt worden oder vor ihren Kreditgebern geflüchtet waren. Sie ließen kaputte Spielsachen, Mülltüten, dreibeinige Sessel und Berge billiger, schimmelnder Kleidung zurück.

Als ich zehn Jahre später Coda trainierte, entdeckte ich neue Geister. Joseph's Claim, eine ambitionierte Wohnsiedlung in Gibsonville, die der Finanzkrise 2008 zum Opfer gefallen war, hätte 155 Wohneinheiten bekommen sollen, dazu ein Clubhaus, ein Fitnesscenter und einen Swimmingpool. Stattdessen gibt es dort gerade einmal drei Wohneinheiten, zwei leere Straßen, einen mit Unkraut überwucherten Kreisverkehr und mehrere Schuttberge, die noch von den Planierungsarbeiten herrühren. Ein finanzieller Fehlschlag wie gemacht für das Hundetraining: leicht zugänglich und mit Wäldern, einem Bach und weitläufigen Wiesen in Gehweite. Coda lernte, die wechselhaften Luftströme über dem Bach zu lesen, jeden Graben und jedes Abflussrohr der beiden verlassenen Straßen zu untersuchen und zwischen Sumach und Stechwinden die Schuttberge hinaufzuklettern.

Doch Codas Lieblingsspielplatz liegt anderswo: Er befindet sich rund um einige Häuserblocks in der Innenstadt von Gibsonville, neben den Eisenbahnschienen. Früher wurde die Wirtschaft Durhams von Tabak und Zigarettenfabriken bestimmt. Im zwanzigsten Jahrhundert wurde die Industrie im Piedmont von Textilien abgelöst. Bereits 1923 produzierte North Carolina mehr Stoffe als Massachusetts. Fabriken und neue kleine Fabrikortschaften schossen aus dem Boden wie Pilze, als große Firmen begannen, sich entlang der Autobahnen niederzulassen. Gibsonville war eine jener Industriestädte. 1901 wurde es von einem Reporter als „eine der glücklichsten, gemütlichsten Dörfer der Welt" bezeichnet. Die Minneola-Fabrik konzentrierte sich auf Flanell, Hemd- und Jeansstoffe, Plaidtücher und Kordsamt. In der Hoffnung, sich als Fabrikarbeiter einen fixen Stundenlohn zu verdienen, ließen viele kleine Landwirte ihre Höfe zurück und strömten nach Gibsonville und in andere Textilindustriestädte. 1988 endete die Zuwanderung. Mittlerweile ist die Hälfte der Fläche Minneolas verpachtet, doch fast alle Maschinen stehen still. Wir neigen dazu, die Vergangenheit zu idealisieren, die harte Arbeitswelt der

Fabrikarbeiter schönzureden und über den Niedergang eines jeden Gewerbes zu trauern. Das Sägewerk in Minneola stellt keine Ausnahme dar.

Coda ist all das egal – Minneola ist ihr Disneyland. Sie liebt es, hoch in die Luft zu springen, Hindernisse zu erklimmen wie eine Katze und auf wackeligen Palettenstapeln zu balancieren. Anders als Solo liebt sie es auch, über rutschige Böden zu laufen, fliegt leichtfüßig darüber hinweg und verschwindet in der Dunkelheit, ohne sich umzublicken. Sie scheint zu wissen, dass es in geschlossenen Räumen kaum Wildtiere gibt, und das hilft ihr, sich zu konzentrieren. Noch fehlt ihr die Erfahrung, um zu wissen, wie die Luftströme in diesem großen Gebäude die Hundenase hinters Licht führen können. Noch ist sie fest davon überzeugt, dass die Geruchsquelle genau da ist, wo Coda auf sie stößt, und nicht irgendwo hinter ihr. Steigen Geruchsfäden auf, versucht Coda, es ihnen gleichzutun und mit zurückgelegtem Kopf und nach oben gerichtetem Blick die Wände und dicken Metallpfeiler hochzuklettern.

Mike, ich und die anderen Hundeführer staunen beim Anblick der abgenutzten, aber immer noch wunderschönen Holzböden, deren Rohmaterial mächtige Bäume gewesen sein müssen. Wir bewundern die hohen Decken und die scheinbare Beständigkeit des Sägewerks, das wirkt, als wäre es immer schon da gewesen und würde immer da sein. Heute baut man nicht mehr wie damals. Wir hören ein schwaches Kratzen in der Dunkelheit und scherzen über die Geister. Einst waren die starken Holzböden unter hunderten Webmaschinen erzittert. Einst waren die Hitze und Feuchtigkeit, der Staub, die Fasern und der Lärm unentrinnbar. Jetzt fühlen wir die kühle Luft selbst in der Frühlingshitze und lauschen in die Stille. Wir gehen durch die höhlengleichen Räume, einst voller gepresster Baumwollballen, Strick-, Spinn- und Webmaschinen, Textilfasern und Arbeiter – viele von ihnen Kinder. Heute lagern in dem Gebäude die Einrichtung einer Geisterbahn, ausgemusterte Elektrogeräte, ein Weihnachtsbaum aus grünen Plastikflaschen, Möbel, die sich bis dicht unter die Decke stapeln, ein Billardtisch, hunderte Einkaufswägen, die in der Mitte der Halle in einer Reihe stehen, und säckeweise Lederproben, die eine rauchige Süße verströmen.

Hunderte Verstecke, an denen Mike einen Geruchsträger für Coda verbergen kann.

Coda teilt meine Sentimentalität für die Geschichte der Mühle nicht. Sie kann kaum erwarten, dass ihr Spiel losgeht, und zieht mich an der Leine die Rampe zum Eingang nach oben. Sie lehnt sich gegen ihr Halsband, bis wir durch das große Tor getreten sind, um sich dann umgehend zu beruhigen: Sie ist genau da, wo sie sein will. Sie steht an meiner Seite. Bewegungslos, ruhig, klein. Ganz anders als mein vertrauter Tanzpartner: der große, laute, rot-goldene, überschwängliche Solo. Ich beuge mich zu Coda hinunter und hake die Leine aus, schwenke ihren quietschenden Stoffalligator über dem Kopf und gebe ihr mein fröhliches Suchkommando: „Such das Eichhörnchen!"

Sie wirft mir einen amüsierten Blick zu, tanzt dann langsam in die Dunkelheit und wiegt die muskulöse Hinterhand, in deren glänzender Schwärze sich das spärliche Licht spiegelt, als wolle sie uns verführen. Systematisch bewegt sie sich vor und zurück. Mike bewundert ihre Unabhängigkeit. Ich sage nichts dazu. Sie tut das, was sie am liebsten tut – sie ignoriert mich. In dieser Situation handelt es sich um einen Vorteil. Minuten vergehen, und Mike und ich folgen Coda in großem Abstand. Ich frage mich, ob sie aus reiner Freude durch die Schatten des Sägewerks tänzelt und ihren Auftrag vergessen hat, doch dann taucht sie aus der Dunkelheit auf und ich sehe, wie sie die Säcke mit den Lederproben gründlich untersucht und dann links liegen lässt. Nicht schlecht. Sie tritt ins Licht, hält inne und hebt die quadratische Schnauze, um die Luft zu prüfen. Sie dreht sich um und wird langsamer. Vielleicht ist ihre Körpersprache nicht so deutlich und simpel wie die Solos, doch ist sie klar genug. Sie hat den Geruch des Todes in der Nase, und er lässt sie nicht mehr los.

Ich lerne, Coda zu lesen. Vielleicht ist sie langsamer als Solo – aber Geschwindigkeit ist nicht alles, worauf es ankommt. Sie arbeitet präzise. Sie will der Quelle so nahe wie möglich kommen. Mit diesem Versteck hat ihr Mike eine Freude gemacht: ein winziger Geruchsträger in einer kleinen geschlossenen Schachtel, die zwischen zahlreichen ähnlichen Schachteln in einer Ecke des Sägewerks liegt. Codas Nase gleitet über jede der Schachteln und kehrt dann zu einer ganz bestimmten zurück. Kurz wirkt sie nachdenklich und konzentriert wie ein Pokerspieler, der entscheidet, welche Karte er ablegen und welche behalten soll. Sie trifft ihre endgültige Entscheidung, setzt ihre Pfote auf eine der Schachteln, lässt sich in eine Spielverbeugung nieder, den Kopf nach unten gebogen, die Nase auf der Schachtel. Dann dreht sie den Kopf zu mir zurück. Ihre Augen leuchten. Ihre Pfote bleibt auf der Schachtel, die sie so sorgfältig ausgewählt hat.

„Toll!", lobt Mike.

Danksagung

Auch wenn Solo meinen förmlichen Dank nicht zu schätzen weiß, so ist er doch der Ursprung dieses Buches. Jahrelang wies ich die Vorstellung, über die Leichenspürhundearbeit zu schreiben, klar von mir – abgesehen von einem kurzen Artikel, den ich ganz am Anfang von Solos Ausbildung verfasste. Wenn Freunde fragten, warum ich nicht darüber schreiben wolle, bestand ich darauf, mit dem aktiven Erleben der Leichenspürarbeit zu viel um die Ohren zu haben, und dass es mir die Freude daran nehmen, die Seele der Gebrauchshundearbeit stehlen und zwei streng getrennte Welten vereinen würde, was ich nicht wolle. Meine Aversion gegen die Vorstellung grenzte an Aberglauben, obwohl ich – abgesehen von Tagen, an denen ich in ein Flugzeug steigen muss – kein abergläubischer Mensch bin. Ich hatte Angst davor, aus Versehen Geheimnisse des Gebrauchshundetempels preiszugeben, den ich hatte betreten dürfen, und die Menschen, die ich respektierte, vor den Kopf zu stoßen. Doch ich verliebte mich immer mehr in Solo, in unsere gemeinsame Arbeit und in die Menschen, mit denen wir trainierten. Ich erkannte, dass ich Solo meinen Beteuerungen zum Trotz in all seiner furchterregenden, verrückten, lustigen Einzigartigkeit verewigen wollte. Ich wollte die Details der Achterbahnfahrt, auf die er mich mitnahm, festhalten. An Solos sechstem Geburtstag wandte ich mich an David: „Ich will über ihn schreiben." Es war einfach: Ich musste es einfach nur aussprechen. Ich liebe erste Schritte. Und ich will nichts vergessen. Was man nicht aufschreibt, vergisst man unweigerlich.

Mein Buch handelt von Menschen und Hunden, darunter Hundemenschen und auch Menschen, die wenig mit Hunden zu tun haben. Drei Jahre sind vergangen, seit ich mit diesem Projekt begonnen habe. Seither haben mir viele dabei geholfen, dieses Buch Wirklichkeit werden zu lassen: Hundemenschen, Wissenschaftler, Exekutivbeamte, Gerichtsmediziner und viele enge Freunde und Kollegen.

Als Erstes möchte ich mich bei einer Gruppe Menschen bedanken, die ich nicht namentlich nennen darf, weil sie mit Kriminalfällen in Verbindung stehen: die engagierten, geduldigen, verständigen und tapferen Exekutivbeamten und Suchspezialisten in ganz North Carolina. Die, die bereit sind, sich durch Sümpfe und durchs Unterholz zu schlagen und jede Möglichkeit in Betracht zu ziehen. Ihre Arbeit ist mühsam und schwierig, und ich kann ihnen gar nicht genug danken – für die Sicherheit, die sie uns bieten, für die Sorgfalt, mit der sie ihre Arbeit machen, und für all das, was sie mir beigebracht haben.

Es folgt das Triumvirat der Hundemenschen: Joan Andreasen-Webb, Nancy Hook und Mike Baker. Joan, Solos Züchterin, war die Erste, die mir etwas über Deutsche Schäferhunde beibrachte. Ihre Geduld, ihre Güte und ihr großes Wissen über Hunde im Allgemeinen und Deutsche Schäfer im Besonderen inspirieren mich bis heute. Nancy war die erste Trainerin, die Solo und ich hatten, und bis heute trainiere ich mit ihr. Sie ordnete meine Prioritäten neu und half mir, eine ganz neue Art Beziehung zu Hunden aufzubauen. Außerdem habe ich das große Glück, mit Mike trainieren zu dürfen. Sein enormes Talent, sein weitreichendes Hundewissen, seine ruhige Autorität, endlose Geduld und seine Fähigkeit, die Arbeit der Hunde in ein Spiel zu verwandeln, sind unglaublich inspirierend.

Ein vierter Hundemensch, Lisa Mayhew, gehört ebenfalls zu diesem frühen und bis heute bestehenden Freundeskreis, der mich und mein Denken und Training prägt. Sie stellte mir Mike und weitere Gebrauchshundeführer in North Carolina vor. Sie unterstützte Solo und mich beim Training und half mir, die komplexen einander überschneidenden Welten von Forensik, Hunden und der Exekutive zu verstehen und zu navigieren.

Zahlreiche Polizeihundetrainer und -führer in North Carolina tolerierten meine Anwesenheit und hießen mich willkommen. Sie halfen mir, Solo zu trainieren, und ich lernte viel, indem ich ihnen zusah. Gleich ob sie in diesem Buch namentlich erwähnt werden oder nicht, haben sie mir sehr viel beigebracht. Seit Jahren darf ich den wöchentlichen und monatlichen Trainingstreffen der Durham Police K9 Unit und der Durham Sheriff K9 Unit beiwohnen. Mein besonderer Dank gilt dem inzwischen pensionierten Durham Sheriff K9 Sergeant Rick Keller und dem aktuellen Durham Sheriff K9 Corporal Steve Tally. Auch schätze ich mich glücklich, mit Durham Sheriff Deputy Tim Fields zu arbeiten und zu trainieren, als er einen Mehrzweck-Leichenspürhund führte, und dass ich aktuell mit Durham Sheriff Corporal Brad Kirby arbeiten darf. Besonders bedanken möchte ich mich bei Danny Gooch, Cindi Wood, Moses Irving, Terry Tanner und Kristy Roberts von der Durham Police K9 Unit. Viele von ihnen sind inzwischen in Pension oder in einer anderen Funktion in der Exekutive tätig, aber von ihnen allen habe ich viel gelernt. Alamance County Sheriff K9 Officer Kathy Edmonds hat mich im Laufe der Jahre wunderbar unterstützt. Die Polizeidienststellen von Reidsville und Gibsonville haben mich zu ihren Trainingseinheiten eingeladen, und ich bin dankbar, bis heute Neues von ihnen lernen zu dürfen. Ken Young, Darlene Griffin und weitere Mitglieder des Triad Bloodhound Teams waren unter den Ersten, die meine Begeisterung für diese Arbeit entfachten.

Auch bei jenen Diensthundetrainern und -führern, deren Seminare und Konferenzen ich besuchte, möchte ich mich bedanken. Während ich recherchierte und an diesem Buch schrieb, lernte ich gleichzeitig mehr über den Umgang mit Solo. Besonders dankbar bin ich Andy Rebmann und Marcia Koenig. Meinen ersten geplanten Flug nach Seattle stornierte ich, nachdem mich Marcia angerufen, sich entschuldigt und erklärt hatte, dass Andy sich diverse Sehnen gerissen und Gelenke ausgekugelt hätte. Im Krankenhaus seien Komplikationen aufgetreten, und es wäre möglicherweise besser, das Interview zu verschieben. Andy erholte sich, und mein Warten hatte sich gelohnt. Die Großzügigkeit der beiden, ihr Humor, ihr weitreichendes Wissen und die Leidenschaft für die Arbeit mit den Hunden inspirieren mich fast so sehr wie Andys kreative Respektlosigkeit. Auch war es Marcia, die mir empfahl, Kathy Holbert in West Virginia zu kontaktieren, die nicht nur ein wichtiger Teil dieses Buches werden sollte, sondern auch aus unserem Leben nicht mehr wegzudenken ist. Sie ist eine kluge und wunderbare Frau und Trainerin. Ich habe schon unglaublich viel von ihr und der nächsten Generation, die sie mir und David anvertraute, gelernt: Coda, unser lustiger schwarzer Schäferwelpe.

Es war nicht einfach, die Anfänge der wissenschaftlichen Auseinandersetzung mit Gebrauchshunden zu rekonstruieren. Manchmal schmerzte es auch, da einige Protagonisten dieser frühen Studien mittlerweile sehr gebrechlich oder bereits verstorben sind. Ich bedanke mich herzlich bei Jim und Sally Suffolk, Nick Montanarelli, Roger Titus, Deborah Palman, Ed David, Jim Polonis und Joan Johnston für ihre Hilfe, ihre ausführlichen Notizen und ihr gutes Gedächtnis.

Ich schätze mich glücklich, dass ich im Zuge meiner Recherchen für dieses Buch an vielen Seminaren im ganzen Land teilnehmen durfte. Broward Sheriff Patrol K9 Trainer Steve Sprouse lud mich zu seinen Seminaren in Florida und North Carolina ein. Seine Frau Sandy nahm mich im Haus der beiden auf und servierte köstliche Lasagne. Wie Mike Baker hat auch Steve eine Fülle an praktischen Fähigkeiten im Umgang mit Hunden und eine beeindruckende Hunde- und Menschenkenntnis, die mich in Ehrfurcht versetzt. Es fühlt sich unzureichend an, Steve für den bedeutenden Beitrag, den er zu diesem Buch geleistet hat, zu danken.

Ich hatte die Gelegenheit, auf Leichenspürhundeseminaren in Georgia, Mississippi und North Carolina mit Lisa Higgins zu trainieren und sie bei der Arbeit zu beobachten. Lisa gehört zu den besten Lehrern und Mentoren, die ich je hatte. Ein besonderes Dankeschön gebührt auch Lisas Enkelin Haylee, die dazu beitrug, das Training herzlich und lustig zu gestalten. Sie erinnerte uns Hundeführer wiederholt daran, worum es in der Arbeit wirklich geht.

Roy und Suzie Ferguson aus Tennessee luden mich zu sich nach Hause und in ihre Trainingseinheiten ein und stellten mir ihren Mentor Art Wolff und dessen Bruder Ed Wolff, ebenfalls ein erfahrener Diensthundeführer, vor. Ihre Offenheit, Professionalität und Freude an der Arbeit ist ein Vorbild für mich. David und ich verbrachten ein langes Wochenende mit Mary Cablk und ihrem Mann John Sagebiel in Reno, wo ich Lisa Lit beim Training mit Chris Salisbury und anderen zusah und Gelegenheit hatte, mit Chris und Cindee Valentin zu sprechen. Ich bin dankbar für die herzliche Gastfreundschaft und Aufmerksamkeit, die uns Mary und John entgegenbrachten – genauso wie für das köstliche Essen, die inspirierenden Gespräche und ihre Hilfsbereitschaft.

Ich begleitete Andy und Marcia auf ein Seminar, das mir die Gelegenheit gab, Zeit mit Kevin George zu verbringen – einem der talentiertesten und kreativsten Trainer, die mir je begegnet sind. Er ist nicht nur ein Zauberer, sondern auch ein unglaublich guter Erzähler – so gut, dass ich lachte, bis mir die Tränen kamen. Nancy war eifersüchtig, als sie hörte, dass ich eines seiner Seminare besucht hatte und seine Assistentin hatte sein dürfen.

An einem herrlichen Herbsttag in Piedmont half mir Roger Titus mit dem geschichtlichen Teil meines Buches und teilte sein großes Bloodhound- und Fährtenwissen mit mir. Ich glaube, wenn man so intensiv mit Bluthunden arbeitet wie er, muss man seinen Sinn für Humor, seine Geduld und Toleranz in den Genen haben. Roger war geduldig mit mir, obwohl er keinen Grund dazu hatte. Seine Großzügigkeit bedeutet mir bis heute sehr viel.

Ein weiterer Trainer und Hundeführer, der sich unglaublich viel Zeit für mich nahm, ist Paul Martin. Er war an der Gründung der Leichenspürworkshops an der Western Carolina University beteiligt und unterrichtet bis heute in diesem Rahmen. Sein listiger Humor, seine nüchterne Herangehensweise und seine Bereitschaft, seine aktuellen Forschungsprojekte mit mir zu teilen, spielten eine entscheidende Rolle in meinem Buchprojekt.

Brad Dennis und Deborah Palman trugen dazu bei, dass ich lernte, die Suche besser zu verstehen und aus neuen Blickwinkeln zu sehen. Ich bin dankbar für die Zeit, die ich mit ihnen verbringen durfte. Die Spürhundewelt profitiert enorm von ihrer jahrzehntelangen Erfahrung und ihrem Wissen zum Verhalten von wilden und domestizierten Tieren und Menschen. Matt Zarrella war extrem großzügig mit der Zeit, die er mit mir am Telefon verbrachte, wo er seine Arbeit mit Hunden und seine Erkenntnisse mit mir teilte. Mit Suzi Goodhope auf einem Seminar zu sein fühlte sich an, als wäre ich mit einer (nur ein kleines bisschen) älteren Schwester unterwegs. In ihrer Gegenwart fühlte ich mich so wohl, als würde ich eine ihrer gestrickten Totenkopf-Hauben tragen. Und Charm Gentry entsprach einer Kupplerin, die mit mir lachte und mich auslachte und Kathy Holbert wissen ließ, dass ich mir nichts mehr wünschte als einen Welpen aus ihrer Zucht.

Ich möchte mich auch bei den vielen Hundeführern und Trainern bedanken, die ich bei der Arbeit beobachten durfte, mit denen ich mich zwanglos unterhalten und die ich interviewt habe. Ich bin so dankbar für alles, was ich von ihnen gelernt habe. Auch wenn ihre Namen nicht explizit in diesem Buch erwähnt werden, haben sie mein Wissen bedeutend vergrößert: Michael Ben Alexander, Orval Banks, Kathi Brown, Shelly Burton, Ann Christensen, Maria Claxton, Terry Crooks, Paul Dostie, Melissa Ellis, Melissa Frye, Karen Gillespie, Gwen Hancock, Deana Hudgins, Nikki Ivey, Renae Johnson, Sean Kelly, Lisa Lepsch, Dave Lopez, Roxye Marshall, Joe Mayers, Paula McCollum, Helen Moreno, Marshia Morton, Benjamen Ortiz, Craig Patton, Brooke Proctor, Pete Sepot, Becky Shropshire, Meaghan Thacker und Sue C. Wolff.

Organisationen, Seminarveranstalter und Polizeidienststellen in ganz North Carolina und im Rest des Landes gaben mir vollen Zugang zu ihren Trainingsveranstaltungen, erlaubten mir, zu fotografieren und hin und wieder mit Solo mitzumachen. Ich bin der National Search Dog Alliance und Jan Meyer so dankbar; außerdem DogMeet 2011 in Washington und Bruce Ramey; dem Network of Canine Detection Services und besonders Ronda Maine, Barbara und Danny Holley und T.H. Walker; den Leichenspürhundeworkshops der Western Carolina University und besonders Bobby Hensley; dem Tennessee Special Response Team-A; der Diensthundestaffel der Polizeidienststelle von Greensboro; Birgit und Jon Hall von Alert K9; und der Polizeidiensthundestaffel von Southern Pines.

Auch ohne die zahlreichen Wissenschaftler, Leichenbeschauer, Epidemiologen, Tierärzte, Hunde-Verhaltensforscher, Archäologen, Anthropologen, Geschichtswissenschaftler, Geschichtsenthusiasten, Militärpersonal und Umweltforscher, die mir per E-Mail und in Gesprächen ihre Zeit zur Verfügung stellten und mir halfen, Fakten zu überprüfen, wäre dieses Buch nicht zustande gekommen. Jedem einzelnen auf dieser Liste bin ich zutiefst dankbar: Hundetrainings-Autorin Carol Lea Benjamin; Chris Brodie, bis vor Kurzem bei American Scientist; Archäologin Haleh Brooks; Wendi Dick; Pat Franklin; Ken Furton; Epidemiologe David Goldsmith; Deak Helton; Cheryl A. Johnston, forensische Anthropologin an der West Carolina University; Lisa Lit; May McCallum; Patricia McConnell; Kha McDonald; Charlie Mesloh; Larry Myers; Paul C. Paquet, Senior Scientist an der Raincoast Conservation Foundation; Ökologe Milo Pyne; Ephraim Rotter; John Sagebiel; Greg Sanson; Robin Scott, die Tierärztin von Solo und Megan; Tierärztin Tami Shearer; Michael Sledge; Marci Sorg; George Stevenson, Neurologe und Bärenhirnexperte; John M. Sullivan, Archäologe in Mississippi; Botaniker Wade Wall; Sam Wasser, Direktor des Instituts für Naturschutzbiologie an der University of Washington; Barbara Weakley-Jones; John Williams, forensischer Anthropologe an der Western Carolina University; und Steve Wing, Freund und Anthropologe. Ein besonderer Dank gilt Arpad Vass für seine Zeit und Großzügigkeit.

Ich bin mir nicht sicher, an welche Stelle meiner Danksagung Nancys Tochter Lindsay und ihr Enkel Sean am besten passen. Sie fallen in so viele Kategorien! Seit Lindsay ein Teenager war, half sie, Solo und mich zu trainieren, und Sean ist seit seiner Geburt mit von der Partie. Er ist ein toller junger Mann, und wir haben jedes Mal Spaß, wenn er dabei ist: Er ist intelligent, frech, lustig und geht auf Menschen wie Hunde offen zu.

Auch in der akademischen Welt gibt es Hundebuch-Advokaten. Ich bedanke mich bei Cary Nelson und Paula Treichler – Partner, Samojeden-Liebhaber und meine akademischen Mentoren –, die amüsiert und beeindruckt waren und mich unerschütterlich unterstützt haben, als sie erfuhren, dass ich vorhatte, ein Hundebuch zu schreiben und als Herausgeberin für ein nationales Magazin der American Association of University Professors zu fungieren, deren Präsident damals noch Cary war. Als mich Cary fragte, warum es mir so schwer zu fallen schien, über einen Hund zu schreiben, fand ich keine Antwort. Es war ein typischer Cary-Moment. Er hatte recht, also hielt ich den Mund und schrieb einfach weiter. Ich möchte mich auch bei Elaine Orr für ihre ruhigen, guten Ratschläge bedanken. Tony Harrison, mein Institutsvorstand, hat sich an mein seltsames Projekt gewöhnt und mich auf die unterschiedlichste Art und Weise unterstützt. Ich weiß es enorm zu schätzen, Teil eines Instituts zu sein, das verschiedene Disziplinen beheimatet.

Der Geruch des Todes ist das erste Buch, das ich nicht in Kollaboration mit anderen Autoren, sondern alleine geschrieben habe. Ich entwickelte das Exposé mit der Hilfe Laurel Goldmans und meiner Donnerstags-Schreibgruppe in Chapel Hill: Anna Jean Mayhew, Fabienne Worth, John Manuel, Betty Palmerton, Eve Rizzo, Mia Bray und Cindy Paris. Sie waren sowohl streng als auch gütig und hilfsbereit. Nie zuvor hat es sich für mich so furchteinflößend und zugleich schön angefühlt, laut vorzulesen. Ich bewundere Laurels präzises Lektorat und ihr Talent und schätze mich glücklich, sie im Schreibprozess an meiner Seite gehabt zu haben. Ich möchte mich auch beim Weymouth Center for the Arts & Humanities bedanken, das mir vier friedliche Tage schenkte, um mein Exposé fertigzustellen: Ich wohnte in einer altehrwürdigen Villa, mit Friesenställen auf der einen und einem herrlichen Garten mit kleinen Teichen und Ochsenfröschen auf der anderen Seite – Ablenkung pur! Mein Dank gebührt auch Jim Roberts und Nick Roberts von Doe Branch, Ink, einem Rückzugsort für Schriftsteller in den Blue Ridge Mountains. Hier arbeitete ich mit Peggy Payne und einer anderen wunderbaren

Gruppe kluger und aufmerksamer Zuhörer: Mahan Siler, Susan Schild und Fabienne Worth. Mithilfe der schwachen Internetverbindung, die wir in den Bergen hatten, zeigte mir Peggy, wie ich über Publishers Marketplace Agenten finden konnte. Es dauerte nicht lange, bis ich auf Gillian MacKenzie stieß. Ich liebte ihre Buchprojekte. Gillian kannte mich nicht, und ich hatte keinerlei einflussreiche Freunde, deren Namen ich nebenbei hätte erwähnen können, als ich ihr eines kalten Sonntagabends im Januar mein Exposé via E-Mail schickte. Und doch fand ich weniger als vierundzwanzig Stunden später ihre herzliche, umfassende und verständnisvolle Antwort in meinem Posteingang. Bis heute kann ich mich auf Gillians Antworten verlassen. Sie half mir, mein Exposé und in weiterer Folge das Buch auszubauen und in Form zu bringen. Dann gab sie das Projekt an Michelle Howry, die Cheflektorin von Touchstone, weiter. Ich bin dankbar für ihr ausgezeichnetes, intelligentes Lektorat, ihre Ideen, ihre Sorgfalt und Aufmerksamkeit. Da ich mit Schriftstellern und Herausgebern befreundet bin, weiß ich, wie glücklich ich mich schätzen kann, dass Michelle und Gillian mein Projekt mit ihrem enormen Talent unterstützten. Ich möchte mich auch bei Michelles Lektoratsassistent Brendan Culliton und bei Anna Jean Mayhew bedanken, die mir an entscheidenden Punkten des scheinbar endlosen Buchprojekts mit ihrem Lektorat unter die Arme griffen. Es war mir eine Freude, mit dem Touchstone-Team – Jessica Roth, Meredith Vilarello und Linda Sawicki – zu arbeiten. Auch bedanke ich mich bei David Falk.

Danke an Fotograf D.L. Anderson, der mit seinen scharfen Augen und seiner dankenswerten Fähigkeit, das Vermenschlichen von Hunden zu vermeiden, einen großen Beitrag zu diesem Projekt leistete; an Sherri Clendenin, deren alte Fotos von Solo dazu beitrugen, dass ich mich in ihn verliebte; an Steve Sprouse für sein bemerkenswertes Talent als Diensthundefotograf; und an Nick Montanarelli für seine Schnappschüsse von den ersten Studien zum Thema Hund. Ich bedanke mich auch bei Lissa Gotwals für ihre ausgezeichneten Autorenfotos. Seth Mulliken, Robert Bell und Brooke Darah Shuman filmten Solo und mich beim Training. Ich danke ihnen für die bleibenden Erinnerungen.

Meine Freunde, meine und Davids Freunde und unsere Familien wurden im Laufe des Projekts zu Mitarbeitern und spielten eine wichtige Rolle in meinem Schreibprozess. Dale Maharidge half mir an einem langen Abend in Manhattan, eine große Menge Wein und Essen zu konsumieren, und zählte all die Gründe auf, aus denen ich dieses Buch schreiben konnte und es der Anfang vom Rest meines Lebens sein würde. Wir kennen einander seit dreißig Jahren, und Dale hat mir nicht nur bei jedem einzelnen Schritt geholfen, sondern auch oft vorhergesehen, was ich in diesem komplexen Projekt als Nächstes tun musste. Ich könnte mir keinen besseren Cheerleader, Freund und Coach wünschen. Sherryl Kleinman, die noch nie einen Hund hatte, aber von einem perfekten, pflegeleichten Vierbeiner träumt, half mir auf unseren langen Fahrten quer durch North Carolina und nach Washington, D.C. und zurück beim Skizzieren der einzelnen Kapitel. Ich bin unendlich traurig, dass das Kapitel mit dem Titel „Sherryl will einen Hund" den brutalen Lektoratsprozess nicht überlebt hat. Meine Freundin und Kollegin Sharon Setzer ärgerte mich, schmeichelte mir und unterstützte mich, während ich „meine Haustier-Memoiren" schrieb. Sarah Stein hörte mir zu, wenn ich von Trainingseinheiten und Einsätzen erzählte, hat jenes Vertrauen, das mir fehlt, ermunterte mich dazu, mich mit mir selbst zu beschäftigen, und nahm herrliche Videos von Solo beim Training auf. Sie war meine spirituelle Führerin auf dem Weg zu diesem Buch. Scott Browning lachte mich aus, wenn ich Angst vor dem Schreiben hatte, las sorgfältig und schickte mir neue Artikel, bevor diese online verfügbar waren. Ronnie Cohen, die ich noch länger kenne als Dale, lektorierte und beriet mich mit so viel Fingerfertigkeit und Sorgfalt, dass ich nicht weiß, was ich ohne sie gemacht hätte. Barb Smalley und ihr Hund nahmen unsere süße Megan zu mehrtägigen „Playdates« auf, damit ich ungestört arbeiten konnte. Unsere Nachbarn Michael Hardt und Kathi Weeks – Katzenmenschen, die unsere Hunde trotzdem mögen – versorgten uns mit Wein und guten Gesprächen in unserem Garten: spontane Zusammentreffen, die wenig verlangten und uns viel bedeuteten. Kati stellte mir Kathy Rudy – einen Hundemenschen – vor, welche mir half, mein Projekt durchzudenken und mir eine Mentorin und Unterstützerin wurde. Unsere anderen Nachbarn, Bruce und Doreen Sanfelici, ließen die Hunde in den Garten und ermutigten mich, ich selbst zu sein. Anita Levy ist kein Hundemensch, und trotzdem war ihr mein Projekt wichtig. Kim Turk, Leila May und Don Palmer, Jennifer Washburn, Barry Yeoman und Richard Ziglar, Mike Ferguson, Diane Johnson, Anne Eckman und David Schulman hörten zu, halfen mir und fühlten auf jedem Schritt meines Weges mit mir, teils aus der Ferne und teils persönlich. Und Deborah Hooker hörte mir zu, interessierte sich dafür, was ich tat, und half mir, Gefühle in Worte zu fassen, von denen ich vor unseren Gesprächen nicht einmal gewusst hatte, dass ich sie empfand. Meine Highschool-Freundin und Garderobennachbarin Randhi Sue Wilson brachte mich mit ihrem Schäfermischling Tolkien auf den Deutschen Schäferhund. Tolkien begleitete sie überall hin und zeigte mir, dass Hunde Partner sind. Ich danke ihnen allen für ihre Freundschaft und Hilfe.

Hal und Patsy Hopfenberg ließen uns mit Solo in ihr Bergdomizil flüchten, wo wir aßen, tranken und redeten – und ich schrieb. Wenn ich deprimiert und außer mir war, weil mir die Decke auf den Kopf fiel, fuhren wir die zwei Kilometer zum Magnolia Grill, wo wir uns einen kleinen Tisch an der Bar nahmen. Chefkoch und Eigentümer Ben Barker nahm sich eine kurze Küchenpause und gesellte sich zum Plaudern zu uns, obwohl er wusste, dass unsere Ankunft bedeutete, dass ich schlechter Laune war. Ich jammerte, kostete Bens heiße Köstlichkeiten und fühlte mich besser. Wenn ich schließlich etwas später eines von Karen Barkers großartigen Desserts naschte, hatte ich bereits vergessen, was mir Sorgen bereitete. Das Magnolia Grill hatte die besten Hauptspeisen und Desserts des Landes, bis er letztes Jahr nach fünfundzwanzigjährigem Bestehen seine Pforten schloss. Ich bin für immer dankbar für die Existenz dieses Lokals. Dank Ben und Karen und unseren Freunden Joe Levine und Louise Antony verlobten David und ich uns dort. Dieses Buch – und unsere Ehe – stützen sich auf das Magnolia Grill.

Davids New Yorker Geschwister Bob und Irene und ihre Partner Arleen Auerbach und Phil Schaeffer waren großartig – ich danke ihnen dafür, dass sie so wunderbare Schwager und Schwägerinnen für mich sind, und für das Verständnis, das sie unserem durch mein Buch verursachten Zeitmangel entgegenbrachten. In Zukunft werden wir öfter auf Besuch kommen. Mein Bruder Mark erinnerte sich gemeinsam mit mir an die Irischen Setter unserer Kindheit, mein Neffe Kelly begeisterte sich für meine Buchidee, und mein Bruder Dan, der Labradore aus Jagdlinien hat, versteht meine Vorliebe für Gebrauchshunde.

Mein Vater Charles Warren starb 2005 an Krebs. Im vermeintlich reifen Alter von neunundvierzig Jahren ließ er mich in der tiefsten Trauer zurück, die ich je erfahren habe. David verlor beide Elternteile in seiner Jugend; ich verlor meine Mutter etwa zehn Jahre vor Papas Tod. Sein Tod fühlt sich bis heute frisch an. Noch immer habe ich seine langsamen, wohlüberlegten Worte im Ohr. Immer noch will ich zum Telefon greifen und mit ihm über die Lage der Welt und unser Leben reden. Sein Leben zieht sich durch das meine und durch dieses Buch. Ich bin meiner Stiefmutter Agnes Rands-Warren so dankbar, dass sie Papas letzte Lebensjahre zu einer solch fröhlichen Zeit gemacht hat und wie eine Mutter für mich war.

Und dann ist da noch David: mein Mann, mein Herz, mein bester Freund. Ich weiß nicht, wie ich ihm danken kann, außer indem ich sage, dass ich ihn liebe und verspreche, nicht so bald wieder ein solches Projekt zu beginnen.

Anmerkungen und Quellen

Dieses Buch stützt sich unter anderem auf meine eigenen Trainingserfahrungen und besonders auf jene Dinge, die ich gelernt habe, seit Solo und ich 2004 mit der Leichenspürarbeit begonnen haben. Meine Beobachtungen und Teilnahme an zahlreichen Rettungs- und Leichenspürhundeseminaren, an Polizeihundetrainings und -seminaren und die Erfahrungen, die ich auf Sucheinsätzen sammeln durfte, spielen eine wichtige Rolle. Ohne persönliche Diskussionen, vertrauliche Gespräche, offizielle Interviews und ausführlichen Mail- und Briefverkehr mit Dutzenden Hundeführern, Trainern, Exekutivbeamten, freiwilligen Rettungshundeführern und -teamleitern, forensischen Anthropologen, Archäologen, Botanikern, analytischen Chemikern, Kognitionswissenschaftlern, Epidemiologen, Tierärzten, Biologen, Gerichtsmedizinern, Militärforschern und Historikern wäre dieses Buch nicht zustande gekommen. Ich bin auch dankbar für den Zugang zu den persönlichen Aufzeichnungen sowie Trainings- und Einsatznotizen mehrerer erfahrener Trainer und Hundeführer. Des Weiteren stützt sich mein Buch auf Tausende in Zeitungen und Magazinen veröffentlichte Artikel, Tagungsberichte, Militärreportagen und Berichte zu militärischen Studien sowie Dutzende Bücher.

Oliver Sacks schreibt in einem Essay für die *New York Review of Books* im Februar 2013: „Es scheint, als verfügten weder Verstand noch Gehirn über einen Mechanismus, der die Wahrheit unserer Erinnerungen garantierte." Ich bin ganz seiner Meinung. Wann immer ich jemanden direkt zitiere, sind dessen Aussagen wortwörtlich aus ausführlichen Notizen, aufgezeichneten Gesprächen, E-Mails oder Briefen übernommen. In einigen wenigen Fällen handelt es sich um Worte, die sich unauslöschlich in mein Hirn eingebrannt haben, weil ich sie so oft gehört sowie gegenüber meinem Mann David Auerbach und anderen wiederholt habe. Ein solches Beispiel ist der Ratschlag, den Durham Police K9 Sergeant Mike Baker den Hundeführern zu geben pflegt: „Seid spannender als eine angepinkelte Straßenlaterne!"[1]

Diese Notizen stellen genauso wenig Anspruch auf Vollständigkeit wie das Buch selbst. Sie zeigen besonders wichtige Quellen auf. Manchmal verwende ich keine Namen, etwa wenn ich einem Seminar oder Training als Zuhörerin und Beobachterin beiwohnte und mir die Hundeführer und Trainer mir großzügig erlaubten, Notizen und Fotos zu machen. Auch wenn ich nicht immer Namen verwende, bin ich ausnahmslos dankbar für das mir vermittelte Wissen. Keine der handelnden Personen setzt sich aus mehr als einem realen Menschen zusammen. Dasselbe gilt für deren Zitate. Ich habe weder Namen noch Details verändert. In manchen Fällen habe ich bestimmte Details einer Suche ausgelassen; allerdings habe ich in die Fakten der vorgestellten Fälle in keiner Weise abgeändert.

1 Der kleine Prinz der Dunkelheit

Dieses Kapitel stützt sich unter anderem auf Interviews und Schriftverkehr mit Solos Züchterin Joan Andreasen-Webb; meinem Mann David Auerbach (der in jedem Kapitel auf die eine oder andere Weise präsent ist); Nancy Hook von Hook's K9 Training; und unserer Freundin Barb Smalley. Joan und ich schrieben einander in jenen ersten Solo-Tagen zahlreiche E-Mails. Später ließ sie mich wissen, dass sie sich wünschte, wir hätten näher beieinander gewohnt, da sie sich bei dem Versuch, mich aus der Ferne zu beraten, mitunter hilflos fühlte.

1 Im amerikanischen Original: „Be more exciting than pee on a tree."

Der Deutsche Schäferhund ist eine umstrittene Rasse (wie viele andere Rassen auch). Kaum eine Frage erhitzt die Gemüter nordamerikanischer Schäferliebhaber so sehr wie jene, ob die Amerikaner – und im Besonderen der American Kennel Club – den Deutschen Schäferhund ruiniert habe, indem er größeren Wert auf ein bestimmtes standardisiertes Aussehen als auf Eigenschaften wie Gesundheit und Arbeitsvermögen gelegt habe. Es gibt auch eine „reinere" Geschichte des Deutschen Schäferhundes, die von Liebhabern der Arbeitslinien meist nur vage angedeutet oder überhaupt vermieden wird. Diese Geschichte beginnt mit Max Emil Friedrich von Stephanitz (30. Dezember 1864 – 22. April 1936), einem deutschen Offizier, der die Rasse dazu machte, was sie heute ist. Er legte Richtlinien für den Rassestandard fest und war der erste Präsident des Vereins für Deutsche Schäferhunde, kurz S. V. Sein Buch *Der Deutsche Schäferhund in Wort und Bild* (Jena: Anton Kämpfe, 1925) zählt ganze 710 Seiten. Wie Susan Orlean mit leichter Ironie in ihrem Buch *Rin Tin Tin: The Life and the Legend* (New York: Simon & Schuster, 2011) feststellt, hatte Stephanitz einen „germanischen Enthusiasmus für Genetik" (23). Dennoch soll er sein Register nur ungern an die Nazis weitergereicht haben, die sich fortan begeistert der Zucht des Deutschen Schäferhundes verschrieben. Mehr zu diesem Thema findet sich unter anderem in Boria Sax' *Animals in the Third Reich: Pets, Scapegoats, and the Holocaust* (New York: Continuum International Publishing, 2000) sowie in „Breeding Racism: The Imperial Battlefields of the German Shepherd Dog" von Aaron Skabelund (*Society and Animals* 16, Nr. 4, 2008: 354–371. Auch Gebrauchshunde-Aficionado James R. Engel schreibt in seinem internetbasierten Buchprojekt *The Police Dog: Evolution, History and Service* (http://www.angelplace.net/Book/) viel zu Geschichte und Kontext der Entwicklung des Deutschen Schäferhundes.

Die Geschichte des Schutzhundesports ist lang und komplex. Ursprünglich wurde er entwickelt, um die Eignung eines Gebrauchshundes für Zuchtprogramme zu testen. Die Hundesportart besteht aus drei Teilen: Unterordnung, Fährten- und Schutzarbeit. Weitere Informationen zu Schutzhund-Prüfungen und -Wettkämpfen in den USA finden sich unter http://www.germanshepherddog.com/schutzhund/trial.htm.

Das Kapitel über Einzelwelpen stützt sich auf Patricia McConnells Erfahrungen. McConnell gehört zu meinen liebsten Verhaltensforscherinnen. In *Liebst du mich auch? Die Gefühlswelt bei Mensch und Hund* (Nerdlen/Daun: Kynos, 2008) beschreibt sie ihre Erfahrungen mit einem Einzelwelpen (der ebenfalls Solo heißt). McConnell betont, dass ihre Erfahrungen rein anekdotischer Natur sind und kaum wissenschaftliche Studien existieren, die diese belegen würden. „Das soll nicht heißen, dass meine Erfahrungen keinen Wert haben – aber bis kontrollierte Studien zu diesem Thema vorliegen, können nur bedingt Schlüsse gezogen werden." Sie gab Solo an eine alleinstehende Frau ab, und er wurde zum „Sonnenschein ihres Lebens".

Auch Karen Londons Hunde-Verhaltensblog zum Thema Einzelwelpen fand ich interessant: http://dogbehaviorblog.com/2008/08/singleton-puppi.html (2. August, 2008).

Zu Solos beachtlichem stimmlichen Repertoire: Ich glaube nicht, dass er nahe mit Afrikanischen Wildhunden verwandt ist – doch gehört diese Spezies zu den sozialsten Caniden – dazu gehören auch Wölfe, Füchse, Kojoten, Schakale und Hunde – überhaupt. Afrikanische Wildhunde sind Caniden mit besonders komplexem Geräuschrepertoire.

2 Der Tod und der Hund

Interviews, Schriftverkehr, persönliche Gespräche und Hintergrundinformationen für dieses Kapitel entstanden unter anderem in Zusammenarbeit mit Archäologin Haleh Brooks; Dr. Edward David, dem früheren Gerichtsmediziner von Maine; Brad Dennis, dem Leiter der Sucheinsätze für die Klaas Kids Foundation; Lisa Higgins, einer Leichenspürhundetrainerin und -führerin aus Louisiana, die unter anderem mit dem FBI zusammenarbeitet; Nancy Hook; Paul Martin, einem Doktoranden der

Anthropologie an der University of Mississippi und Koordinator des Leichenspürhundeprogramms am Institut für Forensische Anthropologie der Western Carolina University; Lisa Mayhew, die den Tod von Kindern untersucht sowie als Trainerin für das gerichtsmedizinische Büro in North Carolina fungiert; Andrew „Andy" Rebmann, ein pensionierter Landespolizist aus Connecticut und Gründer der K-9 Specialty Search Associates; und Dozentin und Forscherin Marcella Sorg vom Institut für Anthropologie an der University of Maine.

Das einleitende Zitat dieses Kapitels stammt aus Paul Shepards *The Others: How Animals Made Us Human* (Washington, D.C.: Island Press, 1995). Shepherds, ein Tiefenökologe, schrieb über den Hund (62): „In vielerlei Hinsicht ist er ein Grenztier. Besonders in Verbindung mit der Geographie des Chaos nimmt sein Außenseitertum mythische Ausmaße an."

Das Buch, das im Mittelpunkt dieses Kapitels – und gewissermaßen meines Buches überhaupt – steht ist Andy Rebmanns, Edward Davids und Marcella Sorgs *Cadaver Dog Handbook: Forensic Training and Tactics for the Recovery of Human Remains* (Boca Raton, FL: CRC Press, 2000). Es gilt als Grundlagentext für Leichenspürhundeführer und -trainer. Beim zweiten Buch, das Nancy Hook in unserem ersten Gespräch über Spürhunde erwähnte, handelt es sich um William G. Syrotucks 102 Seiten starkes *Scent and the Scenting Dog* (Erstausgabe Rome, NY: Arner Publications, 1972). Es wurde mehrmals neu aufgelegt und ist bis heute ein Klassiker zum Thema Nasenarbeit.

Den Abschnitt zur Geschichte der Hunde und des Todes leite ich mit der Entdeckung canider Schädelknochen ein (bis heute herrscht keine Einigkeit unter Archäologen, ob diese Schädel „den Hund" repräsentieren): „Palaeolithic Dog Skulls at the Gravettian Predmostí Site, the Czech Republic" von Mietje Germonpré, Martina Láznicková-Galetová und Mikhail V. Sablin, *Journal of Archaeological Science* 39, Nr. 1, 2012: 184–202.

Ob es sich beim ägyptischen Gott Anubis um einen Wüstenhund oder einen Schakal handelt, ist uns nicht bekannt. Doch Stephanie Cass hat in jedem Fall recht, wenn sie darauf hinweist, dass die Figur „definitiv ein Canide und wahrscheinlich ein Schakal oder wilder Hund – oder eine Mischung aus beiden – ist, dessen Darstellung wie auch die von Seth (dem Chaosgott) bewusst die Grenzen der Realität verwischt." („Anubis", *Encyclopedia Mythica Online*, http://pantheon.org/articles/a/anubis.html, zuletzt geändert am 16. Januar 2004).

Das Zitat zu den *Canes sepulchrales* stammt aus der *Introduction to the Study of Mortuary Customs Among the North American Indians* von Dr. H. C. Yarrow (Washington, D.C.: Smithsonian Institution, Bureau of Ethology, 1880: 10). Das Buch ist eine der wenigen Quellen, die zu diesen Hunden vorhanden sind, und stimmt damit überein, was wir über die Gewohnheiten von Hunden wissen.

Über den zoroastrischen *sagdid* ist viel bekannt und dokumentiert. Viele Forschungsprojekte und Quellen befassen sich damit, darunter *The Religious Cermemonies and Customs of the Parsee* von Jivanji Jamshedji Modi (Mazagon, Bombay: British India Press, 1922), http://www.avesta.org/ritual/rcc.htm (zugegriffen im November 2011).

Besonderer Dank gebührt Haleh Brooks, einer Archäologin, die heute in Norwegen lebt. Bei einem Besuch im Museum von Teheran fotografierte sie eine kleine bronzene Hundefigur aus dem alten Persien, die einem Deutschen Schäfer erstaunlich ähnlich sieht. Sowohl ihr Blogeintrag vom Februar 2012 (http://halehsworldofarchaeology.blogspot.com/2012/02/dogs-in-ancient-iran.html) als auch unser Mail- und Briefverkehr waren mir eine große Hilfe.

Die 2006 verstorbene britische Wissenschaftlerin Mary Boyce, die bis heute als die größte Koryphäe zum Zoroastrismus gilt, schrieb ausführlich über die Rolle der Hunde in dieser Religion. Ein im Internet verfügbarer Artikel aus ihrer Feder ist „Fauna & Flora: Dog in Zoroastrianism". Es handelt sich um ein Exzerpt aus der Encyclopaedia Iranica, http://cais-soas.com/CAIS/Animals/dog_zoroastrian.htm (zugegriffen am 13. Dezember 2011).

Der Abschnitt über die Rolle der Hunde in den frühen Tagen der westlichen Zivilisation und in monotheistischen Religionen stützt sich auf zahlreiche Quellen. Besonders hilfreich waren ein Artikel von Sophia Menache von der Universität Haifa – „Dogs: God's Worst Enemies?", *Society & Animal Journal of Human-Animal Studies* 5, Nr. 1, 1997: 23–44) – und ein Artikel des Amateurhistorikers Robert N. Trubshaw – „Guardians of the Corpse Ways", *Mercian Mysteries* Nr. 20, August 1994, http://indigogroup.co.uk/edge/bdogfl.htm (zuletzt bearbeitet im November 2008).

Scamp, der „Todeshund", erlangte durch Zeitungs- und Fernsehberichte in den USA und Großbritannien Bekanntheit. Unter den Medien, die sich mit ihm befassten, ist die Sendung *Extraordinary Animals* auf Animal Planet, die erstmals am 31. Mai 2011 ausgestrahlt wurde: http://thepetnetwork.tv/videos/extraordinary-animals-the-grim-reaper-dog/ (zugegriffen im November 2011).

Es ist schwierig, an konkrete Zahlen zum sogenannten „Schwarzer-Hund-Symptom" – der Vermutung, dass schwarze Hunde länger im Tierheim sitzen als andere – zu gelangen. Viele Tierheime sagen, es sei ein Problem; andere wiederum halten es für ein Gerücht. Weitere Informationen zum Thema schwarze Hunde in Tierheimen finden sich zum Beispiel in „Black Dogs Face a Hard Choice at Shelter" von Deb Hipp, *The Bark* 35, März/April 2006, und „Black Dog Bias?" von Craig Nakano, *Los Angeles Times*, 6. Dezember 2008, http://latimes.com/features/la-hm-black6-2008dec06,0,6461430.story (zugegriffen im November 2011).

Erzählungen über das Auffinden von Leichen durch Spaziergänger und ihre Hunde häufen sich in den Medien. Lauren Kornberg wurde für die *Madeleine Brand Show* interviewt: „Hollywood Severed Head: Dog Walker Recounts Grim Discovery", 89.3 KPCC, Southern California Public Radio (19. Januar 2012), http://www.scpr.org/programs/madeleine-brand/2012/01/19/22180/lauren-kornberg-hollywood-human-head-severed (zugegriffen im März 2012). Naxiely Lopez schrieb in *The Monitor* über den Hund Fish: „Pet Dog's Discovery of Decaying Hands Leads Police to Body in Mission", http://themonitor.com/articles/mission-53721-human-carrying.html#_jmp0_ (zuletzt bearbeitet am 12. August 2011).

Es gibt eine kleine, aber wachsende Anzahl akademischer Publikationen dazu, ob und auf welche Weise Hunden, Kojoten und Bären menschliche Überreste verschleppen bzw. fressen. Es folgt eine kurze Zusammenfassung der Artikel und Lehrbuchkapitel, die sich mit dem Thema befassen: „Canid Modification of Human Remains: Implications for Time-Since-Death Estimations" von P. Wiley und L. M. Snyder, *Journal of Forensic Sciences* 34, Nr. 4, 1989: 894–901; „Canine Scavenging/Disarticulation Sequence of Human Remains in the Pacific Norhtwest" von William D. Haglund, Donald T. Reay und Daris R. Swindler, *Journal of Forensic Sciences* 34, Nr. 4, 1989: 894–901; „Dogs and Coyotes: Postmortem Involvement with Human Remains" von William D. Haglund, *Forensic Taphonomy: The Postmortem Fate of Human Remains*, herausgegeben von William D. Hagl und Marcella H. Sorg (Boca Raton, FL: CRC Press, 1997): 367–381; *Skeletal Manifestations of Bear Scavenging* von E. Ann Carson, Vincent H. Stefan und Joseph F. Powell, *Journal of Forensic Sciences* 45, Nr. 3, 2000: 515–526; „Taphonomy of Child-Sized Remains: A Study of Scattering and Scavenging in Virginia, USA" von Robert Morton und Wayne Lord, *Journal of Forensic Sciences* 51, Nr. 3, 2006: 475–479.

Möglicherweise haben Archäologen die Rolle des Hundes an Ausgrabungsstätten unterschätzt und die Spuren seiner Aktivitäten fälschlicherweise für menschliche gehalten: „Analogic Reasoning, Ethnoarchaelology, and the Impact of Canines on the Archaeological Record" von Lawrence A. Kuznar und Robert Jeske, *Archeological Papers of the American Anthropological Association* 16, 2006: 37–46;

„Identifying the Involvement of Multiple Carnivore Taxa with Archaeological Bone Assemblages" von Marie M. Selvaggio und J. Wilder, *Journal of Archaeological Science* 28, Nr. 5, 2001: 465–470.

Jene Fälle, in denen die Überreste alleine lebender Menschen, teilweise von ihren eigenen Hunden gefressen, in Häusern oder Wohnungen gefunden werden, gehören zu den traurigsten überhaupt: „Case Report: Canine Scavenging of Human Remains in an Indoor Setting" von Dawnie Wolfe Steadman und Heather Worne, *Forensic Science International* 173, 2007: 78–82.

3 Nasenwissen

Dieses Kapitel stützt sich unter anderem auf Interviews mit dem Polizeihundesachverständigen Terry Fleck; Kenneth Furton, dem emeritierten Rektor des internationalen forensischen Forschungsinstituts an der Florida International University; dem Kognitionspsychologen William S. „Deak" Helton an der University of Canterbury in Neuseeland; Marcia Koenig von K9 Specialty Search Associates; Nicholas „Nick" Montanarelli, der im Laufe seiner Karriere in unterschiedlichen Ämtern für die Regierung tätig war, darunter das U.S. Army Land Warfare Laboratory; Laurence „Larry" Myers, einem Dozenten für Tierverhalten, Physiologie und Medizin der Sinnesorgane an der Auburn University; Deborah Palman, einer pensionierten Wildhüterin und Eigentümerin von Maine K-9 Services; Andy Rebmann; dem pensionierten Neurochirurgen George Stevenson, der sich nach seiner Pensionierung dem Gehirn des Grizzlybären widmete; und Roger Titus, dem Vizepräsidenten der National Police Bloodhound Association.

Dieses Kapitel wurde zu dem, was es ist, weil ich die Möglichkeit hatte, Roger Titus beim Training der Bloodhound-Führer zuzusehen. Ich sah Dutzende Trainingseinheiten mit Diensthunden der Polizeihundestaffeln von Durham sowie weiterer Exekutivbehörden, von denen sich die meisten in North Carolina befinden.

Auch Marcia Koenigs unveröffentlichte Fachartikel, Andy Rebmanns bis in die frühen 1970er zurückreichende Sammlung von Zeitungsartikeln zu Fällen, an denen er, seine Hunde und von ihm trainierte Hundeführer arbeiteten, und Nick Montanarellis während früher Militärhundetrainings und -studien aufgenommene Schnappschüsse aus den 1960ern und 70ern spielten eine wichtige Rolle.

Unter den für dieses Kapitel wichtigen Büchern finden sich das *Cadaver Dog Handbook* und das von Deak Helton herausgegebene Buch *Canine Ergonomics: The Science of Working Dogs* (Boca Raton, FL: CRC Press, 2009). Leon Whitney – Tierarzt, Bloodhound-Züchter und enthusiastischer Befürworter des Ausstopfens und Ausstellens reinrassiger Hunde im Yale Peabody Museum – schrieb den Klassiker *Bloodhounds and How to Train Them* (New York: Orange Judd Publishing Co., 1947). Auch *Police K9 Tracking: A Guide for Training & Deploying the Police Tracking Dog* (K9 Publishing, 2010) von der kürzlich verstorbenen Polizeihundetrainerin Tracy Bowling war ausgesprochen hilfreich. Zu meinem Verständnis des menschlichen Geruchssinnes trug Avery Gilberts *What the Nose Knows: The Science of Scent in Everyday Life* (New York: Crown Publishing, 2008) bei. Und obwohl ich nicht mit allen von John Bradshaws Schlüssen zur Kognition des Hundes übereinstimme, ist sein Buch *Dog Sense: How the New Science of Dog Behavior Can Make You a Better Friend to Your Pet* (New York, Basic Books, 2011) randvoll mit geschichtlichen Fakten und wissenschaftlichen Erkenntnissen.

Bei dem Artikel zu den Erkenntnissen bezüglich der Spitzmaus handelt es sich um „Fossil Evidence on Origin of the Mammalian Brain" von Timothy B. Rowe, Thomas E. Macrini und Zhe-Xi Luo, *Science* 332 (2011): 955–957. Animal Planets Überschätzung der Fähigkeiten einer Bloodhound-Nase findet sich auf der Animal-Planet-Website unter „Top 10 Animal Skills", http://animal.discovery.com/ tv/a-list/creature-countdowns/skills/skills-09.html (zugegriffen im November 2011).

Frank C. Craighead Jr. und sein Zwillingsbruder John halfen mit ihrer über zwölf Jahre laufenden Studie an mit Funkhalsbändern ausgestatteten Grizzlys in Yellowstone dabei, den Bären vom Aussterben zu bewahren. Wie die *New York Times* in ihrem Nachruf auf Frank Craighead erwähnt, strengten er und sein Bruder sich ganz besonders an: „Sie und die Studenten, die mit ihnen arbeiteten, trainierten Klimmzüge und weitere Fitnessübungen, um im Falle des Falles einem Grizzly entkommen zu können, indem sie auf einen Baum kletterten." Der Artikel, der immer wieder auftaucht, ist „Grizzly Bear Ranges and Movement as Determined by Radiotracking" von Frank C. Craighead Jr., Third International Conference on Bears, Paper 10, 1976: 97–109.

Selbst Nobelpreisträgerin Linda B. Buck hat ihre Schwierigkeiten damit, spezifisch zu definieren, was die menschliche Nase wahrnehmen kann. Ihr Zitat stammt aus „Olfactory Receptors and Odor Coding in Mammals", *Nutrition Reviews* 62, Nr. 11, 2004: 184–188. Zur Auswertung von „Ausdünstungen" findet sich viel Literatur, zum Beispiel „Advances in Electronic-Nose Technologies Developed for Biomedical Applications" von Alphus D. Wilson und Manuela Baietto, *Sensors* 11, 2011: 1,105–1,176. Mehr über den Geruchsexperten Larry Sunshine findet sich in „On PATH Trains, Noses Wrinkle at a Moldy Mystery", *New York Times*, 7. Juni 2011: A22. Das Patschuli-Zitat stammt aus *Perfumes: The Guide* von Luca Turin und Tania Sanchez (New York: Viking Adult, 2008), 283–284.

Der Gedanke, dass ausgebildete Nasen besser riechen können als untrainierte, ist weder eine Überraschung für die Spürhundewelt noch für Önologen oder Parfümeurs. Die Schokoladenspur-Studie („Mechanisms of Scent-tracking in Humans" von Jess Porter, Brent Craven, Rehan M. Khan, Shao-Ju Chang, Irene Kang, Benjamin Judkewitz, Jason Volpe, Gary Settles, und Noam Sobel, *Nature Neuroscience* 10, Nr. 1, 2007: 27–29) erhielt vermutlich darum besonders große Aufmerksamkeit von den Medien, weil es dabei auch um Schokolade geht. Die Wassergeschmacks-Studie sollte die weit verbreitete Meinung, dass das Geruchsvermögen sehbehinderter Menschen dem der Allgemeinbevölkerung überlegen ist, auf die Probe stellen. „Smell and Taste Function in the Visually Impaired" von Richard S. Smith, Richard L. Doty, Gary K. Burlingame und Donald A. McKeown, *Perception & Psychophysics* 54, Nr. 5, 1993: 649–655 zeigte jedoch, dass nicht die Sehbehinderten, sondern die ausgebildeten (und sehfähigen) Angestellten des Wasserinstituts von Philadelphia, die zur Wasserqualitätskommission gehörten, die besten Nasenleistungen erbrachten.

Die stetig wachsende Liste an Nasenarbeitsaufgaben für Hunde stammt sowohl aus Studien als auch Medienberichten. Zum Großteil dieser Spüraufgaben liegen keine im Peer-Review-Verfahren publizierte, wissenschaftlich kontrollierte Studien vor.

Das beste Buch zur Geschichte der Polizeihunde ist *Police Dogs in North America* von Samuel G. Chapman (Springfield, IL: Charles C. Thomas, 1990). Marcia Koenigs unveröffentlichter Artikel „History of Search Dogs in the United States" (1989, überarbeitet 2009), war ebenfalls hilfreich.

Geruchsunterscheidungs-Studien, die sich damit beschäftigen, ob und wie Hunde zwischen eineiigen Zwillingen unterscheiden können, werden sich in Zukunft vermutlich weiterentwickeln, und bestehende Studien werden weiter in Frage gestellt werden. Der Erste, der eine Studie zu diesem Thema durchführte und zu dem Schluss kam, dass Hunde nicht zur Unterscheidung eineiiger Zwillinge in der Lage wären, war Hans Kalmus in „The Discrimination by the Nose of the Dog of Individual Human Odours and in Particular the Odours of Twins", *British Journal of Animal Behavior* 3, Nr. 1, 1955: 25–31. Kalmus erklärte, dass die für die Studie eingesetzten Hunde stark variierten, was „Intelligenz, Ausdauer und Trainingsniveau" betraf. Die tschechischen Wissenschaftler Ludvik Pinc, Luděk Bartoš, Alice Reslová und Radim Kotrba kamen zu einem anderen Ergebnis: „Dogs Discriminate Identical Twins", *PloS ONE* 6, Nr. 6, 2011: 1–4, http://www.plosone.org/article/info:doi/10.1371/journal.pone.0020704 (zugegriffen im November 2011).

Das Zitat zu den Rezeptorzellen des Hundes stammt aus Stanley Corens Buch *How Dogs Think: Understanding the Canine Mind* (New York: Free Press, 2004), 55.

Bei dem Bericht, in dem sich die Zitate von Lester Shubin finden, handelt es sich um „25 Years of Criminal Justice Research", National Institute of Justice, Report Nr. 151287, Dezember 1994.

Der Abschnitt über die Bloodhounds stützt sich auf zahlreiche wissenschaftliche Ressourcen, Gespräche und Texte von Trainern, darunter ein faszinierender Artikel des Historikers John Campbell ("The Seminoles, the 'Bloodhound War', and Abolitionism, 1796–1865", *The Journal of Southern History* 62, Nr. 2, 2006: 259–302) und Christina Chias „Rethinking the Slave Hunt: On the Trail of Humans and Dogs in American Slavery", American Studies Association, 2008. Deborah Palmans Zitat über Bloodhounds stammt aus ihrem im Internet veröffentlichten Text *Negative Searching*, http://emainehosting.com/mesard/Articles/Negative%20Searching.htm.

Den Walt-Disney-Cartoon *The Chain Gang* (1930) können Sie auf YouTube sehen: http://www.youtube.com/watch?v=803r5DzEqb4.

4 Die Stunde des Leichenspürhundes

Interviews und Schriftverkehr, die einen essenziellen Beitrag zu diesem Kapitel leisteten, führte ich unter anderem mit Edward David; Joan Johnston, der Frau des Militärwissenschaftlers William H. Johnston; Marcia Koenig; Nick Montanarelli; Deborah Palman; James J. Polonis, dem früheren Projektmanager des Southwest Research Institute; Andy Rebmann; Marcella Sorg; und dem pensionierten New Yorker Landespolizisten Ralph D. „Jim" Suffolk Jr. sowie seiner Frau Sally Suffolk.

Unter den Büchern, die ich für dieses Kapitel verwendete, sind das *Cadaver Dog Handbook; The War Animals* von Robert E. Lubow (New York: Doubleday, 1977); *A Killer Named Hatch: Massacre on Potato Hill: A True Story* von Thomas Blanchfield (AuthorHouse, 2009); *Manhunters!: Hounds of the Big T* von William D. Tolhurst, basierend auf Berichten für Lena F. Reed (Puyallup, WA: Hound Dog Press, 1984); und *K-9 Cops: Stories from America's K-9 Police Units* von Richard Rosenthal (New York: Pocket Books, 1997).

Auch einige freigegebene Militärberichte waren für dieses Kapitel wichtig, darunter „Body Recovery Dog" von Woodrow L. Quinn Jr. und Nicholas Montanarelli, U.S. Army Land Warfare Laboratory, Aberdeen Proving Ground, MD, Technical Report Nr. IRL-03B73, Mai 1973; „Mine Detecting Canines" von R. V. Nolan und D. L. Gravitte, U.S. Army Mobility Equipment Research and Development Command, Fort Belvoir, VA, Technical Report Nr. 2217, September 1977; und „Interim Technical Report on Olfactory Acuity in Selected Animals Conducted During the Period June 1972–September 1974", Southwest Research Institute, Report Nr. AD-787 495, September 1974.

Für den Abschnitt über Jim Suffolk griff ich einerseits auf Interviews und Dokumente aus seinem eigenen Archiv und andererseits auf den Gerichtsfall *The People of the State of New York* v. *Ralph Centolella and John Pella*, County Court of New York, Oneida County 61 Misc. 2d 726; 305 N.Y.S. 2d 460, 1969 zurück.

The Hartford Courant war eine der größten Zeitungen, die über Andy Rebmann und seine Polizeihunde berichteten. Auch *Norwich Bulletin, Morning Union, Day* (New London, Connecticut), *Providence Journal Bulletin, Boston Globe* sowie mehrere Magazine berichteten über seine Arbeit. Zusätzlich zu meinem Interview mit Andy verwendete ich viele dieser Zeitungen, Magazine und Internetquellen sowie Rosenthals Buch *K-9 Cops*, um die bekannteren Fälle, an denen Andy arbeitete, zu skizzieren. Unter diesen Fällen sind Robin Oppels Verschwinden in Monroe, Connecticut, und der Mord an Helle Crafts sowie die Zerstückelung ihrer Leiche. Unter den Quellen für den Abschnitt des Einsturzes von L'Ambiance Plaza finden sich mehrere *Courant*-Artikel. Der *Courant* entsendete zwanzig Reporter und Fotografen (darunter auch ich), um über den Einsturz und die Folgen zu berichten. *Courant*-Reporterin Lynne Tuohy konzentrierte sich auf die Rolle, die den Spürhunden in dieser Katastrophe zukam.

Thomas B. Slick Jr.s Patent „Apparatus for Erecting a Building, US Patent 2,715,013" wurde am 6. Juli 1948 katalogisiert und am 19. August 1955 publiziert, http://www.google .com/patents?vid=2715013 (zugegriffen im Dezember 2011).

In dem Absturz einer Korean-Air-Maschine in Guam im Jahr 1997, an dem Marcia Koenig mit ihrem Hund Coyote arbeitete, kamen 228 der 254 Passagiere ums Leben. Die Erschöpfung des Piloten, ungenügendes Training der Besatzung und eine veraltete Flugkarte trugen zu dem Desaster bei.

5 Das Hütchenspiel

Für dieses Kapitel besonders wichtige Interviews, Trainingsbeobachtungen und Schriftverkehr führte ich unter anderem mit Joan Andreasen-Webb; Mike Baker; Kevin George, dem Direktor von Sentry Dog Services, Ltd.; Deak Helton; Lisa Higgins; Gebrauchshundetrainerin und -führerin Kathy Holbert aus Philippi, West Virginia; Nancy Hook; Marcia Koenig; und Forscherin Dr. Lisa Lit an der University of California, Davis.

Unter den Büchern, auf die ich für dieses Kapitel zurückgegriff, sind *Cadaver Dog Handbook* und *Canine Ergonomics*. Kevin Georges Artikel und Programm „A Box Is a Box Is a Box" sind urheberrechtlich geschützt.

6 Die Chemie des Todes

Dieses Kapitel stützt sich unter anderem auf Interviews, Schriftverkehr und Beobachtungen mit bzw. von Dr. Mary E. Cablk, Forscher und Dozent am Desert Research Institute; Ken Furton; Lisa Higgins; Nancy Hook; Paul Martin; Lisa Mayhew; Andy Rebmann; Dr. John C. Sagebiel von der University of Nevada, Reno; und dem forensischen Anthropologen Arpad A. Vass. Auch meine Besuche und Trainings am FOREST, jener Freiluft-Einrichtung im Westen North Carolinas, an der der Verfallsprozess des menschlichen Körpers untersucht wird, lieferten einen wichtigen Beitrag.

Das einleitende Zitat stammt aus dem im *Clinic*-Magazine (Cincinnati, September 4, 1875) veröffentlichten Artikel „Odor Mortis; or, the Smell of Death". Dr. A. B. Isham las den Artikel am 30. August 1875 an der Academy of Medicine in Cincinnati vor.

Das *Cadaver Dog Handbook* ist bis heute das praxisorientierteste, sorgfältig recherchierteste und vollständigste Fachbuch zu diesen Themen. Zu den akademischen Publikationen, die für dieses Kapitel bedeutend waren, gehören „Beyond the Grave—Understanding Human Decomposition" von Arpad A. Vass, *Microbiology Today* 28, November 2001: 190–192; „Odor Analysis of Decomposing Buried Human Remains" von Arpad A. Vass, Rob R. Smith, Cyril V. Thompson, Michael N. Burnett, Nishan Dulgerian und Brian A. Eckenrode, *Journal of Forensic Sciences* 53, Nr. 2, 2008: 384–391; „Characterization of the Volatile Organic Compounds Present in the Headspace of Decomposing Human Remains" von Erin M. Hoffman, Allison M. Curran, Nishan Dulgerian, Rex A. Stockham und Brian A. Eckenrode, *Forensic Science International* 186, 2009: 6–13; und „Characterization of the Volatile

Organic Compounds Present in the Headspace of Decomposing Animal Remains, and Compared with Human Remains" von Mary E. Cablk, Erin E. Szelagowski und John C. Sagebiel, *Forensic Science International* 220, 2012: 118–125.

Es gibt nur sechs oder sieben wissenschaftliche Studien sowie zwei kontrollierte Studien zum Thema Leichenspürhunde. Am aussagekräftigsten fand ich die Studie von Lars Oesterhelweg und Kollegen: „Cadaver Dogs—A Study on Detection of Contaminated Carpet Squares" von L. Oesterhelweg, S. Kröber, K. Rottmann, J. Willhöft, C. Braun, N. Thies, K. Püschel, J. Silkenath und A. Gehl, *Forensic Science International* 174, 2008: 35–39. Mary Cablk und John Sagebiel führten eine gut kontrollierte Studie durch: „Field Capability of Dogs to Locate Individual Human Teeth", *Journal of Forensic Sciences* 56, Nr. 4, 2011: 1,018–1,024. Ältere Studien gibt es unter anderem von Debra Komar: „The Use of Cadaver Dogs in Locating Scattered, Scavenged Human Remains: Preliminary Field Test Results", *Journal of Forensic Sciences* 44, Nr. 2, 1999: 405–408; und „Cadaver Dog and Handler Team Capabilities in the Recovery of Buried Human Remains in the Southeastern United States" von Alanna E. Lasseter, Keith P. Jacobi, Ricky Farley und Lee Hensel, *Journal of Forensic Sciences* 48, Nr. 3, 2003: 617–621.

Immer wieder wurde ich gefragt, ob ich vorhätte, die Ausstellung *Bodies: The Exhibition* (eine Körperwelten-Ausstellung) zu sehen. Mir war nicht ganz wohl bei der Vorstellung. Renée Marlin-Bennett, Marieke Wilson und Jason Walton fassten die ethischen Bedenken, die auch ich teile, in „Commodified Cadavers and the Political Economy of the Spectacle", *International Political Sociology* 4, 2010: 159–177, zusammen: „Ungeachtet der enthusiastischen Reaktion der Besucher (oder gerade deswegen) lässt der angebliche Bildungsauftrag die Ausstellungen respektabel erscheinen, während die unangenehmen Fragen zum Schweigen gebracht werden: Woher stammen die verwendeten Körper? Ist es ethisch vertretbar, sterbliche Überreste für kommerzielle Zwecke zu einzusetzen? Warum sind plastinierte Tote von den Gesetzen, welche den internationalen Leichentransport regulieren, ausgenommen? … Tatsächlich verbirgt sich hinter der Ausstellung die Tatsache, das sich internationale und nationale Gesetze über eine extreme Form des Menschenhandels ausschweigen: Menschenhandel mit Toten." (160)

7 Spareribs

Für dieses Kapitel wichtige Interviews und Schriftverkehr führte ich unter anderem mit Joan Andreasen-Webb; Roy und Suzie Ferguson vom Tennessee Special Response Team-A; Suzi Goodhope vom Southeast K-9 Rettungshundeteam und vom KlaasKids-Suchteam; Nancy Hook; Marcia Koenig; und Andy Rebmann. Das Triad-Bloodhound-Team, allen voran Ken Young und Darlene Griffin, half mir sehr mit Solos ersten Trainingsschritten. Ich profitierte auch von der Möglichkeit, Seminaren als Zuschauerin beizuwohnen, darunter das DogMeet-Seminar 2011 am Kitsip-Messegelände in Bremerton, Washington.

Für Solos Trainingsaufzeichnungen stützte ich mich auf eine Vorlage aus Andys *Cadaver Dog Handbook*, das empfiehlt, die Zeit, Temperatur, Luftfeuchtigkeit, Windrichtung, das verwendete Leichenmaterial, das Versteck und Solos und meine Leistung aufzuzeichnen. Meine Notizen halfen mir, die Chronologie vergangener Ereignisse und die Trainingsbeschreibungen für dieses Buch akkurat nachzuzeichnen.

Rückblickend betrachtet war Davids und meine Entscheidung, Solo kastrieren zu lassen, vermutlich nicht die Antwort auf seine Probleme. Inzwischen wissen wir, dass es viele gesundheitliche Argumente dafür gibt, Rüden und Hündinnen später oder überhaupt nicht kastrieren zu lassen – auch wenn das dem von nationalen und internationalen Kastrationsprojekten ausgehenden Druck entgegensteht. Es kann sein, dass Solo aufgrund der frühen Kastration größer wurde, als er das hätte werden sollen, und weniger Muskeln entwickelte als ein intakter Rüde. Eine der besten Erklärungen zu den Risiken und Vorteilen der Kastration – besonders für aktive Hunde – kommt von Tierärztin Chris Zink. Ihr Article „Spay Neuter Considerations, 2013" ist unter http://www.caninesports.com/useful-info.html als PDF verfügbar.

Das Bruce-Lee-Zitat stammt aus dem Film *Der Mann mit der Todeskralle* von Robert Clouse (Originaltitel: *Enter the Dragon*, Hollywood, CA: Warner Brothers, 1973).

8 Schutzdienst zum Trost

Dieses Kapitel stützt sich unter anderem auf Interviews und Schriftverkehr mit Mike Baker; mit dem Polizeihundesachverständigen Terry Fleck; Nancy Hook; dem Browarder Hilfssherriff Dave Lopez; Lisa Mayhew; Dr. Charlie Mesloh von der Florida Gulf Coast University; Craig Patton, einem Polizeihundetrainings-Supervisor in Indianapolis; Andy Rebmann; Browarder Hilfssherriff Peter Sepot; und Steve Sprouse, einem Diensthundetrainer für die Dienststelle des Sheriffs in Broward, Southeast Florida. In den vergangenen sieben Jahren durfte ich verschiedenen Diensthundetrainern in North Carolina beim Training von Festnahmen mit Hundeeinsatz beiwohnen und sowohl bei wöchentlichen Trainings als auch auf Seminaren zusehen.

Auch das Buch *Police and Military Dogs: Criminal Detection, Forensic Evidence, and Juridicial Admissibility* von John Ensminger (Boca Raton, FL: CRC Press, 2011) sowie zahlreiche Artikel und Kolumnen der Magazine *Police K-9* und *K-9 Cop* waren ausgesprochen hilfreich. Weitere Artikel, die ich für dieses Kapitel zur Hilfe nahm, sind „Police Service Dogs in the Use-of-Force Continuum" von Jonathan K. Dorriety, *Criminal Justice Policy Review* 16, Nr. 1, 2005: 88–98; „Barks or Bites? The Impact of Training on Police Canine Force Outcomes" von Charlie Mesloh, *Police Practice and Research* 7, Nr. 4, 2006: 323–335; „Practical, Ethical and Political Aspects of Engaging 'Man's Best Friend' in the War on Crime" von B. Grant Stitt, *Criminal Justice Policy Review* 5, Nr. 1, 1991: 53–65; „Changes in Officer Use of Force over Time: A Descriptive Analysis of a National Survey" von Bruce Taylor, Geoffrey Alpert, Bruce Kubu, Daniel Woods und Roger G. Dunham, *Policing: An International Journal of Police Strategies & Management* 34, Nr. 2, 2011: 211–232.

Immer wieder kommen die Gerichte zu dem Schluss, dass der Einsatz von Diensthunden zur Festnahme von Verdächtigen keine „Gewaltanwendung mit Todesfolge" darstellt. *Robinette* v. *Barnes*, 854 F.2d 909 (6th Cir. 1988) äußert als Erste eine Meinung zu diesem Thema. Bei der Durchsuchung eines Autohauses, in dem Alarm ausgelöst worden war, sprach ein Hundeführer die übliche Warnung aus und schickte seinen Hund dann in eine dunkle Ecke des Gebäudes. Der Verdächtige lag unter einem Auto, und der Hund biss ihm in den Nacken und tötete ihn. Bis heute handelt es sich dabei um den einzigen größeren Gerichtsfall dazu, dass jemand durch einen Hund ums Leben gekommen war. Allerdings gibt es zahlreiche Prozesse rund um die Frage, ob der Einsatz eines Hundes zur Festnahme eines Verdächtigen in einem bestimmten Fall eine „ungerechtfertigte Gewaltanwendung" konstituiere.

Manchmal werden ganze Dienststellen mit gutem Recht einer genauen Untersuchung unterzogen. Ein gutes Beispiel hierfür ist die Bezirkspolizeieinheit von Prince George in den 1990ern. Die *Washington Post*, allen voran Reporter Ruben Castaneda, veröffentlichte zahlreiche Beiträge über die Prince Georger Diensthundestaffel, darunter „FBI Probing Canine Unit; Lawsuits Recount Attacks by Pr. George's Police Dogs" (4. April 1999), A1. Bis zum Jahr 2007 hatte sich die Polizeihundestaffel so weit verbessert, dass das Gericht entschied, dass sie nicht länger überwacht werden müsse.

Der Teil, in dem ich darüber berichte, dass Steve Sprouse angeschossen wurde, stützt sich auf mehrere Quellen; darunter Steve selbst, aber auch Zeitungsartikel, die über den Einsatz berichteten, und ein Gerichtsprozess, der von dem verurteilten und inhaftierten Angeklagten geführt wurde. Der Fall wurde verworfen.

9 In den Sumpf

Dieses Kapitel stützt sich unter anderem auf Interviews und Schriftverkehr mit Mike Baker; Deborah Palman; Milo Pyne, einem NatureServe-Ökologen für den Südosten der USA; und Wade Wall, Doktorand an der North Carolina State University. Die Naturführungen der Ellerbee Creek Watershed Association in der Gegend von Durham halfen mir dabei, die Pflanzenwelt des Suchgebietes nachzuzeichnen. Ich habe in diesem Kapitel keine Namen verwendet und keine Fakten verändert.

Zwei sehr hilfreiche Bücher waren *Wild Flowers and Plant Communities of the Southern Appalachian Mountains and Piedmont* von Timothy P. Spira (Chapel Hill: University of North Carolina Press, 2011) und *Field Guide to the Piedmont* von Michael A. Godfrey (Chapel Hill: University of North Carolina Press, 1997).

Deborah Palmans Darstellung von Anzeigen auf Entfernung beruht auf einem Vortrag, den sie im Februar 2011 an der Konferenz der National Search Dog Alliance in Eatonton, Georgia, hielt, und auf ihrem Artikel „'Distant Alerts'—Long Distance Scent Transport in Searches for Missing Persons", *USPCA Canine Courier* 22, Nr. 1, März 2011: 47–51. Der Artikel ist auf emainehosting.com/mesard/pdf_documents/Distant%20 Alerts.pdf verfügbar.

10 Klugheit und Gutgläubigkeit

Dieses Kapitel stützt sich unter anderem auf Interviews und Schriftverkehr mit Mike Baker; Terry Fleck; Brandi Grissom, Herausgeber der *Texas Tribune*; Lisa Lit; Larry Myers; Andy Rebmann; und Roger Titus sowie viele persönliche Gespräche mit Hundeführern und Trainern und meine eigenen Trainingserfahrungen und -beobachtungen.

Zu den für dieses Kapitel wichtigen Büchern gehören Harry G. Frankfurts schlagkräftiges *On Bullshit* (Princeton, NJ: Princeton University Press, 2005), das ursprünglich in Form eines Artikels in der *Raritan Quarterly Review* 6, Nr. 2, Herbst 1986 erschien; Oskar Pfungsts *Clever Hans (The Horse of Mr. Von Osten): A Contribution to Experimental Animal and Human Psychology* (New York: Henry Holt and Company, 1911), verfügbar unter http://www. gutenberg.org/les/33936/33936-h/33936-h.htm; Bowlings *Police K9 Tracking;* Ensmingers *Police and Military Dogs* sowie Ensmingers Blog: http://doglawreporter.blogspot.com/. Bei den beiden *New-York-Times*-Berichten zum Thema Bettwanzen handelt es sich um „A New Breed of Guard Dog Attacks Bedbugs" von Penelope Green (10. März 2010) im „Home and Garden"-Teil und „Doubts Rise on Bedbug-Sniffing Dogs" von Cara Buckley (11. November 2010) im „New York Region News"-Teil.

Der Text zum Anzeigeverhalten der Hunde – „Handler Beliefs Affect Scent Detection Dog Outcomes" – von Lisa Lit, Julie B. Schweitzer und Anita M. Oberbauer erschien in *Animal Cognition* 14, Nr. 3, 2011: 387–394. Lit schrieb auch über die Leistung von Spürhunden und Spürhundeführern: „Effects of Training Paradigms on Search Dog Performance" von Lisa Lit und Cynthia A. Crawford, *Applied Animal Behaviour Science* 98, 2006: 277–292.

Die Abschnitte zu John Preston und Keith Pikett stützen sich auf lange enthüllungsjournalistische Reportagen, besonders aus *Florida Today* und *Texas Monthly.* Auch die *New York Times* berichtete von den Pikett-Prozessen. Der Bericht des Innocence Project of Texas – „Dog Scent Lineups: A Junk Science Injustice" (21. September 2009) – ist unter http://www.ipoftexas.org/documents verfügbar; die CNN-Videos von Keith Pikett und seinen Hunden können auf http://www.cnn.com/2009/CRIME/10/05/texas.sniffer.dogs.controversy/#cnnSTCVideo gesehen werden.

Der Abschnitt über Sandra M. Anderson stützt sich auf zahlreiche Medienquellen. Auf den überschwänglichen *Archaeology*-Artikel mit dem Titel „Hounding the Dead: A Remarkable Michigan Mutt Sniffs out Ancient Human Remains" von Brenda Smiley, *Archaeology* 53, Nr. 5, 2000 folgte einige Jahre später ein online veröffentlichter Sonderbeitrag zu Sandra Andersons Verurteilung, der von einem Praktikanten verfasst wurde: „Canine Case Closed?", http://archive.archaeology.org/online/features/dogs/index.html (zugegriffen im November 2011). Zwei Forschungsarbeiten im Internet waren besonders hilfreich: „No, Your Friend Cannot Do Magic: *United States* v. *Sandra Marie Anderson and Cadaver Dogs on Trial*" von Liz Burne, http://www.searchdogsne.org/reference.html (zugegriffen im December 2011); und „Fraudulent Use of Canines in Police Work" von Daniel A. Smith, Lincoln Park Police Department, http://ebookbrowse.com/fraudulent-use -of-canines-in-police-work-pdf-d18075497 (zugegriffen im Dezember 2011).

11 Die ganze Welt ist Tatort

Dieses Kapitel stützt sich unter anderem auf Interviews und Schriftverkehr mit Brad Dennis, Sucheinsatzleiter der KlaasKids Foundation; Roy und Suzie Ferguson; Lisa Higgins und ihrer Enkelin Haylee; Nancy Hook; Benjamen Ortiz; Andy Rebmann; Arpad Vass; und dem Sheriff und Kriminalbeamten Art Wolff aus Roane County, dem Begründer des Special Response Team-A in Tennessee. Unter den Seminaren, auf denen tatsächliche Schauplätze nachgestellt wurden, sind ein Seminar der National Search Dog Alliance in Eatonton, Georgia, im Februar 2011; ein Treffen (DogMeet) der Organisation Washington Explorer Search and Rescue (WESAR) in Bremerton, Washington, im September 2011; ein Gebrauchshundeseminar des Network of Canine Detection Services in Holly Springs, Mississippi, im Oktober 2011; ein Leichenspürhunde-Workshop an der Western Carolina University im November 2011; und eine Trainingseinheit mit dem Tennessee Special Response Team-A in Sevierville, Tennessee, im August 2011.

Die Fälle, die Art Wolff und sein Team entwickeln, sind ausgeklügelt und von unschätzbarem praktischem Wert. Ich bin dankbar für die großzügige Erlaubnis, darüber zu schreiben.

Das Phänomen des Winthrop-Punktes ist kaum bekannt. So findet sich etwa im Internet nichts dazu.

Der Fall, mit dessen Hilfe Brad Dennis die Hundeführer ausbildete, basiert auf Vergewaltigung und Mord an Chelsea King in San Diego im Jahr 2010 (siehe auch http://www.cnn.com/2010/CRIME/04/17/chelsea.king.gardner.plea/index.html und „Creation of a Monster, John Gardner" von Don Bauder, *San Diego Reader*, http://www.sandiegoreader.com/news/2012/jun/27/citylights1-creation-monster-john-gardner/ (zugegriffen im Juni 2012). Bei der von Brad Dennis zitierten Washington-State-Studie handelt es sich um *Case Management for Missing Children Homicide Investigation, Report II* von Katherine M. Brown, Robert D. Keppel, Joseph G. Weis und Marvin Skeen (erschienen im Zuge einer Vereinbarung von Rob McKenna, Generalstaatsanwalt von Washington, und dem Office of Juvenile Justice and Delinquency Prevention des US-amerikanischen Justizministeriums im Jahr 2006), http://www.atg.wa.gov/ChildAbductionResearch.aspx#_jmp0_ (zugegriffen im Dezember 2011).

12 Die Trauer der anderen

Dieses Kapitel basiert auf meinen eigenen Sucherfahrungen, meinem akademischen und beruflichen Medienwissen, persönlichen Gesprächen mit zahlreichen anderen Leichenspürhundeführern und -trainern, und schriftlichem Austausch und Interviews mit Brad Dennis, Nancy Hook, Lisa Mayhew, Andy Rebmann und Arpad Vass sowie Besuchen und Trainingseinheiten am FOREST im Westen North Carolinas.

Abgesehen vom immer hilfreichen *Cadaver Dog Handbook* griff ich unter anderem auf folgende Bücher und Artikel zurück: *Analysis of Lost Person Behavior* von William Syrotuck und Jean Anne Syrotuck (Mechanicsburg, PA: Barkleigh Productions Inc., 2000); „The Lost Alzheimer's and Related Disorders Subject: New Research and Perspectives" von Robert J. Koester, *Response 98 NASAR Proceedings*, 1998: 165–181; „Behavioral Profile of Possible Alzheimer's Disease Subjects in Search and Rescue Incidents in Virginia" von Robert J. Koester und David E. Stooksbury, *Wilderness and Environmental Medicine* 6, 1995: 34–43; und „The Search for Human Remains in the Search and Rescue Environment" von Mark Gleason, Search and Rescue Tracking Institute, Virginia, Februar 2008.

Die Liste „gefährdeter" Personen des National Crime Information Center aus dem Jahr 2012 kann unter http://www.fbi.gov/about-us/cjis/ncic/ncic-missing-person-and-unidentified-person-statistics-for-2012 abgerufen werden. Die Verbrechensrate für North Carolina ist unter http://www.disastercenter.com/crime/nccrimn.htm einsehbar.

Der Teil über New Bedford, Massachusetts, stützt sich stark auf Carlton Smiths Buch *The Killing Season: The Unsolved Case of New England's Deadliest Serial Killer* (New York: Onyx, 1994) und Rosenthals *K-9 Cops*. Auch archivierte Zeitungsausschnitte des *Hartford Courant* und anderer Lokalzeitungen jener Zeit waren hilfreich, und ebenso Denise Dowlings Artikel „Speaking for the Dead", *Rhode Island Monthly*, Mai 2009, http://www.rimonthly.com/Rhode-Island-Monthly/May-2009/Speaking-for-the-Dead/#_jmp0_ (zugegriffen im Dezember 2011); und Curt Browns Serie für die in North Kingstown, Rhode Island, erscheinende Zeitung *Standard-Times*: „Dark Days Revisited: Bristol County Highway Killings, 20 Years Later", 7. Juli 2008, http://www.southcoasttoday.com/apps/pbcs.dll/article?AID=/20080707/NEWS/807070337 (zugegriffen im Dezember 2011).

13 Im Schützengraben

Dieses Kapitel stützt sich unter anderem auf Interviews und Schriftverkehr mit Kathy Holbert; Mary Healey Jamiel, Dozentin an der University of Rhode Island und Dokumentarfilmemacherin; Andy Rebmann; Greg Sanson, Personenrückführungsberater des US-amerikanischen Militärs im Irak; mit dem selbstständigen Autor und Journalisten Michael Sledge; Matt Zarrella, Landespolizist in Rhode Island; und zahlreiche persönliche Gespräche mit Hundeführern, Trainern und Militärhundepersonal.

Das einleitende Zitat des Ersten Weltkriegshelden Siegfried Sassoon spiegelt seine wachsende Desillusion bezüglich des Krieges wider. In der Biographie, die in den gesammelten Sassoon-Werken der Oxford University Press enthalten ist, heißt es: „[W]ährend seiner Genesungszeit nahm er, enttäuscht von der Kriegspolitik zuhause und dem Tod zahlreicher Freunde an der Front, Kontakt mit der von Bertrand Russell und Lady Ottoline Morrell geführten Pazifistengruppe auf. Im Jänner 1917 kehrte er nach Frankreich zurück. Im April wurde er im Zuge eines Überraschungsangriffes in der Nähe von Fontaine-les-Croisilles von einem Scharfschützen verwundet und in der Folge zurück nach England geschickt. Russell und die Journalisten John Middleton Murry und H. W. Massingham animierten ihn dazu, eine soldatische Stellungnahme zu schreiben. In diesem mit dem 15. Juni 1917 datierten Schriftstück fordert er Friedensverhandlungen und erklärt sein Ausscheiden aus dem Militär. Robert Graves, der fürchtete, dass sein Freund vor das Militärgericht gestellt würde, intervenierte. Sassoons befehlshabende Offiziere zeigten sich verständnisvoll und schickten Siegfried ins Kriegsspital von Craiglockhart (nahe Edinburgh), wo er gegen Neurasthenie behandelt werden sollte."

Unter anderem waren folgende Bücher wichtig für dieses Kapitel: Michael Sledges *Soldier Dead: How We Recover, Identify, Bury, and Honor Our Military Fallen* (New York: Columbia University Press, 2005) und Drew Gilpin Fausts *This Republic of Suffering: Death and the American Civil War* (New York: Knopf, 2008).

Ellwood Hendricks Artikel „Merciful Dogs of War" erschien im Februar 1917 im *Red Cross Magazine*. Ich hatte zwar keinen Zugriff auf den Originalartikel, jedoch wurde dieser Anfang 1917 in mehreren anderen Zeitungen und Magazinen erneut abgedruckt und zitiert, darunter in der *Oakland Tribune* vom 20. Februar 20 1917 (10) unter dem Titel „Tale of the Red Cross Dog". Theo. F. Jagers 83 Seiten starkes Buch *Scout, Red Cross and Army Dogs: A Historical Sketch of Dogs in the Great War and a Training Guide for the Rank and File of the United States Army* (New York: Arrow Printing Co., 1917) ist über googleplay erhältlich: https://play.google.com/store/books/details?id=hCUwJ8dyzcYC.

Geschichtswissenschaftler J. David Hacker leistete wegweisende Arbeit. Seine überarbeiteten Zahlen von Bürgerkriegstoten gelten als realistischer und genauer als andere Quellen. Die Herausgeber der Fachzeitschrift *Civil War History* zeichneten seinen Artikel „A Census-Based Count of the Civil War Dead", *Civil War History* 57, Nr. 4, 2011: 307–348 als den besten Artikel des Jahres 2011 aus und schrieben: „[Hackers] Resultate haben weitreichende Konsequenzen. Sie motivieren Historiker, ihre Annahmen zu überdenken – und zwar nicht nur, was den menschlichen Preis des Bürgerkrieges, sondern auch, was unsere Versuche und Methoden, die Bedeutung dieses Preises zu verstehen, betrifft."

Ernie Pyles Kolumne kann auf der Ernie Pyle gewidmeten Website der Indiana University School of Journalism nachgelesen werden: http://journalism.indiana.edu/resources/erniepyle/. Pyle ist einer meiner Helden, und bis heute werde ich emotional, wenn ich seine Texte lese. Auf Fotos ähnelt er meinem Großvater als junger Mann.

Der Abschnitt über Matt Zarrella stützt sich auf zahlreiche Quellen; unter anderem: „Soldier Gets Proper Burial After 39 years" von David A. Markiweicz, *Atlanta Journal-Constitution,* 3. Juli 2005: 2D; „Dogs to Aid in Search for Vietnam MIAs" von Matt Sedensky, *Associated Press,* 11. Februar 2003, http://www.armytimes.com/legacy/new/1-292925-1582144.php (zugegriffen im Juli 2012); und „Is Time Running Out to Find Soldiers' Remains in Vietnam?" von Geoffrey Cain, *Time,* 13. Mai 2011, http://www.time.com/time/world/article/0,8599,2071021,00.html (zugegriffen im Januar 2012). Mary Healey Jamiels Dokumentarfilm über Zarrellas Arbeit, *Reliance,* steht kurz vor der Veröffentlichung. Trailer, Fotos und mehr sind auf folgender Website verfügbar: http://www.reliancethemovie.com/index.html.

14 Am Wasser

Dieses Kapitel stützt sich unter anderem auf Interviews und Schriftverkehr mit Roy und Suzie Ferguson; Kevin George; Lisa Higgins und ihrer Enkelin Haylee; Kathy Holbert; Nancy Hook; Marcia Koenig; Roxye Marshall; Paul Martin; Joe Mayers vom Rettungshundeteam aus Louisiana; Lisa Mayhew; und Andy Rebmann. Ich hatte die Möglichkeit, Hundeführer und Trainer auf mehreren Seminaren und Polizeihundetrainingseinheiten zu beobachten.

Unter den für dieses Kapitel wichtigen Büchern und Kapiteln sind das *Cadaver Dog Handbook,* besonders die Seiten 151–162 zum Thema Wasserbergungseinsätze, sowie Marcia Koenigs Text „Water Search on the Iowa River", *NASAR Newsletter* 5, Nr. 5, 1988: 11–15.

Ein Podcast, in dem Lisa Higgins mit Leichenspürhundeführern spricht, ist online verfügbar: „EPISODE19 – NSDA-POD Cast Water Human Remains Recovery" (23. Januar 2011), http://recordings.talkshoe.com/TC-21763/TS-438866.mp3.

Neben Interviews verwendete ich auch Presseberichte, um die Suche nach den Ertrunkenen nachzuzeichnen. Obwohl viele Medienberichte die Namen der Opfer beinhalten, erwähnte ich diese nicht – einerseits zum Schutz der Privatsphäre, andererseits, weil sie für dieses Projekt nicht relevant sind.

Meine Quellen für den Abschnitt über Afghanistan sind Interviews, eine PowerPoint-Präsentation über den Bergungseinsatz, die auch Fotos von Stregas Arbeit am Fluss enthält, der schriftlichen Einsatzbericht sowie Artikel von der Associated Press, BBC und anderen.

15 Das perfekte Instrument

Dieses Kapitel stützt sich unter anderem auf Interviews und Schriftverkehr mit Joan Andreasen-Webb, Ken Furton, Paul Martin, Nick Montanarelli und Arpad Vass.

Für dieses Kapitel spielten Medienberichte, wissenschaftliche Artikel, technische Berichte, Patentanträge und Anträge auf Stipendien im Zusammenhang mit Tieren und Maschinen eine große Rolle. Darunter sind „The Use of Arthropods as Personnel Detectors" von Clyde S. Barnhart Sr., Defense Technical Information Center, U.S. Army Land Warfare Laboratory, Aberdeen Proving Ground, Maryland (August 1968); „Mimicking the Human Smell Sensing Mechanism with an Artificial Nose Platform" von Sang Hun Lee, Oh Seok Kwon, Hyun Seok Song, Seon Joo Park, Jong Hwan Sung, Jyongsik Jangb und Tai Hyun Parka, *Biomaterials* 33, 2012: 1,722–1,729; „JIEDDO: The Manhattan Project That Bombed" von Peter Cary and Nancy Youssef, Center for Public Integrity Report (27. März 2011; überarbeitet am 10. August 2011), http://www.publicintegrity.org/2011/03/27/3799/jieddo-manhattan-project-bombed; „Technology Falls Short in the War Against IEDs" von Sandra Erwin, Blogbeitrag für das *National Defense Magazine* (20. Oktober 2010), http://www.nationaldefensemagazine.org/blog/lists/posts/post.aspx?ID=221 (zugegriffen im Februar 2012).

Der Abschnitt über den Fehlschlag der deutschen „Spürgeier" stützt sich auf Berichte aus dem *Spiegel*, ABC News, der englischen Zeitung *Daily Mail, Popular Science* und weitere Medien. Es gibt nur wenig im Peer-Review-Verfahren publizierte Studien zum Geruchssinn der Vögel. Bernice Wenzel, eine emeritierte Physiologieprofessorin an der UCLA, stellt in ihrem Artikel „Avian Olfaction: Then and Now", *Journal of Ornithology* 148, 2007: 191–194 fest, dass der Geruchssinn der Vögel „seit einem halben Jahrhundert ein kleines, aber beständiges Forschungsthema darstellt". David Malako veröffentlichte einen Überblick über das Thema im *Science*-Magazin: „Following the Scent of Avian Olfaction", *Science* 286, Nr. 5440, 22. Oktober 1999: 704–705, http://www.sciencemag.org/cgi/content/full/286/5440/704 (zugegriffen im Mai 2012). Der berühmte Ornithologe Kenneth Stager berichtet in *The Role of Olfaction in Food Location by the Turkey Vulture* (Cathartes Aura) (Los Angeles: Los Angeles County Museum, 1964) über die Rolle, die Truthahngeier in den 1030ern für die Erdgasindustrie spielten. Der Artikel der deutschen Wissenschaftler, die tote Hasen für ihre Studie einsetzten, trägt den Titel „An Electronic Body-tracking Dog?" von C. Hädrich, C. Ortmann, R. Reisch, G. Liebing, H. Ahlers und G. Mall, *International Journal of Legal Medicine* 124, 2010: 43–47. Bei der FBI-Studie zu den von Verbrechern gewählten Begräbnisstätten handelt es sich um „Advanced Scientific Methods and Procedures in the Forensic Investigation of Clandestine Graves" von Daniel O. Larson, Arpad A. Vass und Marc Wise, *Journal of Contemporary Criminal Justice* 27, Nr. 2, 2011: 149–182.

Der Abschnitt über Vass' Spürmaschine, den LABRADOR, stützt sich auf „LABRADOR: New Alpha Dog in Human Remains Detection?" von Douglas Page, *Forensic Magazine* (10. Juni, 2010), http://www.forensicmag.com/article/labrador-new-alpha-dog-human-remains-detection (zugegriffen im Januar 2012); und „A New Forensics Tool: Development of an Advanced Sensor for Detecting Clandestine Graves" von Arpad Vass, Cyril V. Thompson und Marc Wise, Abschlussbericht Nr. 231197 des US-amerikanischen Justizministeriums, Juli 2010, www.ncjrs.gov/pdles1/nij/ grants/231197.pdf (zugegriffen im Januar 2012).

16 Grabungsarbeiten

Dieses Kapitel stützt sich unter anderem auf Interviews, Schriftverkehr, Gespräche, Beobachtungen und persönliche Erfahrungen mit Mary Cablk; Chris Chia; Leichenspürhundeführerin Ann Christensen; Edward David; Ahnenforscherin Pat Franklin; Leichenspürhundeführerin Charm Gentry; Suzi Goodhope; Leichenspürhundeführerin Gwen Hancock; Lisa Higgins; Kathy Holbert; Leichenspürhundeführerin Lisa Lepsch; Ahnenforscherin May MacCallum; Paul Martin; Thomasvilles Verwaltungsassistent Kha McDonald; Deborah Palman; Ephraim J. Rotter, Kurator des Geschichtsvereins von Thomas County; John M. Sullivan, Archäologe aus Mississippi; Arpad Vass; und Gerichtsmedizinerin Barbara Weakley-Jones aus Jefferson County, Kentucky.

Nehemiah Cleaveland, der Autor des einleitenden Zitats, war ein Tutor und Gerichtswissenschaftler am Bowdoin College. Sein Buch *Green-wood Illustrated* (New York: R. Martin, 1987) beschäftigt sich mit den ländlichen Friedhöfen Amerikas: http://books.google.com/books/about/Green_wood_illustrated.html?id=Zd4TAAAAYAAJ (zugegriffen im Juni 2012). Eine der wichtigsten und hilfreichsten akademischen Publikationen für dieses Kapitel war „American Arcadia: Mount Auburn Cemetery and the Nineteenth-Century Landscape Tradition" von Aaron Sachs, Geschichtsprofessor an der Cornell University, *Environmental History* 15, Nr. 2, 2010: 206–235.

Die Forschungen zum Old Spanish Trail laufen bis heute. Mary Cablk und Barbara Holz-Montemayor leisteten mit „Preliminary Findings from Research at a Lander Site in Southern Nevada", Bericht des Desert Research Institute, 8. Juni 2010, einen Beitrag. Mary führt die Forschung weiter und beantragt Genehmigungen für weitere Grabungsarbeiten.

Eine Gruppe Archäologen und Leichenspürhundeführer arbeitet ebenfalls in mehreren Gegenden, in denen vorgeschichtliche Hügelbauer das nordamerikanische Äquivalent zu den Pyramiden errichteten. Gary C. Daniels' ausgezeichnetes kurzes Video zeigt die Hügel im südöstlichen Mississippi: „The Lost Worlds of Georgia", http://www.youtube.com/watch?v=TuAlBcmKbPY. Ebenfalls hilfreich waren folgende Texte: „Cadaver Dogs as Part of the Archaeological Survey Process, Preliminary Results from Phase I: Mississippi Spring 2011" von Paul Martin; „Best Practices for the Use of Cadaver Dogs to Locate Cold Case, Historical, and Prehistorical Burials" von Paul Martin und John M. Sullivan, präsentiert auf der Konferenz der National Association for Search and Rescue, Little Rock, Arkansas, 2009; und „Using Canines as a Remote Sensing Tool: What Archaeologists Can Learn From SAR Dogs" von Heather Roche, unveröffentlichter Fachartikel, Mai 2005.

Der Abschnitt über das Gefängnis von Thomasville stützt sich unter anderem auf folgende Quellen: Ephraim Rotters Notizen, unter denen sich ein kurzer Bericht über das zwölftägige Gefangenenlager findet: „Prisoner of War Camp/Histories Folder". William Smith Browns Artikel „The Winter Climatic Resorts of Three Continents" im *Harper's New Monthly Magazine*, Januar 1887: 868–876 lobt die Vorzüge von Thomasville, Georgia. Lessel Longs bewegender Bericht über Andersonville und Thomasville, *Twelve Months in Andersonville: On the March—In the Battle—In the Rebel Prison Pens, and at Last in God's Country* (Huntington, IN: Thad and Mark Butler, 1886), ist über die Library of Congress verfügbar: http://archive.org/details/twelvemonthsinan01long. Einige Fotos, die zeigen, wie das Gefangenenlager von Thomasville heute aussieht, finden sich unter http://www.civilwaralbum.com/misc12/thomasville1.htm. J. David Hackers Zitat stammt aus seinem „Opinionator"-Blogartikel in der *New York Times*, „Recounting the Dead", 20. September 2011, http://opinionator.blogs.nytimes.com/2011/09/20/recounting-the-dead/ (zugegriffen im Juni 2012).

Eines der bekanntesten Teams, das an historischen menschlichen Überresten arbeitet, ist das Institute for Canine Forensics, http://www.k9forensic.org/.

Der Abschnitt über West Virginia stützt sich unter anderem auf Creighton Lee Calhouns Forschung zu den Äpfeln des Südens: *Old Southern Apples, Revised and Expanded Edition: A Comprehensive History and Description of Varieties for Collectors, Growers, and Fruit Enthusiasts* (White Junction, VT: Chelsea Green Publishing, 2010). Geschichtswissenschaftlerin Wilma A. Dunaway nimmt in ihrem Buch die

Skalverei in den Bergstaaten unter die Lupe: *The African-American Family in Slavery and Emancipation* (Cambridge University Press, 2003), 13.

Der Abschnitt über South Carolina stützt sich auf zahlreiche im Internet verfügbaren Stammbäume und Unterlagen zur Ahnenforschung sowie Briefe, die Familienmitglieder einander geschrieben hatten, und von Generation zu Generation weitergegebene Geschichten.

17 Auf zu neuen Ufern

Dieses Kapitel stützt sich größtenteils auf persönliche Beobachtungen und Gespräche, aber auch auf ein relativ neues Forschungsgebiet, das sich am besten als Epidemiologie des Gebrauchshundes beschreiben lässt. Interviews und Gespräche führte ich unter anderem mit Mike Baker; Dr. Wendi Dick, die vor dem 11. September und nach ihrem Einsatz als Leiterin der Abteilung Umweltgesundheit für das Gesundheitsamt und die Veteranengesundheits-Verwaltung tätig war; Dr. David F. Goldsmith, Dozent und Forscher für Umwelt- und Arbeitsmedizin an der George Washington University; dem pensionierten Durhamer Offizier der Diensthundeabteilung Danny Gooch; Deak Helton; Kathy Holbert; Nancy Hook; dem ehemaligen Offizier der Diensthundeabteilung Sean Kelly; Larry Myers; Dr. Michael Peterson, Gesundheitsberater für zurückgekehrte Soldaten am Gesundheitsamt und an der Veteranengesundheitsabteilung; und Steve und Sandy Sprouse.

Unter den Artikeln, Konferenzveröffentlichungen und Postervorstellungen, die für dieses Thema hilfreich waren, ist „Animal Sentinels for Environmental and Public Health" von John S. Reif, *Public Health Reports* 126, Anhang 1, 2011: 50–57. Bei den Grundlagenartikeln zur Gesundheit von Militärgebrauchshunden handelt es sich um „Excess of Seminomas Observed in Vietnam Service U.S. Military Working Dogs" von Howard M. Hayes, Robert E. Tarone, Harold W. Casey und David L. Huxsoll, *Journal of the National Cancer Institute* 82, Nr. 12, 1990: 1,042–1,046; „Military Working Dogs Are Sentinels for Exposures and Disease Risks Among Deployed Veterans" von David F. Goldsmith, Postervorstellung an der International Society for Exposure Science, 23.–27. Oktober 2011, Baltimore, Maryland; „Incidence of Zoonotic Diseases in Military Working Dogs Serving in Operations Desert Shield and Desert Storm" von Kay D. Burkman, George E. Moore und Michael R. Peterson, *Military Medicine* 166, Nr. 2, 2001: 108–111; „Medical Surveillance of Search Dogs Deployed to the World Trade Center and Pentagon: 2001–2006" von Cynthia M. Otto, Amanda B. Downend, George E. Moore, Joanne K. Daggy, D. Lauren Ranivand, Jennifer A. Reetz und Scott D. Fitzgerald, *Journal of Environmental Health* 73, Nr. 2, 2010: 12–21; „Pathology and Toxicology Findings for Search-and-Rescue Dogs Deployed to the September 11, 2001, Terrorist Attack Sites: Initial Five-Year Surveillance" von Scott D. Fitzgerald, Wilson K. Rumbeiha, W. Emmett Braselton, Amanda B. Downend und Cynthia M. Otto, *Journal of Veterinary Diagnostic Investigation* 20, 2008: 477–484; *Polluted Pets Summary* von Olga Naidenko, Rebecca Sutton und Jane Houlihan, Bericht der Environmental Working Group, April 2008, http://www.ewg.org/reports/pets (zugegriffen im August 2012); und „Do Environmental Pollutants Cause Cancer in Dogs?" von Sophia Yin, *The Bark* 44, September/Oktober 2007, http://thebark.com/content/do-environmental-pollutants-cause-cancer-dogs, (zugegriffen im Juni 2012).

18 Ein Schwanzwedeln

Dieses Kapitel stützt sich unter anderem auf Interviews, Gespräche und Schriftverkehr mit Joan Andreasen-Webb; Mike Baker; Kathy Holbert; Nancy Hook; dem pensionierten Durhamer Sheriff K9 Sergeant Rick Keller; Lisa Mayhew; Steve Sprouse; und Mitglieder der Diensthundeeinheiten des Durhamer Sheriffs und der Durhamer Polizeidienststelle.

Ein für dieses Kapitel sehr hilfreiches Lehrbuch ist *Dog Behaviour, Evolution, and Cognition* von Ádám Miklósi (Oxford: Oxford University Press, 2007). Miklósi ist der Leiter des Ethologieinstituts an Eötvös-Universität in Budapest und ein Pionier der modernen Hundeforschung.

Das Zitat von Patricia McConnell zum Thema Geschlechtsunterschiede stammt aus ihrem durchdachten Text „What Are the Differences Between Male and Female Dogs?", *The Bark*, 15. April 2009, http://www.thebark.com/content/gender-gap (zugegriffen im August 2012).

Die Ergebnisse der Versuche, die Temple Grandins an der Colorado State University an Rindern und den Haarwirbeln auf ihrer Stirn durchführte, können unter „Cattle with Hair Whorl Patterns Above the Eyes Are More Behaviorally Agitated During Restraint" von Temple Grandin, Mark J. Deesing, J. J. Struthers und Ann M. Swinker, *Applied Animal Behaviour Science* 46, 1995: 117–123 nachgelesen werden. Lisa Tomkins publizierte ihre davon inspirierten Versuche in „Lateralization in the Domestic Dog (*Canis Familiaris*): Relationships Between Structural, Motor, and Sensory Laterality" von Lisa M. Tomkins, Kent A. Williams, Peter C. Thomson und Paul D. McGreevy, *Journal of Veterinary Behavior* 7, Nr. 2, 2012: 70–79; und „Behavioral and Physiological Predictors of Guide Dog Success" von Lisa Tomkins, Peter C. Thomson und Paul D. McGreevy, *Journal of Veterinary Behavior* 6, Nr. 3, 2011: 178–187. Einige Videos und Erklärungen zu Tomkins' Arbeit sind in den Archieven der Sendung *Catalyst* des australischen Senders ABC verfügbar: „Left Paw Right Paw", http://www.abc.net.au/catalyst/stories/3465535.htm.

Frühe Fotos von Kathy Holberts Wurf, in dem auch Coda geboren wurde, sind unter http://www.chiodokennels.com/chiodo_kennels/REZA_ARKO_PUPPY_PAGE.html verfügbar.

Mit dem Imitationsverhalten der Rabenvögel beschäftigt sich unter anderem der Artikel „Social Learning Spreads Knowledge About Dangerous Humans Among American Crows" von Heather N. Cornell, John M. Marzluff und Shannon Pecoraro, *Proceedings of the Royal Society B* 279, 2011: 499–508. Friederike Range vom Institut für Kognitive Biologie an der Universität Wien und Leiterin des Clever Dog Lab am Messerli-Forschungsinstitut der Veterinärmedizinischen Universität Wien gehörte zu den Ersten, die sich auf wissenschaftlicher Basis mit Imitationsverhalten und sozialem Lernen von Hunden beschäftigten. Mehr dazu findet sich unter anderem in „Automatic Imitation in Dogs" von Friederike Range, Ludwig Huber und Cecilia Heyes, *Proceedings of the Royal Society B* 278, 2011: 211–217.

Die andere Forschungsgruppe, die das soziale Lernen der Hunde an der Eötvös-Universität in Budapest untersucht, publizierte unter anderem die Artikel „Dog as a Model for Studying Conspecific and Heterospecific Social Learning" von Enikö Kubinyi, Péter Pongrácz und Ádám Miklósi, *Journal of Veterinary Behavior* 4, Nr. 1, 2009: 31–41; und „When Rank Counts—Dominant Dogs Learn Better from a Human Demonstrator in a Two-Action Test" von Péter Pongrácz, Petra Bánhegyi und Ádám Miklósi, *Behaviour* 149, 2012: 111–132.

Bei der südafrikanische Studie, die ich so spannend fand, handelt es sich um „Early Prediction of Adult Police Dog Effciency—A Longitudinal Study" von J. M. Slabbert und Johannes S. J. Odendaal, *Applied Animal Behaviour Science* 64, 1999: 269–288. Meines Wissens wurde die Studie bisher nicht wiederholt.

Über die Autorin

Cat Warren ist Honorarprofessorin an der North Carolina State University, wo sie seit 1995 Wissenschaftsjournalismus, Textredaktion, Medientheorie und Gender Studies lehrt.

In ihrer ersten Berufslaufbahn als Zeitungsreporterin berichtete sie USA-weit für verschiedene Redaktionen über die Themen Kriminalität, Armutsproblematik, Umwelt und Politik. Für ihre Arbeit wurde sie zwischen 1985 und 2004 mit zahlreichen regionalen und überregionalen Pressepreisen ausgezeichnet. Während einer Projektanstellung beim Hartford Courant kam ihr die Idee, einmal eine Pause von der Reportertätigkeit zu machen und stattdessen aushilfsweise einen Kurs in Textredaktion an der Universität von Oregon zu unterrichten. Sie verliebte sich in die Lehrtätigkeit und ging, anstatt zu ihrer Zeitungsarbeit zurückzukehren, mit Mitte dreißig noch einmal zur Universität zurück, um ihren Doktortitel zu machen.

Trotzdem hielt sie immer Kontakt zur Zeitungswelt. Während sie an ihrer Doktorarbeit schrieb, arbeitete sie bei der University of Illinois Press und war

drei Jahre lang Herausgeberin des Magazins Academe. Sie hat mehrere akademische Artikel verfasst und zwei Fachbücher betreut. Außerdem hatte sie Lehraufträge an den Universitäten vom Portland, Stanford und Duke.

Sie ist in Oregon geboren, wo ihr Vater ihr das Fliegenfischen beibrachte, ihr zeigte, wie man im Sommer Schlangen einfängt und sie im Herbst zum Überwintern wieder aussetzt und ihr alle Bäume und Pflanzen des Pazifischen Nordostens erklärte. Nach einigen Jahrzehnten der Unstetigkeit ließ sie sich in North Carolina nieder, wo sie heute mit ihrem Mann David Auerbach, der Brotbäcker und Philosophieprofessor an der North Carolina State University ist, den beiden Deutschen Schäferhunden Solo und Coda und zwei geschäftigen Bienenstöcken lebt.

Der Geruch des Todes ist ihr erstes Buch. Auf www.catwarren.com können Sie weitere Informationen nachlesen oder den Links zu Twitter und Facebook folgen.

Alexandra Horowitz

Hund-Nase-Mensch

Wie der Geruchssinn unser Leben beeinflusst

Hunde definieren die Welt zu einem großen Teil über die Nase – eine Fähigkeit, die auch wir Menschen einst hatten, aber mangels Übung fast verlernt haben. Neugierig auf der Suche nach einer Antwort auf die Frage, wie es denn wohl sein mag, ein Hund zu sein, stößt die Autorin folglich immer wieder auf den Geruchssinn, erkundet ihn bis ins Detail und versucht, auch selbst ein bisschen Nasentier zu sein: Wie riechen die unterschiedlichen Straßen New Yorks? Wie trainieren Parfumeure oder Sommeliers ihre Nasen? Was können wir von Hunden lernen, und wie können wir uns ihre spektakulären Riechleistungen zunutze machen?

Hardcover, ca. 320 Seiten
ISBN: 978-3-95464-152-9 Preis: 19,95 €

Prof. Dr. Frank Rosell

Die Welt der Gerüche

Spezial-Spürhunde im Einsatz

Die Nase von Hunden ist bis zu 100 Millionen Mal empfindlicher als die von Menschen: Diese unglaubliche Fähigkeit macht sie wirklich zu unseren nützlichsten Freunden. Hunde schützen vor uns vor Kriminellen, Schmugglern und Terroristen. Andere suchen vermisste Menschen, helfen bei der Jagd oder entdecken verschiedene Krebserkrankungen schon im Frühstadium. Professor Frank Rosell stellt uns aber auch ungewöhnlichere Talente vor: Die Biberhunde Mie und Tapas, den Labrador Tucker, der die Ausscheidungen von Killerwalen aufspürt und damit der Wissenschaft einen großen Dienst leistet oder den Brunft-Erkennungshund Elvis – sowie viele andere mehr.

Hardcover, 336 Seiten, durchgehend farbig
ISBN: 978-3-95464-133-8 Preis: 24,95 €

Diese und weitere 300 Bücher finden Sie unter www.kynos-verlag.de